基于模型的设计及其嵌入式实现(第2版)

刘 杰 编著

北京航空航天大学出版社

内 容 简 介

本书以基于模型的设计为主线,讲述了 M 代码的快速编写与调试,用户界面的创建,浮点 Simulink/Stateflow 模型的建立、调试与验证,用户自定义模块的生成;详细介绍了基于模型设计的全过程,主要有需求分析与跟踪、模型的检查与设计验证、浮点模型到定点模型的转换、模型嵌入式 C 代码的自动生成、软件/处理器/硬件在环测试,整个过程满足 DO-178B 航空电子规范,可显著提高工作效率、降低开发成本,并且增强了代码的安全性与鲁棒性,避免了产品开发的潜在市场风险。

本书可作为汽车电子、航天军工、通信与电子信息、电力等领域的工程师从事嵌入式开发的技术手册,也可作为高校电类专业嵌入式系统开发与基于模型设计的教材,还可作为学习 MATLAB Simulink/Stateflow 的参考书。

图书在版编目(CIP)数据

基于模型的设计及其嵌入式实现 / 刘杰编著. -- 2 版. -- 北京:北京航空航天大学出版社,2017.1
ISBN 978-7-5124-2310-7

Ⅰ.①基… Ⅱ.①刘… Ⅲ.①微控制器—程序设计 Ⅳ.①TP332.3

中国版本图书馆 CIP 数据核字(2016)第 278811 号

版权所有,侵权必究。

基于模型的设计及其嵌入式实现(第 2 版)
刘 杰 编著
责任编辑 孙兴芳
*
北京航空航天大学出版社出版发行

北京市海淀区学院路 37 号(邮编 100191)　http://www.buaapress.com.cn
发行部电话:(010)82317024　传真:(010)82328026
读者信箱: emsbook@buaacm.com.cn　邮购电话:(010)82316936
北京九州迅驰传媒文化有限公司印装　各地书店经销
*
开本:710×1 000　1/16　印张:31　字数:661 千字
2017 年 3 月第 2 版　2022 年 4 月第 3 次印刷　印数:3 000~3 500 册
ISBN 978-7-5124-2310-7　定价:79.00 元

若本书有倒页、脱页、缺页等印装质量问题,请与本社发行部联系调换。联系电话:(010)82317024

前 言

目前,市场上已经很难找到一款不带有嵌入式控制器件的电子、机电产品了,含有嵌入式系统的产品已深入到我们工作与生活的方方面面。同时,人们对产品的安全性、实时性、可操作性及特定功能等的要求也越来越高,这大大增加了嵌入式系统的复杂性和开发难度。

要在这日趋激烈的市场竞争中占据有利地位,开发出高质量的产品,传统的项目开发方法已很难满足这些需求。这是因为传统项目开发的方法一般分为 4 个步骤:

1. 需求分析与技术规范阶段

一般用纸质文档或电子 Word 文档写成,系统工程师团队以此为依据进行概念和算法研究,评估技术规范的可行性。对于厚厚的技术文档,每个系统工程师对需求和技术规范的理解难免会存在偏差。NASA 的研究报告指出:"在需求分析阶段产生的错误占整个开发错误的 50% 以上",这就给后期的项目开发带来了诸多隐患。

2. 设计阶段

硬件开发工程师团队根据系统工程师给出的评估报告,设计制作原型样机(如汽车、航空航天器、电路板等),项目的前期投入巨大、开发周期长,并且不能保证所制作的原型样机一定能满足技术规范。

3. 实现阶段

软件开发工程师团队根据需求与技术规范,在原型样机上手工编写 C 代码或汇编代码来实现技术规范所要求的技术指标。这一阶段需要精通软件的编程人员花费大量的时间编制程序、查错、调试及验证,明显增加了工作量,延长了研制周期。此外,手工编写的代码良莠不齐,降低了软件运行的可靠度,增加了代码错误的可能性,给新产品上市带来了风险。

4. 测试与验证阶段

原型样机制造完成后,才能对产品进行测试与验证,只要上述任何一个环节出现偏差都会导致产品开发的失败,这也是传统项目开发最大的弊病。因此,传统的项目开发方法往往重复多次才能成功,开发风险巨大。

为了解决上述问题,工程师必须找到一种以更快速度、更有效率的方法来开发产品,而基于模型的设计就是解决上述问题的一种方法。基于模型的设计始于 20 世纪

前言

90年代初的汽车制造和航空航天工业,这些行业需要使用大量的微处理器单元,因此工程师最先发现了采用建模与仿真的方法来开发嵌入式系统的巨大优势。到了20世纪90年代中期,控制算法仿真技术的发展催生了自动代码生成技术。模型仿真和自动代码生成技术在这些行业得到了成功的应用,人们清楚地认识到它在嵌入式系统开发中的经济性和高效率。这样,基于模型的设计为工程师提供了一种通用的开发与测试平台,使得具有不同工程背景的工程师之间建立起更好的联系,使得开发高集成度的复杂系统成为可能。

目前,国际上流行的基于模型设计的软件主要有 SCADE 和 MATLAB,它们都被成功地应用于大型项目的开发上,例如,欧洲的空客380、美国的 GM 混合动力车、诺马公司的联合攻击机等项目。由于 MATLAB 已经成为一种近乎完美的高度集成化的开放式开发平台,在科学计算与建模方面处于不可替代的领先地位,加之拥有国内众多的用户,因此,本书以 MATLAB 软件为例来讲述基于模型设计的方法。

MathWorks 公司的 Simulink/Stateflow/Embedded MATLAB 等工具使得工程师可以在一个可视化的交互开发测试平台上进行基于模型的设计,工程师还可以利用直观的模块图对系统模型和子系统设计进行可视化处理。

基于模型的设计对应传统的设计方法同样分为4个步骤:

1. 可执行、可跟踪的技术规范

在基于模型的设计方法中,系统工程师首先要建立一个系统模型,即通过数学模型来精确、无歧义地描述用户的需求,创建一个可执行、可跟踪的技术规范。工程师可以通过该系统模型动态地确认系统性能。这相对于传统的纸质和电子 Word 文档描述的需求与技术规范有明显的优势,它使得开发团队中的每个成员都能够无歧义地理解并运行该模型,从而可以更加专注于开发主要模型的各个部分,不会因理解的不同而造成需求的丢失、冗余或冲突。

2. 生成定点模型

系统模型与需求之间可建立双向链接,在整个开发过程中,软件工程师可以对模型进行需求追踪和测试,从而将产品的缺点暴露在产品开发的初期。根据具体的嵌入式器件和实现条件,对系统模型进行细化与功能重分区,此后重新进行系统测试、设计测试和模型助手测试,验证是否满足需求与技术规范,判断是否还存在缺失的需求;验证是否符合特殊的行业标准(如 DO-178B、IEC-61508、MAAB 等),之后再对模型作定点转换,形成简洁、高效的定点模型。

3. 嵌入式代码的自动生成

MathWorks 公司的 Real-Time Workshop Embedded Coder 可以将 Simulink/Stateflow 中的模型自动转换为嵌入式 C 代码,大大降低了嵌入式系统的开发门槛,因为毕竟不是每个工程师都是编写代码的高手。开发人员可以在 Simulink/Stateflow、Embedded MATLAB 中建立系统模型,构思解决方案,然后使用 RTW-EC 自动生成优化的、可移植的、自定义的产品级 C 代码,并根据特定的目标配置,自动生成嵌入式系统实时应用程序,这就缩短了开发周期,同时避免了人为引入的错误。

4. 连续的测试和验证

基于模型的设计在整个设计过程中都在不断地进行测试和验证,工程师利用测试用例追踪系统级模型和需求,检测设计变更导致的系统输出变化,并快速追踪到变更的来源,通过测试用例还能够了解系统模型的功能覆盖度。

对于嵌入式系统,还需测试其实时性。工程师可以使用硬件在环测试,检测嵌入式代码的实时性。通过测试,收集实时数据,修改代码参数。硬件在环测试能够确保在开发早期就完成嵌入式软件的测试。当系统整合时,嵌入式软件测试就比传统方法检测得更彻底、更全面,这样可以及早地发现问题,大大降低解决问题的成本。

本书对第 1 版的内容做了较大幅度的增减(修改率约为 50%),并采用 MAT-LAB R2015b 版和 CCS 5x 作为软件开发平台。

翁公羽、孙瑶瑶全程参加了本书的资料整理和撰写工作,郑仁富、罗兵、周宇博、陈添丁、郑明魁、李涵、胡步发也参加了本书的策划和个别小节的编写工作,在此一并表示感谢。

由于作者水平有限,错误和纰漏在所难免,诚望广大读者批评指正。

作　者

2017 年 1 月于大怡园

目 录

第 1 章　搭建软件开发环境 ··· 1
1.1　下载与安装所需的软件 ·· 1
1.1.1　下载开发软件包 ··· 1
1.1.2　安装开发软件包 ··· 1
1.1.3　安装更新 ··· 4
1.2　创建一个包含 DSP/BIOS 的 C6000 DSP 工程 ·· 5
1.3　设置 MATLAB R2015b 与 CCS 5.11 数据链配置 ······································ 14
1.3.1　checkEnvSetup() ·· 14
1.3.2　xmakefilesetup ·· 16
1.4　有关 MATLAB R2015b 与 CCS 3.3 的配置问题 ·· 18

第 2 章　MATLAB 高级应用基础 ·· 19
2.1　MATLAB 的功能简介 ·· 20
2.1.1　函数浏览器 ·· 20
2.1.2　函数提示 ·· 21
2.1.3　目录浏览器 ·· 22
2.1.4　文件交换服务 ··· 24
2.2　M 文件 ·· 26
2.2.1　M 文件结构 ·· 26
2.2.2　清理程序 ·· 28
2.2.3　创建 M 文件 ··· 29
2.2.4　M 脚本文件 ··· 29
2.2.5　M 函数 ··· 30
2.2.6　匿名函数 ·· 34
2.3　加快 M 文件的编写 ··· 36
2.3.1　什么是代码检查器 ·· 36
2.3.2　代码检查器的使用方法 ··· 36
2.3.3　代码检查器实例 ·· 36

目 录

- 2.4 加快 M 文件的调试——cell 40
  - 2.4.1 什么是 cell 40
  - 2.4.2 cell 的定义与删除 40
  - 2.4.3 cell 调试实例 42
  - 2.4.4 应　用 44
- 2.5 数据存取 47
  - 2.5.1 生成 MAT 文件 47
  - 2.5.2 加载 MAT 文件 49
  - 2.5.3 读/写音视频文件 50
- 2.6 代码效率分析 53
- 2.7 MATLAB Coder 简介 55
  - 2.7.1 MATLAB Coder 支持/不支持生成 C 代码的类型 56
  - 2.7.2 MATLAB Coder 的使用要求 57
  - 2.7.3 Embedded Coder 的常用命令 57
  - 2.7.4 C 编译器的设置 58
  - 2.7.5 应用实例 59

第 3 章 图形用户界面简介 72

- 3.1 GUIDE 简介 72
  - 3.1.1 GUIDE 界面简介 72
  - 3.1.2 获取当前图形对象句柄的常用函数 75
  - 3.1.3 Callback 函数 76
- 3.2 基于 GUIDE 工具的实例 76
  - 3.2.1 读取图像的 GUI 实例 76
  - 3.2.2 制作及发布简易计算器 94

第 4 章 Stateflow 原理与建模基础 106

- 4.1 Stateflow 概述 107
  - 4.1.1 状　态 111
  - 4.1.2 迁　移 114
  - 4.1.3 事　件 118
  - 4.1.4 数据对象 120
  - 4.1.5 条件与动作 122
  - 4.1.6 节　点 122
- 4.2 流程图 128
  - 4.2.1 手动建立流程图 128

4.2.2 快速建立流程图 …………………………………………… 131
4.2.3 车速控制 …………………………………………………… 132
4.3 状态图的层次 …………………………………………………… 136
4.3.1 历史节点 …………………………………………………… 138
4.3.2 迁移的层次性 ……………………………………………… 139
4.3.3 内部迁移 …………………………………………………… 140
4.4 并行机制 ………………………………………………………… 143
4.4.1 广播 ………………………………………………………… 143
4.4.2 隐含事件 …………………………………………………… 149
4.4.3 时间逻辑事件 ……………………………………………… 150
4.5 其他的图形对象 ………………………………………………… 152
4.5.1 真值表 ……………………………………………………… 152
4.5.2 图形盒 ……………………………………………………… 155
4.5.3 图形函数 …………………………………………………… 156
4.6 MATLAB 函数 ………………………………………………… 157
4.6.1 建立调用 MATLAB 函数的 Simulink 模型 …………… 157
4.6.2 编写 MATLAB 函数 ……………………………………… 159
4.6.3 调试 ………………………………………………………… 160
4.7 Simulink 函数 …………………………………………………… 163
4.7.1 Simulink 函数的使用 ……………………………………… 163
4.7.2 使用 Simulink 函数需遵循的规则 ……………………… 169
4.8 集成自定义代码 ………………………………………………… 170
4.9 Stateflow 建模实例——计时器 ……………………………… 174

第 5 章 Simulink 建模与验证 …………………………………… 184

5.1 Simulink 的基本操作 …………………………………………… 185
5.1.1 启动 Simulink ……………………………………………… 185
5.1.2 Simulink 模块库简介 ……………………………………… 186
5.1.3 模块操作 …………………………………………………… 188
5.2 信号采样误差 …………………………………………………… 193
5.2.1 信号源 ……………………………………………………… 193
5.2.2 MATLAB 工作空间 ……………………………………… 198
5.2.3 用户自定义函数 …………………………………………… 202
5.2.4 非线性系统 ………………………………………………… 204
5.2.5 离散模块 …………………………………………………… 207
5.2.6 采样误差 …………………………………………………… 209

目 录

- 5.2.7 建立子系统 · 211
- 5.2.8 封装子系统 · 212
- 5.2.9 数据类型匹配 · 215
- 5.2.10 模型信息 · 218
- 5.2.11 模型元件化 · 221
- 5.2.12 自定义模块库 · 222

5.3 音频信号处理 · 224
- 5.3.1 仿真环境 · 224
- 5.3.2 基于采样的模型 · 225
- 5.3.3 帧结构 · 228
- 5.3.4 基于帧结构的模型 · 228
- 5.3.5 信号缓冲器 · 230

5.4 视频监控 · 232
- 5.4.1 原理 · 233
- 5.4.2 SAD 子系统 · 233
- 5.4.3 阈值比较 · 234
- 5.4.4 视频记录子系统 · 235
- 5.4.5 源视频帧计数及显示 · 236
- 5.4.6 数据读取与显示 · 237
- 5.4.7 实验结果 · 239

5.5 模型调试 · 241
- 5.5.1 图形调试模式 · 241
- 5.5.2 命令行调试模式 · 244
- 5.5.3 调试过程 · 245
- 5.5.4 断点设置 · 249
- 5.5.5 显示仿真及模型信息 · 253

5.6 模型检查与验证 · 260
- 5.6.1 使用系统检查器——Model Advisor 检查模型 · 260
- 5.6.2 建立测试用例 · 269
- 5.6.3 模型覆盖度分析 · 279
- 5.6.4 模型效率分析 · 285

第 6 章 用户驱动模块的创建 · 289

6.1 什么是 S-Function · 289
- 6.1.1 S-Function 的工作机制 · 291
- 6.1.2 函数回调方法 · 292

6.1.3	编写 C MEX S-Function	295
6.1.4	Simulink 引擎与 C S-Function 的相互作用	300
6.1.5	TLC 文件	309
6.1.6	LEVEL-2 M 文件 S-Function 介绍	313
6.1.7	调用仿真模型外部的 C 代码和生成代码	324
6.2 S-Function Builder		327
6.2.1	S-Function 名及参数名	328
6.2.2	初始化	329
6.2.3	数据属性	329
6.2.4	库文件	332
6.2.5	输出	333
6.2.6	连续状态求导	336
6.2.7	离散状态更新	337
6.2.8	编译信息	338
6.2.9	应用	340
6.3 MATLAB Function 模块		342
6.3.1	MATLAB Function 模块的生成方法	343
6.3.2	集成用户自定义的 C 代码	347
6.4 实例		348
6.4.1	IIR 滤波器	348
6.4.2	S-Function 的参数设置与封装	351
6.4.3	读取数据文件	357

第7章 嵌入式代码的快速生成 362

7.1	利用 Embedded Coder 生成 DSP 目标代码	362
7.2	CCS 5/6 与 MATLAB R2015b 的数据链配置	364
7.3	TI DSP 原装板的实时代码生成	368
7.4	代码验证	375
7.5	TI C6416 DSK 目标板应用例程	380
7.6	用户自定义目标板的应用	401

第8章 基于模型的设计 406

8.1 传统设计过程与基于模型设计过程的对比		407
8.2 DO-178B 标准简介		409
8.2.1	什么是 DO-178B 标准	409
8.2.2	DO-178B 标准验证要求	410

目录

- 8.2.3 DO-178B 软件生命周期 ·········· 411
- 8.3 基于模型设计的工作流程 ·········· 412
- 8.4 需求分析及跟踪 ·········· 417
  - 8.4.1 根据需求建立系统模型 ·········· 417
  - 8.4.2 建立需求与模块间的关联 ·········· 418
  - 8.4.3 一致性检查 ·········· 421
- 8.5 模型检查及验证 ·········· 423
  - 8.5.1 Model Advisor 检查 ·········· 423
  - 8.5.2 SystemTest ·········· 424
  - 8.5.3 Design Verifier ·········· 433
- 8.6 定点模型 ·········· 439
- 8.7 软件在环测试 ·········· 447
- 8.8 处理器在环测试 ·········· 448
- 8.9 代码跟踪 ·········· 449
- 8.10 硬件模型 ·········· 453
  - 8.10.1 建立硬件模型 ·········· 453
  - 8.10.2 模块设置 ·········· 454
- 8.11 代码优化及代码生成 ·········· 457
  - 8.11.1 子系统原子化 ·········· 457
  - 8.11.2 优化模块库 ·········· 460
  - 8.11.3 指定芯片 ·········· 461
  - 8.11.4 代码检查 ·········· 462
  - 8.11.5 IDE 环境下的代码优化 ·········· 464
  - 8.11.6 工程选项及代码生成 ·········· 465
- 8.12 代码有效性检查原理 ·········· 469
- 8.13 硬件在环测试 ·········· 472
  - 8.13.1 建立 PC 端模型 ·········· 472
  - 8.13.2 模块参数设置 ·········· 473
  - 8.13.3 实施硬件在环测试 ·········· 476
  - 8.13.4 代码效率剖析 ·········· 477
  - 8.13.5 内存使用分析 ·········· 478

参考文献 ·········· 480

第 1 章

搭建软件开发环境

本章将简单介绍 CCS 5.11 及其 C64 支持软件包的下载、安装及使用方法。

1.1 下载与安装所需的软件

下面将扼要介绍 CCS 5.11 及其 C64 支持软件包的下载与安装。

1.1.1 下载开发软件包

CCS 5.11 软件的下载地址：

http://processors.wiki.ti.com/index.php/Download_CCS。

C6xCSL(TMS320C6000 Chip Support Library)(sprc090)的下载地址：

http://www.ti.com/tool/sprc090。

c64plus(TMS320C64x Image Library)(sprc094)的下载地址：

http://www.ti.com/tool/sprc094。

说明：这里仅以 C6416 和 C6713 DSP 所需的支持软件包为例，其他型号的 C6000 DSP 芯片所需的支持软件包请按提示自行在 TI 网站上下载。

1.1.2 安装开发软件包

1. CCS 5.11 软件的安装

CCS 5.11 软件的安装步骤如下：

① 按默认路径安装，如图 1-1 所示。

② 手动选中与 C6000 DSP 有关的芯片(见图 1-2)，默认条件下该芯片为取消选中状态。

③ 按提示完成其他步骤即可完成 CCS 5.11 的安装。

2. C6xCSL 支持软件包的安装

C6xCSL 支持软件包的安装步骤如下：

① 单击 sprc090 软件包中的 图标启动 C6xCSL 安装。

② 在弹出的对话框中单击 Next 按钮，如图 1-3 所示。

第 1 章　搭建软件开发环境

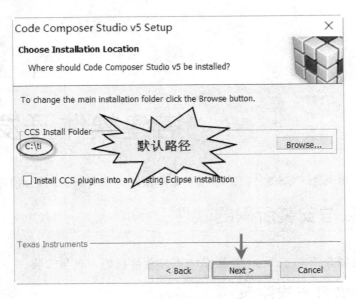

图 1-1　按默认路径安装

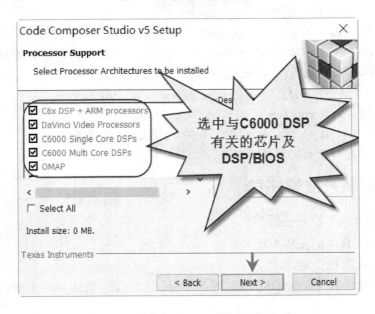

图 1-2　选中与 C6000 DSP 有关的芯片

③ 在弹出的对话框中选中"Yes,I agree with all the terms of this license agreement"复选框,然后单击 Next 按钮,如图 1-4 所示。

④ 在弹出的对话框中指定 C6xCSL 的安装目录,然后单击 Next 按钮完成安装,如图 1-5 所示。

第1章 搭建软件开发环境

图1-3 单击Next按钮

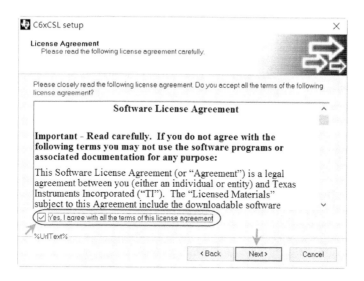

图1-4 选中"Yes, I agree with all the terms of this license agreement"复选框

3. c64plus支持软件包的安装

c64plus支持软件包的安装步骤如下：
① 单击sprc094软件包中的C64xIMGLIB_v104b.exe启动c64plus安装。
② 安装目录选择C:\ti，其他步骤参见C6xCSL支持软件包的安装步骤。

第1章 搭建软件开发环境

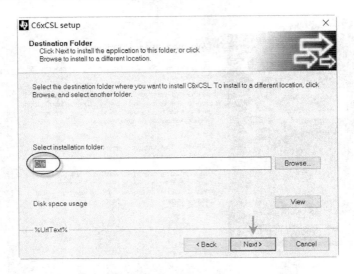

图 1-5 指定 C6xCSL 的安装目录

1.1.3 安装更新

在安装完成后,初次使用 CCS 5.11 时需对其进行更新操作,方法如图 1-6 和图 1-7 所示。

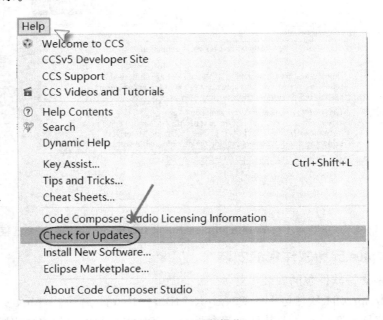

图 1-6 更新操作

第 1 章　搭建软件开发环境

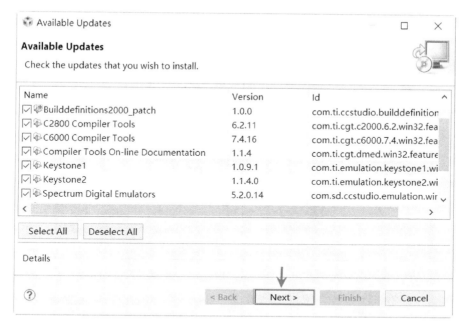

图 1-7　选中需要更新的部件，单击 Next 按钮进行更新操作

1.2　创建一个包含 DSP/BIOS 的 C6000 DSP 工程

在基于模型的 C6000 DSP 程序中，很多都包含 DSP/BIOS 代码。这里将以一个最简单的"hello example"为例来介绍包含 DSP/BIOS 工程的创建过程（实验平台为 C6455 DSK），操作步骤如下：

① 选择 Project→New CCS Project 菜单项，打开 New CCS Project（新建 CCS 工程）对话框，如图 1-8 所示。

② 在 Project name 文本框中输入"helloworld"；在 Device 选项组中进行如下操作：

第一，在 Family 下拉列表框中选择 C6000。

第二，在 Variant 下拉列表框中选择 Generic C64x＋Device。

③ 单击 Project templates and examples，在下拉列表框中选择 Empty Project，创建一个空工程，如图 1-9 所示。

④ 单击图 1-9 中的 Finish 按钮完成新的 CCS 工程的创建。

⑤ 创建.tcf 文件，步骤如下：

第一，选择 File→New→DSP/BIOS v5.x Configuration File 菜单项，创建.tcf 文件，如图 1-10 所示。

第1章 搭建软件开发环境

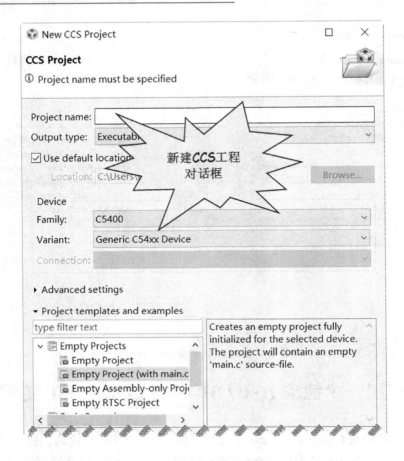

图1-8　New CCS Project 对话框

第二，选择图1-10中的 DSP/BIOS v5.x Configuration File 菜单项，打开 New DSP/BIOS Configuration 对话框，在 Filename 文本框中输入"helloworld.tcf"，如图1-11所示。

第三，单击图1-11中的 Next 按钮，进入 Specify a platform（指定平台）操作界面，如图1-12所示。

第四，单击图1-12中的 Finish 按钮，打开.tcf 文件设置窗口，如图1-13所示。

第五，单击 Instrumentation，然后右击 LOG-Event Log Manager，在弹出的快捷菜单中选择 Insert LOG，在打开的 Insert obiect 对话框中的文本框中输入"trace"，单击 OK 按钮，插入一个 LOG，如图1-14所示。

第六，分别将 LOG-Event Log Manager 和 trace 中的 buflen（缓冲长度）改为512和1 024，如图1-15所示（仅给出修改 LOG-Event Log Manager 属性的过程，trace 属性的修改方法相同，这里省略）。

第 1 章　搭建软件开发环境

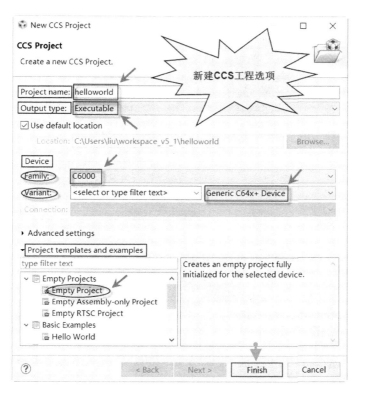

图 1-9　创建新的 CCS 工程选项

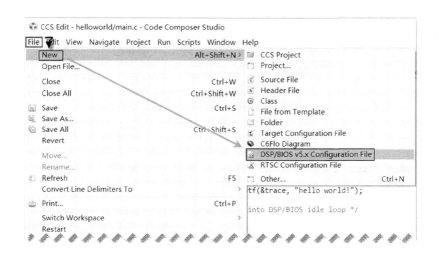

图 1-10　创建 .tcf 文件

第 1 章　搭建软件开发环境

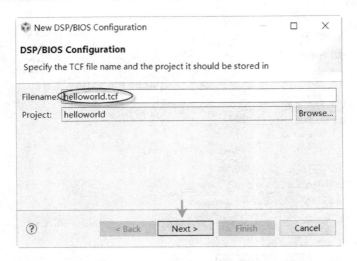

图 1-11　在 Filename 文本框中输入"helloworld.tcf"

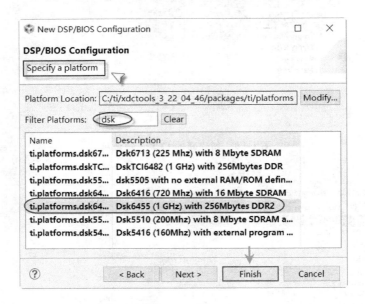

图 1-12　指定平台

第七，单击工具栏上的保存按钮，结束.tcf 文件的设置。

⑥ 添加 main.c 代码，如下：

```
#include<std.h>

#include<log.h>

#include"helloworldcfg.h"
```

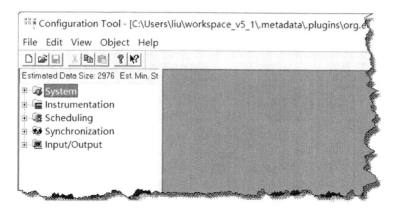

图 1-13　设置 .tcf 文件

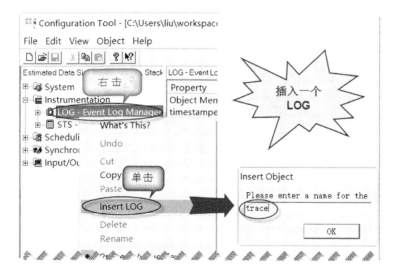

图 1-14　插入一个 LOG 的步骤

```
/*
 *  ========  main  ========
 */
Void main()
{
    LOG_printf(&trace, "hello world!");

    /* fall into DSP/BIOS idle loop */
    return;
}
```

此时所创建的工程如图 1-16 所示。

第1章 搭建软件开发环境

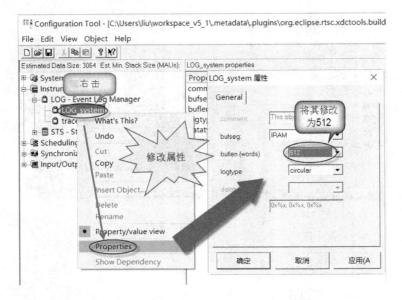

图 1-15 修改 LOG-Event Log Manager 的属性

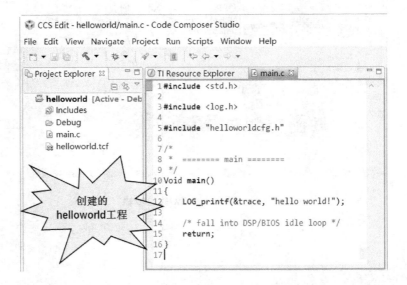

图 1-16 创建的 helloworld 工程

⑦ 单击图 1-16 中工具栏上的 图标,对 helloworld 工程进行编程,生成 helloworld.out 文件。

⑧ 创建目标配置文件,步骤如下:

第一,创建一个目标配置文件,如图 1-17 所示。

第二,在图 1-17 中选择 File→New→Target Configuration File 菜单项,在弹出

第 1 章 搭建软件开发环境

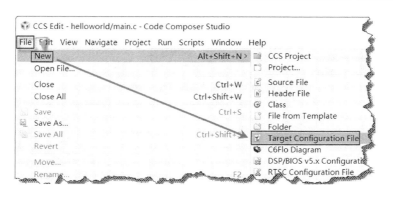

图 1-17 创建一个目标配置文件

的对话框中给目标配置文件命名为 C6455 DSK.ccxml，如图 1-18 所示。

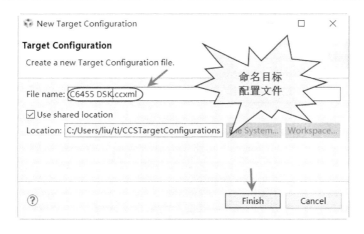

图 1-18 创建名为 C6455 DSK.ccxml 的目标配置文件

第三，单击图 1-18 中的 Finish 按钮，在打开的对话框中选择仿真器、芯片及测试连接，按图 1-19 所示进行设置。

如果读者没有开发板，那么这里可设置一个基于模拟的目标配置文件，如图 1-20 所示。

⑨ 进行代码测试。

第一，发送选择的目标配置文件，如图 1-21 所示。

第二，加载 helloworld.out。

第三，按图 1-22 所示位置设置断点。

第四，单击工具栏上的运行图标 ▶，使程序全速运行到断点处，然后选择 Tools→ROV 菜单项，如图 1-23 所示。

第五，选择图 1-23 中的 ROV，然后在下拉列表框中选择 LOG，再选择 trace，即可看到程序的运行结果，如图 1-24 所示。

第1章 搭建软件开发环境

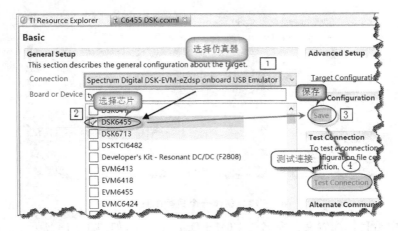

图 1-19 设置目标配置文件（选择仿真器、芯片及测试连接）

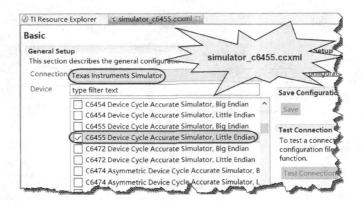

图 1-20 模拟目标配置文件

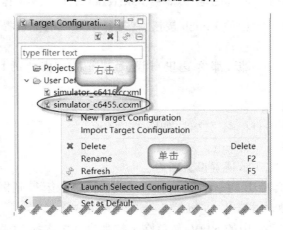

图 1-21 发送选择的目标配置文件

第1章 搭建软件开发环境

图 1-22 设置断点

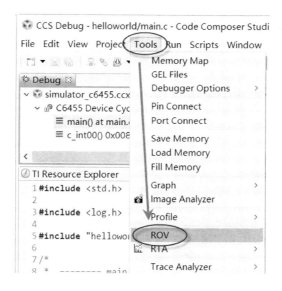

图 1-23 选择 ROV

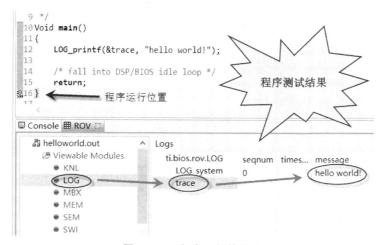

图 1-24 程序运行的结果

第1章 搭建软件开发环境

以上只是简单介绍了有关 DSP/BIOS 的初步知识,更多内容请参考 TI 有关 DSP/BIOS 的官方文档。

1.3 设置 MATLAB R2015b 与 CCS 5.11 数据链配置

本节将介绍包括 DSP/BIOS 部分的数据链配置,不包含 DSP/BIOS 部分的配置及自动加载.out 文件,请参考 7.2 节的相关内容。

1.3.1 checkEnvSetup()

① 在 MATLAB 的"命令行窗口"中输入"checkEnvSetup('ccsv5', 'C6416', 'list')"以了解由 MTLAB R2015b 自动生成 C6000 DSP 代码所需要的软件包及软件版本信息,即

```
>>checkEnvSetup('ccsv5', 'C6416', 'list')

CCSv5 (Code Composer Studio)
    Required version        : 5.0 or later
    Required for            : Code Generation
    Required environment variables (name, value):
    (TI_DIR, "<CCSv5 installation folder>")

C6000 CSL (TMS320C6000 Chip Support Library)
    Required version        : 2.31.00.10 or later
    Required for            : Code generation
    Required environment variables (name, value):
    (CSL_C6000_INSTALLDIR, "<C6000 CSL installation folder>")

CGT (Code Generation Tools)
    Required version        : 6.1.18 to 7.3.1
    Required for            : Code generation
    Required environment variables (name, value):
    (C6000_CGT_INSTALLDIR, "<CGT installation folder>")

DSP/BIOS (Real Time Operating System)
    Required version        : 5.33.05 to 5.41.11.38
    Required for            : Code generation
    Required environment variables (name, value):
    (CCSV5_DSPBIOS_INSTALLDIR, "<DSP\BIOS installation folder>")

XDC Tools (eXpress DSP Components)
    Required version        : 3.16.02.32 or later
    Required for            : Code generation
```

```
Texas Instruments IMGLIB (TMS320C64x Image Library)
    Required version : 1.04
    Required for     : CRL block replacement
    Required environment variables (name, value):
    (C64X_IMGLIB_INSTALLDIR, "<Texas Instruments IMGLIB installation folder>")
```

注意：这里仅以 C6416 DSP 为例进行介绍，其他型号的 C6000 DSP 与之相同。

② 在 MATLAB 的"命令行窗口"中输入"checkEnvSetup('ccsv5', 'C6416', 'setup')"，按提示指定软件及软件包的路径，自动配置环境变量，即

```
>>checkEnvSetup('ccsv5', 'C6416', 'setup')
```

注意：对于那些与 MATLAB R2015b 要求不相符或不完全相符的软件，需要重新下载安装，否则存在一定的代码生成风险；对于那些不能自动添加环境变量的软件包，需要手动添加环境变量。

③ 在 MATLAB 的"命令行窗口"中输入"checkEnvSetup('ccsv5', 'C6416', 'check')"来检测软件包及环境变量的安装情况，即

```
>>checkEnvSetup('ccsv5', 'C6416', 'check')

CCSv5 (Code Composer Studio)
    Your version     : 5.1.1
    Required version : 5.0 or later
    Required for     : Code Generation
    TI_DIR = "C:\ti\ccsv5"

C6000 CSL (TMS320C6000 Chip Support Library)
    Your version     : 2.31.00.15
    Required version : 2.31.00.10 or later
    Required for     : Code generation
    CSL_C6000_INSTALLDIR = "C:\ti\C6xCSL"

CGT (Code Generation Tools)
    Your version     : 7.3.1
    Required version : 6.1.18 to 7.3.1
    Required for     : Code generation
    C6000_CGT_INSTALLDIR = "C:\ti\ccsv5\tools\compiler\c6000"

DSP/BIOS (Real Time Operating System)
    Your version     : 5.41.10.36
    Required version : 5.33.05 to 5.41.11.38
    Required for     : Code generation
```

第1章 搭建软件开发环境

```
CCSV5_DSPBIOS_INSTALLDIR = "C:\ti\bios_5_41_10_36"

XDC Tools (eXpress DSP Components)
    Your version       : 3.22.04.46
    Required version   : 3.16.02.32 or later
    Required for       : Code generation

Texas Instruments IMGLIB (TMS320C64x Image Library)
    Your version       : 1.04
    Required version   : 1.04
    Required for       : CRL block replacement
C64X_IMGLIB_INSTALLDIR = "C:\ti\C6400\imglib"
```

说明：其他开发板的软件包及环境变量设置与本例基本相同，在安装过程中应按照提示逐步下载所需的软件包进行安装。大多数的软件包可以在 TI 网站上找到，一些与用户的开发板相关联的软件包可以在产品光盘中找到。这一步是最麻烦的一步，因为软件版本细微的差异都可能会使自动生成代码失败，请读者注意。

1.3.2 xmakefilesetup

可在 MATLAB 的"命令行窗口"中输入"xmakefilesetup"来进行用户的 XMakefile 配置，即

```
>> xmakefilesetup
```

此时弹出如图 1-25 所示的对话框。

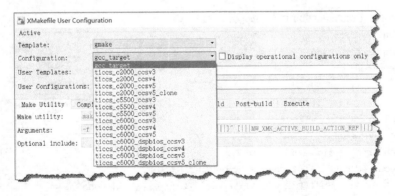

图 1-25　XMakefile User Configuration 对话框

基于 CCS 5.11 包含 DSP/BIOS 的 XMakefile 配置步骤如下：
① Make Utility 面板的设置如图 1-26 所示。
② Compiler 面板的设置如图 1-27 所示。
③ Linker 面板的设置如图 1-28 所示。

第1章 搭建软件开发环境

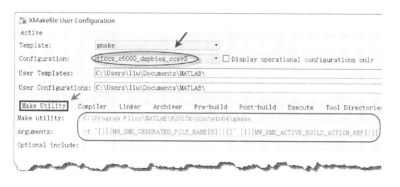

图 1-26 Make Utility 面板的设置

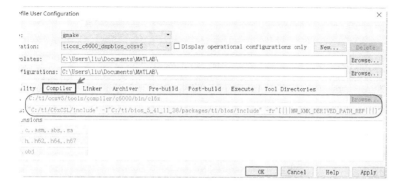

图 1-27 Compiler 面板的设置

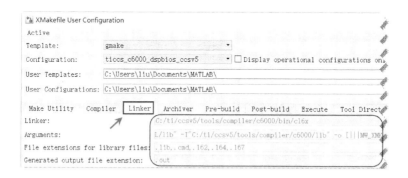

图 1-28 Linker 面板的设置

④ Archiver 面板的设置如图 1-29 所示。
⑤ Tool Directories 面板的设置如图 1-30 所示。

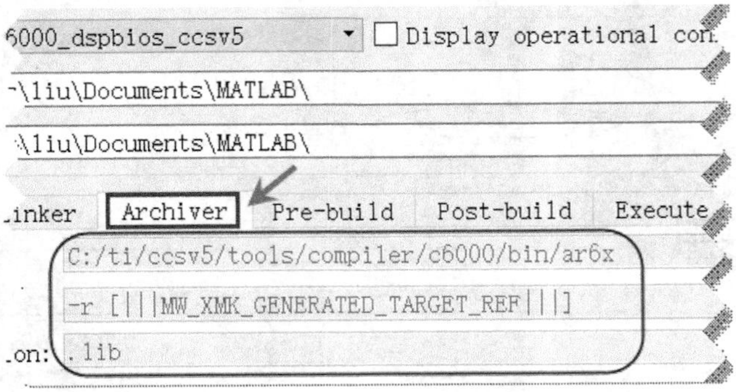

图 1-29 Archiver 面板的设置

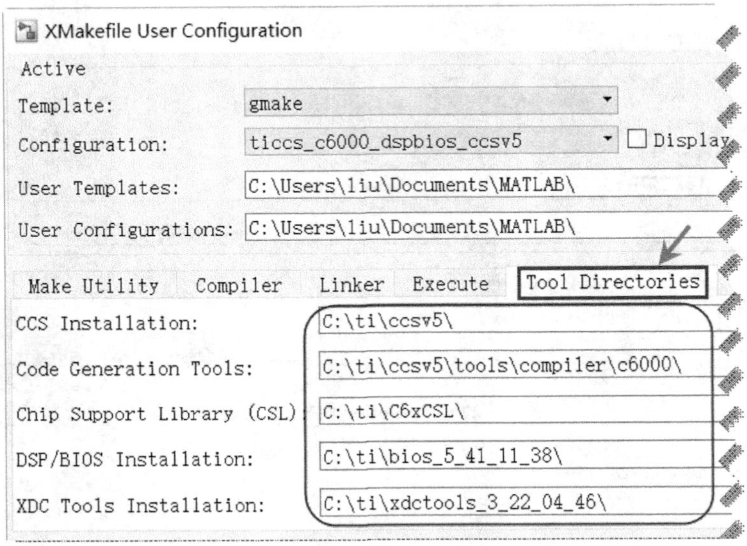

图 1-30 Tool Directories 面板的设置

1.4 有关 MATLAB R2015b 与 CCS 3.3 的配置问题

不推荐安装 CCS 3.3 软件,因为该版本的软件即使在 Windows 7 操作系统中也不能得到完全的支持(在 Windows 10 中不能安装),只能安装在 Windows XP 操作系统中,这和目前操作系统的发展趋势相背离。如果用户一定要使用 CCS 3.3 软件,则有两种方案可供参考:第一,创建一个虚拟盘,在其上安装 Windows XP 操作系统、MATLAB R2015b 和 CCS 3.3(CCS 3.3 选用最后一个版本"CCS_3.3.83.20_Platinum");第二,专门有一台计算机来安装 Windows XP 操作系统、MATLAB R2015b 和 CCS 3.3。

其他的配置方法和前面介绍的过程类似,此处不再赘述。

第 2 章

MATLAB 高级应用基础

　　MATLAB 是一种用于算法开发、数据可视化、数据分析以及数值计算的高级技术计算语言和交互式环境,对比传统的编程语言,MATLAB 可以更快地解决技术计算问题。它广泛地应用于信号和图像处理、通信、控制系统设计、测试和测量、财务建模和分析以及计算生物学等众多领域。附加的工具箱(MATLAB 函数集)扩展了 MATLAB 环境,可用于解决上述应用领域内特定类型的问题。

　　更重要的是,使用 MATLAB 进行编程或开发,算法的速度将大大提高,这得益于 MATLAB 无须执行诸如声明变量、指定数据类型以及分配内存等低级管理任务。例如,很多情况下,用户无须使用 for 循环。因此,一行 MATLAB 代码经常等效于几行 C/C++代码。

　　同时,MATLAB 还提供了传统编程语言的所有功能,包括算法运算符、流控制、数据结构、数据类型、面向对象编程(OOP)以及调试功能。利用 MATLAB 无须执行编译和链接即可一次执行一个或一组命令,这样就可以迅速迭代到最佳解决方案。

　　MATLAB 的主要功能如下:
　　◇ 用于技术计算;
　　◇ 对代码、文件和数据进行管理;
　　◇ 交互式工具可以按迭代的方式探查、设计及求解问题;
　　◇ 数学函数可用于线性代数、统计、傅里叶分析、筛选、优化以及数值积分等;
　　◇ 二维和三维图形函数可用于可视化数据;
　　◇ 各种工具可用于构建自定义的图形用户界面;
　　◇ 各种函数可将基于 MATLAB 的算法与外部应用程序和语言(如 C、C++、Fortran、Java、COM 以及 Microsoft Office Excel)集成。

　　根据本书的定位,本章将首先介绍 MATLAB R2015b 开发环境及与本书相关的功能;然后着重说明 M 文件结构,介绍如何使用 M-Lint 和 cell 以加快 M 文件的编写与调试,以及如何利用代码效率分析器优化代码;最后简要介绍由 MATLAB Coder 将 M 代码转换成嵌入式 C 代码的方法。

　　本章的主要内容有:
　　◇ MATLAB 开发环境新功能;
　　◇ M 文件结构;

第 2 章　MATLAB 高级应用基础

◇ 加快 M 文件的编写与调试——Code Analyzer 与 cell；
◇ 代码效率分析；
◇ 由 M-code 生成 C 代码。

2.1　MATLAB 的功能简介

2.1.1　函数浏览器

① 单击 Command Window 窗口中左侧的 fx 图标,函数浏览器将显示各种常规函数、工具箱及模块集;逐次单击目录,可得到对应的函数;单击某函数或将鼠标停留在该函数时,函数浏览器将显示其详细描述;单击 More Help,可链接到帮助文档,如图 2-1 所示。

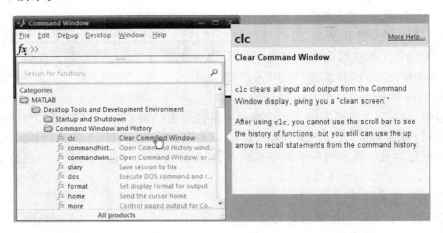

图 2-1　函数浏览器(1)

② 用户可以在函数浏览器上方的文本框中输入关键词,系统将自动显示与该关键词有关的所有函数,这个关键词可以是部分或完整的函数名,也可以是函数的功能描述;输入"convolutional",函数浏览器将列出各种与卷积相关的函数,而 convolutional 本身并不是函数名,如图 2-2 所示。

③ 用户也可以在 MATLAB 的"命令行窗口"中输入关键字并选中,单击窗口左侧的 fx 图标,函数浏览器将显示与所选文字有关的所有函数,如图 2-3 所示。

说明:在 Editor 窗口中的工具栏上也能找到函数浏览器图标 fx,功能与上述功能一致。

④ 双击函数,将其添加到当前命令行。

第 2 章　MATLAB 高级应用基础

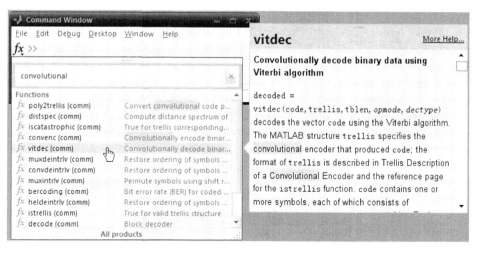

图 2-2　函数关键词搜索

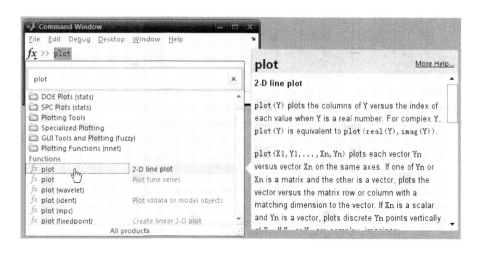

图 2-3　函数浏览器(2)

2.1.2　函数提示

若用户事先已明确某一函数的函数名,但不确定该函数的输入参数,则可以在 MATLAB 的"命令行窗口"中完整地输入该函数名,并加上一个左圆括号,函数浏览器将显示该函数各种可能的表达式格式,如图 2-4 所示。

提示框的内容将根据用户后续输入的内容不断地筛选显示,如图 2-5 所示。

单击提示框下部的 More Help 可链接到帮助文档,如图 2-6 所示。

第2章 MATLAB 高级应用基础

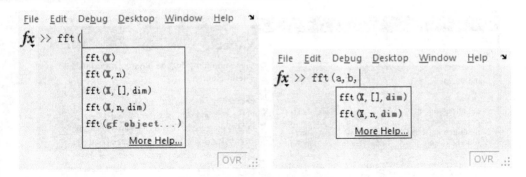

图 2-4 函数各种可能的表达式格式 　　　　图 2-5 参数筛选

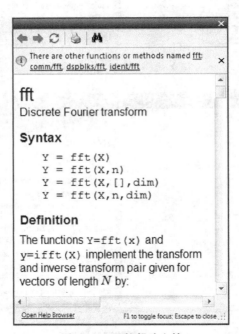

图 2-6 函数帮助文档

2.1.3 目录浏览器

① 目录浏览器上方的地址栏显示的不再是简单的路径,而是各级目录,用户可以通过单击地址栏上的目录名或目录名右边的箭头快速进入目录。同时,在目录列表框中,各级目录前均增加三角按钮,用户可以通过单击三角按钮逐一展开目录,快速查找到需要的文件或文件夹,如图 2-7 所示。

② 单击地址栏末尾的空白处,地址栏的内容将显示为传统的路径,以便用户直接输入路径,如图 2-8 所示。

③ 右击上方的 按钮,将显示数据分类菜单(见图 2-9),用户可以根据需要启

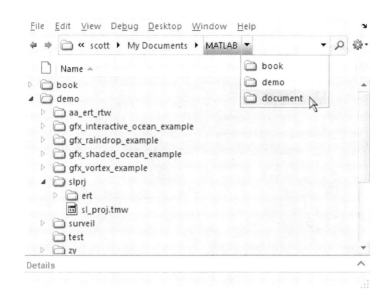

图 2-7 地址栏

图 2-8 直接输入路径

用目录列表栏目,或按类型显示。

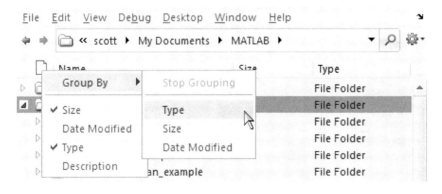

图 2-9 数据分类菜单

④ 目录浏览器下方有个详细信息区,右侧的箭头用于展开或折叠该信息区。选中某个文件,该区域将显示该文件的详细信息,用户可以根据这些信息初步判断文件的性质或用途。例如,对于 M 函数,信息区将显示函数名及参数,如图 2-10

所示;对于定义了 cell 的 M 脚本文件,信息区将显示脚本的各个 cell,如图 2-11 所示。

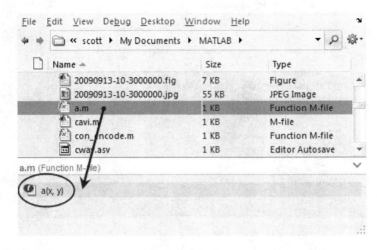

图 2-10 M 函数文件的详细信息

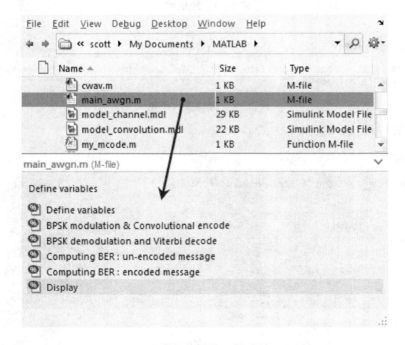

图 2-11 M 脚本文件的详细信息

2.1.4 文件交换服务

在 MATLAB 主窗口中选择"社区"→File Exchange 菜单项,如图 2-12 所示。

第 2 章　MATLAB 高级应用基础

图 2-12　选择"社区"→File Exchange 菜单项

用户可以创建一个 MathWorks 账户,登录 MATLAB File Exchange 服务器,如图 2-13 所示。

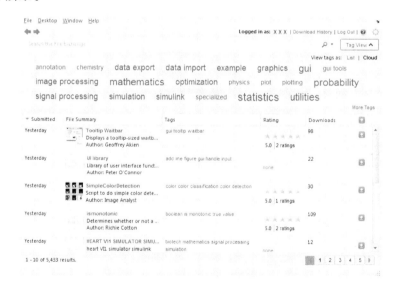

图 2-13　MATLAB Central 主页

说明:读者必须创建一个这样的账户,因为在后面的基于模型的设计中会经常用到该账户。创建方法:仅需一个任意的 email(甚至不需要激活)和口令即可。

在搜索栏中输入关键词,例如 QPSK,打开任意一个搜索结果,单击 Download 右侧的下三角按钮,可以选择下载到默认目录、当前目录或任意目录,实现与网页登录同样的功能,如图 2-14 所示。

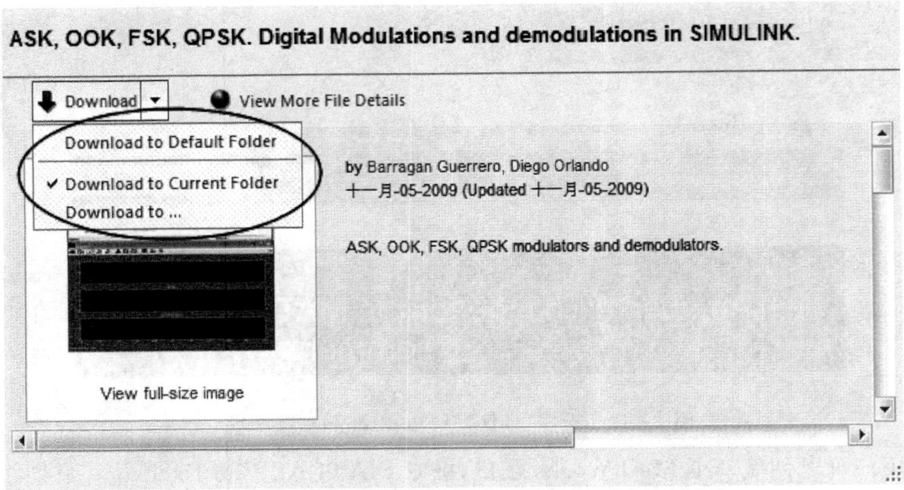

图 2-14 下载页面

2.2 M 文件

MATLAB 有两种形式的 M 文件：M 函数文件与 M 脚本文件。编写 M 文件的好处在于，用户可以将需要执行的一系列 MATLAB 指令包含在一个文件里，而在"命令行窗口"中用户只需要输入一条执行该文件的指令即可。

完整的 M 文件应包含以下各部分，当然其中的函数定义行只用于 M 函数文件。

例 2.2.1 完整的 M 文件。

代码如下：

```
function y = fact(x)                        % 函数定义行
% Compute a factorial value.                H1 行
% FACT(x) returns the factorial of x,       帮助
% usually denoted by x!
% Put simply, FACT(x) is PROD(1:x).         注释
y = prod(1:x);                              % 函数体/脚本体
```

2.2.1 M 文件结构

1. 函数定义行

函数定义行必须在 M 函数文件的第一行，它定义了函数的名称以及输入/输出参数的数量和顺序。

如例 2.2.1，function 是关键字，y 是输出参数，fact 是函数名，x 是输入参数。

对于多输入/输出的情况,将输出参数放入方括号"[ ]"中,输入参数放入圆括号"( )"中,参数之间用半角逗号区隔,如 function [x,y,z] = sphere(theta,phi,rho)。

若函数没有输出,则可将输出留空或使用一对空的方括号,如 function printresults(x)或 function [ ] = printresults(x)。

函数名必须以字母开始,此后可以包含任意字母、数字或下划线。文件名长度不能超过最大允许长度 N。虽然理论上 M 函数名可以是任意长度的,但 MATLAB 仅截取前 N 个字符作为函数名,因此用户需要确保该函数名是唯一的。使用 namelengthmax 可以查看允许的最大文件名长度。

MATLAB 系统中有一些保留字,用户不能用其作为函数名。用户可以使用 isvarname 命令检查某个函数名是否合法,如 isvarname myfun。

M 函数的函数名一般也是该 M 函数文件的文件名,如果二者不一致,则 M 函数文件里的函数名将被忽略,用户应使用 M 函数文件的文件名来调用该函数。例如,某 M 函数文件的文件名为 average.m,而函数文件内的函数命名为 computeAverage,则用户应使用 average 来调用该函数。为避免混乱,通常应统一这两个名称。

2. H1 行

M 文件的简单描述以%开始。如例 2.2.1,"% Compute a factorial value."。

当用户在 MATLAB 的"命令行窗口"中输入"help functionname"时,H1 行将在帮助信息的第一行显示。若使用 lookfor 命令查询,则仅显示该 H1 行。因此,用户在编写 H1 行时必须简明扼要。

3. 帮　助

用户可以为自己编写的 M 文件增加一些联机帮助信息,这些信息可以是一行,也可以是连续多行。MATLAB 系统认为紧随 H1 行后的一组连续以%开始的文字即为该函数的联机帮助信息,一旦中断,即认为帮助信息结束,即使此后还有注释行,它们也将被忽略。

注意:用户 M 文件里的帮助信息只能在 MATLAB 的"命令行窗口"中显示,在 MATLAB 帮助浏览器中是看不到的,帮助浏览器只能用来查看 MathWorks 公司系列产品的帮助信息。

4. 注　释

注释文本以%开始,它可以插在 M 文件的任意位置,包括某一行代码的后面。另外,用户可以在 M 文件的任意位置加入空行,尽管空行将被忽略,但是它可以用来结束帮助信息。

有时需要分行显示的注释可以在每行之前分别加上%,比较简便的方法是使用块注释标记"%{"和"%}"。这两个符号必须独立占用一行,符号与注释行间不能有空行,如下:

```
%{
This next block of code checks the number of inputs
passed in, makes sure that each input is a valid data
type, and then branches to start processing the data
%}
```

5. 函数体/脚本体

函数体/脚本体可以包括函数调用、变量赋值、计算式、注释、空行以及程序结构体,如流控制和交互输入/输出。

平均值函数包含如下程序指令:

```
[m,n] = size(x);
if (~((m == 1) || (n == 1)) || (m == 1 && n == 1))    % 流控制
error('Input must be a vector')                        % 错误提示
end
y = sum(x)/length(x);                                  % 计算及赋值
```

2.2.2 清理程序

在用户编写完 M 文件的所有功能代码后,还有最后一项工作需要完成——启动清理程序。其可以保证用户执行完该 M 文件后留下一个干净的工作环境,不对其他程序代码造成影响。

例如,用户可能要:

◇ 关闭所有用于导入/导出的文件;
◇ 删除占用大量内存的临时变量;
◇ 锁定或解锁内存,防止或允许清除 M 文件或 MEX 文件;
◇ 保证各变量不处于未知的状态;
◇ 将当前工作目录恢复为默认目录;
◇ 保证全局变量和永久变量处于正确的状态;
◇ 将临时使用的变量设置为原值。

针对上述需求,MATLAB 提供了一个 onCleanup 函数,它可以为 M 文件建立一个清理程序。无论是执行完毕还是由于错误引起 M 函数终止,MATLAB 都将自动启动该清理程序。

指令 cleanupObj = onCleanup(@myCleanupRoutine)建立了一个清理程序函数句柄,该句柄与输出变量 cleanupObj 关联。事实上,cleanupObj 是一个 MATLAB 对象。如果用户清除了 cleanupObj,或用户的 M 函数执行完毕,则系统寻找 onCleanup 类实例,执行 myCleanupRoutine 程序。

当用户的 M 程序退出时,系统将寻找 onCleanup 类实例,并执行所关联的函数句柄。

例 2.2.2 当函数 openFileSafely 结束时，MATLAB 关闭 fid 文件。

代码如下：

```
function openFileSafely(fileName)
d = fopen(fileName, 'r');
c = onCleanup(@()fclose(fid));
s = fread(fid);
 :
% fclose(fid) executes here
```

2.2.3 创建 M 文件

MATLAB 提供了一个内建的文本编辑器，可以用来编辑 M 文件，当然用户也可以使用其他的文本编辑器来编辑 M 文件。

创建 M 文件的几种方法：

① 在 MATLAB 主窗口中选择 File→New→Blank M-File 菜单项，新建一个名为 Untitled.m 的文件。

② 在"命令行窗口"中输入"edit ×××"，如果当前目录下没有文件×××.m，则系统将为用户新建该文件。

③ 在"命令行窗口"中输入"edit"，系统将新建一个名为 Untitled.m 的文件。

2.2.4 M 脚本文件

脚本文件是最简单的 M 文件，它不需要输入参数，同时也不返回输出，常用于执行那些需要多次执行的指令。

脚本文件使用 MATLAB 的基本工作空间，可对已有的变量进行操作或者新建变量。当脚本文件执行完后，所有变量都将保留在基本工作空间中，供后续使用。在"命令行窗口"中输入"whos"，可以查看这些变量。

显然，运行了脚本文件后，此前保存在基本工作空间的同名变量都将被覆盖。

例 2.2.3 一个简单的绘图脚本文件。

代码如下：

```
% Plot 2 Sine Wave
x = 0:0.01*pi:2*pi;         % 自变量
y1 = sin(x);                % 计算 y1
y2 = sin(2*x);              % 计算 y2
plot(x, y1, '--r');         % 以红色虚线描绘 y1
hold all;
plot(x, y2, '-k');          % 以黑色实线描绘 y2
hold off;
```

```
xlabel('X');                          % X轴标签
ylabel('Y');                          % Y轴标签
axis([0 2 * pi + 1 -1.5 1.5]);        % 设置X轴、Y轴数据显示范围
grid on;                              % 显示坐标网格
h = legend('sin x','sin 2x',1);       % 图例句柄
set(h,'Interpreter','none');          % 显示图例
```

保存上述代码并运行,即显示例2.2.3的输出波形,如图2-15所示。

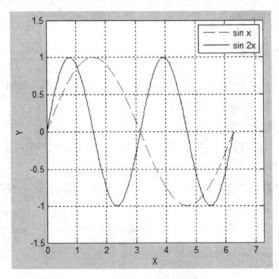

图2-15 例2.2.3的输出波形

2.2.5 M函数

M函数文件可以接收输入参数,并返回输出。如上文所述,当使用M函数文件定义M函数时,该函数文件必须以函数定义行作为起始行,或以end作为结束,或以另一个函数的定义行作为上一个函数的结束。但是,如果用户在一个函数体内定义了一个或多个嵌套函数,则必须使用end来结束某嵌套函数。

每个M函数都使用各自的工作空间,其可称为函数工作空间,独立于平常通过命令行或脚本文件访问的MATLAB基本工作空间。

M函数可分为以下几类:

① 主函数(primary M-file function),它是每个M函数文件中的第一个函数,通常包含的是主程序。

② 子函数(subfunction),M函数文件可以包含多个子函数,除了位于第一个的主函数外,其他函数都称为子函数。

③ 嵌套函数(nested function),它定义在另一个函数内,可以增强函数的可读性与灵活性。

④ 匿名函数(anonymous function),一种可快速定义的函数,可以出现在另一个函数内。更重要的是,它可以在 MATLAB 的"命令行窗口"中被定义。

⑤ 重载函数(overloaded function),特别适合于建立一个输入参数能够接受不同数据类型的函数。这类似于其他面向对象语言中的重载函数。

⑥ 私有函数(private function),它只能由处于其父目录的 M 函数访问。

主函数、子函数、嵌套函数和私有函数之间的区别仅仅是函数的地位,函数结构没有明显的不同,众多文献已有详细论述,此处不再赘述。

例 2.2.4 卷积编码。

(2,1,2)卷积编码器如图 2-16 所示。

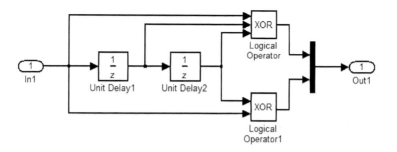

图 2-16 (2,1,2)卷积编码器

图 2-16 所示是一个简单的(2,1,2)卷积编码器,利用 M 函数实现的代码如下:

```
function [code] = con_encode(m)
    % (2, 1, 2) convolutional encoder, Code Rate = 1/2
    z = zeros(1,3);              % 移位寄存器初始化
    m_len = length(m);           % 计算源信息长度
    code = zeros(1,m_len * 2);   % 编码数组初始化
    c = 1;                       % 计数器
for i = 1:m_len
    z(1,3) = z(1,2);             % 寄存器数值移位
    z(1,2) = z(1,1);             % 寄存器数值移位
    z(1,1) = m(1,i);             % 消息位移入寄存器
    temp = xor(z(1),z(2));
    code1 = xor(temp,z(3));      % 生成多项式(1, 1, 1)
    code2 = xor(z(1),z(3));      % 生成多项式(1, 0, 1)
    code(1,c) = code1;           % 保存编码
    c = c + 1;
    code(1,c) = code2;           % 保存编码
    c = c + 1;
end
end
```

在 MATLAB 的"命令行窗口"中调用该函数,得到:

```
>> message = randint(1,5,[0,1])
message =
1 0 1 1 1
>> con_encode(message)
ans =
1 1 1 0 0 0 0 1 1 0
```

例 2.2.5 互相关函数: $R_{xy}(m) = \sum\limits_{n=-\infty}^{\infty} [x(n)^* y(n-m)]$。

代码如下:

```
function [cor] = mycorr(x,y)
% cross-correlation
%% 定义变量
    x_len = length(x);                  % 计算 x 序列长度
    y_len = length(y);                  % 计算 y 序列长度
    r_len = x_len + y_len - 1;          % 计算输出序列长度
    cor = zeros(1,r_len);               % 输出序列初始化
%% 自相关计算
    t = min(x_len, y_len) - 1;          % 补零长度
    z = zeros(1,t);
    x1 = cat(2,z,x);                    % x 序列前补零
    x1 = cat(2,x1,z);                   % x 序列后补零
for m = 1:r_len
    i = m;
    for n = 1:y_len
        r = x1(1,i) * y(1,n);           % 乘
        cor(1,m) = cor(1,m) + r;        % 累加
        i = i + 1;
    end
end
%% 绘图坐标平移
    x0 = cat(2,z,x);                    % x 序列前补零
    y0 = cat(2,z,y);                    % y 序列前补零
    z0 = zeros(1,max(x_len,y_len) - x_len);
    x0 = cat(2,x0,z0);                  % x 序列后补零
    z0 = zeros(1,max(x_len,y_len) - y_len);
    y0 = cat(2,y0,z0);                  % y 序列后补零
%% 绘图
    t0 = (-t:1:max(x_len,y_len) - 1);
    subplot(3,1,1);
    bar(t0,x0,0.05);
    axis([-t-1 max(x_len,y_len) -0.5 max(x0)+1]);
```

```
        xlabel('x[n]');
        grid on;                    % x 序列
        subplot(3,1,2);
        bar(t0,y0,0.05);
        axis([-t-1 max(x_len,y_len) -0.5 max(y0)+1]);
        xlabel('y[n]');
        grid on;                    % y 序列
        subplot(3,1,3);
        bar(t0,cor,0.05);
        axis([-t-1 max(x_len,y_len) -0.5 max(cor)+1]);
        xlabel('R[m] = \Sigma (x[n] \times y[n-m])');
        grid on;                    % r 序列
    end
```

代码中"%%"是 cell 边界符,相关介绍详见 2.4 节。另行编写如下脚本文件,用于测试上述代码,运行结果如图 2-17 所示。

```
clear;
clc;
fx = @(x,y) x^2 - y;
ruku(fx, -3,3,2);
```

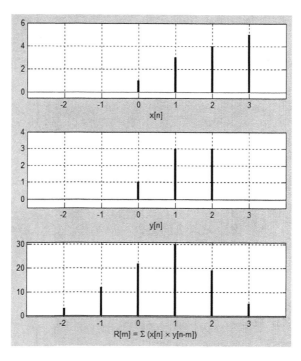

图 2-17 互相关计算结果

2.2.6 匿名函数

匿名函数是一种简单的 M 函数,不需要为它创建 M 文件,可以在"命令行窗口"中直接定义,也可以在 M 函数文件或脚本文件里定义。

建立匿名函数的指令是 fhandle = @(arglist) expr。其中,expr 表示函数体,它可以是任意的、单一合法的 MATLAB 表达式;arglist 表示输入参数(多个参数可用半角逗号分隔,这两者与其他 M 函数没有区别;操作符@的作用是建立一个函数句柄,用户可以使用句柄调用对应的匿名函数,此后利用指令 fhandle(arg1,arg2,…,argN)即可运行该函数,得到对应的输出。

定义一个匿名函数,操作符@是必不可少的。

注意:函数句柄可以用于访问匿名函数,用户也可以对任意的 MATLAB 函数定义句柄,不过指令格式有所不同:fhandle = @functionname(如 fhandle = @sin)。

例 2.2.6 单输入匿名函数。

下面的指令建立了一个计算二次方的匿名函数:

```
sqr = @(x) x.^2;
```

上述指令中的 sqr 即为该匿名函数的句柄,可以这样计算一个数的平方:

```
a = sqr(5)
a = 25
```

quad(fun,a,b)用于计算函数 fun 在区间[a,b]上的定积分,因此可以这样计算函数的定积分:

```
b = quad(sqr, 0, 3)
b = 9.000
```

例 2.2.7 双输入匿名函数。

下面的指令建立了一个二元函数:

```
sumxy = @(x, y) (2 * x + 3 * y);
```

取 x = 3,y = 4,计算该二元函数的值:

```
c = sumxy(3, 4)
c = 18
```

例 2.2.8 带参数的匿名函数。

考察下面的匿名函数:

```
a = 0;
s = @(x) sin(x + a);
```

```
fplot(s,[0 4*pi]);
axis([0 4.5*pi -1.2 1.2]);
grid on;
```

该匿名函数的输出曲线如图 2-18 所示。

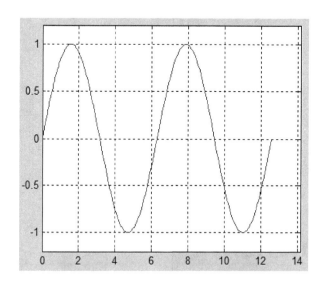

图 2-18 匿名函数输出曲线(1)

修改参数并再次绘图：

```
a = pi / 2;
```

可以看到输出的曲线依然如图 2-18 所示，显然简单地修改参数并不能相应地修改函数句柄 s，所以需要重新生成该函数句柄：

```
a = pi / 2;
s = @(x) sin(x+a);
fplot(s,[0 4*pi]);
axis([0 4.5*pi -1.2 1.2]);
grid on;
```

重新输出的曲线如图 2-19 所示。

这说明带参数匿名函数的句柄不具有普遍意义，对于本例，可以直接在绘图函数 fplot 的参数中使用匿名函数表达式：

```
fplot(@(x) sin(x+a),[0 4*pi])
```

第 2 章　MATLAB 高级应用基础

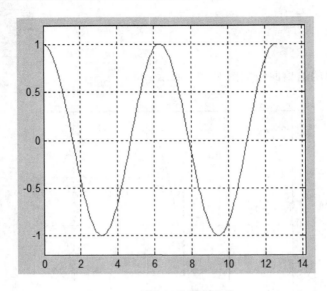

图 2-19　匿名函数输出曲线(2)

2.3　加快 M 文件的编写

2.3.1　什么是代码检查器

代码检查器(Code Analyzer)可以实时检查用户代码中存在的问题,并提出推荐的修改方法。

2.3.2　代码检查器的使用方法

用户可以在代码编辑过程中,根据代码检查器自动更新的提示信息,随时修改对应的代码。对于某些提示,代码检查器还提供了额外的信息,或者自动修改功能,或者两者皆有。Code Analyzer 与修改界面的具体使用将在下一小节介绍。

2.3.3　代码检查器实例

MATLAB 自带一个存在各种警告和错误的 M 文件——lengthofline.m,利用该文件用户可以了解 Code Analyzer 提示信息的意义以及相应的修改方法。

在"命令行窗口"中输入下述命令,打开 lengthofline.m 文件(见图 2-20),在修改之前,建议将文件另存到用户工作目录。

```
open(fullfile(matlabroot,'help','techdoc','matlab_env','examples','lengthofline.m'))
```

使用方法:在 M 文件编辑器右侧是 Code Analyzer 消息区,上端的小方块显示

图 2-20 Code Analyzer 示例文件

当前 M 文件的语法检测状态：

红色：M 文件至少有一个语法错误。对于某些错误，Code Analyzer 会高亮显示，如未结束的字符串、不匹配的关键词、圆括号、花括号、方括号等。

橘黄色：M 文件有警告或者值得改进的代码，但没有语法错误。

绿色：M 文件没有任何语法错误、警告以及可改进的代码。

单击红色小方块，光标将定位至下一个包含 Code Analyzer 消息的代码段。代码下方带有红色波浪线的表示有语法错误，代码下方带有橘黄色波浪线的表示警告或有待改进。

当鼠标移到带有波浪线的代码段时，Code Analyzer 消息将自动跳出。如行 22 的消息显示：The value assigned to variable 'nothandle' might be unused，如图 2-21 所示。它说明变量 nothandle 被赋予了某个初值，但在此之后该变量没有被引用，因此该行代码也许是多余的。当然也可能用户确实需要定义该变量，可以单击蓝色链接查看具体的说明。

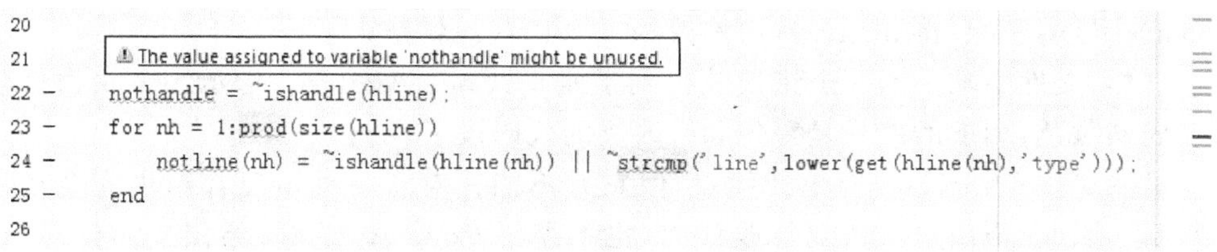

图 2-21 警告提示

另外，用户可以根据 Code Analyzer 的提示进行必要的修改。Code Analyzer 会判断修改后的代码是否符合规则，并自动更新提示小方块与对应的波浪线，即使用户修改后没有立即保存。

第2章 MATLAB高级应用基础

对照行22与行24,可以用"nothandle(nh)"代替"~ishandle(hline(nh))",这样变量nothandle得到了引用,Code Analyzer便不再提出警告。

行23高亮显示prod,将鼠标移到此处,Code Analyzer将提示用函数"NUMEL(x)"代替"PROD(SIZE(x))"能够提高计算效率。单击提示信息框右侧的Fix(修复)按钮,系统将自动完成替换,并移除对应的波浪线,如图2-22所示。

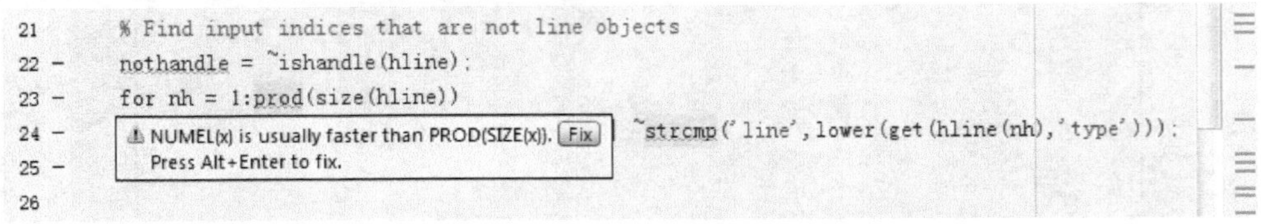

图2-22 自动修复警告

除了使用Code Analyzer提示小方块逐个定位Code Analyzer消息处外,用户还可以通过将鼠标移至小方块下面的消息标志条来快速浏览各条消息。

一个标志条可能对应某一行的多条消息,而这些消息可能是由一个或多个原因造成的。单击该标志条,光标将定位至该行的第一个警告,如图2-23所示。

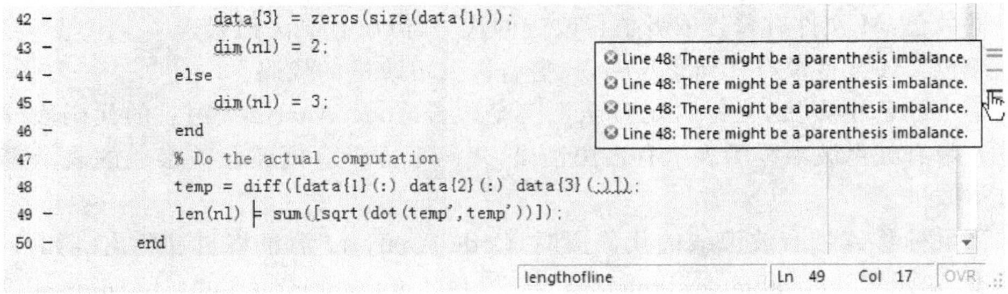

图2-23 多项警告显示

如Code Analyzer提示行48"temp = diff([data{1}(:) data{2}(:) data{3}(;)]);"存在不匹配的括号。显然是"data{3}(;)"圆括号中的";"将代码分隔成了两段造成括号不匹配,将data{3}(;)修改为data{3}(:)就修正了该警告。

这样,文件中唯一的一个错误就得到了修正,Code Analyzer指示小方块由红色转变成橘黄色,剩下的就只是警告和待改进的代码段了。

虽然Code Analyzer有上述优点,但它并不能针对每一种情况都给出完全正确的判断。因此,当用户不需要修改代码,也不需要Code Analyzer给出提示信息时,可以屏蔽Code Analyzer消息。但是,用户不能屏蔽Code Analyzer的语法错误提示。

屏蔽Code Analyzer消息有多种方法:

◇ 针对当前文件的某种情况,屏蔽一次Code Analyzer消息;

第 2 章　MATLAB 高级应用基础

◇ 针对当前文件的某种情况,均屏蔽 Code Analyzer 消息;
◇ 针对所有文件的各种情况,均屏蔽 Code Analyzer 消息;
◇ 设置默认的 Code Analyzer 消息规则;
◇ 设置用户自定义的 Code Analyzer 消息规则。

如行 49:len(nl) = sum([sqrt(dot(temp',temp'))])。

第一条消息建议用户在 M 函数文件中的每行命令后加入分号,以阻止显示该段代码的执行结果。但有时用户确实需要在执行过程中显示结果,因此不能接受 Code Analyzer 的建议,如图 2-24 所示。

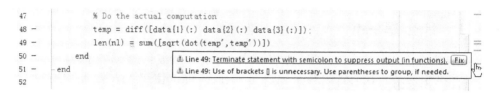

图 2-24　行 49 的警告显示

右击第一条消息对应的代码段"=",在弹出的快捷菜单中选择"取消"…""→在"此行中菜单项(见图 2-25),Code Analyzer 在代码末尾加入"%#ok<NOPRT>",表示不再对该行末缺少分号提出警告。

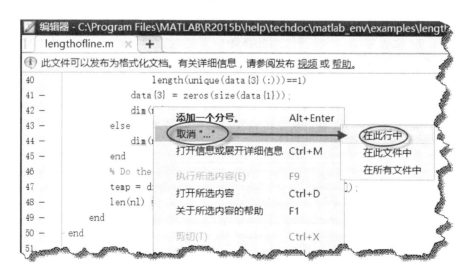

图 2-25　取消 Code Analyzer 的警告

第二条消息提示用户方括号"[ ]"也许是多余的。如果用户同样需要屏蔽该消息,则可以重复上述类似的操作,如图 2-26 所示。

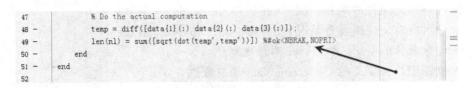

图 2-26 取消警告提示

2.4 加快 M 文件的调试——cell

2.4.1 什么是 cell

M 文件通常是由几个功能代码区组成的,对于一个很长的 M 文件,用户一般一次只关注其中的某个代码区。为了加快调试过程,可以使用 MATLAB 提供的 cell 功能。从字面上理解,cell 就是表示某个代码区,每个 cell 都包含若干行代码,用户可以将这些代码看作一个 M 脚本,对其进行单独调试。

cell 模式仅用于 M 文件,不适用于其他的 txt 文档。

2.4.2 cell 的定义与删除

1. 定义 cell

cell 是 M 文件里的一段代码,因此必须定义它的边界:这种边界分为用户定义的显性边界与 MATLAB 默认的隐性边界。

定义显性边界的一般方法是在 cell 的开始处插入一个空行,并输入两个连续的百分号"%%",称为显性边界符。当然,边界符也可以插在该 cell 的第一行代码前,用空格与后面的代码隔开,但是显性边界符后的代码将被视为 cell 标题,不再是可执行的代码,如图 2-27 所示。

```
1    %% x = 0:0.01*pi:2*pi;
2    y1 = sin (x);
3    plot (x, y1, '--r');
4    %%
5    xlabel('X');
6    ylabel('Y');
```

图 2-27 显性边界

M 文件的开始与结尾视为隐性 cell 边界。对于 M 函数文件,函数声明行与对应的 end 指令也作为隐性边界。如图 2-28 所示的函数,由于插入显性 cell 边界符,所以 function y = a(x) 内的代码被视为两个 cell。

```
1   function y = a(x)
2 -     t=h(x);
3 -     y=g(t);
4       %%
5   function a = g(b)
6 -     a=b;
7     end
8
9   function c = h(d)
10 -    c=d;
11    end
12
13    end
```

图 2 - 28　隐性边界(1)

if 或 while 等控制流语句的隐性边界为"if""while"指令与对应的"end",对于 if 语句,必须将完整的控制流语句 if…else…end 定义在一个 cell 里,如图 2-29 所示。

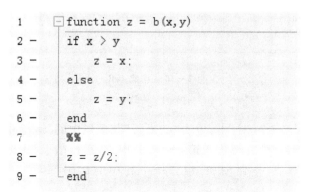

图 2 - 29　隐性边界(2)

如果 M 文件、M 函数体或控制流语句里没有显性边界符,则整个文件或函数体将被视为一个 cell,这样的 cell 不会被高亮显示。另外,由于存在隐性边界,所以用户不必明确定义第一个 cell 的起始位置,如图 2-28 和图 2-29 所示。

2. 删除 cell

删除 cell 的方法有以下几种:
① 删除 cell 边界符所在的整行;
② 删除 cell 边界符中的一个百分号;
③ 删除 cell 边界符与 cell 标题之间的空格。

第2章 MATLAB 高级应用基础

2.4.3 cell 调试实例

1. 创建 cell

考察例 2.2.3 的绘图脚本文件,可将其划分为两个 cell:前者是基本绘图代码,后者是添加坐标轴标签、图例等的代码,其划分如图 2-30 所示。

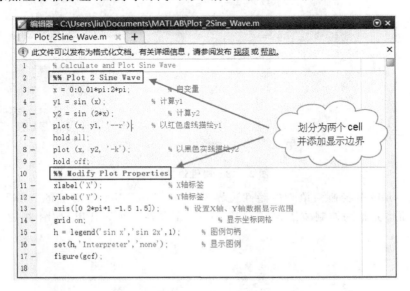

图 2-30 创建 cell

2. cell 调试

将光标放置在第一个 cell 中,单击"编辑器"菜单栏中的"运行并前进"按钮,执行第一个 cell 中的代码并使光标进入第二个 cell 中,其运行结果如图 2-31 所示。

接着单击"运行节"按钮,执行第二个 cell 中的代码,其运行结果如图 2-32 所示。

从图 2-31 和图 2-32 中可以看出,cell 中的代码是单独运行的,也就是说,其运行不会影响整个代码的其他地方,这将有利于加快定位代码中的错误。

有时用户可能会在定义了 cell 后引入错误,尽管此前的 cell 高亮与分隔线还存在,但在老版 MATLAB 中已无法继续定义 cell。例如,删除行 3 的某个"*"号,代码检查器将提示这会引起语法错误,如果继续在行 4 插入 cell 边界符,则显然此时的边界符无效,如图 2-33 所示。但是,这些软件瑕疵已在最新版的 MATLAB R2015b 中得到修正,如图 2-34 所示。

第 2 章　MATLAB 高级应用基础

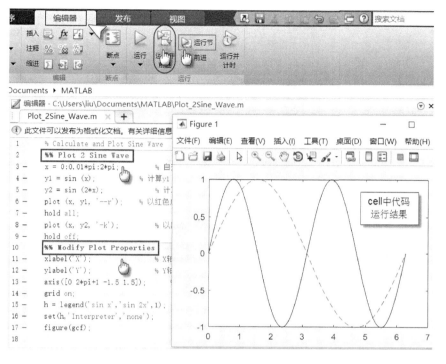

图 2-31　执行第一个 cell 中的代码并使光标进入第二个 cell 中

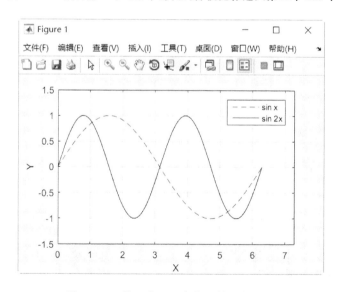

图 2-32　第二个 cell 中代码的运行结果

图 2-33 无效 cell

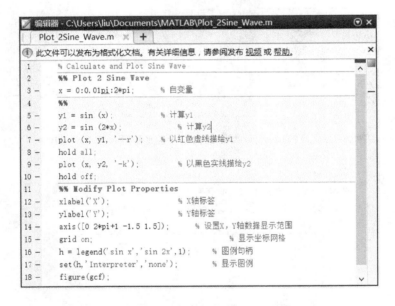

图 2-34 MATLAB R2015b 版对老版 cell 错误的修正

2.4.4 应 用

以下代码可用于评价卷积码的纠错性能。该系统以随机码发生器作为信源,调制方式选用 BPSK,信道采用 AWGN。作为对比,下半部分系统直接调制信号,而上半部分系统在信号调制前加入了卷积编码。M 代码依照功能大致可分为 8 个 cell,当然 M 代码的结构与各个 cell 的定义并不唯一,用户可以自行修改。

第 2 章 MATLAB 高级应用基础

```
%% 0 预备工作
clear all;
clc;
tic                                      % 计时开始
%% 1 变量定义
snrmin = 0;
snrstep = 1;
snrmax = 10;
mlength = 3000000;                       % 信源长度
ebn0 = snrmin:snrstep:snrmax;            % 定义 X 轴
ber_0 = zeros(1,snrmax/snrstep + 1);     % 初始化 ber_0 为全 0 数组
ber_1 = zeros(1,snrmax/snrstep + 1);     % 初始化 ber_1 为全 0 数组
message = randint(1,mlength,[0,1]);      % 生成随机消息
trellis = poly2trellis(3,[7 5]);         % 卷积码 trellis
tblen = 1;                               % 卷积码反馈深度
i = 1;                                   % 循环变量
%% 2 卷积编码及 BPSK 调制
message_tx_0 = modulate(modem.pskmod(2),message);   % 直接调制
message_tx_1 = modulate(modem.pskmod(2),...
    convenc(message,trellis));           % 编码后调制
%% 3 AWGN 信道传输、BPSK 解调、Viterbi 译码、误码率计算
disp(['Computing BER, SNR from ',num2str(snrmin),' to ',...
    num2str(snrmax)]);                   % 开始计算误码率
for snr = snrmin:snrstep:snrmax
    %% 3.1 未编码消息部分
    message_rx_0 = awgn(message_tx_0,snr,'measured');   % AWGN 信道
    message_dm_0 = demodulate(modem.pskdemod(2),message_rx_0);
                                         % BPSK 解调
    [number_0,ratio_0] = biterr(message,message_dm_0);
                                         % 计算误码率
    ber_0(1,i) = ratio_0;
    %% 3.2 卷积编码消息部分
    message_rx_1 = awgn(message_tx_1,snr,'measured');   % AWGN 信道
    message_dm_1 = demodulate(modem.pskdemod(2),message_rx_1);
                                         % BPSK 解调
    decode = vitdec(message_dm_1,trellis,tblen,'cont','hard');
                                         % Viterbi 译码
    decode = circshift(decode,[0 -1]);
    [number_1,ratio_1] = biterr(message,decode);   % 计算误码率
    ber_1(1,i) = ratio_1;
    %% 3.3 BER 计算过程显示
```

第 2 章　MATLAB 高级应用基础

```
    i = i + 1;
    disp(['SNR = ',num2str(snr),' finished']);          % 完成当前误码率计算
end
%%% 4 绘制误码率曲线
semilogy(ebn0, ber_0,'-or');                            % 未编码消息误码率
hold all;
semilogy(ebn0, ber_1,'-*k');                            % 卷积编码消息误码率
hold off;
xlabel('E_b/N_0 (dB)');                                 % X 轴标签
ylabel('BER');                                          % Y 轴标签
axis([snrmin snrmax + 2 10^(-5) 10^(-1)]);              % X 轴数据区
grid on;
h = legend('without encode','encode',1);                % 图例句柄
set(h,'Interpreter','none');                            % 显示图例
figure(gcf);
toc                                                     % 计时结束
```

据系统框图与代码结构(见图 2 - 16)可知，cell3.1、cell3.2、cell3.3 之间并无关联，如果调试时需要避开循环体，则可依循 call1→call2→call3.1→call3.2→call4 的顺序；如果只需要得到卷积编码的 BER 数据，则可依循 call1→call2→call3.2→call4 的顺序，当然期间需要手动设置循环变量 snr 的取值。

为了直观、合理地显示数据，cell4 是需要花费较多时间调整的部分。大型程序运行一次通常需要花费大量的时间，因此用户在得到正确的数据后，应将工作空间的各有用变量保存为 .mat 文件，以避免数据被破坏。后期另行加载该 MAT 文件，单独运行 cell4，以不断优化图形界面。

取 SNR = [0:1:10]，mlength = 3 000 000，某一次运行的结果如下：

```
Computing BER, SNR from 0 to 10
SNR = 0 finished
SNR = 1 finished
SNR = 2 finished
SNR = 3 finished
SNR = 4 finished
SNR = 5 finished
SNR = 6 finished
SNR = 7 finished
SNR = 8 finished
SNR = 9 finished
SNR = 10 finished
Elapsed time is 235.474894 seconds.
```

卷积码性能如图 2-35 所示。

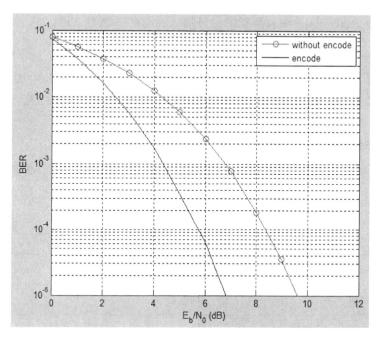

图 2-35　卷积码性能

2.5　数据存取

MAT 文件是用于 MATLAB 的双精度二进制数据文件，与其他应用程序的自有文件一样，用户可以在一台机器上建立 MAT 文件，在另一台机器上以不同的浮点格式读取，并最大限度地保留数据的精度及范围。当然，其他应用程序也可以读/写 MAT 文件。

用户可以有选择地将当前 MATLAB 工作空间的变量保存为二进制 MAT 文件，后期再将该 MAT 文件加载到 MATLAB 工作空间中。

2.5.1　生成 MAT 文件

1. 保存变量

使用命令 save，将工作空间的所有或指定变量保存为二进制或 ASCII 码文件，如果用户未指定 MAT 文件名，则系统使用 matlab.mat 作为默认的文件名。

```
save mymat              % 保存所有变量为 mymat.mat
save mymat a b c        % 保存指定变量 a,b,c 为 mymat.mat
```

2. 追加变量

使用命令 save —append,将新的变量加入已有的 MAT 文件。

```
save mymat a —append;  % 追加变量 a 到 mymat.mat
```

执行命令时,系统将首先遍历 MAT 文件所包含的各变量名,若追加的变量名已存在于 MAT 文件,则改写该变量;若在 MAT 文件中未找到追加的变量名,则将新增该变量。

3. 保存格式

表 2-1 列出了 MAT 文件的保存格式及对应的命令,用户可以根据需要选用,如果未指定,则以默认的二进制文件保存,如表 2-1 所列。

表 2-1 保存 MAT 文件

保存格式	命令
二进制 MAT 文件(默认)	save filename
8 位 ASCII 码	save filename —ascii
8 位 ASCII 码,制表符分隔	save filename —ascii —tabs
16 位 ASCII 码	save filename —ascii —double
16 位 ASCII 码,制表符分隔	save filename —ascii —double —tabs
MATLAB v4 兼容格式	save filename —v4

4. ASCII 格式文件

如果将变量保存为上述任意一种 ASCII 码,则用户应事先考虑以下几个问题:

① 每个变量必须是二维双精度数组或二维字符数组。由于 MATLAB 无法加载非数字的数据(如虚数单位 i),所以当保存双精度复数数组时,虚部数据将丢失。

② 读取 MAT 文件时,要求所有变量的列数必须一致,但如果使用其他的应用程序读取数据,则不受该条要求限制。例如,下列数据是无法在 MATLAB 程序中读取的。

```
>> a = [1 2 3];
>> b = [4 5 6];
>> c = [7 8];
>> save mymat.mat -ascii
>> load mymat.mat -ascii
??? Error using ==> load
```

```
Number of columns on line 2 of ASCII file C:\Documents and Settings\...\MATLAB\
mymat.mat
    must be the same as previous lines.
```

但是，若使用 Windows 自带的记事本将其打开，则可以看到 mymat.mat 文件的内容，如下：

```
1.0000000e + 000  2.0000000e + 000  3.0000000e + 000
4.0000000e + 000  5.0000000e + 000  6.0000000e + 000
7.0000000e + 000  8.0000000e + 000
```

③ 字符数组的各个字符将被转换为对应的 ASCII 码，以浮点数保存与读取，此后用户将无法分辨该 MAT 所列出的数据的原始状态是数值还是字符。

```
>> a = 'a';
>> b = 'b';
>> save mymat.mat - ascii
>> load mymat.mat - ascii
```

运行上述代码后，工作空间显示"mymat=[97 98]"，用记事本打开 mymat.mat，显示为

```
9.7000000e + 001
9.8000000e + 001
```

④ 所有的变量将被整合成一个变量，以文件名作为变量名（不包含.mat 扩展名），因此妥当的做法是一次保存一个变量。

2.5.2 加载 MAT 文件

1. 加载命令

使用命令 load，将二进制或 ASCII 码文件中保存的所有或指定变量导入工作空间，如果用户未指定 MAT 文件，则系统默认导入 matlab.mat 文件。

用户在指定导入的变量时，可以使用通配符"*"，该方法仅适用于 MAT 文件。若导入的变量与当前工作空间的变量重名，则后者将被改写。

```
load mymat              % 导入 mymat.mat 中的所有变量
load mymat a b c        % 导入 mymat.mat 中的变量 a,b,c
load mymat d*           % 导入 mymat.mat 中以 d 开头的所有变量
```

2. 预览 MAT 文件内容

使用命令 whos －file 预览 MAT 文件，可避免导入变量时覆盖现有的数据，该命令返回 MAT 文件中各变量的变量名、维度、大小和类。命令 whos －file 仅对二进制 MAT 文件有效。

第 2 章　MATLAB 高级应用基础

例如：

```
>> a = [1 2 3];
>> b = [4 5];
>> c = [7];
>> save mymat
>> whos - file mymat
Name Size Bytes Class Attributes
a 1x3 24 double
b 1x2 16 double
c 1x1 8 double
```

3. 加载 ASCII 码文件

当使用命令 load 加载 ASCII 码文件时，要求该文件每行的元素数目必须一致，就如同"矩形"，否则提示错误。每行元素之间应以空格、逗号、分号或制表符分隔，同时 ASCII 码文件可以包含以％开头的注释文字。

系统将文件内的所有内容看作一个双精度的二维数组导入工作空间，数组的行列数与 ASCII 码文件的行数与每行的元素个数对应。

工作空间的变量名一般即为该 ASCII 码文件名，但不包含扩展名。对于不符合 MATLAB 规范的文件名，在导入时，变量名将进行适当修改：若文件名以下划线或数字开始，则在变量名前加 X；若文件名中包含非字母字符，则以下划线代替。

例如，文件 10 - May - data.dat 在导入时，对应的变量将被命名为 X10_May_data。

4. 语法说明

在 MATLAB 的"命令行窗口"中，用户使用下列任意一条命令都可以将 MAT 文件中的变量导入工作空间，扩展名.mat 可省略。

对于 M 脚本文件或 M 函数，则必须使用下列函数格式：

```
load mymat.mat            %命令行格式
load('mymat.mat')         %函数格式
```

若用户需要以函数调用的形式导入文件，则必须使用函数格式，例如：

```
a = load('mymat.mat')
```

对于 ASCII 码文件，扩展名是不可少的，例如：

```
load mymat.dat - ascii              %命令行格式
load('mymat.dat','- ascii')         %函数格式
```

2.5.3　读/写音视频文件

1. 写入音频文件

代码如下：

```
% load sample data from the file,fihandel.mat
% 向工作空间添加音频数据"y"和采样速率"Fs"
% 即在 MATLAB 的"命令行窗口"中输入
>> load handel.mat
% 在当前文件夹中,使用 audiowrite 函数向命名为 handel.wav 的波形文件写入数据
>> audiowrite('handel.wav',y,Fs)
clear y Fs
```

2. 获取音频文件的信息

代码如下:

```
% 即在 MATLAB 的"命令行窗口"中输入
>> info = audioinfo('handel.wav')
   info =
Filename: 'C:\Users\liu\Documents\MATLAB\handel.wav'
    CompressionMethod: 'Uncompressed'
NumChannels: 1
 SampleRate: 8192
       TotalSamples: 73113
 Duration: 8.9249
   Title: []
  Comment: []
   Artist: []
BitsPerSample: 16
```

3. 读取音频文件

代码如下:

```
% 使用 audioread 函数读取 handel.wav 文件
% audioread 函数支持 WAVE、OGG、FLAC、AU、MP3 和 MPEG-4 AAC 文件
% 即在 MATLAB 的"命令行窗口"中输入
>> [y,Fs] = audioread('handel.wav');
```

4. 播放音频

代码如下:

```
% 即在 MATLAB 的"命令行窗口"中输入
>> sound(y,Fs)
```

5. 绘制音频波形

代码如下:

```
% 创建一个表示消耗时间采样长度的向量 t 作为 y
% 即在 MATLAB 的"命令行窗口"中输入
>> t = 0:seconds(1/Fs):seconds(info.Duration);
   t = t(1:end-1);
```

第2章 MATLAB 高级应用基础

```
% Plot the audio data as a function of time
% 即在 MATLAB 的"命令行窗口"中输入
≫plot(t,y)
    xlabel('Time')
    ylabel('Audio Signal')
```

绘制的音频波形如图 2-36 所示。

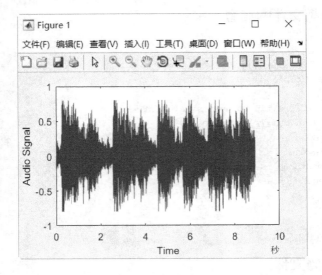

图 2-36 绘制的音频波形

6. 录制音频

利用麦克风等音频输入设备将声音读入 MATLAB 工作空间时,需要使用命令 audiorecorder 建立 audio recorder 对象,该对象连接 MATLAB 应用程序与音频输入设备,此后再调用对象的各种方法及属性记录外界声音并播放。

在 Microsoft Windows 操作系统下,用户还可以使用命令 wavrecord,将外界的声音以 WAV 格式读入 MATLAB 工作空间。

录音过程的代码如下:

```
r = audiorecorder(44100, 16, 1);
record(r);                          % 开始录音
%%
stop(r);                            % 停止
y = getaudiodata(r, 'int16');       % 获取音频数据 int16
audiowrite(y, 'test.wav');          % 保存 WAV 文件
```

2.6 代码效率分析

MATLAB 提供了一个计算代码执行时间的工具——Profiler。它可以统计各函数所消耗的时间，协助用户分析代码运行的效率。对于运行时间最长的函数，用户应详细评估所消耗的时间是否有必要，是否有可替代的方案，避免由于考虑不周而造成不必要的消耗。

选择 HOME（首页）→Run and Time（运行并计时）菜单项或在"命令行窗口"中输入"profile viewer"，打开 Profiler 窗口。

在 Run this code（运行此代码）文本框中输入待分析的 M 文件，单击左侧的 Start Profiling 按钮开始分析，完成后右侧的 Profiling time 将显示运行时间。

注意：Profiling time 显示的只是用户单击 Start Profiling 按钮到结束分析之间的时间，并不是代码实际的执行时间。同样它与 Profiler 统计报告的时间也不相符，因为统计报告的时间默认情况下是基于 CPU 的。使用命令 profile —timer real 或 profile —timer cpu，设置 Profiler 统计报告的时间是基于真实时间或是 CPU 时间的。图 2-37 所示是例 2.2.3 基于真实时间得到的某一次统计结果。

图 2-37 基于真实时间得到的某一次统计结果

如果用户需要得到基于 CPU 时间的报告，而计算机的中央处理器是双核或是多核的，则在执行 Profiler 前，需要将活动 CPU 核心的数量设为 1。这是为了得到更

精确、更有效的统计报告,具体步骤如下:
① 打开 Windows 的任务管理器,选择"进程";
② 右击进程"MATLAB.exe",在弹出的快捷菜单中选择 Set Affinity;
③ 打开 Processor Affinity 对话框,记住当前活动 CPU 核心的设置;
④ 将活动 CPU 核心数设为 1,如图 2-38 所示;
⑤ 在 MATLAB 的"命令行窗口"中输入"profile -timer cpu",再次单击 Profiler 窗口中的 Start Profiling 按钮;
⑥ 完成统计分析后,恢复原先的活动 CPU 核心的设置。

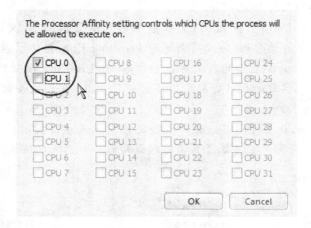

图 2-38 CPU 核心的设置

图 2-39 所示是例 2.2.3 基于 CPU 时间得到的某一次统计结果。

Function Name	Calls	Total Time	Self Time*	Total Time Plot (dark band = self time)
Plot_2Sine_Wave	1	0.513 s	0.047 s	■■■■■
legend	1	0.171 s	0.016 s	■■
legendcolorbarlayout>doLayout	11	0.156 s	0.000 s	■■
legend>make_legend	1	0.155 s	0.000 s	■■
scribe.legend.legend	1	0.140 s	0.000 s	■■
newplot	2	0.109 s	-0.000 s	■

图 2-39 基于 CPU 时间得到的某一次统计结果

无论基于哪种时间模式,Profiler 统计表格的结构都是一致的:

第 2 章 MATLAB 高级应用基础

Function Name：执行分析时，调用的所有函数及子函数列表，单击标题栏将升序排列各函数。

Calls：函数被调用的次数，单击标题栏将降序排列各函数。

Total Time：函数及其调用子函数所消耗的全部时间，另外还包括执行 Profiler 的额外开销，以秒为单位，单击标题栏将降序排列各函数。

Self Time：函数本身所消耗的时间，不包含子函数所消耗的时间，单击标题栏将降序排列各函数。如果 MATLAB 能计算出 Profiler 的额外开销，则这部分时间也将被排除。至于 MATLAB 能否得到某次 Profiler 的额外开销，Profiler 统计报告的末尾将给出说明。

Total Time Plot：Self Time 在 Total Time 中所占的比例。其中，深色部分为 Self Time。

2.7 MATLAB Coder 简介

MATLAB Coder 可从 MATLABcode 产生可读且可移植的 C/C++ 程序，支持多数 MATLAB 语言和工具箱，可将产生的程序作为源程序、静态库或动态库集成到项目中，可在 MATLAB 环境中使用产生的程序来加快 MATLAB 代码的执行速度。使用 MATLAB Coder 可将现有 C 程序添加到 MATLAB 算法和生成的代码中，以及对那些建模不方便的算法采用 MATLAB Coder 实现，然后集成到 Simulink 模型中去，从而避免了用 C 语言重写 MATLAB 算法的重复劳动，使编程效率大为提高。

另外，通过联合使用 MATLAB Coder 与 Embedded Coder 可以优化程序的执行效率和自定义产生的代码，然后采用软件在环（SIL）和处理器在环（PIL）执行程序来验证生成代码的正确性。

MATLAB Coder 的主要特点如下：

◇ 生成符合 ANSI/ISO 的 C 和 C++ 代码；

◇ 支持多种工具箱的代码生成，包括 Communications System Toolbox、Computer Vision System Toolbox、DSP System Toolbox、Image Processing Toolbox 及 Signal Processing Toolbox；

◇ 生成用于代码验证和加速的 MEX 函数；

◇ 将遗留的 C 代码集成到 MATLAB 算法和生成的代码中；

◇ 使用 OpenMP 生成支持多核的代码；

◇ 静态或动态内存分配控制；

◇ 用于管理代码生成项目的应用和等效命令行函数。

2.7.1 MATLAB Coder 支持/不支持生成 C 代码的类型

① MATLAB Coder 支持以下类型生成 C 代码：
- N 维数组；
- 矩阵运算，包括删除行和列；
- 可变大小的数据；
- 下标(subscripting)；
- 复数；
- 数字类；
- 双精度、单精度和整数；
- 定点算法；
- 程序控制语句：if、switch、for、while 和 break；
- 算术、关系和逻辑运算符；
- 本地函数；
- 持久变量；
- 全局变量；
- 结构体；
- 元胞数组(cell array)；
- 字符(character)；
- 函数处理；
- 帧；
- 可变长度的输入和输出参数列表；
- MATLAB 工具箱函数的子函数；
- System Toolbox、Computer Vision System Toolbox、DSP System Toolbox、Fixed-PointDesigner、Image Processing Toolbox、Signal Processing Toolbox、Phased Array SystemToolbox 和 Statistics and Machine Learning Toolbox。
- MATLAB 类；
- 函数调用。

② MATLAB Coder 不支持以下常用的 MATLAB 结构体生成 C 代码：
- 匿名函数；
- 分类数组(categorical array)；
- 日期和时间数组；
- Java；
- 地图容器；
- 嵌套函数；
- 递归；

◇ 稀疏矩阵；
◇ 表；
◇ 时间序列对象；
◇ try/catch 语句。

2.7.2 MATLAB Coder 的使用要求

不是每个 M-code 都能产生嵌入式实时 C 代码，必须满足 Code Analyzer 的以下限制：

① 数据类型：在编译时必须声明变量的数据类型和阵列大小的上下限；

② 内存分配：MATLAB Coder 支持动态内存分配；

③ 速度：代码速度需满足嵌入式应用实时性的要求；

④ 内存占用：由于嵌入式器件的内存有限，所以要求 Embedded MATLAB 代码量应尽量小；

⑤ 严格按照 MATLAB Coder 用户手册中列出的生成 C 代码所支持的操作符、M 函数、工具箱函数、信号处理函数来编写想要产生 C 代码的 MATLAB 程序，修改不符合要求的结构、代码等；

⑥ 编辑指令：在 M-code 文件开头必须加上"%♯codegen"编译指令，打开验证是否满足从 MATLAB 代码到 C 代码转换要求的开关。

从 MATLAB 代码到嵌入式实时 C 代码的流程图如图 2-40 所示。

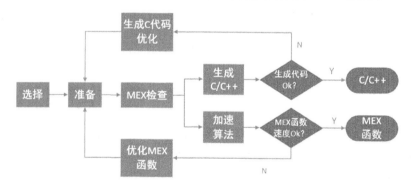

图 2-40　从 MATLAB 代码到嵌入式实时 C 代码的流程图

2.7.3　Embedded Coder 的常用命令

① codegen：从 M-code 文件直接生成 C 代码。具体如下：

```
≫codegen options files fcn_1 args... fcn_n args
≫codegen project_name
```

② coderl.ceval：集成已存在的用户 C 代码到 Embedded MATLAB 模块中。具

体如下:

```
≫coder.ceval('function_name', u1,..., un)
≫coder.ceval('cfun_name')
≫coder.ceval('cfun_name',ficfun_arguments)
≫cfun_return = ficoder.ceval('cfun_name')
≫cfun_return = ficoder.ceval('cfun_name',ficfun_arguments)
≫coder.ceval('-global','cfun_name',cfun_arguments)
≫cfun_return = coder.ceval('-global','cfun_name',cfun_arguments)
```

③ coder.extrinsic:定义那些 MATLAB Coder 不支持的 MATLAB 函数为外部函数,它只能被执行,不能产生嵌入式 C 代码。

```
≫ coder.extrinsic('function_name');
≫ coder.extrinsic('function_name_1',...,'function_name_n');
≫ coder.extrinsic('-sync:on','function_name');
≫ coder.extrinsic('-sync:on','function_name_1',...,'function_name_n');
≫ coder.extrinsic('-sync:off','function_name');
≫ coder.extrinsic('-sync:off','function_name_1',...,'function_name_n');
```

2.7.4 C 编译器的设置

在实现 MATLAB 编译器的各种功能之前(如 MEX),需要指定 MATLAB 编译器,如下:

```
≫ mex – setup
```

MEX 配置为使用"'Microsoft Visual C++ 2010 (C)'",以进行 C 语言编译。

警告:MATLAB C 和 Fortran API 已更改,现可支持包含 $2^{32}-1$ 个以上元素的 MATLAB 变量。不久以后,需要更新代码以利用新的 API。可以在以下网址找到相关的详细信息:http://www.mathworks.com/help/matlab/matlab_external/upgrading-mex-files-to-use-64-bit-api.html。要选择不同的语言,可从以下选项中选择一种命令:mex —setup C++;mex —setup FORTRAN。

说明:作者计算机上安装的 VC 为 Microsoft Visual C++ 2010。MATLAB R2015b 所支持的 VC 版本为 Visual C++ 2008—2013。不过,据说从 MATLAB R2016a 版后就不再支持 Visual C++ 2008 版,建议读者安装 Visual C++ 2010 及更高版本,这是因为 MATLAB 版本越高,对从 MATALB Code 生成 C 代码的函数支持越多。

2.7.5 应用实例

1. 常用命令的使用方法与嵌入式 C 代码的生成

(1) 以一个二次方程为例

以一个二次方程为例来说明 MATLAB 程序的调试以及嵌入式 C 代码的生成，代码如下：

```
function [x1,x2] = myquadratic(a,b,c)
% Calculate delta
    delta = b^2 - 4*a*c;
% Solve roots of Equation,according to the value of delta
if delta > 0 % Equation has two different real roots
    x1 = (-b + sqrt(delta)) / (2*a);
    x2 = (-b - sqrt(delta)) / (2*a);
    disp('Equation has two different real roots :');
    fprintf('x1 = %f\n', x1);
    fprintf('x2 = %f\n', x2);
elseif delta == 0 % Equation has two identical real roots
    x1 = (-b) / (2*a);
    disp('Equation has two identical real roots:');
    fprintf('x1 = x2 = %f\n', x1);
else % Equation has two complex roots
    real_part = (-b) / (2*a);
    imag_part = sqrt( abs(delta)) / (2*a);
    disp('Equation has two complex roots:');
    fprintf('x1 = %f + i %f \n',real_part, imag_part);
    fprintf('x1 = %f - i %f \n', real_part, imag_part);
end
```

在"命令行窗口"中输入以下代码：

```
>> myquadratic(1,-1,-6);
```

即得到计算结果：

```
Equation has two different real roots :
x1 = 3.000000
x2 = -2.000000
>>
```

(2) 从 M-Code 生成 C 代码的要求检查

在程序的第二行加上编译指令"%#codegen"，从 M-Code 生成 C 代码的要求检查，如图 2-41 所示。

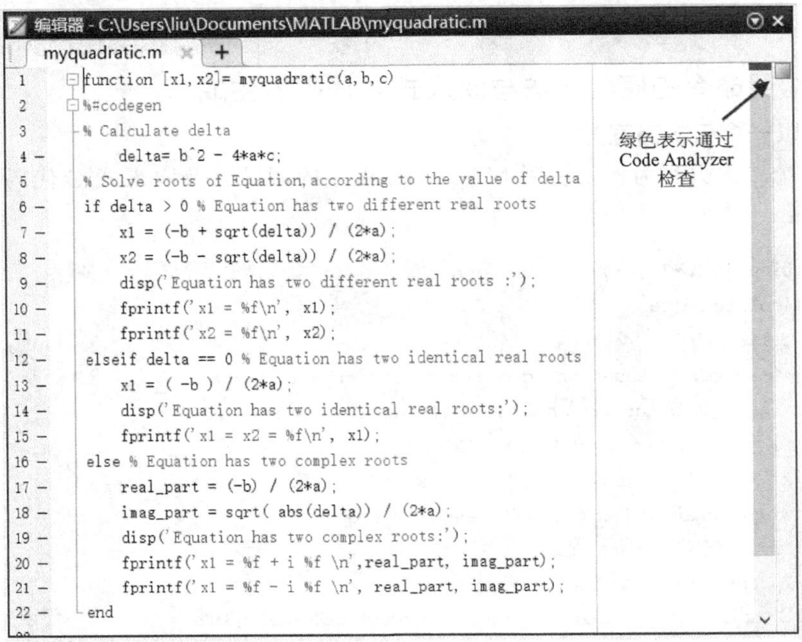

第2章　MATLAB 高级应用基础

```
编辑器 - C:\Users\liu\Documents\MATLAB\myquadratic.m
myquadratic.m  +
1   function [x1,x2]= myquadratic(a,b,c)
2   %#codegen
3   % Calculate delta
4       delta= b^2 - 4*a*c;
5   % Solve roots of Equation, according to the value of delta
6   if delta > 0 % Equation has two different real roots
7       x1 = (-b + sqrt(delta)) / (2*a);
8       x2 = (-b - sqrt(delta)) / (2*a);
9       disp('Equation has two different real roots :');
10      fprintf('x1 = %f\n', x1);
11      fprintf('x2 = %f\n', x2);
12  elseif delta == 0 % Equation has two identical real roots
13      x1 = ( -b ) / (2*a)
14      disp('Equation has two identical real roots:');
15      fprintf('x1 = x2 = %f\n', x1);
16  else % Equation has two complex roots
17      real_part = (-b) / (2*a);
18      imag_part = sqrt( abs(delta)) / (2*a);
19      disp('Equation has two complex roots:');
20      fprintf('x1 = %f + i %f \n',real_part, imag_part);
21      fprintf('x1 = %f - i %f \n', real_part, imag_part);
22  end
```

绿色表示通过 Code Analyzer 检查

图 2-41　从 M-Code 生成 C 代码的要求检查

(3) 代码生成时的检查

在"命令行窗口"中输入以下代码：

```
>>codegen myquadratic - report
```

检查失败，提示需要定义输入变量 a,b,c 的类型。

```
??? Preconditioning: No class precondition specified for input 'a'
of function 'myquadratic'. You must
specify the class, size, and complexity of function inputs. To specify
class, use assert(isa(input,
'class_name')).
More information
Error in ==> myquadratic Line: 1 Column: 18
Code generation failed: View Error Report
```

(4) 定义输入变量 a,b,c 的类型

```
function [x1,x2] = myquadratic(a,b,c)  % #codegen
assert(isa(a,'double'));
assert(isa(b,'double'));
assert(isa(c,'double'));
```

```
% Calculate delta
    delta = b^2 - 4*a*c;
```
(下略)

(5) 变量初始化

再次进行代码生成时的检查,提示变量 x1 未初始化,如下:

```
>> codegen myquadratic -report
??? Output argument 'x1' is not assigned on some execution paths.
Error in ==> myquadratic Line: 1 Column: 11
Code generation failed: View Error Report
错误使用 codegen
```

在代码开始部分初始化变量 x1 和 x2,如下:

```
function [x1,x2] = myquadratic(a,b,c) % #eml
assert(isa(a,'double'));
assert(isa(b,'double'));
assert(isa(c,'double'));
x1 = 0;
x2 = 0;
% Calculate delta
    delta = b^2 - 4*a*c;
```
(下略)

(6) 在 MATLAB 的"命令行窗口"中输入命令

通过代码生成时的检查,在 MATLAB 的"命令行窗口"中输入:

```
>> codegen myquadratic - report
```

得到生成代码成功信息"Code generation successful: View report",单击 View report 链接(见图 2-42),打开生成 C MEX 函数报告,如图 2-43 所示。

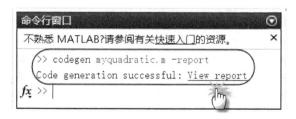

图 2-42 单击 View report 链接(1)

(7) 生成嵌入式 C 代码

在"命令行窗口"中输入以下代码则成功生成 C 代码,单击 View report 链接(见图 2-44),可以看到生成的 C 代码,如图 2-45 所示。

第 2 章 MATLAB 高级应用基础

```
>> codegen -config:lib -report -c myquadratic.m
```

图 2-43　生成 C MEX 函数报告

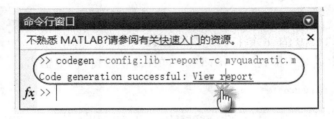

图 2-44　单击 View report 链接(2)

2. 利用 APPS(应用程序)界面生成 C 代码

(1) 加载 kalman 文件夹

在 MATLAB 的"命令行窗口"中输入：

```
>>cd(fullfile(docroot, 'toolbox', 'coder', 'examples'))
```

(2) 复制 kalman 文件夹

将 kalman 文件夹复制到 C:\Users\liu\Documents\MATLAB\kalman(其中，"liu"为作者的计算机用户名，Windows 10 系统，读者也可将其放在其他目录下)。

(3) Code Analyzer 检查

加载的 kalman01.m 文件进行 M-code 的 Code Analyzer 检查(见图 2-46)，在

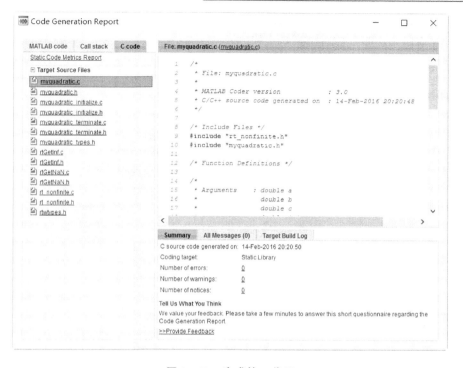

图 2-45 生成的 C 代码

MATLAB 的"命令行窗口"中输入：

```
>> open('kalman01.m')
```

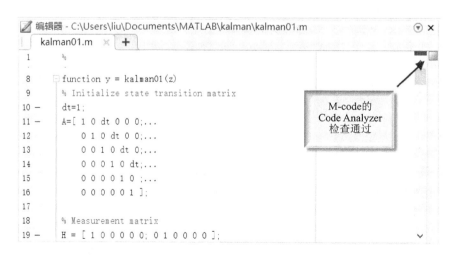

图 2-46 对 kalman01.m 进行 M-code 的 Code Analyzer 检查

第2章　MATLAB 高级应用基础

(4) 运行测试卡尔曼滤波器代码——test01_ui

在 MATLAB 的"命令行窗口"中输入：

```
>> test01_ui,
```

绘制的卡尔曼滤波器跟踪波形如图 2-47 所示。

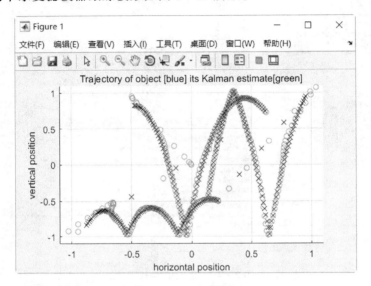

图 2-47　卡尔曼滤波器跟踪波形

从图 2-47 中可以看出，绿色波形(由"○"组成)基本上和蓝色波形(由"×"组成)重合，这就验证了卡尔曼滤波器的 M-code 是正确的。

(5) 从 M-code 生成 C 代码的要求检查

在 kalman01.m 中添加"%#codegen"编译指令，进行是否满足从 M-code 生成 C 代码的要求检查，如图 2-48 所示。

(6) 打开 MATLAB Coder 的图形界面

打开 MATLAB Coder 的图形界面有以下两种方式：

① 直接在 MATLAB 的"命令行窗口"中输入"coder"来打开；

② 通过选择"应用程序"→MATLAB Coder 菜单项来打开。

(7) 利用图形界面的 MALTAB Coder 生成 C 代码

利用图形界面的 MATLAB Coder 生成 C 代码的步骤如下：

① 选择待生成 C 代码的 M-code 文件，如图 2-49 所示。

② 单击 Next 按钮进入定义输入变量类型的界面。这里，应用程序将分析编码的问题和代码生成的准备。如果代码中存在问题，那么它将打开检查代码生成准备界面，在这里可以查看和解决问题。在这个例子中，因为应用程序没有检测到错误，所以仅打开了定义输入类型的界面，如图 2-50 所示。

第 2 章　MATLAB 高级应用基础

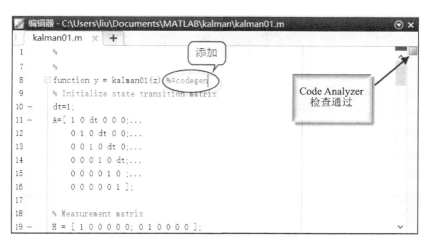

图 2-48　从 M-code 生成 C 代码的要求检查结果

图 2-49　选择待生成 C 代码的 M-code 文件

③ 定义输入变量。

由于 C 代码使用静态类型，因此，在编译时 MATLAB Coder 必须确定 MATLAB 文件中所有变量的属性，以及指定所有函数输入的属性，具体步骤如下：

第一，使用提供的代码来引导应用程序确定输入属性。

第二，直接指定属性。

在这个例子中，要定义输入变量 z 的属性可通过指定测试文件 test01_ui.m 来使 MATLAB Coder 自动定义 z 的属性，具体步骤如下：

第一，输入或选择测试文件 test01_ui.m。

第二，单击 Autodefine Input Types 按钮，将自动设置 z 的属性为"double 2×1"，如图 2-51 所示。

第 2 章　MATLAB 高级应用基础

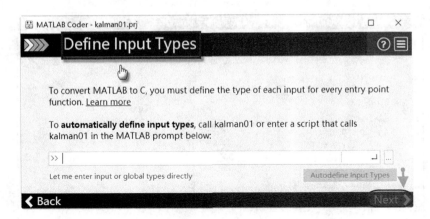

图 2-50　定义输入类型的界面

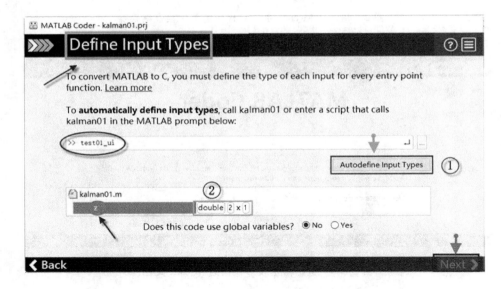

图 2-51　自动定义输入变量 z 的属性

④ 运行时错误检查。

对于运行时错误,可用入口点函数生成一个 MEX 函数来检查,当运行 MEX 函数时可产生一个错误报告。这一步是可选的,但是执行该步却是一种好的方法。因为执行该步骤可以检测和修复在生成的代码中很难诊断的运行时错误。在默认情况下,MEX 函数包括内存的完整性检查、执行数组边界和维度的检查以及检查生成代码是否违反内存完整性的测试。具体步骤如下:

第一,单击 CHECK FOR ISSUES 右侧的下三角按钮,打开 Check for Run-lime Issues。

第二,在 Check for Run-Time Issues 中指定一个测试文件,或者输入一个包含本例输入变量的输入点文件。

第三,单击 Check for Issues 按钮,应用程序将生成一个 MEX 函数。运行测试脚本 test01_ui 以生成 MEX 文件来替换调用 kalman01。如果应用程序在 MEX 函数生成或执行期间检测到错误,那么它将提供警告和错误信息,可以通过单击这些消息来找到有错误的代码,并解决这些错误问题。在这个例子中,应用程序未检测到错误。测试脚本产生 MEX 版本的 kalman01,并且 MEX 函数具有与原始 kalman01 相同的功能,如图 2-52 所示。

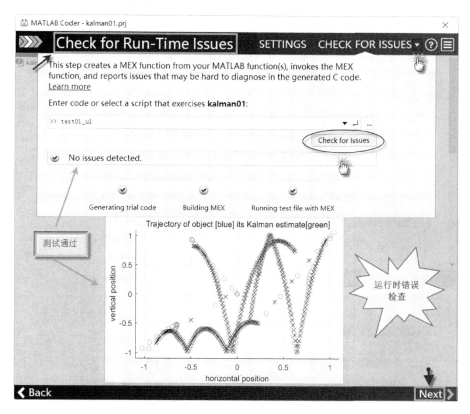

图 2-52　运行时错误检查及 MEX 测试

⑤ 生成 C 代码。

第一,单击 GENERATE 右侧的下三角按钮,打开 Generate Code。

第二,本例生成代码的设置如图 2-53 所示。

第三,单击 Generate 按钮,将为 kalman01.m 生成一个单独的 C 代码静态库 kalman01.c,包括全部的 C 代码,如图 2-54 所示。

第四,单击图 2-54 中的 View Report 链接查看 C 代码静态库生成报告,如图 2-55 所示。

第 2 章 MATLAB 高级应用基础

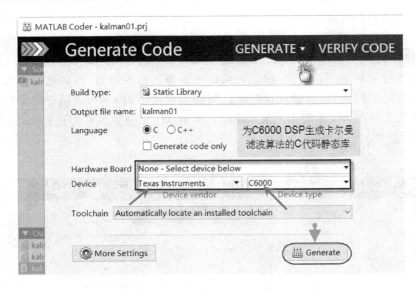

图 2-53 生成代码的设置

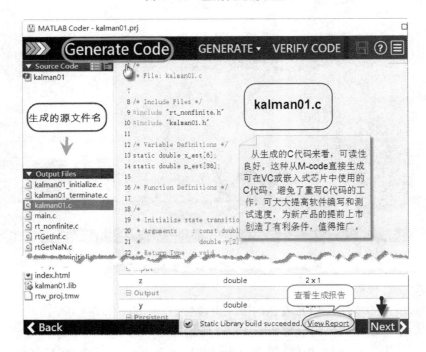

图 2-54 生成 kalman01.m 的 C 代码静态库

第五，单击 Next 按钮完成 C 代码静态库的生成，如图 2-56 所示。
⑥ 原始 MATLAB 代码与生成的 C 代码的比较。
比较生成的 C 代码与原来的 MATLAB 代码，可在 MATLAB 的 M 文件编辑器

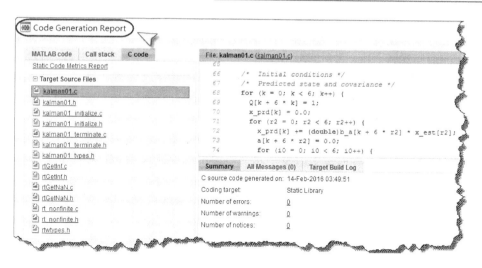

图 2-55 C 代码静态库生成报告

图 2-56 完成 C 代码静态库的生成

中打开文件 kalman01.c 和 kalman01.m。有关生成的 C 代码的特点如下：

◇ 函数署名为 void kalman01(const double z[2], double y[2])。这里，z 对应于 M-code 的输入 z；z 的大小为 2，它对应编译 M-code 时使用例程输入的总大小 (2×1)。

◇ 可容易地对生成的 C 代码与原始的 M-code 进行比较。代码生成软件将保留原始函数名称和注释。在可能的情况下,该软件也将保留原始变量的名称来增强生成 C 代码的可读性。

注意:如果 M-code 中的变量设置为常数,那么它将不会出现在生成 C 代码的变量中,但生成代码中包含这些变量的实际值。

⑦ 修改过滤器代码以接收一个定点输入。

原始滤波算法只接收一个输入,用户可通过修改算法来处理包含多个输入的向量,寻找向量的长度。若向量中的每个元素需调用滤波器代码,则可采用一个 for 循环来实现。具体修改步骤如下:

第一,在 MATLAB Editor(编辑器)中打开 kalman01.m,即在 MATLAB 的"命令行窗口"中输入:

```
>> edit kalman01.m
```

第二,在滤波器代码中添加一个 for 循环:在"% Predicted state and covariance"之前插入"for i=1:size(z,2)",在"% Compute the estimated measurements y = H * x_est;"之后插入"end"。现在的滤波器代码变为

```
for i = 1:size(z,2)
    % Predicted state and covariance
    x_prd = A * x_est;
    p_prd = A * p_est * A' + Q;

    % Estimation
    S = H * p_prd' * H' + R;
    B = H * p_prd';
    klm_gain = (S \ B)';

    % Estimated state and covariance
    x_est = x_prd + klm_gain * (z - H * x_prd);
    p_est = p_prd - klm_gain * H * p_prd;

    % Compute the estimated measurements
    y = H * x_est;
end
```

第三,修改计算估计状态和协方差的代码,将"x_est = x_prd + klm_gain * (z - H * x_prd);"修改为"x_est = x_prd + klm_gain * (z(:,i) - H * x_prd);"。

第四,修改计算估计测量输出的代码,将"x_est = x_prd + klm_gain * (z -

H * x_prd);"修改为"y(:, 1) = H * x_est;"。这时,在 Code Analyzer 上显示红色,指示检测到一个错误。

第五,将光标移到红色标记上查看错误,如 2-57 所示。

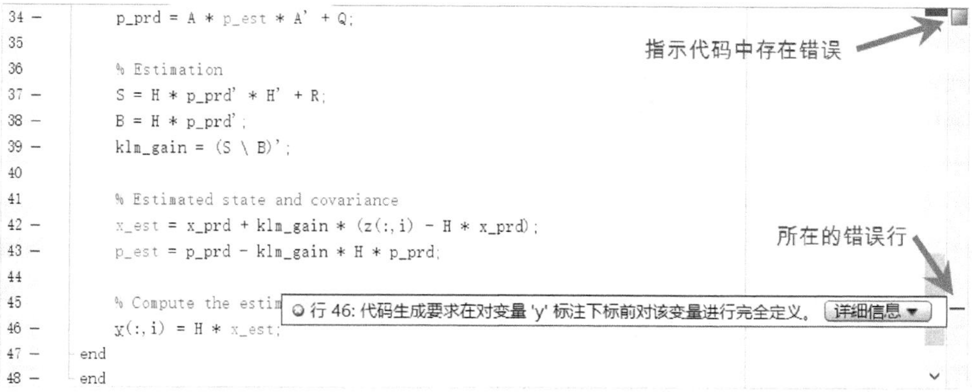

```
34 -        p_prd = A * p_est * A' + Q;
35
36          % Estimation
37 -        S = H * p_prd' * H' + R;
38 -        B = H * p_prd';
39 -        klm_gain = (S \ B)';
40
41          % Estimated state and covariance
42 -        x_est = x_prd + klm_gain * (z(:,i) - H * x_prd);
43 -        p_est = p_prd - klm_gain * H * p_prd;
44
45          % Compute the estim
46 -        y(:,i) = H * x_est;
47 -    end
48 -  end
```

指示代码中存在错误
所在的错误行
⊘ 行 46: 代码生成要求在对变量 'y' 标注下标前对该变量进行完全定义。 详细信息▼

图 2-57 Code Analyzer 错误指示

第六,在 for 循环前添加 y 定义代码,如下:

```
% Pre-allocate output signal
y = zeros(size(z));
```

第七,保存上述修改文件。

第八,为修改算法生成 C 代码。

注意:测试代码请选用 test02_ui.m。

第 3 章

图形用户界面简介

虽然在高版本的 MATLAB、操作系统(Windows 10)和 CCS 软件中不再支持 MATLAB 与 CCS 的交互式调试,但对于 C6000 DSP 的算法研究,如果有一个漂亮的"图形用户界面",则会给用户的算法调试带来方便和可视化的展示。所谓基于模型的设计,就是在可视化的环境中一边进行算法研究,连续地验证与测试,一边着手算法代码的部署。可视化是其一大特点。

本章将简要介绍创建图形用户界面(Graphical User Interface,GUI)的集成开发工具 GUIDE(Graphical User Interface Development Environment),并通过其来创建用户算法模型的简单 GUI,GUIDE 工具即用户为调试自己的算法,利用在设计区(面板)添加的控件对象和为驱动这些控件对象添加的 M 代码(callback 函数)来创建自己的简单算法 GUI。

本章的主要内容包括:
◇ GUIDE 简介;
◇ 基于 GUIDE 的 GUI 例程;
◇ GUI 发布。

本章部分内容的设计思想来源于网络和 MathWorks 文档。

3.1 GUIDE 简介

本节将扼要介绍 GUIDE 界面的特点以及在编写 CallBack 函数中可能用到的工具。

3.1.1 GUIDE 界面简介

1. 启动 GUIDE

启动 GUIDE(见图 3-1),可在 MATLAB 的"命令行窗口"中输入:

```
>> guide
```

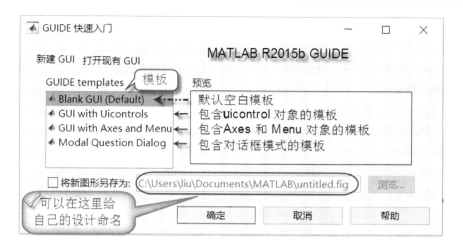

图 3-1 启动 GUIDE

2. 打开 GUIDE 界面

在图 3-1 中单击"新建 GUIDE"标签,切换到"新建 GUIDE"选项卡,在 GUIDE templates 列表框中选择"Blank GUI(Default)",打开的 GUIDE 界面如图 3-2

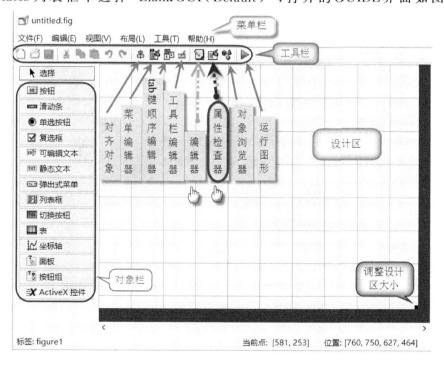

图 3-2 GUIDE 界面

所示。

3. 属性检查器

单击图 3-2 中工具栏上的属性检查器图标，打开检查器对话框，可查看属性检查器常用功能说明，如图 3-3 和图 3-4 所示。

图 3-3 属性检查器常用功能说明(1)

第 3 章 图形用户界面简介

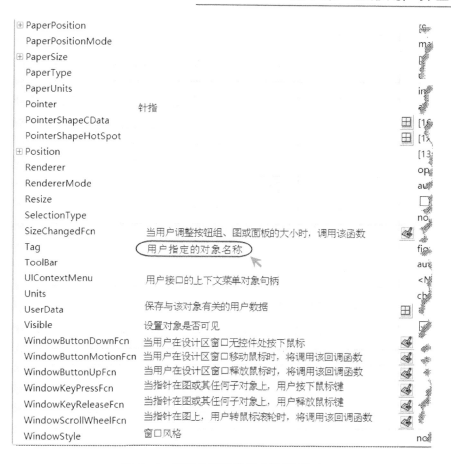

图 3-4 属性检查器常用功能说明(2)

3.1.2 获取当前图形对象句柄的常用函数

获取当前图形对象句柄的常用函数如表 3-1 所列。

表 3-1 获取当前图形对象句柄的常用函数

函数名称	功能描述	函数名称	功能描述
gca	获取当前坐标轴的句柄	copyobj	复制对象
gcbf	获取当前调用的图形对象句柄	delete	删除对象
gcbo	获取当前调用的对象句柄	findall	查找所有对象
gcf	获取当前图形对象的句柄	findobj	查找指定对象的句柄
gco	获取当前对象的句柄	get	获取对象属性值
set	设置对象属性值	ishandle	确定是否为句柄
reset	对象复位	allchild	查找所有子对象

3.1.3 Callback 函数

GUI 中的 M 文件是由 GUIDE 在创建用户图形界面时自动生成的,它仅构成整个 GUI 的初始化、外观与参考框架结构,并不对设计区中的所有控件对象产生实质性的操作。若使面板中(设计区)的每个控件都跑起来,则必须对其添加驱动代码,这就是所谓的 Callback(回调)函数编程,即一切控件对象的真实动作都是在 Callback 函数中实现的。

3.2 基于 GUIDE 工具的实例

本节将通过介绍基本的 GUI 实例来让读者学会如何使用 GUIDE 工具创建自己的算法 GUI。

3.2.1 读取图像的 GUI 实例

1. 导出 GUIDE 集成开发环境

在 MATLAB 的"命令行窗口"中输入"guide",将弹出如图 3-1 所示的"GUIDE 快速入门"对话框,然后在 GUIDE templates 列表框中选择"Blank GUI(Default)",单击"确定"按钮,导出如图 3-5 所示的 GUIDE 集成开发环境。

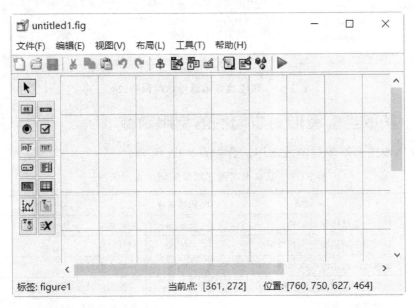

图 3-5 GUIDE 集成开发环境

第 3 章 图形用户界面简介

2. 设置 MATLAB GUIDE 预设项

选择"文件"→"预设"菜单项,打开"预设项"对话框,在"MATLAB GUIDE 预设项"中选中"在组件选项板中显示名称"复选框,如图 3-6 所示。

图 3-6 选中"在组件选项板中显示名称"复选框

3. 自定义 GUI 界面

在 GUIDE 设计区(设计面板)中添加一个坐标轴对象、三个按钮控件对象、一个面板对象和一个静态文本控件,然后利用工具栏中的"对齐对象"工具对设计区中的对象进行对齐处理,结果如图 3-7 所示。

4. 设置控件属性

① 设置"静态文本"控件的属性(打开方式:双击该控件或工具栏上的属性检查器图标),如图 3-8 所示。

② 设置"面板"对象的属性,如图 3-9 所示。

③ 设置"按钮"控件的属性,如图 3-10~图 3-12 所示。

5. 编写控件对象的 Callback 函数

在创建一个新的 GUI 时系统会自动生成两个文件,即.fig 格式的图形文件和包含初始化以及框架结构的.m 文件。用户需要添加的控件对象 Callback 函数,就是在这个.m 文件中添加各个控件的驱动代码。

(1) 添加"读取 RGB 图像"按钮控件的 Callback 函数

添加"读取 RGB 图像"按钮控件的 Callback 函数的步骤如下:

① 右击"读取 RGB 图像"按钮控件,在弹出的快捷菜单中选择"查看回调"→Callback,查看该控件的 Callback 函数,如图 3-13 和图 3-14 所示。

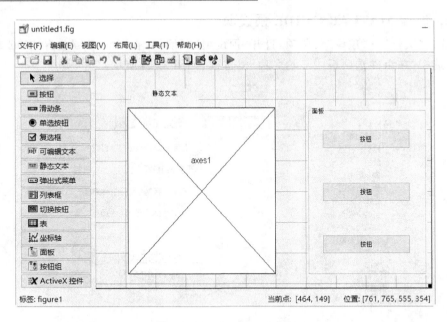

图 3-7 自定义后的 GUI 界面

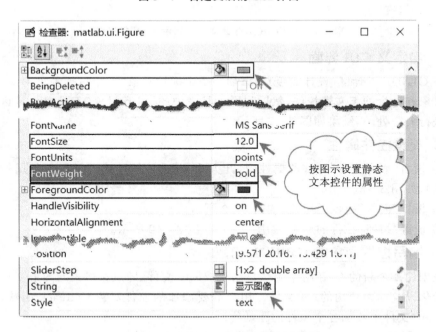

图 3-8 设置"静态文本"控件的属性

第3章 图形用户界面简介

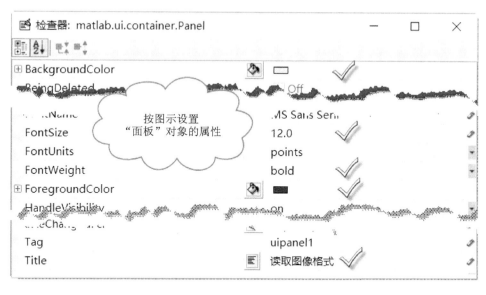

图 3-9 设置"面板"对象的属性

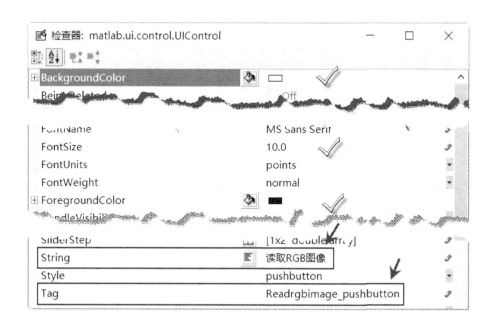

图 3-10 设置"按钮"控件的属性(1)

第 3 章 图形用户界面简介

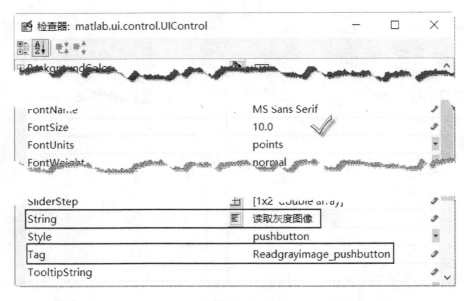

图 3-11 设置"按钮"控件的属性(2)

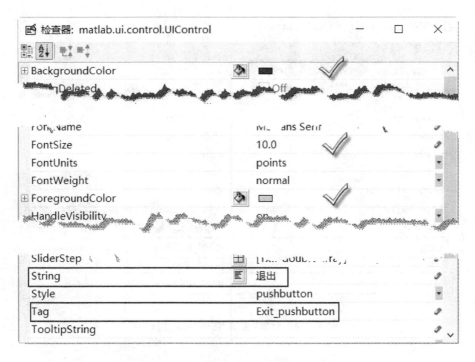

图 3-12 设置"按钮"控件的属性(3)

第3章 图形用户界面简介

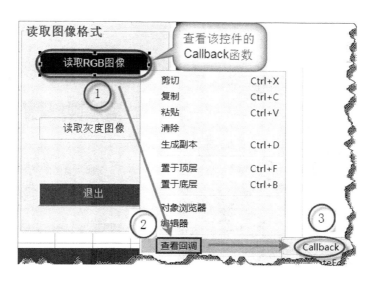

图 3-13 查看"读取 RGB 图像"按钮控件的 Callback 函数

```
76  % --- Executes on button press in Readrgbimage_pushbutton.
77  function Readrgbimage_pushbutton_Callback(hObject, eventdata, handles)
78  % hObject    handle to Readrgbimage_pushbutton (see GCBO)
79  % eventdata  reserved - to be defined in a future version of MATLAB
80  % handles    structure with handles and user data (see GUIDATA)
```

图 3-14 "读取 RGB 图像"按钮控件的 Callback 函数框架

② 为"读取 RGB 图像"按钮控件添加 Callback 函数的驱动代码,如下:

```
% --- Executes on button press in Readrgbimage_pushbutton
function Readrgbimage_pushbutton_Callback(hObject, eventdata, handles)
% hObject    handle to Readrgbimage_pushbutton (see GCBO)
% eventdata  reserved - to be defined in a future version
%            of MATLAB
% handles    structure with handles and user data (see GUIDATA)
% 在下面为该控件的 Callback 函数添加驱动代码
axes(handles.axes1);
rgbimage = imread('football.jpg','jpg');
image(rgbimage);
```

③ 单击工具栏中的运行图标▷,然后在弹出的 GUI 中单击"读取 RGB 图像"按钮控件,其运行结果如图 3-15 所示。从图 3-15 中可以看出,"读取 RGB 图像"按

钮控件的 Callback 函数编写正确。

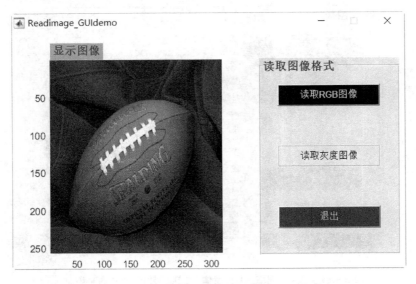

图 3-15　运行"读取 RGB 图像"按钮控件的结果

(2) 添加"读取灰度图像"按钮控件的 Callback 函数

添加"读取灰度图像"按钮控件的 Callback 函数的驱动代码,如下:

```
% - - - Executes on button press in GrayScaleImage_pushbutton
function GrayScaleImage_pushbutton_Callback(hObject, eventdata, handles)
% hObject    handle to GrayScaleImage_pushbutton (see GCBO)
% eventdata  reserved - to be defined in a future version
% of MATLAB
% handles    structure with handles and user data (see GUIDATA)
axes(handles.axes1);
rgbimage = imread('football.jpg');
im_gray = rgb2gray(rgbimage)
image(im_gray);
```

单击工具栏中的运行图标▷,然后在弹出的 GUI 中单击"读取灰度图像"按钮控件,其运行结果如图 3-16 所示。

从图 3-16 中可以看出,"读取灰度图像"按钮控件的 Callback 函数编写正确。

(3) 添加"退出"按钮控件的 Callback 函数

添加"退出"按钮控件的 Callback 函数的驱动代码,如下:

```
% - - - Executes on button press in Exit_pushbutton
function Exit_pushbutton_Callback(hObject, eventdata, handles)
% hObject    handle to GrayScaleImage_pushbutton (see GCBO)
```

第 3 章　图形用户界面简介

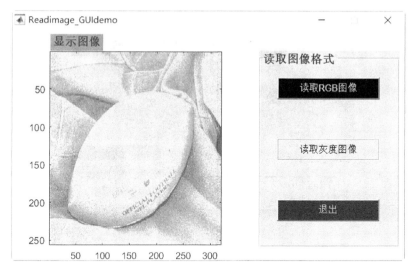

图 3-16　运行"读取灰度图像"按钮控件的结果

```
% eventdata    reserved - to be defined in a future version
% of MATLAB
% handles      structure with handles and user data (see GUIDATA)
close(gcbf);
```

单击工具栏中的运行图标，然后在弹出的 GUI 中单击"退出"按钮控件，原来的显示图像消失，说明添加的 Callback 函数的驱动代码正确。

补充与扩展

① 在使用 GUIDE 创建 GUI 时，系统会自动在当前目录下生成两个文件，如图 3-17 所示。

说明：GUIDE 用 .fig 文件保存图形文件，用 .m 文件保存初始化和 Callback 框架文件。

② 给 GUI 的"关闭"按钮添加一个"询问对话框"和"帮助对话框"，以便选择不同的执行结果。具体步骤如下：

第一，在其 Callback 函数处添加代码，如下：

```
% --- Executes on button press in Exit_pushbutton
function Exit_pushbutton_Callback(hObject, eventdata, handles)
% 添加"询问对话框"及"帮助对话框"的代码
Exit_pushbutton = questdlg('要关闭吗？','关闭','是','否','帮助','否');
switch Exit_pushbutton
case '是'
        delete(handles.figure1)
case '否'
```

第3章 图形用户界面简介

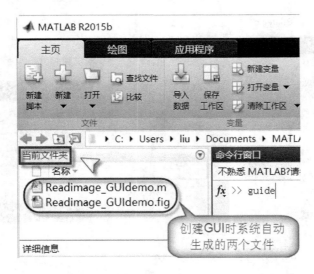

图 3-17 .fig 文件和 .m 文件

```
    return;
case '帮助'
    helpdlg('这是一条帮助信息!','帮助');

end
```

第二,单击工具栏中的运行图标▷,在弹出的 GUI 中单击"是"按钮,关闭对话框,如图 3-18 所示。

图 3-18 执行"询问对话框"和"帮助对话框"代码后的结果(1)

第三,当单击图 3-18 中的"否"按钮时,GUI 不会关闭;而当单击"帮助"按钮时,则会出现如图 3-19 所示的对话框;当单击"是"按钮时,GUI 被关闭。

③ 采用"弹出式菜单"来实现本例的功能。

具体步骤如下:

第一,在设计区添加一个"弹出式菜单"控件、一个"按钮"控件以及"坐标轴"对象,"弹出式菜单"控件对象的属性设置(见图 3-20)包含"弹出式菜单"的 GUI 外观,如图 3-21 所示。

图 3-19　执行"询问对话框"和"帮助对话框"代码后的结果(2)

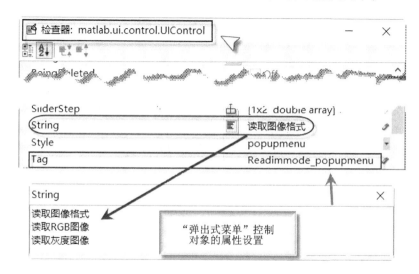

图 3-20　"弹出式菜单"控件对象的属性设置

第二，单击图 3-21 中的运行图标▷，其运行结果如图 3-22 所示。

第三，给"弹出式菜单"和"按钮"控件对象添加的 Callback 函数的驱动代码如下：

```
% - - - Executes on selection change in Readimmode_popupmenu
function Readimmode_popupmenu_Callback(hObject, eventdata, handles)
% 为 Callback 函数添加驱动代码
val = get(hObject ,'value');
switch val
case 1
    % 为空
case 2
    axes(handles.axes1);
    rgbimage = imread('football.jpg','jpg');
```

第3章 图形用户界面简介

```
            image(rgbimage);
    case 3
            axes(handles.axes1);
            rgbimage = imread('football.jpg');
            im_gray = rgb2gray(rgbimage)
            image(im_gray);

end

% - - - Executes on button press in pushbutton1
function pushbutton1_Callback(hObject, eventdata, handles)
% hObject      handle to pushbutton1 (see GCBO)
% eventdata    reserved - to be defined in a future version
% of MATLAB
% handles      structure with handles and user data (see GUIDATA)
close (gcf);
```

第四,测试。单击工具栏中的运行图标▷,其运行结果如图3-22所示。选择"弹出式菜单"中的"读取 RGB 图像"时的结果如图3-23所示,选择"读取灰度图像"时的结果如图3-24所示,单击"关闭"按钮将关闭 GUI。

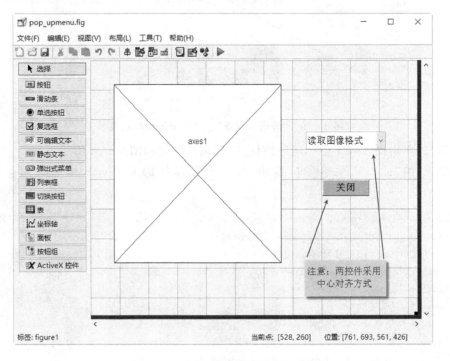

图3-21 "弹出式菜单"的 GUI 外观

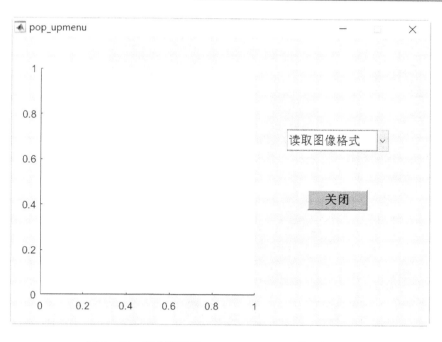

图 3-22　不含驱动的 pop_upmenu GUI 的运行结果

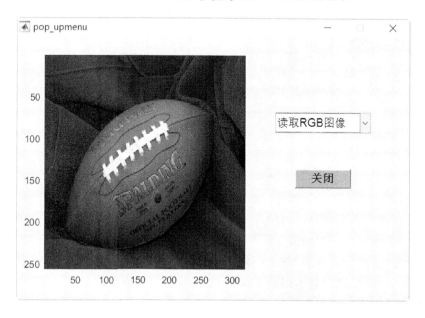

图 3-23　选择"读取 RGB 图像"时的结果

④ 采用"菜单"来实现本例的功能。
具体步骤如下:

第一,单击工具栏中的"菜单编辑器"图标,打开"菜单编辑器"对话框,如图 3-25 所示。

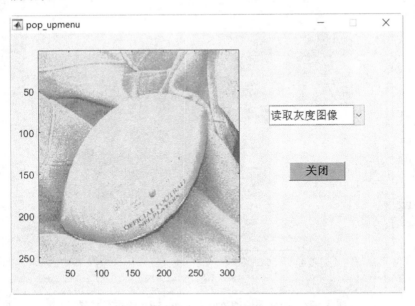

图 3-24　选择"读取灰度图像"时的结果

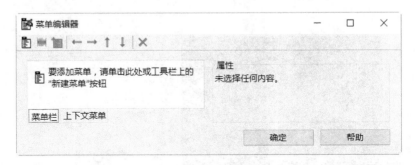

图 3-25　"菜单编辑器"对话框

第二,创建两个菜单。单击图 3-25 中的"创建菜单"图标,创建"文件"和"帮助"两个菜单,如图 3-26 所示。

第三,为"文件"和"帮助"菜单创建子菜单。单击图 3-26 中的"创建子菜单"图标,为"文件"和"帮助"菜单创建子菜单,如图 3-27 所示。

说明:可通过图 3-27 中的上、下、左、右箭头来改变两个菜单及其子菜单的位置。

第四,为 GUI 添加"旋转""放大""移动"等工具,如图 3-28 所示。

第五,在设计区中添加"坐标轴"控件对象,然后单击工具栏中的运行图标,其运行结果如图 3-29 所示。

第 3 章　图形用户界面简介

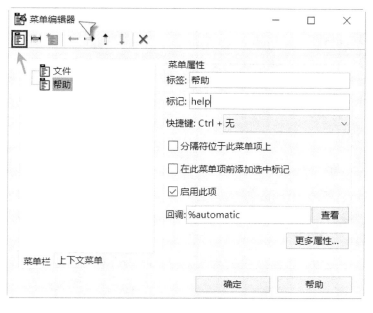

图 3-26　创建"文件"和"帮助"两个菜单

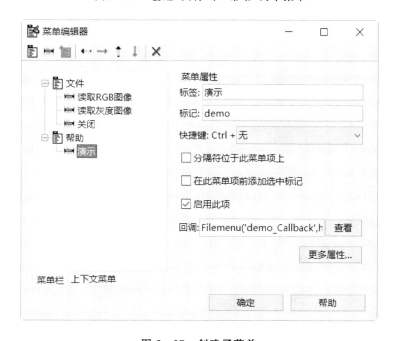

图 3-27　创建子菜单

第 3 章 图形用户界面简介

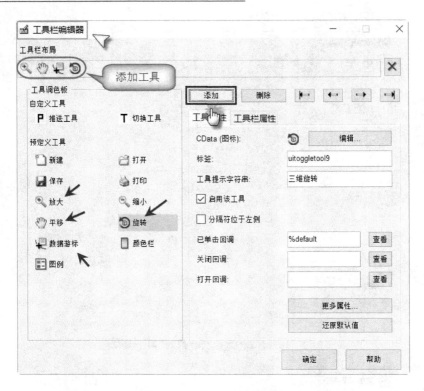

图 3-28 给 GUI 添加工具

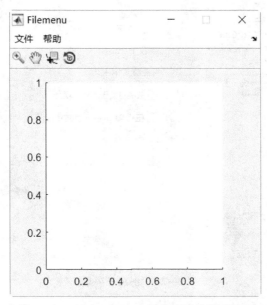

图 3-29 不含 Callback 函数驱动的运行结果

第六,为"文件"和"帮助"添加 Callback 函数的驱动代码,如下:

```matlab
% --------文件-----------------------------
function ReadRGBimage_Callback(hObject, eventdata, handles)
% hObject    handle to ReadRGBimage (see GCBO)
% eventdata  reserved - to be defined in a future version of MATLAB
% handles    structure with handles and user data (see GUIDATA)
axes(handles.axes1);
rgbimage = imread('football.jpg','jpg');
image(rgbimage);

% ------------------------------------------
function Readgrayimage_Callback(hObject, eventdata, handles)
% hObject    handle to Readgrayimage (see GCBO)
% eventdata  reserved - to be defined in a future version of MATLAB
% handles    structure with handles and user data (see GUIDATA)
axes(handles.axes1);
rgbimage = imread('football.jpg');
im_gray = rgb2gray(rgbimage);
image(im_gray);

% ------------------------------------------
function Exit_Callback(hObject, eventdata, handles)
% hObject    handle to Exit (see GCBO)
% eventdata  reserved - to be defined in a future version of MATLAB
% handles    structure with handles and user data (see GUIDATA)
close(gcf);

% --------帮助-----------------------------
function demo_Callback(hObject, eventdata, handles)
% hObject    handle to demo (see GCBO)
% eventdata  reserved - to be defined in a future version of MATLAB
% handles    structure with handles and user data (see GUIDATA)
helpdlg('帮助演示信息!','演示');

% ******************************************%
% -----如果不想修改工具样式则无须添加 Callback 函数的驱动代码-----%
% ******************************************%
```

第七,测试。

◇ 单击工具栏中的运行图标▷,然后单击"帮助"菜单,弹出的对话框如图 3-30 所示。

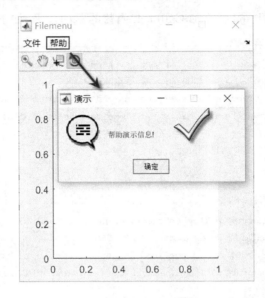

图 3-30 测试"帮助"菜单的执行情况

◇ 测试"文件"菜单的执行情况。

单击"文件"菜单,然后分别单击"读取 RGB 图像"子菜单和"读取灰度图像"子菜单,结果分别如图 3-31 和图 3-32 所示,当单击"关闭"子菜单时将关闭 GUI 界面。

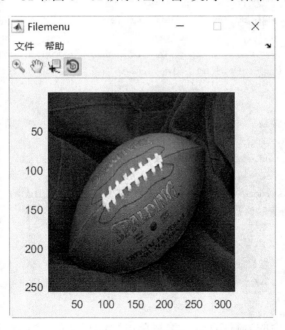

图 3-31 单击"读取 RGB 图像"子菜单时的结果

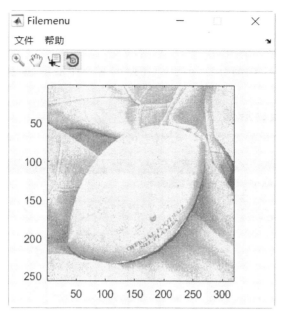

图 3-32　单击"读取灰度图像"子菜单时的结果

◇ 测试工具栏。
- 用图形工具标注橄榄球某点的坐标位置和 RGB 值,如图 3-33 所示。
- 旋转图 3-33 中的 RGB 图像,得到的效果如图 3-34 所示。

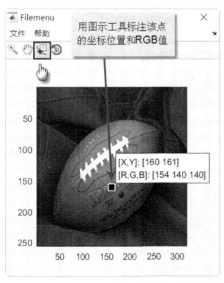

图 3-33　用图形工具标注橄榄球某点的坐标位置和 RGB 值

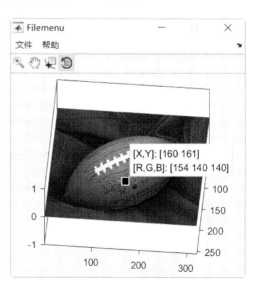

图 3-34　旋转图像测试

第3章　图形用户界面简介

说明：工具栏中剩下的两个工具请读者自行测试。

3.2.2　制作及发布简易计算器

本小节将通过一个简易计算器的 GUI 制作来介绍能够独立运行的 GUI 设计，具体步骤如下：

1. 计算器的设计思想

计算器的设计思想如图 3-35 所示，它可以接收任意个字符数据的输入。

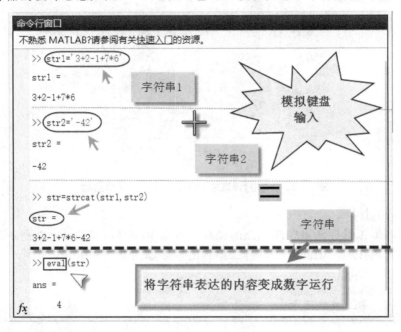

图 3-35　计算器的设计思想

2. 简易计算器外观

简易计算器外观如图 3-36 所示。

3. 简易计算器的 Callback 函数的驱动代码

驱动代码如下：

```
% - - - Executes on button press in Num_0
function Num_0_Callback(hObject, eventdata, handles)
% hObject    handle to Num_0 (see GCBO)
% eventdata  reserved - to be defined in a future version of MATLAB
% handles    structure with handles and user data (see GUIDATA)
exist_string = get(handles.text1,'string');
key_string = ('0');
```

第 3 章 图形用户界面简介

图 3-36 简易计算器外观

```
cat_string = strcat(exist_string,key_string);
set(handles.text1,'string',cat_string);

% - - - Executes on button press in Num_4
function Num_4_Callback(hObject, eventdata, handles)
% hObject    handle to Num_4 (see GCBO)
% eventdata  reserved - to be defined in a future version of MATLAB
% handles    structure with handles and user data (see GUIDATA)
exist_string = get(handles.text1,'string');
key_string = ('4');
cat_string = strcat(exist_string,key_string);
set(handles.text1,'string',cat_string);


% - - - Executes on button press in Num_8
function Num_8_Callback(hObject, eventdata, handles)
% hObject    handle to Num_8 (see GCBO)
% eventdata  reserved - to be defined in a future version of MATLAB
% handles    structure with handles and user data (see GUIDATA)
exist_string = get(handles.text1,'string');
key_string = ('8');cat_string = strcat(exist_string,key_string);
set(handles.text1,'string',cat_string);
```

```
% - - - Executes on button press in clear
function clear_Callback(hObject, eventdata, handles)
% hObject    handle to clear (see GCBO)
% eventdata  reserved - to be defined in a future version of MATLAB
% handles    structure with handles and user data (see GUIDATA)
% close(gcf);
set(handles.text1,'string','');


% - - - Executes on button press in addition
function addition_Callback(hObject, eventdata, handles)
% hObject    handle to addition (see GCBO)
% eventdata  reserved - to be defined in a future version of MATLAB
% handles    structure with handles and user data (see GUIDATA)
exist_string = get(handles.text1,'string');
key_string = ('+');
cat_string = strcat(exist_string,key_string);
set(handles.text1,'string',cat_string);


% - - - Executes on button press in Num_1
function Num_1_Callback(hObject, eventdata, handles)
% hObject    handle to Num_1 (see GCBO)
% eventdata  reserved - to be defined in a future version of MATLAB
% handles    structure with handles and user data (see GUIDATA)
exist_string = get(handles.text1,'string');
key_string = ('1');
cat_string = strcat(exist_string,key_string);
set(handles.text1,'string',cat_string);


% - - - Executes on button press in Num_5
function Num_5_Callback(hObject, eventdata, handles)
% hObject    handle to Num_5 (see GCBO)
% eventdata  reserved - to be defined in a future version of MATLAB
% handles    structure with handles and user data (see GUIDATA)
exist_string = get(handles.text1,'string');
key_string = ('5');
cat_string = strcat(exist_string,key_string);
set(handles.text1,'string',cat_string);


% - - - Executes on button press in Num_9
function Num_9_Callback(hObject, eventdata, handles)
% hObject    handle to Num_9 (see GCBO)
```

```
% eventdata  reserved - to be defined in a future version of MATLAB
% handles    structure with handles and user data (see GUIDATA)
exist_string = get(handles.text1,'string');
key_string = ('9');
cat_string = strcat(exist_string,key_string);
set(handles.text1,'string',cat_string);


% - - - Executes on button press in equal_pushbutton
function equal_pushbutton_Callback(hObject, eventdata, handles)
% hObject    handle to equal_pushbutton (see GCBO)
% eventdata  reserved - to be defined in a future version of MATLAB
% handles    structure with handles and user data (see GUIDATA)
textstr = get(handles.text1,'String');
textstr = eval(textstr);
set(handles.text1,'String',textstr);


% - - - Executes on button press in subtraction
function subtraction_Callback(hObject, eventdata, handles)
% hObject    handle to subtraction (see GCBO)
% eventdata  reserved - to be defined in a future version of MATLAB
% handles    structure with handles and user data (see GUIDATA)
exist_string = get(handles.text1,'string');
key_string = ('-');
cat_string = strcat(exist_string,key_string);
set(handles.text1,'string',cat_string);


% - - - Executes on button press in Num_2
function Num_2_Callback(hObject, eventdata, handles)
% hObject    handle to Num_2 (see GCBO)
% eventdata  reserved - to be defined in a future version of MATLAB
% handles    structure with handles and user data (see GUIDATA)
exist_string = get(handles.text1,'string');
key_string = ('2');
cat_string = strcat(exist_string,key_string);
set(handles.text1,'string',cat_string);


% - - - Executes on button press in Num_6
function Num_6_Callback(hObject, eventdata, handles)
% hObject    handle to Num_6 (see GCBO)
% eventdata  reserved - to be defined in a future version of MATLAB
% handles    structure with handles and user data (see GUIDATA)
exist_string = get(handles.text1,'string');
```

```
key_string = ('6');
cat_string = strcat(exist_string,key_string);
set(handles.text1,'string',cat_string);

% - - - Executes on button press in multiplication
function multiplication_Callback(hObject, eventdata, handles)
% hObject    handle to multiplication (see GCBO)
% eventdata  reserved - to be defined in a future version of MATLAB
% handles    structure with handles and user data (see GUIDATA)
exist_string = get(handles.text1,'string');
key_string = ('*');
cat_string = strcat(exist_string,key_string);
set(handles.text1,'string',cat_string);

% - - - Executes on button press in power
function power_Callback(hObject, eventdata, handles)
% hObject    handle to power (see GCBO)
% eventdata  reserved - to be defined in a future version of MATLAB
% handles    structure with handles and user data (see GUIDATA)
exist_string = get(handles.text1,'string');
key_string = ('^');
cat_string = strcat(exist_string,key_string);
set(handles.text1,'string',cat_string);

% - - - Executes on button press in Num_3
function Num_3_Callback(hObject, eventdata, handles)
% hObject    handle to Num_3 (see GCBO)
% eventdata  reserved - to be defined in a future version of MATLAB
% handles    structure with handles and user data (see GUIDATA)
exist_string = get(handles.text1,'string');
key_string = ('3');
cat_string = strcat(exist_string,key_string);
set(handles.text1,'string',cat_string);

% - - - Executes on button press in Num_7
function Num_7_Callback(hObject, eventdata, handles)
% hObject    handle to Num_7 (see GCBO)
% eventdata  reserved - to be defined in a future version of MATLAB
% handles    structure with handles and user data (see GUIDATA)
exist_string = get(handles.text1,'string');
key_string = ('7');
cat_string = strcat(exist_string,key_string);
```

```
set(handles.text1,'string',cat_string);

% - - - Executes on button press in division
function division_Callback(hObject, eventdata, handles)
% hObject    handle to division (see GCBO)
% eventdata  reserved - to be defined in a future version of MATLAB
% handles    structure with handles and user data (see GUIDATA)
exist_string = get(handles.text1,'string');
key_string = ('/');
cat_string = strcat(exist_string,key_string);
set(handles.text1,'string',cat_string);

% - - - Executes on button press in Sqrt
function Sqrt_Callback(hObject, eventdata, handles)
% hObject    handle to Sqrt (see GCBO)
% eventdata  reserved - to be defined in a future version of MATLAB
% handles    structure with handles and user data (see GUIDATA)
textstr = get(handles.text1,'string');
Num = str2double(textstr);
sqr = sqrt(Num);
endstr = num2str(sqr);
set(handles.text1,'String',endstr);

% - - - Executes on button press in dot
function dot_Callback(hObject, eventdata, handles)
% hObject    handle to dot (see GCBO)
% eventdata  reserved - to be defined in a future version of MATLAB
% handles    structure with handles and user data (see GUIDATA)
exist_string = get(handles.text1,'string');
key_string = ('.');
cat_string = strcat(exist_string,key_string);
set(handles.text1,'string',cat_string);

% - - - Executes on button press in Backpace
function Backpace_Callback(hObject, eventdata, handles)
% hObject    handle to Backpace (see GCBO)
% eventdata  reserved - to be defined in a future version of MATLAB
% handles    structure with handles and user data (see GUIDATA)
str = get(handles.text1,'string');
if(strcmp(str,'') == 1)
    set(handles.text1,'');
else
```

```
            textstr = char(str);
            n = length(str);
            str = textstr(1:n-1);
            set(handles.text1,'string',str);
        end


        % - - - Executes on button press in Exit
        function Exit_Callback(hObject, eventdata, handles)
        % hObject        handle to Exit (see GCBO)
        % eventdata      reserved - to be defined in a future version of MATLAB
        % handles        structure with handles and user data (see GUIDATA)
        close(gcf);
```

4. 测 试

① 单击工具栏中的运行图标▷,运行结果如图 3-37 所示。

② 在图 3-37 中按图 3-38 所示内容进行输入,按"="键,其结果如图 3-38 所示。

说明:其他运算测试请读者自行进行。

5. 生成可独立运行的简易计算器

(1) 用 mcc 指令将简易计算器的驱动代码生成可独立运行的.exe 文件

① 用 mbuild 指令查看安装了何种 C/C++编译器,如图 3-39 所示。

② 在 MATLAB 的"命令行窗口"中输入"mcc —e Simplecalculator.m",将生成可执行的 EXE 文件,如图 3-40 所示。

图 3-37 计算器面板

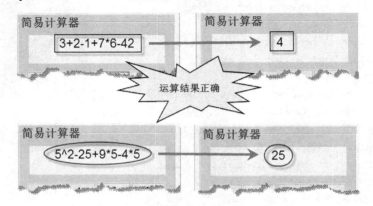

图 3-38 计算器的运算结果正确

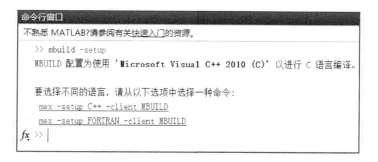

图 3-39　查看 C/C++编译器

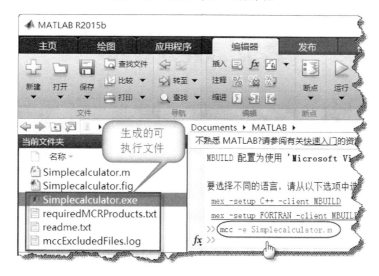

图 3-40　使用 mcc 指令生成可执行文件 Simplecalculator.exe

③ 将图 3-40 中的 Simplecalculator.exe 复制到计算机桌面上，关闭 MATLAB 软件，然后单击桌面上的 Simplecalculator.exe 文件，结果如图 3-41 所示。

注意： 此时 MATLAB 软件没有启动，并且可将该计算器放到桌面用于计算。

④ 如果要在没有安装 MATLAB 软件的计算机上运行该计算器，则需要安装 MATLAB 软件。

(2) 使用部署工具"deploytool"生成能够独立运行的程序

① 在 MATLAB 的"命令行窗口"中输入"≫ deploytool"，弹出 Compiler 对话框，在该对话框中选择 Application Compiler，如图 3-42 所示。

② 单击图 3-42 中的 Application Compiler 图标，弹出如图 3-43 所示的窗口。

③ 选择 New→Application Compiler Project 菜单项，创建一个新工程，如图 3-44 所示。

第3章 图形用户界面简介

图 3-41 独立运行的简易计算器

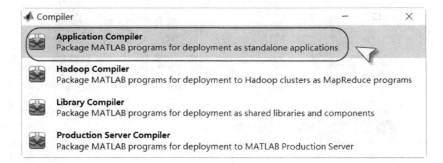

图 3-42 选择 Application Compiler

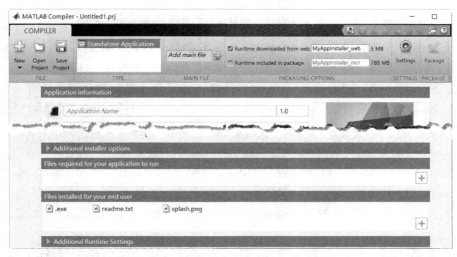

图 3-43 MATLAB Compiler 窗口

第 3 章　图形用户界面简介

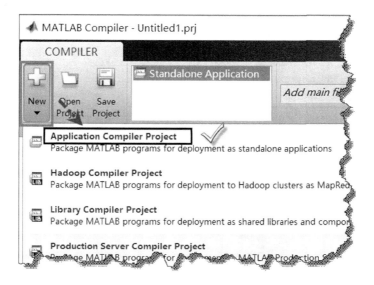

图 3-44　创建一个新工程

说明：这步可以省略。

④ 单击 Application Compiler Project，在 MAIN FILE 功能区中添加 Simplecalculator.m 文件，并按默认设置，如图 3-45 所示。

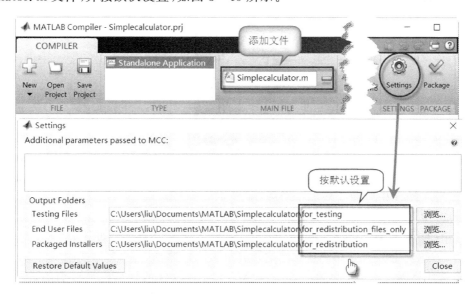

图 3-45　添加 Simplecalculator.m 文件并按默认设置

⑤ 单击图 3-45 中的 Package application 图标，生成可独立执行的文件包，如图 3-46 所示。

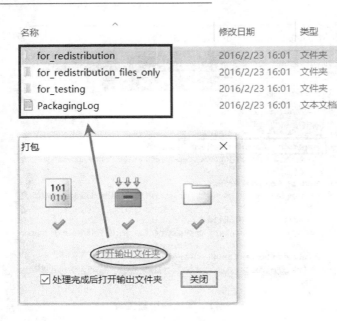

图 3-46　生成可独立执行的文件包

⑥ 将"for_redistribution_files_only"或"for_testing"文件夹下的 Simplecalculator.exe 可执行文件复制到计算机桌面上,生成的简易计算器图标如图 3-47 所示。

图 3-47　生成的简易计算器图标

⑦ 对简易计算器的运算进行测试。

第一,在安装了 MATLAB 软件的计算机上进行测试。

单击简易计算器图标,然后随意输入几个四则运算式,运算结果如图 3-48 所示。

第二,在未安装 MATLAB 软件的计算机上进行测试。

简易计算器是不能直接在没有安装 MATLAB 软件的计算机上运行的,需要安装运行支持库"MCR_R2015b_win64_installer",该软件包可以在 MathWorks 网站上下载。其操作步骤如下:

第一步,将 Simplecalculator.exe 复制到计算机的桌面上;

第二步,在计算机中安装"MCR_R2015b_win64_installer"支持软件包;

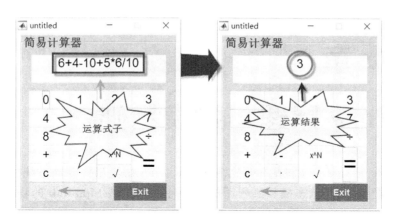

图 3-48 简易计算器的运行结果

第三步，对图 3-48 所示的运算式进行开发测试，其运算结果如图 3-49 所示。

图 3-49 对图 3-48 所示运算式的开发测试结果

从该例可以看出，对于那些对 VC++ 不熟悉的 MATLAB 用户，采用上述方法开发一些基于 GUI 的应用未尝不可。需要说明的是，在启动计算器时需要等待一段时间，而在运算过程中却没有明显地感觉到与微软提供的计算器在速度上有什么差异。

第 4 章

Stateflow 原理与建模基础

Stateflow 是有限状态机的图形实现工具，可用于解决事件驱动系统中复杂的逻辑问题；通过开发有限状态机和流程图的设计环境来扩展 Simulink 的功能，在系统中可以用图形化的工具来实现各个状态之间的迁移。

Stateflow 是与 Simulink 一起用于对事件驱动型动态系统分析的交互式仿真设计工具，它用自然、可读和易理解的形式来表达复杂逻辑，为包含控制、优先级管理、工作模式逻辑的嵌入式系统设计提供有效的工作环境。

有限状态机又称为事件驱动系统，是指系统在条件发生变化时，即有事件发生时从一个状态转换到另一个状态。通过将系统中的行为描述成不同状态的转换，可将系统设计成事件驱动系统。利用在特定的条件下发生的事件来激活状态，状态迁移图就是基于此种方法的图形表示。

Stateflow 图表采用图形建模的方式构建层次化的、并行工作的状态，以及各状态之间由事件驱动的逻辑迁移关系。Stateflow 在传统状态图的基础上扩展了控制流、MATLAB 函数、图形函数、真值表、临时运算符、直接事件广播，并可以集成用户自编 C 代码，而且通过 Stateflow Coder 可以为 Stateflow 状态图模型自动生成 C 代码。

本章主要介绍 Stateflow 图表的基本图形对象的用法，并通过一个实例完整地介绍 Stateflow 建模及仿真调试的全过程，而且介绍如何在 Stateflow 图表中集成自定义代码以提高仿真能力。本章的主要内容包括：

◇ Stateflow 概述；
◇ 流程图；
◇ 状态图的层次；
◇ 并行机制；
◇ 其他的图形对象；
◇ MATLAB 函数；
◇ Simulink 函数；
◇ 集成自定义代码；
◇ Stateflow 建模实例。

第 4 章　Stateflow 原理与建模基础

4.1　Stateflow 概述

Stateflow 的主要特点如下：
◇ 提供层次化的、可并行的、具有明确执行语义的建模语言元素，并以自然易懂的形式来描述复杂逻辑系统；
◇ 使用流程图定义图形化函数，使用 MATLAB 函数进行编程操作，使用真值表完成表格形式的处理；
◇ 采用临时逻辑调度状态迁移与事件；
◇ 支持 Mealy 和 Moore 有限状态机；
◇ 可集成用户自定义输入/输出变量的 C 代码；
◇ 支持向量、矩阵、总线信号和定点数据类型；
◇ 可进行静态模型检查，包括病态定义的真值表；
◇ 可动态检测迁移冲突、死循环、状态不一致、数据范围错误和溢出问题；
◇ 仿真进行中以动画显示状态图的方式运行并记录数据，以便于对系统的理解和调试；
◇ 集成了一个调试器，采用图形化断点进行单步调试，在调试时浏览其中的数据。

为了创建状态机，Stateflow 提供了图形对象，用户可以从模块库中拖放状态(state)、节点(junction)和函数(function)模块到绘图窗口，然后连接状态和节点来创建一系列从一个状态到另一个状态的迁移和流程图表；用户还可以在其中添加输入/输出数据，触发事件和从一个状态迁移到另一个状态的条件。

打开 Stateflow 的方式有以下 3 种：

① 在 MATLAB 的"命令行窗口"中输入"stateflow"或"sf"命令，会自动打开 Library:sflib 窗口和一个未命名的 Simulink 模型，其中自动配置了一个空白的 Stateflow 模块，Chart 为空白的 Stateflow 模块，Truth table 为真值表，如图 4-1 所示。

② 在 MATLAB 的"命令行窗口"中输入"sfnew"命令，将会自动弹出一个未命名的"Simulink"模型，其中自动配置了一个空白的 Stateflow 模块，如图 4-2 所示。

③ 从 Simulink Library Browser 窗口中找到 Stateflow 库，右击 Chart 模块，在弹出的快捷菜单中选择 Add block to a new model，添加 Chart 图表(见图 4-3)；或通过选择"主页"→"新建"→Stateflow Chart 菜单项来添加模型编辑窗口，在此窗口中添加 Chart 图表，如图 4-4 所示。

第 4 章　Stateflow 原理与建模基础

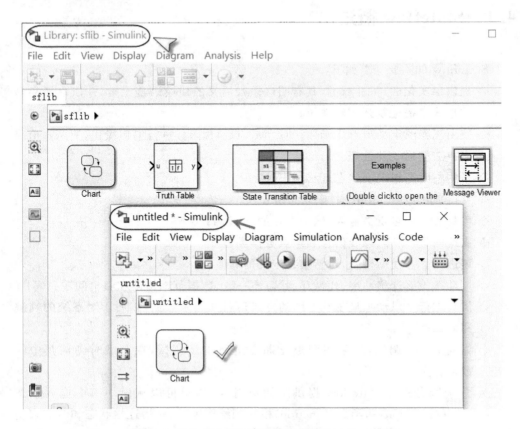

图 4-1　Library:sflib 窗口及空白的 Stateflow 模块

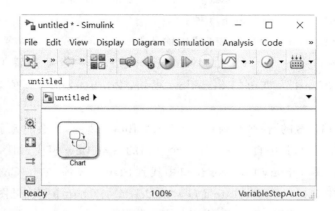

图 4-2　空白的 Stateflow 模块

第 4 章　Stateflow 原理与建模基础

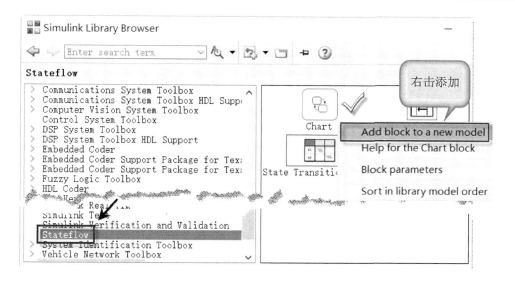

图 4-3　在弹出的快捷菜单中选择 Add block to a new model

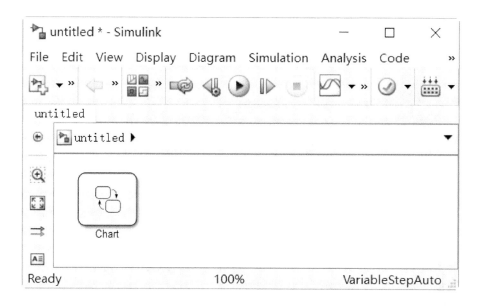

图 4-4　添加 Chart 图表

双击任何模型中的 Chart 模块都可以打开 Stateflow 编辑窗口,如图 4-5 所示,用户可以在此窗口中编辑所需要的 Stateflow 模型。

Stateflow 中的图形对象如图 4-6 所示。

第 4 章　Stateflow 原理与建模基础

图 4-5　Stateflow 编辑窗口

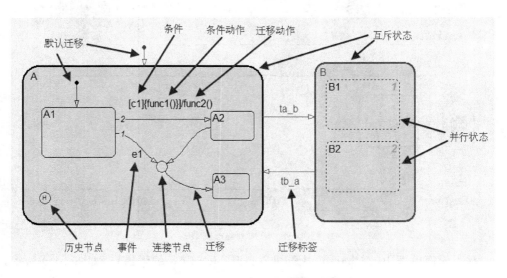

图 4-6　Stateflow 中的图形对象

4.1.1 状 态

状态是系统模式的描述,在 Stateflow 中将每一种操作模式都表示为一种状态。状态有两种行为——激活(active)和非激活(inactive)。图表的状态是激活还是非激活是基于事件和条件动态改变的,事件的发生使状态激活或非激活,驱动了 Stateflow 图表的执行。一旦状态被激活,则这个状态将一直处于激活状态,直到退出为止。状态在连续两次触发之间挂起而不会成为非激活状态。

Stateflow 图表可以具有层次,即允许有子状态,同样的就有超状态,这种层次关系可在 Model Explorer 中查看。只有子状态的上层即超状态被激活后,下层的子状态才有可能被激活。如果某一状态既非超状态,也非子状态,则它的父状态就是 Stateflow 状态图本身。而在同一层次里,所有状态之间的关系只有两种——互斥(OR)的或并行(AND)的。

单击 Stateflow 编辑窗口中的 ▣ 按钮,用户可以在图形编辑窗口中添加状态模块。

1. 互斥状态

互斥状态,即两种状态不能同时被激活,不能同时执行,用实线框表示。如图 4-7 所示的状态图,状态 A 与状态 B 是互斥的,它们中只能有一个处于激活状态。

2. 并行状态

状态的执行是独立的,同级的两个或多个并行的状态可以同时被激活,用虚线框表示。如图 4-7 所示的状态图,当状态 A 被激活时,其子状态 A1 与 A2 可以同时处于激活状态。

当状态为并行时,并不是同时被激活,而是按一定的顺序被激活并执行。在创建并行状态时,并行状态的左上角有数字编号,这个数字编号就是状态的激活顺序。这是根据其在图形编辑器中的位置来编号的,基本原则是:位置较高的状态具有较高的执行次序编号;当处于同一水平位置时,左边的状态具有较高的执行次序编号。用户也可以自己修改执行次序编号。

3. 状态命名

当添加状态模块后,状态的示意模块就会出现一个"?",这表示允许用户填写状态的名称和相应的状态动作。用户可将鼠标移至名称附近,待光标变成编辑样式时再单击修改,如图 4-8 所示。

第 4 章　Stateflow 原理与建模基础

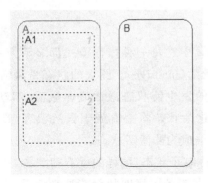

图 4-7　状态图

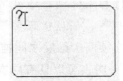

图 4-8　命名状态的外观

4. 两种状态间的转换

在状态图编辑窗口的空白处右击,在弹出的快捷菜单中选择 Decomposition→"Exclusive(OR)"或"Parallel(AND)"菜单项,可设置顶级状态的关系。在图 4-7 中,状态 A 与状态 B 是互斥的,可通过上述操作更改为并行,如图 4-9 所示。

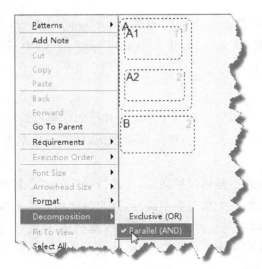

图 4-9　并行状态

状态关系的设置仅对本级起作用,若要修改 A1 与 A2 的关系,则需要在状态 A 矩形框内的空白处右击,在弹出的快捷菜单中选择相应的菜单项。

5. 状态属性设置

创建状态之后,可以通过查看状态的属性来修改相应的设置。在状态上右击,在弹出的快捷菜单中选择 Properties,弹出如图 4-10 所示的状态属性对话框,状态属性对话框的内容如表 4-1 所列。

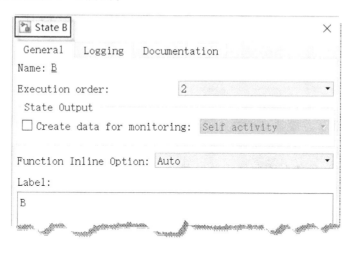

图 4-10 状态属性对话框

表 4-1 状态属性对话框的内容

属性项	描 述
Name	状态的名称
Execution order	设置并行状态的执行顺序(注意:在互斥状态的属性对话框中没有该项)
Function Inline Option	生成代码时的内嵌状态函数选项: ①Auto:基于内部探索来内嵌状态函数; ②Inline:在父层函数中内嵌状态函数,直到函数不再递归; ③Function:为每个状态创建独立的静态函数
Log self activity	在仿真期间保存自激活的值到 MATLAB 工作空间
Test point	设置状态监测点(在 MATLAB 的工作空间中记录监测点的数据)
Output State Activity	设置输出状态的活动情况
Label	状态的标签
Logging name	指定记录自激活的名称。Simulink 软件使用该信号名作为其默认日志名
Limit data points to last	限制自激活记录最新的采样值
Decimation	通过跳过采样值来限制自激活记录

6. 状态动作

状态动作的执行与状态是否激活息息相关,在下列情况下,将发生状态动作:

① 初始为非激活状态,事件驱动使其激活——entry 动作,关键字为 entry

第4章 Stateflow 原理与建模基础

或 en；

② 初始为激活状态，事件驱动使其进入非激活状态——exit 动作，关键字为 exit 或 ex；

③ 初始为激活状态，事件未改变其激活状态——during 动作，关键字为 during、du 或 on；

④ 处于激活状态，有驱动事件发生——on Event 动作，关键字为 On Event；

⑤ 处于激活状态或其子状态处于激活状态——bind 动作，关键字为 bind。

状态动作一般作为状态名称标签的一部分，可以紧跟在标签名称后面定义动作的名称，不过，定义动作时需要使用关键字来标识动作的作用类型。

使用状态动作需要按照图 4-11 所示的两种格式来书写。

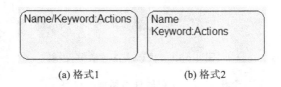

(a) 格式1　　　　(b) 格式2

图 4-11　状态动作的两种格式

注意："/"在第二种格式中可以选择性添加使用。

4.1.2　迁　移

对于 Stateflow 图表，每一次迁移都表示一次状态的转换，可以一次只有一个处于激活的状态，也可以有多个处于激活的状态。迁移可以由事件或条件触发，只有在激活状态下才能执行相应的程序。

迁移为状态间的变换提供了路径，从状态 A 到状态 B 发生迁移，状态 A 变成非激活状态，而状态 B 变成激活状态。迁移是有方向的，在 Stateflow 图表中用箭头表示，而且其是单向的，所以在两种状态间的迁移有两个——一种状态到另一种状态的迁移，以及该两种状态反过来的迁移。有效的迁移是指一种状态到另一种状态的迁移，它们到节点的迁移不是完整的迁移。互斥状态不能同时被激活，需要在两种互斥的状态间添加一定的条件迁移；并行状态可以同时被激活，在并行状态间无须迁移。

1. 添加一个迁移

Stateflow 状态图使用一条单向箭头曲线表示迁移，它将两个图形对象连接起来。在多数情况下，迁移是指系统从源状态向目标状态的迁移。用户只需将鼠标移至源状态矩形框的边缘，当光标变成十字形状时，按下左键并拖向目标状态，即添加了一个迁移，如图 4-12 和图 4-13 所示。

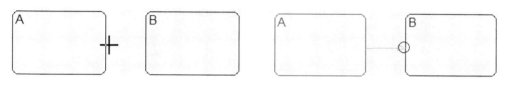

图 4-12 添加迁移(1)　　　　　图 4-13 添加迁移(2)

2. 默认迁移

默认迁移是一种特殊的迁移形式,它没有源对象,用于指定有多个互斥状态并存时首先应进入的状态。

单击 图标,在默认状态矩形框的水平或垂直边缘再次单击,添加一个默认迁移,如图 4-14 所示。

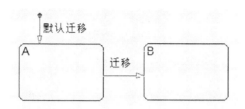

图 4-14 添加默认迁移

下面的例子说明了从其中一个互斥状态到另一个超状态的互斥状态迁移,而且已经定义至子状态的默认迁移,如图 4-15 所示。

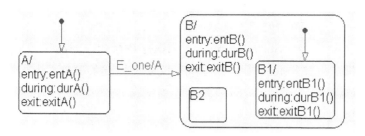

图 4-15 默认迁移在互斥状态内的图表

开始时,Stateflow 图表处于睡眠状态,状态 A 处于激活状态,当事件 E_one 发生时,唤醒 Stateflow 图表。Stateflow 将按下列次序执行相应的动作:

① Stateflow 图表开始检测是否有事件 E_one 引起的有效迁移,如果检测到了从状态 A 到状态 B 的有效迁移,则将继续下面的过程;

② 执行状态 A 的 exit 动作 exitA();

③ 状态 A 被标记为非激活状态；
④ 执行迁移动作 A；
⑤ 状态 B 被标记为激活状态；
⑥ 执行状态 B 的 entry 动作 entB()；
⑦ 状态 B 检测到有效的迁移，即默认迁移到状态 B.B1；
⑧ 状态 B.B1 被标记为激活状态；
⑨ 执行状态 B.B1 的 entry 动作 entB1()；
⑩ Stateflow 图表回到睡眠状态。

3. 使用默认迁移的注意事项

先看下面的例子（见图 4-16），此例说明在默认迁移的标签上增加了事件触发。

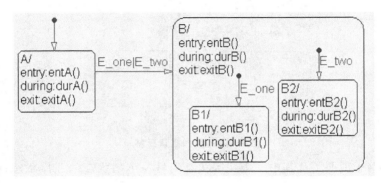

图 4-16 事件触发默认迁移的图表

开始时 Stateflow 图表处于睡眠状态，状态 A 处于激活状态，当事件 E_one 发生时，唤醒 Stateflow 图表。Stateflow 将按下列次序执行相应的动作：

① Stateflow 图表开始检测是否有事件 E_one 引起的有效迁移，如果检测到了从状态 A 到状态 B 的有效迁移，则由事件 E_one 或 E_two 引起的迁移都是有效的；
② 执行状态 A 的 exit 动作 exitA()；
③ 状态 A 被标记为非激活状态；
④ 状态 B 被标记为激活状态；
⑤ 执行状态 B 的 entry 动作 entB()；
⑥ 状态 B 检测到默认迁移到状态 B1 的有效迁移，这里的默认迁移假设使用 E_one 事件来控制，那么事件 E_one 发生则该迁移为有效迁移；
⑦ 状态 B.B1 被标记为激活状态；
⑧ 执行状态 B.B1 的 entry 动作 entB1()；

⑨ Stateflow 图表回到睡眠状态。

当其父状态被激活时，默认迁移仅执行一次；只有当父状态再次从非激活状态进入激活状态时，默认迁移才再次执行。因此，当默认迁移在状态图的第一层时需要特别小心。如果第一次触发事件发生时默认迁移无效，则系统将发出一个二义性警告，这个警告错误一般发生在父状态被激活，但又不能确定父状态下的哪一个子状态被激活的情况。此时，虽然状态图被激活了，但是没有一个确定的状态被激活。

例如，将图 4-16 中子状态 B2 的默认迁移和迁移标签去掉，则当事件 E_two 发生，事件 E_one 未发生时，状态 B 被激活，由于其子状态 B1 的默认迁移条件不满足，所以该默认迁移无效，无法激活 B 的任何一个子状态，这时就会出现上述错误。由于默认迁移的执行需要依赖父状态的再次激活，所以这里的默认迁移将不再有机会执行。

一定要牢记一点，一旦 Stateflow 状态图被激活，则其会一直处于激活状态，直到系统仿真结束。

4. 迁移标签

状态间迁移的标签格式如下：

event[condition]{condition_action}/transition_action

对于非默认的迁移，当源对象处于激活状态且迁移标签有效时，发生迁移；对于默认迁移，当其父状态被激活时，发生迁移。由此可知，用户可以根据需要选择性地输入迁移标签的部分或全部字段。

迁移标签各字段的意义如表 4-2 所列。

表 4-2 迁移标签各字段的含义

标签字段	说 明
事件	引发迁移的事件
条件	条件动作与迁移的发生条件
条件动作	当条件为真时执行的动作
迁移动作	离开源状态，进入目标状态前所执行的动作

5. 迁移标签有效性判断的优先级

① 既有事件又有条件的迁移第一个被检测；
② 仅具有事件的迁移第二个被检测；
③ 仅具有条件的迁移第三个被检测；
④ 不加任何限制的迁移最后被检测。

下面的例子说明了两个状态间迁移标签的运行机制，如图 4-17 所示。

① 当事件 event 发生时，状态 S1 检测指定事件对应的输出迁移；

第4章 Stateflow 原理与建模基础

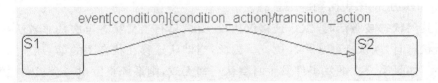

图 4-17 状态的迁移

② 如果找到对应事件的迁移,则判断迁移条件[condition];
③ 如果迁移条件为真,则执行条件动作{condition_action};
④ 如果存在到目标状态的有效迁移,则发生迁移;
⑤ 退出状态 S1;
⑥ 当迁移发生时执行迁移动作 transition_action;
⑦ 进入状态 S2。

4.1.3 事 件

所谓事件,是指触发的发生。触发可以是隐式的存在,按照原来的安排自动发生;也可以是显式的定义。例如,对于过零特性的信号或者被函数调用时等,触发产生,即发生了事件。由该触发引起的相应动作称为事件驱动。

在 Stateflow 中,所有的状态图运行都是依靠事件驱动的,即状态图是依赖于事件活动的,事件同样驱动状态的变化。

事件是非图形对象,在 Stateflow 图表中不能直接表示出来,可通过事件触发器查看事件。在层次结构的每一层都可以定义事件,可通过 Model Explorer 创建和修改事件,或通过选择 Char→Add Other Elements→Local Event 菜单项中的相应命令来创建事件,添加事件的对话框如图 4-18 所示,可在对话框中设置事件的属性。

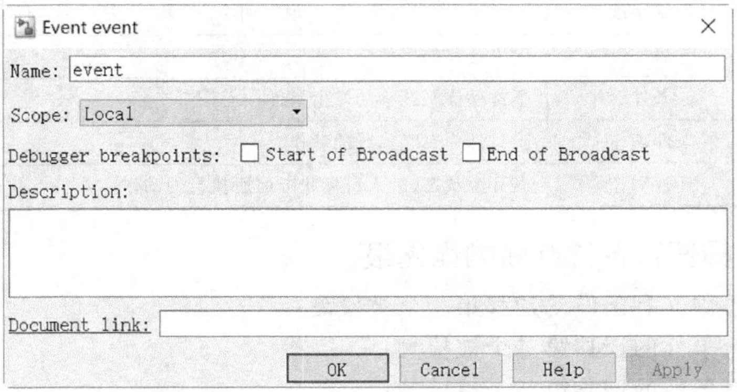

图 4-18 添加事件的对话框

Scope 下拉列表框可以定义事件的范围:

第 4 章　Stateflow 原理与建模基础

◇ Local(局部事件);
◇ Input from Simulink(来自 Simulink 模型的输入);
◇ Output to Simulink(输出至 Simulink 模型)。

当设置事件的范围为 Input from Simulink 或 Output to Simulink 时,对话框将发生变化,如图 4-19 和图 4-20 所示。其中,Port 下拉列表框用于设置事件输入/输出端口的序号,Trigger 下拉列表框用于设置触发类型。

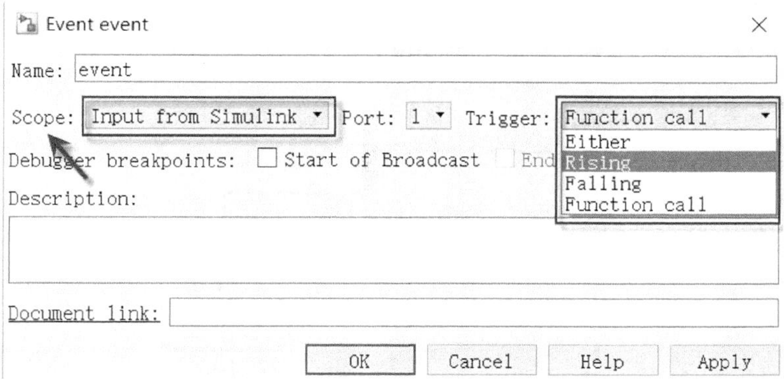

图 4-19　设置输入事件

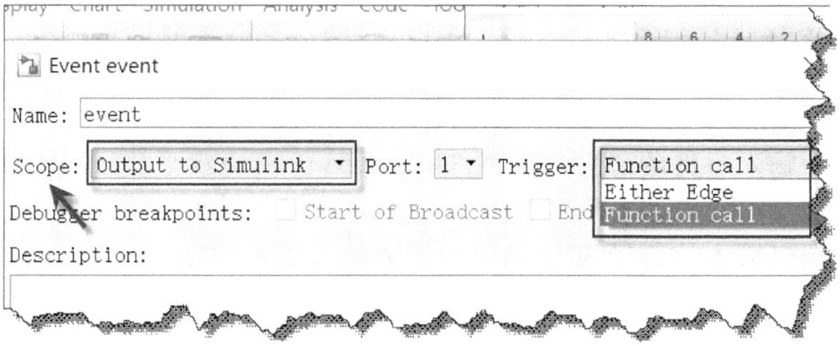

图 4-20　设置输出事件

当执行事件触发动作时,触发 Simulink 模块做出相应的反应,包括激活 Stateflow 图表、引起一种状态到另一种状态的迁移动作。只有当事件发生时,Stateflow 图表才会被激活;也只有事件的驱动使才会状态间的迁移发生。当事件发生时,Stateflow 总是从最顶层开始检测与事件相关的动作,一直检测到某个状态最内部的子状态为止。

利用下列模块可以在 Simulink 中产生相应的过零信号:
◇ 振荡函数;
◇ 脉冲发生器;
◇ 阶跃信号(每个阶跃信号仅能产生一个事件);

第 4 章　Stateflow 原理与建模基础

◇ 双端输入开关；

◇ 静态模块。

Simulink 中的触发对应 Stateflow 中的事件，仿真时，触发信号传到 Stateflow 图表中相当于发生了一个事件。当来自 Simulink 的信号不止一个，即有多个输入事件时，必须将这些信号通过 Mux 模块组合成一个信号向量，然后传到 Stateflow 图表的触发端作为事件的输入。因为每个 Stateflow 图表都只能具有一个事件输入端口，如图 4-21 所示。其中：事件 E1 的 Port 属性为 1，Trigger 属性为 Rising；事件 E2 的 Port 属性为 2，Trigger 属性为 Falling。

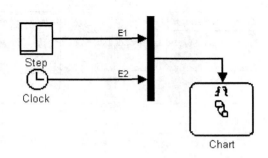

图 4-21　组合信号的 Simulink 框图

当使用 Mux 模块组合输入事件向量时，根据信号放置的位置决定与事件的对应关系。如果 Mux 模块垂直放置，则 Mux 模块最上面的输入信号端口输入的信号为 Stateflow 图表输入事件的第一个事件；最下面的输入信号端口输入的信号为 Stateflow 图表输入事件的最后一个事件；如果 Mux 模块水平放置，则 Mux 模块最左边的输入信号端口输入的信号为 Stateflow 图表输入事件的第一个事件，最右边的输入信号端口输入的信号为 Stateflow 图表输入事件的最后一个事件。

4.1.4　数据对象

数据对象用来存储在 Stateflow 图表中用到的数值，可以通过 Model Explorer 来添加数据对象，此时用户可以查看、修改 Stateflow 图表中的数据对象；也可以通过 Stateflow API 来添加数据对象；还可以通过选择 Char→Add Other Elements→Local Data 菜单项中的相应命令来创建数据对象。添加数据对象的对话框如图 4-22 所示，可在该对话框中设置数据对象的属性。

可在 Scope 下拉列表框中设置数据对象为仅在 Stateflow 图表中用到的局部变量，或与 Simulink 交互时的输入/输出数据。Scope 下拉列表框中的选项如表 4-3 所列。

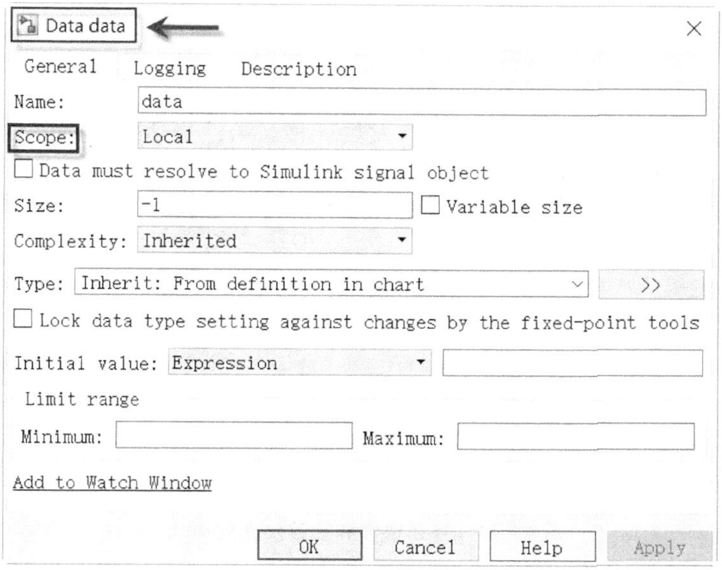

第 4 章 Stateflow 原理与建模基础

图 4 – 22 添加数据对象的对话框

表 4 – 3 Scope 下拉列表框中的选项

属性项	描　述
Local	定义的数据只能在当前 Stateflow 图表中使用
Constant	定义的数据为只读常数值,在 Stateflow 图表的父级和子级都可以使用
Parameter	在 MATLAB 工作空间中定义的值,或来自 Simulink 模块在父状态封装的子系统中定义和初始化后的参数,此时 Stateflow 数据对象与参数名必须一致
Input	定义的数据由 Simulink 模型提供
Output	定义的数据输出至 Simulink 模型
Data Store Memory	定义的数据对象与 Simulink 工作空间中的数据对象绑定在一起,共享数据空间

在 Stateflow 图表中,数据对象主要用于动作或条件中,数据可以是变量或常数,数据类型有:double、single、int32、int16、int8、uint32、uint16、uint8、boolean、fixdt(1,16,0)、fixdt(1,16,2^0,0)、Enum:＜class name＞、Bus:＜object name＞、＜data type expression＞、---Refresh data types---。

第4章 Stateflow 原理与建模基础

4.1.5 条件与动作

1. 条件

指定一个布尔表达式,当它为真时,发生迁移。条件表达式的前后必须使用方括号"[ ]"包围,如图 4-23 所示。

下面的例子将说明从一个互斥状态迁移到另一个互斥状态的条件和迁移动作的行为。

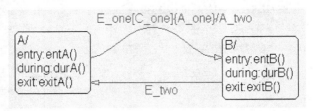

图 4-23 存在条件和迁移动作的图表

2. 动作

条件表达式的前后必须使用花括号"{ }"包围,如图 4-23 所示。只要条件为真,无论迁移是否有效,条件动作都会执行。

开始时 Stateflow 图表处于睡眠状态,状态 A 处于激活状态,当事件 E_one 发生时,唤醒 Stateflow 图表,此时条件 C_one 为真。Stateflow 图表将按下列次序执行相应的动作:

① Stateflow 图表开始检测是否存在由事件 E_one 引起的有效迁移,如果检测到从状态 A 到状态 B 的有效迁移,由于条件 C_one 为真,则执行条件动作 A_one,状态 A 保持为激活状态;

② 执行状态 A 的 exit 动作 exitA();

③ 状态 A 被标记为非激活状态;

④ 执行迁移动作 A_two;

⑤ 状态 B 被标记为激活状态;

⑥ 执行状态 B 的 entry 动作 entB();

⑦ Stateflow 图表回到睡眠状态。

4.1.6 节点

节点能用单个迁移表达多个可能发生的迁移,非常适用于:一个源状态至多目标状态的迁移、多个源状态至单一目标状态的迁移和基于同一事件的源状态至目标状态的迁移,从而有效地简化了 Stateflow。除此之外,还可以表示 if-else 结构、for 循环结构、自循环结构等。

连接节点可作为迁移通路的判决点或汇合点，但它不是记忆元件。因此，迁移的执行不能停留在节点上，必须到达某个状态时才能停止。

下面的例子将说明采用节点表示的 Stateflow 图表的行为，如图 4-24 所示。

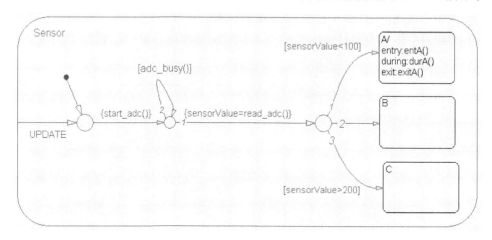

图 4-24　流程图表示的图表

初始条件：开始时，Stateflow 图表处于睡眠状态，状态 Sensor.A 处于激活状态，条件 adc_busy() 为真，当事件 UPDATE 发生时，Stateflow 图表被唤醒。Stateflow 图表将按下列次序执行相应的动作：

① Stateflow 图表开始检测是否存在事件 UPDATE 引起的有效迁移，此时检测不到这样的有效迁移。

② 状态 Sensor 检测自己是否存在有效迁移，此时检测到一条至连接节点的内部有效迁移。

③ 判断下一条可能的迁移段。只有一条定义了条件动作的迁移，执行条件动作完成迁移。

④ 判断下一条可能的迁移段。有两条迁移输出，一条是条件自循环迁移，另一条是无条件迁移。根据迁移选择优先级可知，有条件限制的迁移优先级更高，先判断其有效性。因为条件 adc_busy() 为真，所以执行自循环迁移；又因为没有迁移到最终的目标状态，所以继续执行自循环迁移，直到条件 adc_busy() 为假（假设经过 5 次循环，条件 adc_busy() 为假）。

⑤ 判断下一条可能的迁移段。这是一个存在条件动作的无条件迁移，执行条件动作{sensorValue=read_adc()}，返回 sensorValue=84，并发生迁移。

⑥ 判断下一条可能的迁移段。有 3 条输出迁移，其中两条是有条件的，另一条是无条件的。根据迁移选择优先级可知，先判断条件为[sensorValue<100]的迁移，因为 sensorValue=84，小于 100，条件为真，所以迁移有效，执行该条迁移。

⑦ 执行状态 Sensor.A 的 exit 动作 exitA()，状态 Sensor.A 被标记为非激活

状态。

⑧ 状态 Sensor.A 被标记为激活状态。

⑨ stateflow 图表回到睡眠状态。

1. 一个源状态至多个目标状态的迁移

下面的例子将说明通过连接节点从一个源状态迁移至多个目标状态的执行,如图 4-25 所示。

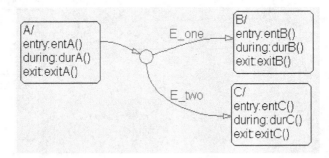

图 4-25 一个源状态至多个目标状态的迁移

初始条件:开始时,Stateflow 图表处于非激活状态,状态 A 处于激活状态,当事件 E_two 发生时,Stateflow 图表被唤醒。

Stateflow 图表按下列次序执行相应的动作:

① Stateflow 图表开始检测是否存在由事件 E_two 引起的有效迁移,此时检测到从状态 A 至连接节点的有效迁移。而从节点出发的两条迁移段具有相同的优先级,根据其几何位置,将优先执行事件 E_one 限制的迁移段,由于事件 E_one 没有发生,所以迁移无效;接着执行事件 E_two 限制的迁移段,由于事件 E_two 发生了,迁移有效,所以完整的有效迁移是从状态 A 迁移到状态 C。

② 执行状态 A 的 exit 动作 exitA()。

③ 状态 A 被标记为非激活状态。

④ 状态 C 被标记为激活状态。

⑤ 执行状态 C 的 entry 动作 entC()。

⑥ Stateflow 图表回到睡眠状态。

2. 多个源状态至单一目标状态的迁移

下面的例子将说明通过连接节点从多个源状态迁移至单一目标状态的执行,如图 4-26 所示。

初始条件:开始时,Stateflow 图表处于非激活状态,状态 A 处于激活状态,当事件 E_one 发生时,Stateflow 图表被唤醒。

Stateflow 图表按下列次序执行相应的动作:

① Stateflow 图表开始检测是否存在由事件 E_one 引起的有效迁移,此时检测

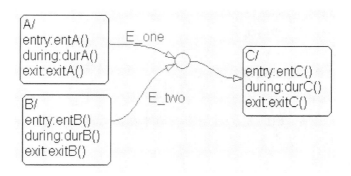

图 4-26 多个源状态至单一目标状态的迁移

到从状态 A 到节点,再从节点到状态 C 的有效迁移;

② 执行状态 A 的 exit 动作 exitA();

③ 状态 A 被标记为非激活状态;

④ 状态 C 被标记为激活状态;

⑤ 执行状态 C 的 entry 动作 entC();

⑥ Stateflow 图表回到睡眠状态。

3. 基于同一事件的源状态至目标状态的迁移

下面的例子将说明通过连接节点从基于同一事件的多个源状态迁移至一个目标状态的执行,如图 4-27 所示。

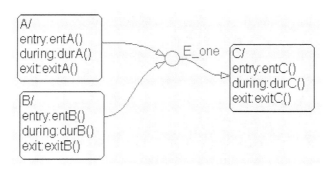

图 4-27 基于同一事件的源状态至目标状态的迁移

初始条件:开始时,Stateflow 图表处于非激活状态,状态 B 处于激活状态,当事件 E_one 发生时,Stateflow 图表被唤醒。

Stateflow 图表将按下列次序执行相应的动作:

① Stateflow 图表开始检测是否存在由事件 E_one 引起的有效迁移,此时检测到从状态 B 到节点,再从节点到状态 C 的有效迁移;

② 执行状态 B 的 exit 动作 exitB();

第4章 Stateflow 原理与建模基础

③ 状态 B 被标记为非激活状态;

④ 状态 C 被标记为激活状态;

⑤ 执行状态 C 的 entry 动作 entC();

⑥ Stateflow 图表回到睡眠状态。

4. 图形化逻辑结构

Stateflow 使用迁移检测和几何学的方法来解决迁移冲突的问题,利用这个特点,可使用图形化的方法来表达逻辑状态。

(1) if-else 结构

存在 if-else 结构的图表如图 4-28 所示。

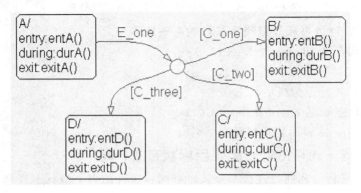

图 4-28 存在 if-else 结构的图表

初始条件:开始时,Stateflow 图表处于睡眠状态,状态 A 处于激活状态,当事件 E_one 发生时,Stateflow 图表被唤醒,条件 C_two 为真。

Stateflow 图表将按下列次序执行相应的动作:

① Stateflow 图表开始检测是否存在由事件 E_one 引起的有效迁移,此时检测到从状态 A 至节点的有效迁移。而从节点出发有 3 条至目标状态的迁移段,根据迁移选择优先级可知,将首先检测至状态 B 的迁移。由于条件 C_one 为假,所以该迁移无效;再检测至状态 C 的迁移,因为条件 C_two 为真,该迁移有效,即从状态 A 到状态 C 的完整迁移是有效的,所以执行该迁移。

② 执行状态 A 的 exit 动作 exitA()。

③ 状态 A 被标记为非激活状态。

④ 状态 C 被标记为激活状态。

⑤ 执行状态 C 的 entry 动作 entC()。

⑥ Stateflow 图表回到睡眠状态。

(2) for 循环结构

一般采用条件动作和节点来设计 for 循环结构,下面的例子将说明连接节点使用 for 循环的行为,如图 4-29 所示。

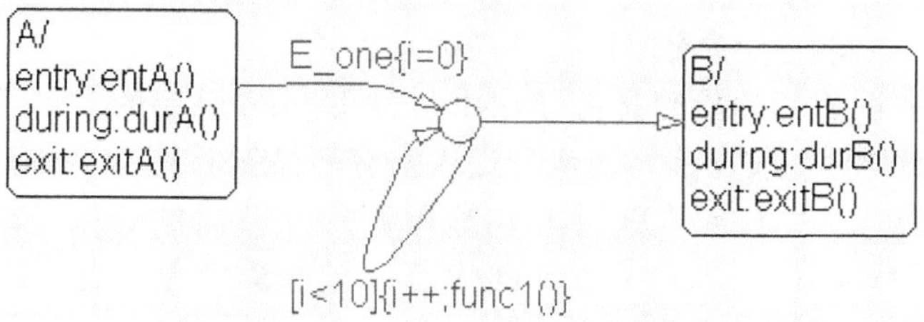

图 4-29 存在 for 循环结构的图表

初始条件:开始时,Stateflow 图表处于非激活状态,状态 A 处于激活状态,当事件 E_one 发生时,Stateflow 图表被唤醒。

Stateflow 图表将按下列次序执行相应的动作:

① Stateflow 图表开始检测是否存在事件 E_one 引起的有效迁移,此时检测到从状态 A 到节点的有效迁移段,执行条件动作 i=0。从节点出发有两条迁移段,其中一条迁移段为节点的自循环,另一条为至状态 B 的迁移。因为自循环迁移段存在迁移条件限制,其优先级高于至目标状态的迁移,所以先检测自循环迁移的有效性。

② 当条件[i<10]为真时,执行条件动作{i++},并调用函数 func1(),直到条件[i<10]为假时为止。由于节点不是最终的目标,因此需要确定迁移目标。

③ 此时应无条件地使到状态 B 的迁移段有效,使从状态 A 到状态 B 的完整迁移有效。

④ 执行状态 A 的 exit 动作 exitA()。

⑤ 状态 A 被标记为非激活状态。

⑥ 状态 B 被标记为激活状态。

⑦ 执行状态 B 的 entry 动作 entB()。

⑧ Stateflow 图表回到非激活状态。

(3) 自循环迁移

下面的例子将说明使用节点的自循环迁移的执行,如图 4-30 所示。

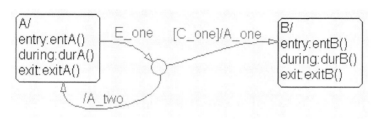

图 4-30 自循环迁移

初始条件:开始时,Stateflow 图表处于睡眠状态,状态 A 处于激活状态,当事件

E_one 发生时,Stateflow 图表被唤醒,条件 C_one 为假。

Stateflow 图表将按下列次序执行相应的动作:

① Stateflow 图表开始检测是否存在由事件 E_one 引起的有效迁移,此时检测到从状态 A 至节点的有效迁移。而从节点出发有两条至目标状态的迁移段,根据迁移选择优先级可知,最先检测有条件和动作限制的迁移段的有效性。由于条件 C_one 为假,该段迁移无效,所以从节点回到状态 A 的迁移段为有效迁移。

② 执行状态 A 的 exit 动作 exitA()。

③ 状态 A 被标记为非激活状态。

④ 执行迁移动作 A_two。

⑤ 状态 A 被标记为激活状态。

⑥ 执行状态 A 的 entry 动作 entA()。

⑦ Stateflow 图表回到睡眠状态。

4.2 流程图

上述内容所建立的 Stateflow 图表皆包含状态,在每个仿真步长之间,当前状态与本地数据都会被保留在内存中,供下一个仿真步长使用。而流程图与此不同,它主要由节点与迁移组成,不包含任何状态,因此不保存任何信息。一旦流程图被激活,即由默认迁移开始一直执行到终点(不包含任何输出迁移的节点)。

4.2.1 手动建立流程图

手动建立流程图的过程与建立状态图的过程相似,本小节以一段简单的代码为例,手动建立流程图,代码如下:

```
if x>0
    y = 1;
else if x<0
    y = -1;
else
    y = 0;
end
end
```

1. 起始节点

单击 ↘ 与 ○ 图标,在 Stateflow 编辑器中添加起始节点与默认迁移,如图 4-31 所示。

2. 条件节点

根据代码描述的各种条件,添加条件节点、迁移和迁移标签,如图 4-32 所示。

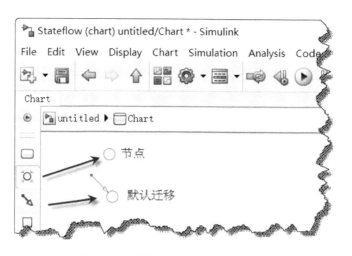

图 4-31 添加起始节点与默认迁移

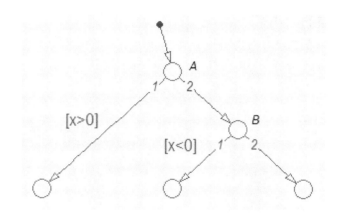

图 4-32 添加条件节点、迁移和迁移标签

两个判断节点 A,B 分别有两条输出迁移,标记了数字 1,2,这表示两条迁移的优先级,定义了标签的迁移优先级高于无标签的迁移。用户可以选中迁移曲线后右击,在弹出的快捷菜单中选择 Properties,然后修改 Execution order 的数值,如图 4-33 所示。

当修改某一条迁移曲线的优先级时,系统会自动调整另一条的优先级。

3. 终节点

根据代码描述的各条件下的输出,添加终节点与迁移标签,如图 4-34 所示。

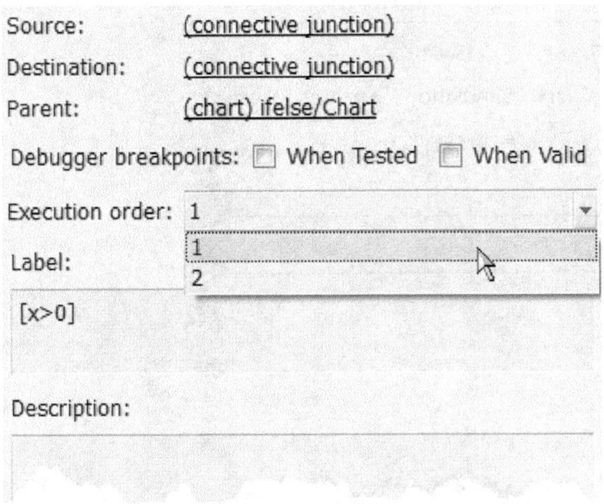

第 4 章 Stateflow 原理与建模基础

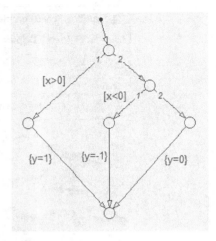

图 4-33 设置迁移优先级

图 4-34 添加终节点与迁移标签

4. 修改节点的大小

对于某些重要的节点，用户可以调整其大小。例如，选中起始节点与终节点后右击，在弹出的快捷菜单中选择 Junction Size 及其大小，以突出其地位，如图 4-35 和图 4-36 所示。

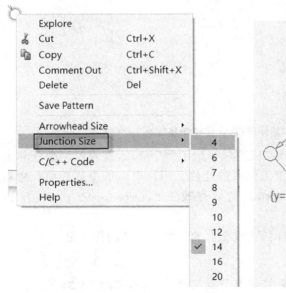

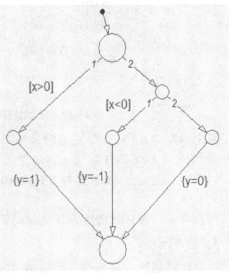

图 4-35 修改节点的大小

图 4-36 节点突出显示

4.2.2 快速建立流程图

对于简单的流程图,手动建立难度不大;而对于稍复杂的流程图,用户难免会感到力不从心。为解决这一问题,Stateflow 编辑器提供了快速建立流程图的向导,它可以生成 3 类基本逻辑:判断逻辑、循环逻辑和多条件逻辑。同时,用这种方式生成的流程图符合 MAAB(MathWorks Automotive Advisory Board)规则,并且各种流程图的外观高度一致,便于用户阅读、手动修改以及产生代码。

从 Stateflow 编辑器的菜单栏中选择 Chart→Add Pattern In Chart→Decision 菜单项,然后从 Decision 子菜单中选择流程图的类型,如图 4-37 所示。例如,选择 Chart→Add Pattern In Chart→Decision→"If-Elseif-Else"菜单项,在打开的对话框中输入判断条件与对应的动作,如图 4-38 所示。生成的判断逻辑流程图如图 4-39 所示。

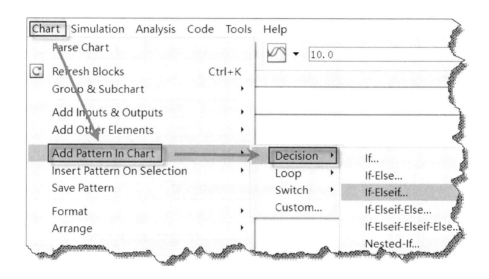

图 4-37 选择流程图的类型

根据流程图添加输入变量 x 与输出变量 y,如图 4-40 所示。Simulink 模型及其结果如图 4-41 所示。

流程图向导提供的另外两类逻辑——循环逻辑与多条件逻辑的使用过程与此相似,用户可自行体验。

第 4 章 Stateflow 原理与建模基础

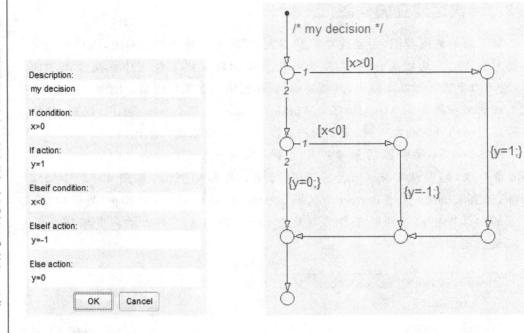

图 4-38 输入判断条件与对应的动作　　图 4-39 生成的判断逻辑流程图

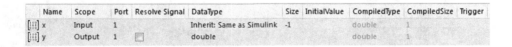

图 4-40 添加输入/输出变量

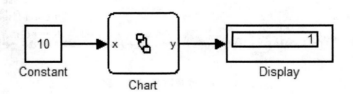

图 4-41 Simulink 模型及其结果

4.2.3 车速控制

某种汽车的车速控制逻辑为：当车速低于 80 km/h 时，绿色指示灯亮；当车速高于或等于 80 km/h 但低于 90 km/h 时，黄色指示灯亮；当车速高于或等于 90 km/h 时，红色指示灯亮。

使用流程图向导快速建立的流程图如图4-42所示。

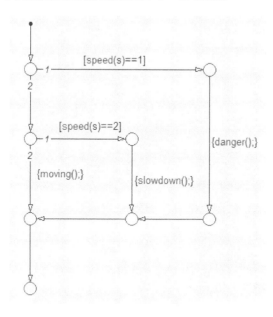

图 4-42 车速控制流程图

测速函数 color = speed(x) 与 3 个分支事件 moving()、slowdown() 和 danger()，使用 MATLAB 语言描述如下：

```
function color = speed(x)
% #codegen
if (x < 80)
    color = 3;
elseif (x >= 80 && x < 90)
    color = 2;
else
    color = 1;
end
end

function moving
% #codegen
% coder.extrinsic('num2str');
disp(['speed = ', num2str(s),'   Moving along.']);
red = 0;
yellow = 0;
green = 1;
```

第4章 Stateflow 原理与建模基础

```
function slowdown
% #codegen
% coder.extrinsic('num2str');
disp(['speed = ', num2str(s),'  Slowing down.']);
red = 0;
green = 0;
yellow = 1;

function danger
% #codegen
% coder.extrinsic('num2str');
disp(['speed = ', num2str(s),'  Danger!! ']);
yellow = 0;
green = 0;
red = 1;
```

完整的状态机如图 4-43 所示。

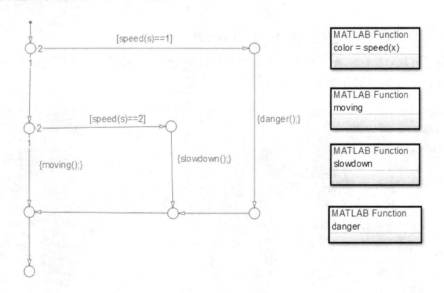

图 4-43 车速控制状态机

建立的 Simulink 模型如图 4-44 所示,其中,输入信号由 Signal Builder 产生(见图 4-45),输出模块由 Gauges Blockest(Gauges 模块库)中的 Red Rect 表示(见图 4-46),求解器设置如图 4-47 所示,最后的仿真结果如图 4-48 所示。

在 MATLAB 的"命令行窗口"中同时显示文字输出,这说明在起始的 7 个仿真步长中,输入信号小于 80,绿灯亮起,文字显示 Moving along;在接下来的 1 个仿真步长中,输入信号大于或等于 80 但仍小于 90,黄灯亮起,文字显示 Slowing down;在最后的 2 个仿真步长中,输入信号大于或等于 90,红灯亮起,文字显示 Danger,如下:

```
speed = 0     Moving along.
speed = 10    Moving along.
speed = 20    Moving along.
speed = 30    Moving along.
speed = 40    Moving along.
speed = 50    Moving along.
speed = 60    Moving along.
speed = 70    Moving along.
speed = 80    Slowing down.
speed = 90    Danger!!
speed = 100   Danger!!
>>
```

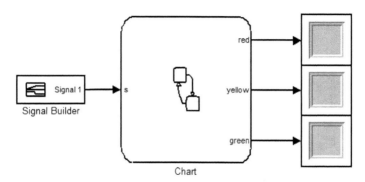

图 4-44 Simulink 模型

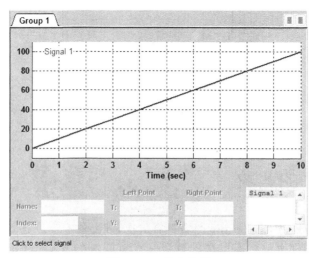

图 4-45 输入信号

第 4 章 Stateflow 原理与建模基础

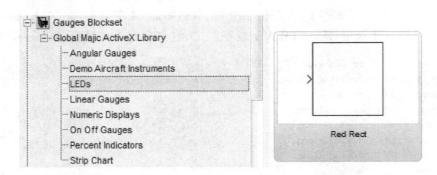

图 4-46 输出模块

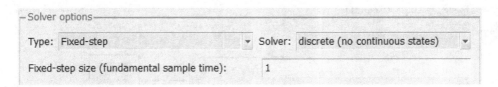

图 4-47 求解器设置

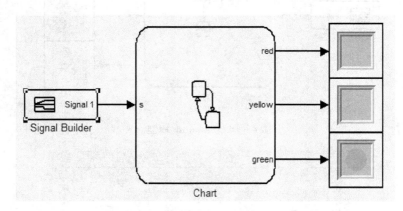

图 4-48 仿真结果

说明：64 位的 MATLAB 软件一般不包含 Gauges Blockset 工具箱，读者可以在 64 位操作系统中同时安装 64 位 MATLAB R2015b 和 32 位的 MATLAB R2015a 两种软件。

4.3 状态图的层次

如 4.1.1 小节所述，Stateflow 图表具有层次，即允许有子状态，同样的就有超状态。状态图中允许拥有的状态层次的数目是没有限制的。Stateflow 允许在不同层次状态之间存在迁移，如果迁移穿越父状态的边界直接到达低层次的子状态，则此迁移被称为超迁移。

在状态图中使用层次有以下几个目的：

① 可以将相关的对象组合在一起，构成族群；

② 可以将一些通用的迁移路径或者动作组合成为一个迁移动作或路径，简化模型；

③ 适当地使用层次，可以有效地缩减生成代码的大小，也能够提高程序执行的效率和可读性。

Stateflow 中的对象都是按照特定的层次组合在一起的。Stateflow Machine 是 Stateflow 中最高层次的对象，它包含 Simulink 模型中其他所有的 Stateflow 对象。

类似的，图表包含有状态、盒函数、函数、数据、事件、迁移和节点。在 Stateflow 层次结构中，状态同样可以含有所有的对象，也包括其他状态——超状态和子状态，如图 4-49 所示。

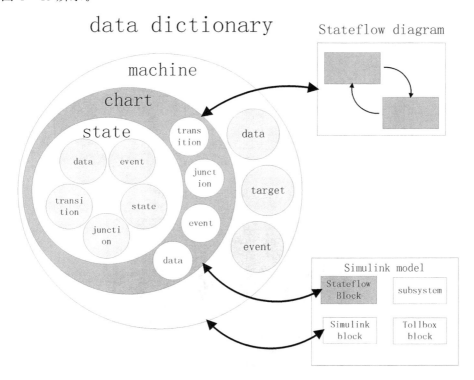

图 4-49　Stateflow 对象的层次

在 Stateflow 数据字典（data dictionary）中，Stateflow 的对象可分为以下 3 个层次：

① Machine：状态机对象。状态机是当前模型中所有状态框图的集合，即状态机对象相当于包含 Stateflow 图块的 Simulink 模型。在状态机中，可以包含事件、数据

对象以及编译目标等。

② Chart：状态图对象。状态图对象是状态机对象的子对象，状态图对象中可以包含状态、图形函数、图形盒、节点、迁移、注释、数据对象和事件等。

③ State/Function/Box：这 3 个对象之间可以互相包含、互相嵌套，并且可以包含事件、数据对象、注释、迁移、连接节点等。

4.3.1 历史节点

在状态图的顶层或一个父状态里会放置一个历史节点，它能记录退出父状态时正处于激活状态的子状态，当再次进入父状态时，默认激活上一次所记录的子状态。历史节点的作用域仅限于它所在的层级。

如图 4-50 和图 4-51 所示，当退出父状态 A 时，子状态 A2 处于激活状态，下一次再进入父状态 A 时，将激活子状态 A2，而不是默认迁移状态 A1。也就是说，同级历史节点的优先级高于默认迁移。

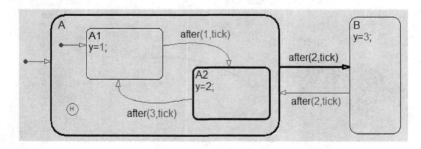

图 4-50　包含历史节点的状态图

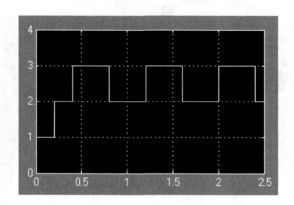

图 4-51　输出结果(1)

不包含历史节点的状态图如图 4-52 所示，其运行结果如图 4-53 所示。用户应详细比较两者的区别。

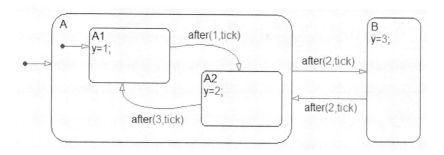

图 4-52　不包含历史节点的状态图

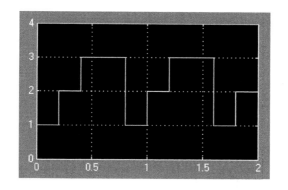

图 4-53　输出结果(2)

4.3.2　迁移的层次性

迁移可以被包含在状态之中,但迁移本身不能包含其他的图形对象。迁移所属的层次是由其父状态(包含该迁移的最低层的状态)、源状态和目标状态决定的。

下面的例子将说明从一个互斥状态 A 的子状态迁移到另一个互斥状态 B 的子状态的行为,如图 4-54 所示。

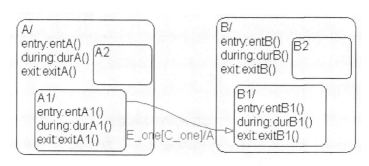

图 4-54　互斥子状态间的迁移

初始条件:开始时,Stateflow 图表处于睡眠状态,状态 A.A1 处于活动状态,当事件 E_one 发生时,Stateflow 图表被唤醒,条件 C_one 为真。

Stateflow 图表按下列次序执行相应的动作:

① Stateflow 图表开始检测是否存在由事件 E_one 引起的有效迁移,此时检测到从状态 A.A1 到状态 B.B1 的迁移,因为条件 C_one 为真,所以该迁移为有效迁移;

② 执行状态 A 的 during 动作 durA();

③ 执行状态 A.A1 的 exit 动作 exitA1(),状态 A.A1 被标记为非激活状态;

④ 执行状态 A 的 exit 动作 exitA(),状态 A 被标记为非激活状态;

⑤ 执行迁移动作 A;

⑥ 状态 B 被标记为激活状态;

⑦ 执行状态 B 的 entry 动作 entB(),状态 B.B1 被标记为激活状态;

⑧ 执行状态 B1 的 entry 动作 entB1();

⑨ Stateflow 图表回到睡眠状态。

上述例子中从子状态 A1 到子状态 B1 的迁移显式地表明退出 A1 状态进入 B1 状态,隐式地表明退出状态 A 进入状态 B。

4.3.3 内部迁移

内部迁移是指从父状态边缘内部出发,终止于子状态外边缘的迁移。迁移始终处于父状态的内部,不会退出源状态。当父状态内含有多个互斥的子状态时,内部迁移将非常有用。

1. 互斥状态中执行事件的内部迁移

下面的例子将说明在互斥状态中用内部迁移执行 3 个事件时图表的执行,如图 4-55 所示。

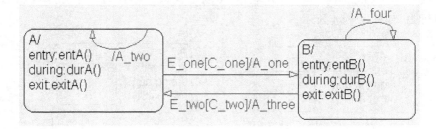

图 4-55 存在内部迁移的图表

开始时,Stateflow 图表处于睡眠状态,状态 A 处于激活状态,如果事件 E_one 发生,则会唤醒 Stateflow 图表;如果条件 C_one 为假,则按下列次序执行相应的动作:

① Stateflow 图表开始检测是否存在由事件 E_one 引起的有效迁移,如果检测

到可能有从状态 A 到状态 B 的有效迁移,但条件 C_one 为假,则迁移无效。

② 执行状态 A 的 during 动作 durA()。

③ 检测状态 A 内部的有效迁移,检测到一条有效的内部自循环迁移。

④ 状态 A 仍然为激活状态,执行内部迁移动作 A_two。因为执行的是内部迁移,所以状态 A 的 exit 和 entry 动作都不会执行。

⑤ Stateflow 图表回到睡眠状态。

接着事件 E_one 再次发生,此时,Stateflow 图表处于睡眠状态,状态 A 仍然处于激活状态,如果事件 E_one 发生,则会唤醒 Stateflow 图表;如果此时条件 C_one 为真,则按下列次序执行相应的动作:

① Stateflow 图表开始检测是否存在由事件 E_one 引起的有效迁移,因为条件 C_one 为真,所以从状态 A 到状态 B 的迁移有效;

② 执行状态 A 的 exit 动作 exitA();

③ 状态 A 被标记为非激活状态;

④ 执行迁移动作 A_one;

⑤ 状态 B 被标记为激活状态;

⑥ 执行状态 B 的 entry 动作 entB();

⑦ Stateflow 图表回到睡眠状态。

接着事件 E_two 发生,此时,Stateflow 图表处于睡眠状态,状态 B 处于激活状态,如果事件 E_two 发生,则会唤醒 Stateflow 图表;如果条件 C_two 为假,则会按下列次序执行相应的动作:

① Stateflow 图表开始检测是否存在由事件 E_two 引起的有效迁移,如果检测到可能有从状态 A 到状态 B 的有效迁移,而条件 C_two 为假,则迁移无效,但是状态 B 还存在有效的外部自循环迁移;

② 执行状态 B 的 exit 动作 exitB();

③ 状态 B 被标记为非激活状态;

④ 执行自循环迁移动作 A_four;

⑤ 状态 B 被标记为激活状态;

⑥ 执行状态 B 的 entry 动作 entB();

⑦ Stateflow 图表回到睡眠状态。

2. 至节点的内部迁移

下面的例子将说明用迁移到节点的内部迁移来处理重复事件的行为,如图 4-56 所示。

开始时,Stateflow 图表处于睡眠状态,状态 A1 处于激活状态,如果事件 E_one 发生,则会唤醒 Stateflow 图表;如果条件 C_two 为真,则按下列次序执行相应的动作:

① Stateflow 图表开始检测在父状态层是否存在由事件 E_one 引起的有效迁移,如果没有检测到,则将继续下面的过程。

第4章 Stateflow 原理与建模基础

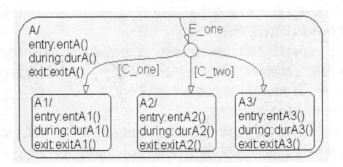

图 4-56 迁移到节点的内部迁移

② 状态 A 仍然为激活状态,将执行状态 A 的 during 动作 durA()。

③ 状态 A 检测自己的有效迁移,即检测到一条有效的至节点的内部迁移。而从节点出发的有 3 条迁移,根据迁移选择优先级可知,先判断至状态 A2 的迁移。因为条件 C_two 为真,所以执行这条迁移,即内部迁移至节点,再迁移到状态 A.A2。

④ 执行状态 A.A1 的 exit 动作 exitA1()。

⑤ 状态 A.A1 被标记为非激活状态。

⑥ 状态 A.A2 被标记为激活状态。

⑦ 执行状态 A.A2 的 entry 动作 entA2()。

⑧ Stateflow 图表回到睡眠状态。

接着事件 E_one 再次发生,此时,Stateflow 图表处于睡眠状态,状态 A2 处于激活状态。如果条件 C_one 和 C_two 都为假,则按下列次序执行相应的动作:

① Stateflow 图表开始检测在父状态层是否存在由事件 E_one 引起的有效迁移,如果没有检测到,则将继续下面的过程。

② 执行状态 A 的 during 动作 durA()。

③ 状态 A 检测自己的有效迁移,即检测到一条有效的至节点的内部迁移。而从节点出发的有 3 条迁移,根据迁移选择优先级可知,因为条件 C_one 和 C_two 为假,所以执行至状态 A3 的无条件迁移,即内部迁移至节点,再迁移到状态 A.A3。

④ 执行状态 A.A2 的 exit 动作 exitA2()。

⑤ 状态 A.A2 被标记为非激活状态。

⑥ 状态 A.A3 被标记为激活状态。

⑦ 执行状态 A.A3 的 entry 动作 entA3()。

⑧ Stateflow 图表回到睡眠状态。

3. 至历史节点的内部迁移

下面的例子将说明迁移到历史节点的内部迁移的行为,如图 4-57 所示。

开始时,Stateflow 图表处于睡眠状态,状态 A.A1 处于激活状态,状态 A 中的历史节点记录了其退出激活状态时的子状态激活信息。如果事件 E_one 发生,则会

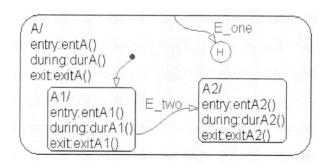

图 4-57　迁移到历史节点的内部迁移

唤醒 Stateflow 图表,并按下列次序执行相应的动作:

① Stateflow 图表开始检测是否存在由事件 E_one 引起的有效迁移,如果没有检测到,将继续下面的过程。

② 执行状态 A 的 during 动作 durA()。

③ 状态 A 检测自己的有效迁移,即检测到一条有效的至历史节点的内部迁移。根据历史节点中记录的信息可知,最近的激活状态 A.A1 是目标状态。

④ 执行状态 A.A1 的 exit 动作 exitA1()。

⑤ 状态 A.A1 被标记为非激活状态。

⑥ 状态 A 被标记为激活状态。

⑦ 执行状态 A 的 entry 动作 entA()。

⑧ Stateflow 图表回到睡眠状态。

4.4　并行机制

4.4.1　广　播

使用事件广播,可以在某个状态内部触发其他并行状态的执行,这样就可以在系统的不同状态之间实现交互,让一个状态的改变影响其他状态。事件广播可以触发状态动作、迁移动作和条件动作。

1. 事件广播状态动作

下面的例子将说明在并行状态中事件广播状态动作的行为,如图 4-58 所示。

开始时,Stateflow 图表处于睡眠状态,并行状态 A.A1.A1a 与 A.A2.A2a 处于激活状态,如果事件 E_one 发生,则会唤醒 Stateflow 图表,并按下列次序执行相应的动作:

① Stateflow 图表开始检测在父状态层是否存在由事件 E_one 引起的有效迁移,如果没有检测到,则将继续下面的过程。

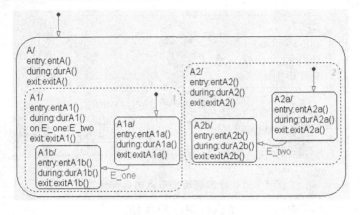

图 4-58 事件广播状态动作

② 执行状态 A 的 during 动作 durA()。

③ 状态 A 的子层是并行状态,根据执行顺序的约定可知,首先执行状态 A.A1,然后根据在状态标签中的出现顺序执行 during 和 on event_name 动作,所以先执行 A.A1 的 during 动作 durA1(),再执行状态 A1 的 on E_one 动作及事件广播 E_two,具体如下:

第一,事件广播 E_two 再次唤醒 Stateflow 图表,其开始检测是否存在由事件 E_two 引起的有效迁移,如果没有检测到,则将继续下面的过程;

第二,执行状态 A 的 during 动作 durA();

第三,状态 A 检测其子层是否有有效迁移,如果没有检测到,则将继续下面的过程;

第四,在状态 A 的子层先执行状态 A.A1,执行状态 A.A1 的 during 动作 durA1(),再判断状态 A.A1 的有效迁移,此时在状态 A1 中没有事件 E_two 引起的有效迁移;

第五,执行状态 A.A1.A1a 的 during 动作 durA1a();

第六,先执行状态 A.A2,执行状态 A.A2 的 during 动作 durA2(),再判断状态 A.A2 的有效迁移,此时在状态 A.A2 中有事件 E_two 引起的从状态 A.A2.A2a 到状态 A.A2.A2b 的有效迁移;

第七,执行状态 A.A2.A2a 的 exit 动作 exitA2a();

第八,状态 A.A2.A2a 被标记为非激活状态;

第九,状态 A.A2.A2b 被标记为激活状态;

第十,执行状态 A.A2.A2b 的 entry 动作 entA2b()。

④ 执行状态 A.A1.A1a 的 exit 动作 exitA1a()。

⑤ 一旦事件广播 E_two 的相关动作执行完,就继续执行与事件 E_one 相关的动作。状态 A.A1 检测是否存在由事件 E_one 引起的有效迁移,此时检测到从状态 A.A1.A1a 到状态 A.A1.A1b 的有效迁移。

⑥ 状态 A.A1.A1a 被标记为非激活状态。

⑦ 状态 A.A1.A1b 被标记为激活状态。

⑧ 执行状态 A.A1.A1b 的 entry 动作 entA1b()。

⑨ 执行并行状态 A.A2,执行状态 A.A2 的 during 动作 durA2(),如果没有检测到由事件 E_one 引起的有效迁移,则将继续下面的过程。

⑩ 执行状态 A.A2.A2b 的 during 动作 durA2b()。

⑪ Stateflow 图表回到睡眠状态。

2. 事件广播迁移动作

下面的例子将说明在并行状态中包含嵌入式事件广播的事件广播迁移动作的行为,如图 4-59 所示。

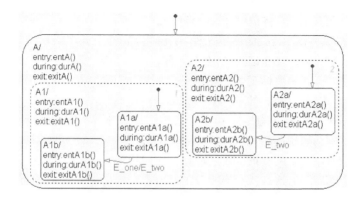

图 4-59 事件广播迁移动作

(1) 执行事件 E_one

开始时,Stateflow 图表处于睡眠状态,并行状态 A.A1.A1a 与状态 A.A2.A2a 处于激活状态,如果事件 E_one 发生,则会唤醒 Stateflow 图表,并按下列次序执行相应的动作:

① Stateflow 图表开始检测在父状态层是否存在由事件 E_one 引起的有效迁移,如果没有检测到,则将继续下面的过程;

② 执行状态 A 的 during 动作 durA();

③ 状态 A 的子层是并行状态,根据执行顺序可知,首先执行状态 A.A1,执行状态 A.A1 的 during 动作 durA1();

④ 状态 A.A1 检测事件 E_one 引起的有效迁移,如果检测到从状态 A.A1.A1a 到状态 A.A1.A1b 的有效迁移,则将继续下面的过程;

⑤ 执行状态 A.A1.A1a 的 exit 动作 exitA1a();

⑥ 状态 A.A1.A1a 被标记为非激活状态。

(2) 事件 E_two 发生

执行迁移动作,即事件广播 E_two,具体如下:

第 4 章 Stateflow 原理与建模基础

① 事件 E_two 的广播先于由事件 E_one 引起的从状态 A.A1.A1a 到状态 A.A1.A1b 的迁移。

② 事件广播 E_two 再次唤醒 Stateflow 图表,其开始检测是否存在由事件 E_two 引起的有效迁移,如果检没有测到,则将继续下面的过程。

③ 执行状态 A 的 during 动作 durA()。

④ 在状态 A 的子层先执行状态 A.A1,执行状态 A.A1 的 during 动作 durA1();再判断状态 A.A1 的有效迁移,如果在状态 A1 中没有由事件 E_two 引起的有效迁移,则将继续下面的过程。

⑤ 执行状态 A.A2,执行状态 A.A2 的 during 动作 durA2(),再判断状态 A.A2 的有效迁移,如果在状态 A.A2 中有事件 E_two 引起的从状态 A.A2.A2a 到 A.A2.A2b 的有效迁移,则将继续下面的过程。

⑥ 执行状态 A.A2.A2a 的 exit 动作 exitA2a()。

⑦ 状态 A.A2.A2a 被标记为非激活状态。

⑧ 状态 A.A2.A2b 被标记为激活状态。

⑨ 执行状态 A.A2.A2b 的 entry 动作 entA2b()。

(3) 执行完事件 E_two 的相关动作继续执行事件 E_one 的相关动作

① 状态 A.A1.A1b 被标记为激活状态;

② 执行状态 A.A1.A1b 的 entry 动作 entA1b();

③ 执行并行状态 A.A2,执行状态 A.A2 的 during 动作 durA2(),如果没有检测到由事件 E_one 引起的有效迁移,则将继续下面的过程;

④ 执行状态 A.A2.A2b 的 during 动作 durA2b();

⑤ Stateflow 图表回到睡眠状态。

3. 事件广播条件动作

下面的例子将要说明在并行状态中事件广播条件动作的行为,如图 4-60 所示。

开始时,Stateflow 图表处于睡眠状态,并行状态 A.A1.A1a 与状态 A.A2.A2a 处于激活状态,如果事件 E_one 发生将唤醒 Stateflow 图表,并按下列次序执行相应的动作:

① Stateflow 图表开始检测在父状态层是否存在由事件 E_one 引起的有效迁移,如果没有检测到,则将继续下面的过程。

② 执行状态 A 的 during 动作 durA()。

③ 状态 A 的子层是并行状态,根据执行顺序可知,首先执行状态 A.A1,执行状态 A.A1 的 during 动作 durA1()。

④ 状态 A.A1 检测是否存在由事件 E_one 引起的有效迁移,如果检测到从状态 A.A1.A1a 到状态 A.A1.A1b 存在有效迁移,则在迁移时将执行条件动作,即事件广播 E_two,状态 A.A1.A1a 仍处于激活状态,具体如下:

第一,事件广播 E_two 再次唤醒 Stateflow 图表,其开始检测是否存在由事件 E_two 引起的有效迁移,如果没有检测到,则将继续下面的过程。

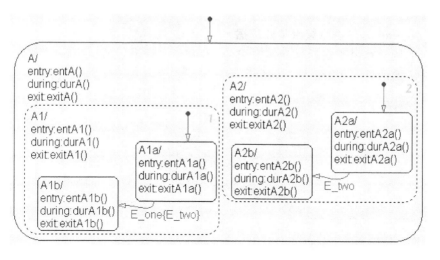

图 4-60 事件广播条件动作

第二,执行状态 A 的 during 动作 durA()。

第三,在状态 A 的子层先执行状态 A.A1,执行状态 A.A1 的 during 动作 durA1(),再判断状态 A.A1 的有效迁移。如果在状态 A1 中没有由事件 E_two 引起的有效迁移,则将继续下面的过程。

第四,执行状态 A.A1.A1a 的 during 动作 durA1a()。

第五,先执行状态 A.A2,执行状态 A.A2 的 during 动作 durA2();再判断状态 A.A2 的有效迁移。如果在状态 A.A2 中存在由事件 E_two 引起的从状态 A.A2.A2a 到状态 A.A2.A2b 的有效迁移,则将继续下面的过程。

第六,执行状态 A.A2.A2a 的 exit 动作 exitA2a()。

第七,状态 A.A2.A2a 被标记为非激活状态。

第八,状态 A.A2.A2b 被标记为激活状态。

第九,执行状态 A.A2.A2b 的 entry 动作 entA2b()。

⑤ 执行状态 A.A1.A1a 的 exit 动作 exitA1a()。

⑥ 状态 A.A1.A1a 被标记为非激活状态。

⑦ 状态 A.A1.A1b 被标记为激活状态。

⑧ 执行状态 A.A1.A1b 的 entry 动作 entA1b()。

⑨ 执行并行状态 A.A2,执行状态 A.A2 的 during 动作 durA2(),如果没有检测到由事件 E_one 引起的有效迁移,则将继续下面的过程。

⑩ 执行状态 A.A2.A2b 的 during 动作 durA2b()。

⑪ Stateflow 图表回到睡眠状态。

4. 直接事件广播

使用直接事件广播可以避免在仿真过程中出现不必要的循环或递归,并且能够有效地提高生成代码的效率。

(1) 用 send 函数进行直接事件广播

下面的例子将说明在迁移动作中用 send(event_name, state_name)函数来进行直接事件广播的行为,如图 4-61 所示。

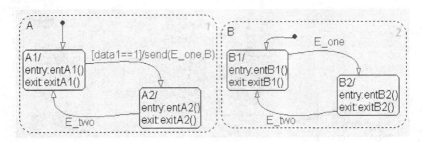

图 4-61 用 send 函数进行直接事件广播

开始时,Stateflow 图表处于睡眠状态,并行子状态 A.A1 和 B.B1 处于激活状态,说明并行状态 A 和 B 也处于激活状态。如果事件发生将唤醒 stateflow 图表,若条件[data1==1]为真,则将按下列次序执行相应的动作:

① Stateflow 图表开始检测是否存在由事件引起的有效迁移,如果没有检测到,则状态 A 将检测是否存在由事件引起的有效迁移。因为条件[data1==1]为真,所以存在从状态 A.A1 至状态 A.A2 的有效迁移。

② 执行状态 A.A1 的 exit 动作 exitA1()。

③ 状态 A.A1 被标记为非激活状态。

④ 执行迁移动作 send(E_one,B),即事件广播 E_one,Stateflow 图表将暂停其他动作。因为事件 E_one 只发送给状态 B,所以事件的广播不会再次唤醒整个状态图,并按下列次序执行相应的动作:

第一,事件广播 E_one 将唤醒状态 B。因为状态 B 处于激活状态,所以在接收到直接广播的事件后将检测是否有事件引起的有效迁移。如果检测到从状态 B.B1 到状态 B.B2 的有效迁移,则将继续下面的过程。

第二,执行状态 B.B1 的 exit 动作 exitB1()。

第三,状态 B.B1 被标记为非激活状态。

第四,状态 B.B2 被标记为激活状态。

第五,执行状态 B.B2 的 entry 动作 entB2()。

第六,状态 A.A2 被标记为激活状态。

第七,执行状态 A.A2 的 entry 动作 entA2()。

(2) 用事件名的描述进行直接事件广播

下面的例子将说明在迁移动作中用事件名的描述进行直接事件广播的行为,如图 4-62 所示。

第 4 章　Stateflow 原理与建模基础

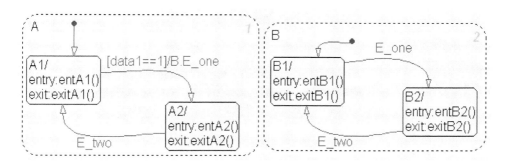

图 4-62　用事件名的描述进行直接事件广播

开始时，Stateflow 图表处于睡眠状态，并行子状态 A.A1 和 B.B1 处于激活状态，说明并行状态 A 和 B 也处于激活状态。如果事件发生将激活图表，若条件[data1==1]为真，则按下列次序执行相应的动作：

① Stateflow 图表开始检测是否存在由事件引起的有效迁移，如果没有检测到，则状态 A 检测是否存在由事件引起的有效迁移。因为条件[data1==1]为真，所以存在从状态 A.A1 至状态 A.A2 的有效迁移。

② 执行状态 A.A1 的 exit 动作 exitA1()。

③ 状态 A.A1 被标记为非激活状态。

④ 执行迁移动作，即事件广播 E_one 至状态 B，Stateflow 图表将暂停其他动作。因为只有状态 B 响应事件 E_one 的广播，所以不会再次唤醒整个状态图，并按下列次序执行相应的动作：

第一，事件广播 E_one 唤醒状态 B，因为状态 B 处于激活状态，所以接收到直接广播的事件后将检测是否存在由事件引起的有效迁移，如果检测到从状态 B.B1 到状态 B.B2 的有效迁移，则将继续下面的过程；

第二，执行状态 B.B1 的 exit 动作 exitB1()；

第三，状态 B.B1 被标记为非激活状态；

第四，状态 B.B2 被标记为激活状态；

第五，执行状态 B.B2 的 entry 动作 entB2()。

⑤ 状态 A.A2 被标记为激活状态。

⑥ 执行状态 A.A2 的 entry 动作 entA2()。

4.4.2　隐含事件

隐含事件是一种内置事件，不用显式地定义或触发，而是当状态图执行时就会自动发生。例如，当状态图被唤醒、进入一个状态、退出一个状态或向内部数据对象赋值时，隐含事件就是它们发生时所在状态的子对象，并且只对其父状态可见。

表 4-4 列出了各隐含事件的表达式及其含义。

第4章 Stateflow 原理与建模基础

表 4-4 各隐含事件的表达式及其含义

隐含事件	含 义
change(data_name)或 chg(data_name)	对指定变量(data_name)写入数据时,隐含地产生一个本地信号。该变量不能为 machine 的子数据,此隐含事件只对 Chart 或更低的层次有效。对于 machine 的子数据,用变化监测运算符来决定其数据是否改变
enter (state_name)或 en(state_name)	进入指定状态(state_name)时隐含地产生一个本地信号
exit (state_name)或 ex(state_name)	退出指定状态(state_name)时隐含地产生一个本地信号
tick	评估动作所在的状态图被唤醒时隐含地产生一个本地事件
wakeup	与 tick 相同

使用隐含事件和条件有助于简化并行状态之间的依赖关系,也可以减少数据字典中定义的事件数量,以降低状态图的复杂程度。

下面的例子将说明隐含事件 tick 的用法,如图 4-63 所示。

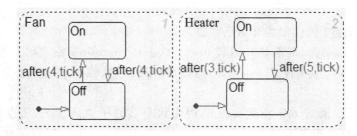

图 4-63 隐含事件 tick 的用法

① Fan 和 Heater 是并行(AND)状态。当此 Stateflow 图表第一次被事件唤醒时,状态 Fan.Off 和 Heater.Off 进入激活状态。

② 假设用户运行的是一个时间离散的模型。每当 Stateflow 图表被唤醒时,tick 事件广播都会发生,当发生 4 次 tick 事件广播后,状态 Fan.Off 会迁移到状态 Fan.On;类似的,当发生 3 次 tick 事件广播后,状态 Heater.Off 会迁移到状态 Heater.On。

4.4.3 时间逻辑事件

时间逻辑通过时间来控制 Stateflow 图表的执行。时间逻辑事件可以根据事件发生的次数来决定事件的逻辑转换。时间逻辑操作符(at,every,after,before)分别完成相应的 Boolean 运算,处理 Stateflow 事件的发生次数。

Stateflow 中有 4 种时间逻辑:

① at(n,event)：当事件第 n 次触发时；
② every(n,event)：当事件每触发 n 次时；
③ after(n,event)：当事件触发 n 次后；
④ before(n,event)：当事件第 n 次触发前。

表 4-5 所列是时间逻辑事件在状态动作和迁移中的作用。

表 4-5 时间逻辑事件

运算符	用途	例子	描述
after	State action (on after)	on after(5, CLK): status('on');	在状态激活 5 个时钟周期后，每一个 CLK 周期都产生一个状态信息
after	Transition	ROTATE[after(10, CLK)]	在状态激活 10 个 CLK 周期后，当有 ROTATE 事件广播时发生迁移
before	State action (on before)	on before(MAX, CLK): temp++;	变量 temp 每个 CLK 周期自加 1，直到达到最大值为止
before	Transition	ROTATE[before(10, CLK)]	在状态激活第 10 个 CLK 周期出现前，当有 ROTATE 事件广播时发生迁移
at	State action (on at)	on at(10, CLK): status('on');	在状态激活第 10 个 CLK 周期时，将产生一个状态信息
at	Transition	ROTATE[at(10, CLK)]	在状态激活第 10 个 CLK 周期时，当有 ROTATE 事件广播时发生迁移
every	State action (on every)	on every(5, CLK): status('on');	在状态激活后，每 5 个 CLK 周期产生一个状态信息
Temporal count	State action (during)	du: y=mm[temporalCount(tick)];	该动作记录并返回状态自激活时所经历的整数 tick 个数，然后把 mm 数组的值赋给变量 y，数组的行列大小由 temporalCount 的返回值决定

下面的例子将说明时间逻辑事件的作用，如图 4-64 所示。

在状态 Projector 中，时间逻辑事件 every(600,tick)的功能为：每经过 600 个隐含事件 tick，布尔型变量 temp_cool 和 temp_hot 都会根据 MATLAB function（早期 MATLAB 版本使用 Embedded MATLAB（其简称为 eM）和图形函数的定义而更新。

在状态 AirController 的状态中，时间逻辑事件 after(300,tick)与条件[temp_cool]共同实现的功能是：当状态 AirController.On 处于有效状态并持续 300 个隐含事件 tick 后，若满足条件[temp_cool]为真，则迁移至状态 AirController.Off。

第 4 章 Stateflow 原理与建模基础

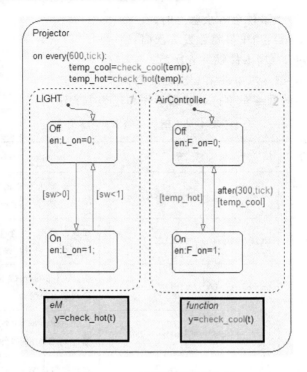

图 4-64　时间逻辑事件实例

4.5　其他的图形对象

4.5.1　真值表

真值表函数执行逻辑决策行为，供用户在动作中调用。Stateflow 真值表包括表 4-6 所列的条件、决策和动作，它使用简洁的表格形式定义了组合逻辑函数，而无须画流程图。

表 4-6　Stateflow 真值表

条　件	决策 1	决策 2	决策 3	默认决策
x==1	T	F	F	*
y==1	F	T	F	*
z==1	F	F	T	*
动作	$t=1$	$t=2$	$t=3$	$t=4$

条件栏输入的每一个条件都需要判断真假，判断完的结果为 T（逻辑真）、F（逻

第 4 章　Stateflow 原理与建模基础

辑假)或 *（逻辑真或逻辑假），这样就构成了 4 个决策，每一个决策对应着相应的动作。当用户判断一种决策时，若该决策为真则执行相应的动作。

将表 4-6 所列的真值表在 Stateflow 图表中实现的步骤如下：

① 创建包含 Stateflow 图表的 Simulink 模型，然后单击图表编辑器中图形工具栏的真值表按钮，在图表编辑器空白处添加真值表对象，如图 4-65 所示。图 4-65(a)所示为处于编辑状态的真值表对象，等待用户输入真值表的名称；图 6-45(b)所示为已命名的真值表对象。

 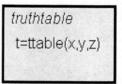

(a) 处于编辑状态的真值表对象　　(b) 已命名的真值表对象

图 4-65　真值表的外观

② 命名完后就可以编辑真值表了。通过真值表编辑器来完成真值表的编辑，双击真值表对象即可打开真值表编辑器，如图 4-66 所示。

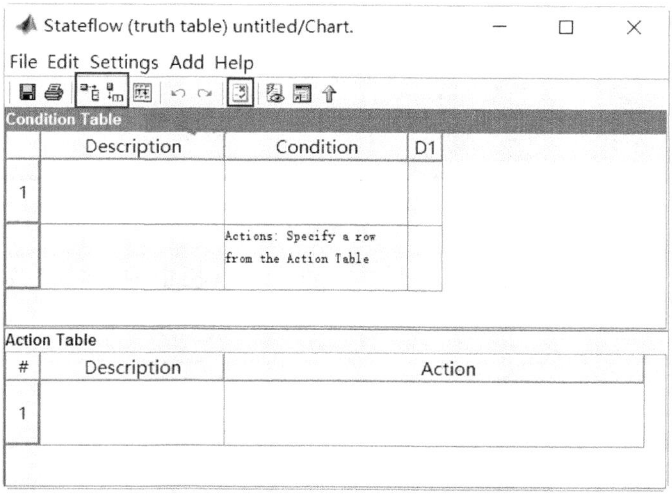

图 4-66　真值表编辑器

真值表编辑器由条件表(Condition Table)和动作表(Action Table)两部分组成，在条件表中完成条件判断和决策定义，在动作表中完成决策所对应的相应动作的定义。

③ 选择条件表或动作表，然后单击真值表编辑器工具栏中的"增加行"按钮，为条件表或动作表增加条件行和动作行；单击真值表编辑器工具栏中的"增加列"按

第4章 Stateflow 原理与建模基础

钮 ,为条件表或动作表增加条件列和动作列。

④ 在条件表中增加条件,有关条件的描述信息和条件的决策,以及条件表的决策与动作表之间的关联依赖于条件表中最后一行每个决策列的定义,在这里可以定义标签或数字。如果用标签,则此标签应是在动作中输入的动作表的标签;如果用数字,则相应的决策列就是在动作表中对应行的动作。定义完的真值表如图 4-67 所示。

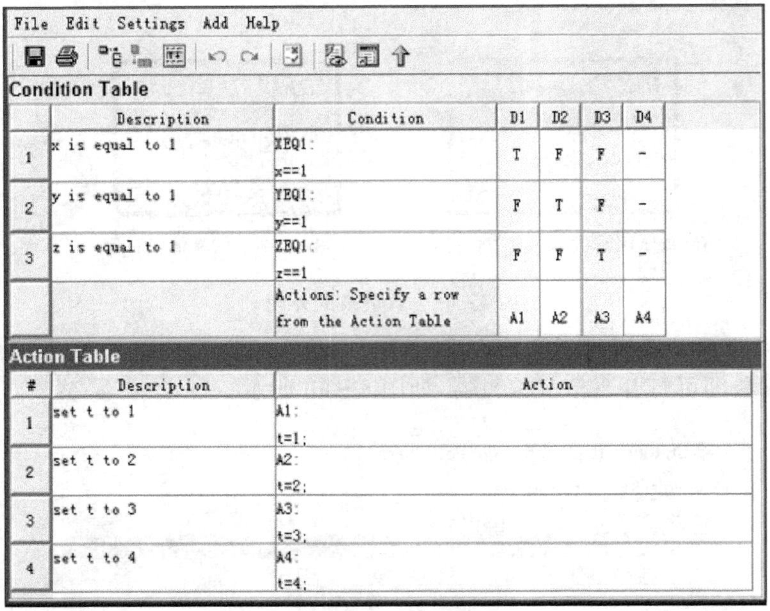

图 4-67 定义完的真值表

用户可以对定义完的真值表进行诊断,单击工具栏中的"诊断"按钮 ,对已编辑的真值表进行检测,如果没有错误,则会告知用户没有错误,如图 4-68 所示。

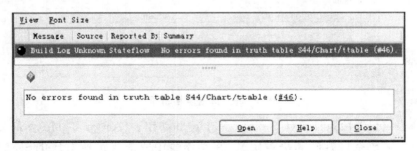

图 4-68 检测结果

在 Stateflow 中调用真值表的方法如图 4-69 所示。需要注意的是:在各种动作中调用真值表时,要定义输入/输出数据对象。

第4章 Stateflow 原理与建模基础

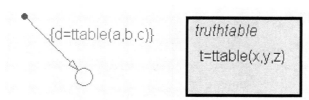

图 4-69 调用真值表的 Stateflow 图表

4.5.2 图形盒

图形盒是组织图表中的状态、函数等对象的图形对象。图形盒为 Stateflow 图表增加了层次,这使得相对于盒子外部的对象,图形盒内的函数和状态的可见性受到影响;另外,图形盒会影响并行状态的执行次序,其执行次序的排序与并行状态执行次序的排序一样,与同层次的其他并行状态一起进行排序。

注意:在图形盒内不能定义 entry、during 和 exit 动作,也不能定义来自或迁移至图形盒的迁移,但是可以在图形盒内定义状态的迁移。另外,在图形盒上引出迁移或将迁移的终点放置在图形盒边缘都是非法的。

在 Stateflow 图表中增加图形盒的步骤如下:

① 创建包含 Stateflow 图表的 Simulink 模型,然后单击图表编辑器图形工具栏中的图形盒按钮,在图表编辑器空白处添加图形盒。图 6-70(a)所示为处于编辑状态的图形盒,等待用户输入图形盒的名称;图 6-70(b)所示为已命名的图形盒。命名完后就可以编辑具体的图形盒了。

(a) 处于编辑状态的图形盒　　(b) 已命名的图形盒

图 4-70 图形盒的外观

② 用户也可以通过将状态转化为图形盒的方法来添加图形盒。首先在图表编辑器中添加状态,然后右击状态,在弹出的快捷菜单中选择 Type→Box 菜单项,就可以将状态转化为图形盒。具有图形盒的 Stateflow 图表如图 4-71 所示。

由图 4-71 可知,图形盒与同层次的其他状态一起进行排序,该图形盒对象是所有图形对象中位置最高的对象,因此序号为 1,它所包含的两个状态会优于其他的状态先执行。

创建在图形盒内部的本地数据对象只能被图形盒内部包含的对象使用,可在模

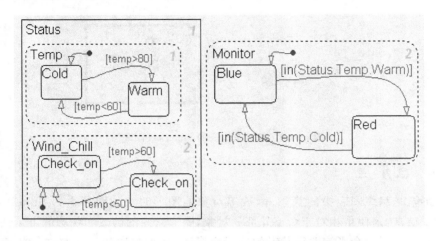

图 4-71 具有图形盒的 Stateflow 图表

型浏览器中添加相应的输入/输出数据对象。

4.5.3 图形函数

图形函数用于包含 Stateflow 动作的流程图定义的函数,是流程图的延伸,使用图形方式定义算法,并在仿真过程中跟踪其运行。

增加图形函数的步骤如下:

① 创建包含 Stateflow 图表的 Simulink 模型,然后单击图表编辑器图形工具栏中的"图形函数"按钮,在图表编辑器空白处添加图形函数。图 4-72(a)所示为处于编辑状态的图形函数,等待用户输入图形函数的名称;图 4-72(b)所示为已命名的图形函数。

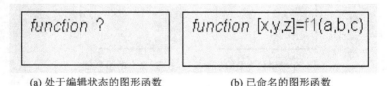

(a) 处于编辑状态的图形函数　　(b) 已命名的图形函数

图 4-72 图形函数的外观

② 命名完后就可以编辑图形函数了。用户可以在图形函数对象内部完成流程图的创建,调用图形函数的 Stateflow 图表如图 4-73 所示。

在创建流程图时需要使用作为输入/输出的数据对象,所以应在模型浏览器中添加相应的输入/输出数据对象。

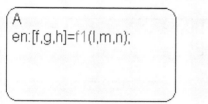 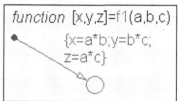

图 4-73 调用图形函数的 Stateflow 图表

4.6 MATLAB 函数

用户可通过调用 MATLAB 函数来为 Stateflow 图表增加 MATLAB 函数，文本 MATLAB 比 Stateflow 动作能更好地表示代码算法，而且能生成产品化的嵌入式应用的 C 代码。

MATLAB 函数可以调用子函数、MATLAB 运行时库函数、Stateflow 函数、某些 MATLAB 函数和定点工具箱运行时库函数。其中：子函数是在 MATLAB 函数主体中定义的；MATLAB 运行时库函数是可以在 MATLAB 工作空间中调用的函数子集，为编译目标生成 C 代码。

4.6.1 建立调用 MATLAB 函数的 Simulink 模型

本小节通过一个例子来介绍如何创建有 Stateflow 模块的 Simulink 模型，并且该模型调用了两个 MATLAB 函数——meanstats 和 stdevstats。其中：meanstats 用于计算平均值 mean 的值；stdevstats 用于计算与平均值的偏差，并输出平均值 mean 的值和偏差 stdev 的值。

具体步骤如下：

① 创建如图 4-74 所示的 Simulink 模型。

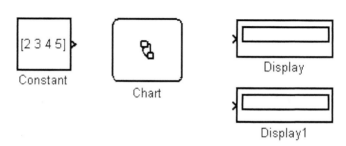

图 4-74 创建调用 MATLAB 函数的 Simulink 模型

② 双击 Stateflow 模块，打开 Stateflow 图表编辑器，在图表编辑器的空白处添

加两个 MATLAB 函数对象并命名,如图 4-75 所示。

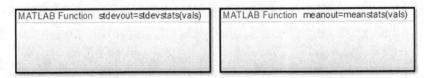

图 4-75 添加两个 MATLAB 函数

函数的命名方法:

[return_val1, return_val2,...] = function_name(arg1,arg2,...)

注意:用户可以定义多个输入变量和返回值的函数,每个变量和返回值都可以是标量、矢量或矩阵。

③ 在 Stateflow 图表中创建流程图,创建一个条件动作为{mean=meanstats(invals);stdev=stdevstats(invals);}的至节点的默认迁移,如图 4-76 所示。

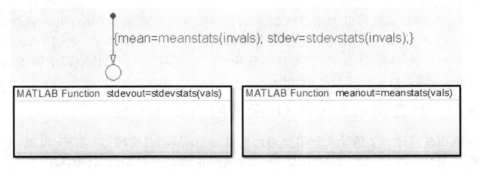

图 4-76 在 Stateflow 图表中创建流程图

④ 双击 MATLAB 函数对象,打开 MATLAB 函数编辑器,此时函数定义行已定义,只需添加其他代码即可。

⑤ 设置输入/输出数据对象,在 Stateflow 图表编辑器中选择 Tools→Model Explorer,打开 Model Explorer 对话框,在 Model Hierarchy 列表框中选择 meanstats 函数,在其右边的列表框中将显示输入变量 vals 和输出变量 meanout 的信息,数据类型都默认为标量类型 double,修改变量 vals 的 Size 为"4"(见图 4-77)。同样的,在 Model Hierarchy 列表框中选择 stdevstats 函数,将其变量 vals 的 Size 修改为"4"。在添加完数据对象后,Simulink 模型中的 Stateflow 图表将出现相关的输入/输出端口。

⑥ 将 Constant 模块、Display 模块与 Stateflow 图表连接起来,就可以得到完整的 Simulink 模型,如图 4-78 所示。

第 4 章 Stateflow 原理与建模基础

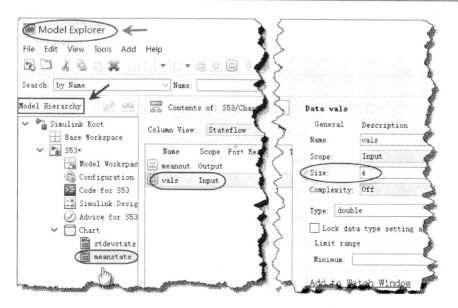

图 4-77 Model Explorer 对话框

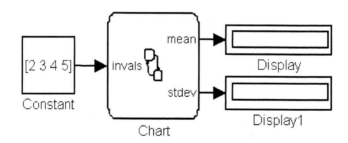

图 4-78 完整的调用 MATLAB 函数的 Simulink 模型

4.6.2 编写 MATLAB 函数

参照 2.7 节中关于 MATLAB Coder 的介绍来编写函数 meanstats 和 stdevstats 的代码,完整的代码如下:

```
function meanout = meanstats(vals) % #codegen
% Calculates a statistical mean for vals
len = length(vals);
meanout = avg(vals,len);
plot(vals,'-+');


function mean = avg(array,size)
```

```
mean = sum(array)/size;

function stdevout = stdevstats(vals)   % #codegen
% Calculates a statistical mean for vals
len = length(vals);
stdevout = sqrt(sum(((vals - avg(vals,len)).^2))/len);

function mean = avg(array,size)
mean = sum(array)/size;
```

4.6.3 调 试

在完成代码的编写后要调试,通过调试修改错误,直到没有错误才能进行仿真。

1. 检查语法错误

在用户开始模型仿真前要先检查是否有语法错误,可按下面的步骤进行:

① 打开 MATLAB 函数 meanstats 的函数编辑器,在其中可用 MATLAB 代码分析器自动检查函数代码,并对有错误的地方推荐如何修改。

② 在函数编辑器中单击工具栏的中"编译"按钮来编译模型的仿真应用。如果没有错误和警告,则会弹出编译器窗口并报告编译成功,否则会列出错误项。例如,如果用户将子函数 avg 的函数名改为不存在的子函数 aug,则编译器会报告错误,如图 4-79 所示。每一个错误信息前均为红色按钮,选择错误信息则在图 4-79 所示的下面的列表框中显示诊断信息。

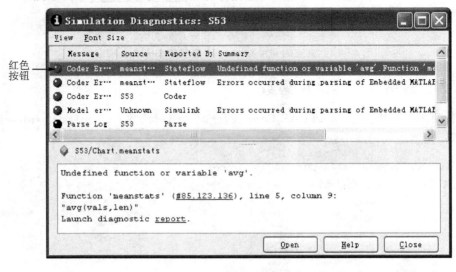

图 4-79 编译报告

第 4 章 Stateflow 原理与建模基础

③ 单击诊断信息的链接将显示有错误的代码行,如图 4-80 所示。

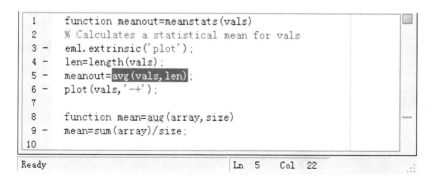

图 4-80　错误代码行

2. 运行时调试

用户可以通过仿真检测在 Stateflow 调试器中不能检测的运行错误。在模型仿真时,MATLAB 函数已经诊断测试出缺少的或未定义的信息和可能的逻辑冲突,并修改清除了错误。如果没有检测出错误,那么就可以开始模型仿真了。

按照下列步骤在运行时仿真调试 MATLAB 函数 meanstats:

① 在 MATLAB 函数编辑器中,单击第 4 行左边空白处的"-"来设置断点,如下:

　　　　　　　　　 4 ● 　len=length(vals);

② 单击开始仿真的按钮开始仿真模型,在开始仿真前要修正所有的错误和警告,否则在仿真执行到用户设置的断点前就会暂停,暂停由一个向左的小箭头表示,如下:

　　　　　　　　　 4 ●⇨ len=length(vals);

③ 单击 Step 按钮 执行到第 5 行,而第 5 行需要调用子函数 avg,如果此时继续单击 Step 按钮,则会执行到第 6 行,跳过子函数 avg 的执行。为了跟踪子函数 avg 的执行,应单击"步入"按钮。

④ 单击"步入"按钮 步入,执行调用的子函数 avg 的第一行。在子函数中可以单击 Step 按钮,这样一次执行一行代码。如果子函数再调用其他子函数,则单击"步入"按钮进入其他子函数;如果想继续执行之前子函数的下一行代码并在调用子函数后回到之前行的代码,可单击"步出"按钮 步出。

⑤ 单击 Step 按钮执行子函数 avg 的唯一一行,当子函数 avg 执行完后,会看到在代码最后一行下有一个指向下的小箭头,如下:

　　　　　　　　　 9 -　mean=sum(array)/size;
　　　　　　　　　　　⇩
　　　　　　　　　 10

第4章 Stateflow 原理与建模基础

⑥ 单击 Step 按钮回到函数 meanstats,在调用完子函数后继续执行下一行的代码。

⑦ 为了显示变量 len 的值,将鼠标指针移到第4行的文本 len 上至少1 s 此时在指针旁便会显示变量 len 的值。通过这种方法可以显示 MATLAB 模块函数的任何变量的值。仿真过程中也可以在 MATLAB 的"命令行窗口"中显示数据的值:当仿真到断点时,在 MATLAB 的"命令行窗口"中将会出现"debug≫"命令提示符,在提示符后输入数据名再按 Enter 键即显示数据的值,如图4-81所示。

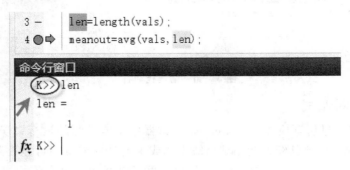

图 4-81 命令提示符

⑧ 单击 Continue 按钮 ▷▷ 完成函数的执行,直到再次调用函数并到达断点。

⑨ 清除第4行的断点并单击小箭头完成仿真。在 Simulink 模型中的 Display 模块显示了 mean 和 stdev 的值,如图4-82所示。

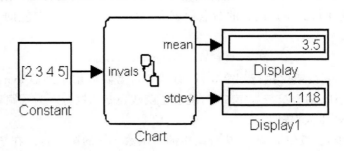

图 4-82 仿真结果——mean 和 stdev 的值

3. 检查数据是否超出范围

在调试过程中,MATLAB 函数自动检查输入/输出数据是否超出范围。

按照下列步骤定义输入/输出数据的范围:

① 在 Model Explorer 对话框中右击 MATLAB 函数的输入或输出变量,在弹出的快捷菜单中选择数据属性,打开数据属性对话框;

② 在 Limit range 选项组中输入数据的限制范围,即数据的最大值和最小值,如

图 4-83 所示。

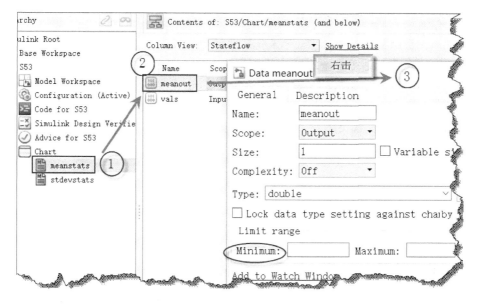

图 4-83 在 Limit range 选项组中设置数据的最大值和最小值

4.7 Simulink 函数

在 Stateflow 图表中，Simulink 函数是由 Simulink 模块构成，在状态动作和迁移动作中调用的图形对象。该函数提供了有效的模型设计，通过减少图形对象和非图形对象的使用来提高可读性。一般在定义需要用到 lookup tables 等 Simulink 模块的函数、多控制器的调度执行时采用 Simulink 函数。

Simulink 函数的调用类似 Simulink 模型中的函数调用子系统模块，但是 Simulink 函数在执行过程中不需要函数调用输出事件，也不需要信号线，而且不支持基于帧的输入/输出信号。

如果 Simulink 函数定义在状态内，则只能在该状态及其子状态内调用该 Simulink 函数；如果 Simulink 函数定义在 Stateflow 图表中，则图表中的任何状态及其迁移动作、条件动作都能调用该 Simulink 函数。

4.7.1 Simulink 函数的使用

1. 创建 Simulink 函数

Sinulink 函数的外观如图 4-84 所示，按照下列步骤可创建 Simulink 函数。

① 在 Stateflow 图表中添加一个 Simulink 函数对象并命名（见图 4-84），该函

第 4 章 Stateflow 原理与建模基础

数指定了函数的名字、变量名及返回值名。其语法为

[r_1,r_2,...,r_n] = simfcn(a_1,a_2,...,a_n)

其中,simfcn 是函数名,a_1,a_2,…,a_n 是变量名,r_1,r_2,…,r_n 是返回值名。

注意:用户可以定义变量和返回值为任意数据类型的标量、向量或矩阵。

② 定义 Simulink 函数的子系统元素。双击 Simulink 函数对象,在子系统中有与命名的函数对应的输入/输出端口和一个函数调用触发端口。

③ 向子系统中添加 Simulink 模块,并将各模块与输入/输出端口连接起来,如图 4-85 所示。

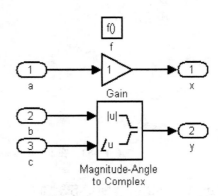

图 4-84 Simulink 函数的外观　　　图 4-85 Simulink 函数的子系统

注意:不能删除函数中的触发端口。

④ 设置函数的输入。双击输入端口打开 FunctionBlock Parameters 对话框,在 Signal Attributes 文本框中输入"size"和"data type",单击 OK 按钮保存设置。

例如,可在 size 文本框中输入"[2 3]"定义一个 2×3 的矩阵,在 data type 文本框输入"uint8"。

此时已创建一个完整的 Simulink 函数。

2. 与状态绑定的 Simulink 函数

当 Simulink 函数定义在状态内时,该函数与状态就绑定在一起了。绑定后,只有该状态及其子状态内的状态动作和迁移能调用该 Simulink 函数,而且仅在状态被激活时函数有效,当状态退出激活状态时函数无效。

例如,图 4-86 所示就是添加了 Simulink 函数的图表。因为函数 queue 在状态 A1 内,所以函数 queue 与状态 A1 绑定在一起,则状态 A1 及其子状态 A2 和 A3 能调用函数 queue,而状态 B1 不能调用。当状态 A1 被激活时,函数 queue 有效;而当状态 A1 退出激活状态时,函数 queue 无效。

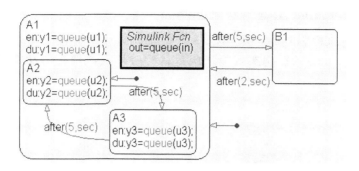

图 4-86 添加了 Simulink 函数的图表

3. 当函数无效时控制子系统变量

如果 Simulink 函数与状态绑定在一起，那么用户可以保持子系统的变量值为先前执行时的值或者将变量值重置为初始值。其设置步骤如下：

① 在 Simulink 函数中双击触发端口打开 FunctionBlock Parameters 对话框。

② 在 States when enabling 下拉列表框中选择 held 或 reset，如图 4-87 所示。至此，设置完成。

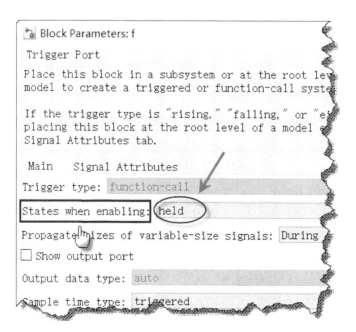

图 4-87 在 States when enabling 下拉列表框中选择 held 或 reset

4. 绑定 Simulink 函数与状态的例子

下面的例子将说明 Simulink 函数与状态绑定在一起后的行为,如图 4-88 所示。其中,函数 queue 的模块实现每次函数执行时计数器增 1 的功能,如图 4-89 所示。

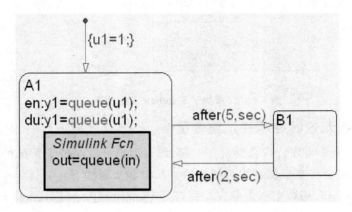

图 4-88 Simulink 函数与状态绑定的图表

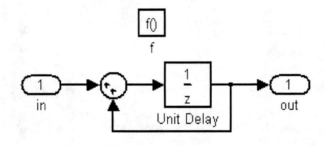

图 4-89 函数 queue 的模块框图

打开触发端口的 Block Parameters 对话框(见图 4-90),设置 Sample time type 为 periodic,使能修改 Sample time 的值(默认值为 1)。这说明当函数有效时,在 Sample time 中定义的每一时间步内函数执行一次。如果采用定步长求解器,则 Sample time 中的值应为定步长的整数倍,这不适用于变步长求解器。当图表开始仿真时,将按下列次序执行相应的动作:

① 默认迁移至状态 A1 的迁移发生,并设置局部数据 u1 的值为 1;
② 当状态 A1 被激活时,函数 queue 有效;
③ 执行调用函数 queue,直到条件 after(5,sec)为真;
④ 从状态 A1 到状态 B1 的迁移发生;
⑤ 当状态 A1 退出激活状态时,函数 queue 无效;

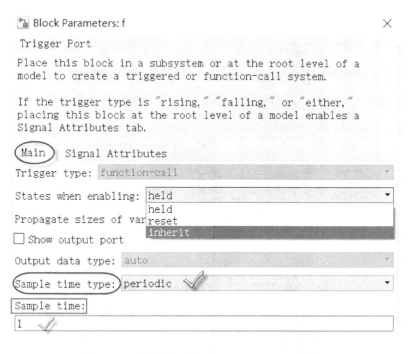

图 4-90 触发端口的 Block Parameters 对话框

⑥ 2 s 后,即 after(2,sec)为真时,从状态 B1 到状态 A1 的迁移发生;
⑦ 重复执行第②～⑥步,直到仿真结束。

设置 States when enabling 为 held 或 reset 的输出 y1 的值,仿真结果如图 4-91 所示。

在图 4-91(a)中,当状态 A1 在 $t=5$ 变为非激活状态时,Simulink 函数保持计数器的值;当状态 A1 在 $t=7$ 变为激活状态时,计数器的值与 $t=5$ 时的值一样,因此输出 y1 的值继续增加。

在图 4-91(b)中,当状态 A1 在 $t=5$ 变为非激活状态时,Simulink 函数将不保持计数器的值;当状态 A1 在 $t=7$ 变为激活状态时,计数器的值重置为初始值 0,因此计数器的值又回到初始状态。

5. 多区域调用 Simulink 函数

如果图表中的多区域都调用 Simulink 函数,则所有区域的调用都共享函数变量的状态。例如,在每一时间步两次调用同一 Simulink 函数的图表,如图 4-92 所示。其中,函数 f 的模块实现计数器加 1 的功能,如图 4-93 所示。因为在每一时间步两次调用函数 f,实现了每次计数器加 2 的功能,所以数据 y 和 y1 在每一时间步加 2。

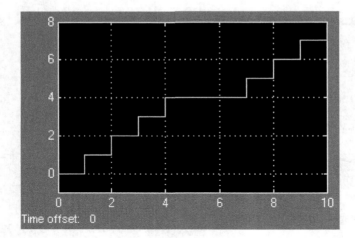

(a) 设置States when enabling为held

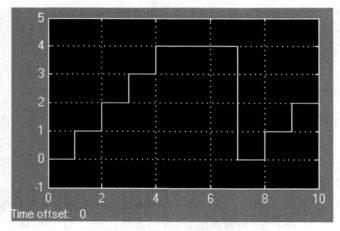

(b) 设置States when enabling为reset

图 4-91 仿真结果——y1 值

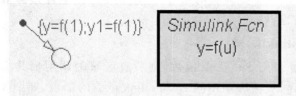

图 4-92 两次调用同一 Simulink 函数的图表

第 4 章　Stateflow 原理与建模基础

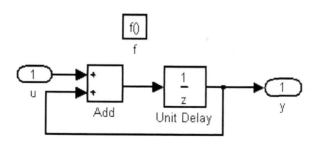

图 4-93　函数 f 的模块框图

4.7.2　使用 Simulink 函数需遵循的规则

在 Stateflow 图表中使用 Simulink 函数需遵循以下规则：

① 在连续时间图表状态的 during 动作或迁移条件中不能调用 Simulink 函数。这个规则适用于连续时间图表，因为用户不能在最小时间步内调用函数，但可以在状态的 entry 动作或 exit 动作中调用函数，还可以在迁移动作中调用函数。如果用户试图在状态的 during 动作或迁移条件中调用 Simulink 函数，则在仿真模型时会出错。

② 如果在初始化时执行图表，则不能在默认迁移中调用 Simulink 函数。如果在图表的属性对话框中选中 Execute(enter) Chart At Initialization 复选框，则用户不能在默认迁移中调用 Simulink 函数，因为在图表被激活的第一时间将执行默认迁移，否则在仿真模型时会出错。

③ Simulink 函数的输入/输出端口只能用字母、数字或下划线命名，这一规则确保输入/输出端口的名字与 Stateflow 图表命名的标识符兼容。

④ Simulink 函数可将不连续信号转换成连续信号。对于 Stateflow 图表中的 Simulink 函数，其输出端口不支持不连续信号，如果函数中含有输出为不连续信号的模块，则应在不连续信号的输出与输出端口间添加 Signal Conversion 模块，使得输出信号为连续信号。输出为不连续信号的模块包括 Bus Creator 模块和 Mux 模块。对于 Bus Creator 模块，如果取消选中 Output as nonvirtual bus 复选框，则输出为虚拟总线时输出为不连续信号；如果选中 Output as nonvirtual bus 复选框，则输出信号是连续的，不需要添加转换模块。

⑤ 不能输出 Simulink 函数。如果用户试图输出 Simulink 函数，则在仿真模型时会出错。

⑥ 可用 Stateflow 编辑器重命名 Simulink 函数。当在 Model Explorer 中重命名 Simulink 函数时，图表中的 Simulink 函数名没有发生变化，但用户可以在 Stateflow 编辑器中单击函数对象来重命名 Simulink 函数。

⑦ 不能在 Moore 图表中使用 Simulink 函数。

⑧ 不能为 Simulink 函数生成 HDL 代码。如果用户为包含 Simulink 函数的图表生成 HDL 代码,则在仿真模型时会出错,因为 Simulink 函数不支持生成 HDL 代码。

在使用 Simulink 函数时最好将 Simulink 函数放置在图表的最底层,要详细设置 Simulink 函数的输入/输出端口,函数调用的输入/输出端口尺寸要与一般表达式一致。由于 Simulink 函数的输入端口不能继承 size 和 data type,因此当输入信号不是标量数据 double 类型时,用户要详细设置 size 和 data type;而输出端口能够继承 size 和 data type,可设置为 inherited。

4.8　集成自定义代码

Stateflow 的编译目标有 3 种类型,分别是仿真目标、Real-Time Workshop 目标和自定义目标。无论是哪种类型的目标,Stateflow Coder 都允许用户在相应的目标中集成自定义代码。

Stateflow Coder 为 Stateflow 所创建的模型生成代码。Stateflow Coder 允许用户把自定义的 C 代码结合到 Stateflow 状态图中以提高 Simulink 和 Stateflow 的仿真能力;也允许用户定义并包括自定义的整体变量,这些变量可以被 Stateflow 生成的代码和用户自定义的代码所共享。

在仿真目标属性对话框的 Target Options 中设置向相应的目标集成自定义代码,用户可将已存在的 C 代码集成到 Stateflow 图表中,通过动作语言进行调用。

首先单击工具栏中的"模型参数设置"图标 ,打开"模型参数设置"对话框,然后选择 Simulation Target 下的 Custom Code,将出现如图 4-94 所示的添加自定义代码选项。

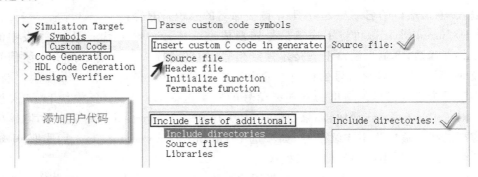

图 4-94　添加自定义代码选项

在仿真目标中添加自定义代码设置的选项有:

① Source file:在生成的 model.c 源代码的顶部包含自定义代码,在任何函数体之外,例如用 extern int 来声明全局变量。

② Header file:在生成的 model.h 头文件顶部包含自定义代码,用来声明在生

第 4 章　Stateflow 原理与建模基础

成代码中的自定义函数和数据，这些代码将出现在所有生成源代码的顶部。如果包含的是自定义头文件，则文件名必须放在双引号内，例如，♯include "sample_header.h"是有效的自定义头文件的声明。

在此选项中定义的代码会出现在多个源文件中，而这些源文件被链接成单一的二进制文件则要注意一些限制条件。例如，不能包含像 int x 这样的全局变量定义或者函数体，如下：

```
void myfun(void)
{
    ⋮
}
```

因为这些变量的定义会在生成的代码源文件中出现多次，从而导致这些代码行的链接错误。但是，可以包含变量或函数的外部声明，如"extern int x;"或者"extern void myfun(void);"。

③ Initialize function：初始化函数，在仿真开始时执行一次，可以调用分配内存或执行其他自定义代码的初始化的函数。

④ Terminate function：在仿真结束时执行的代码，可以调用释放由自定义代码分配的内存或执行其他清除任务的函数。

⑤ Include directories：列出包含自定义头文件的路径，这些头文件在编译时会直接或间接被包含。

⑥ Source files：列出编译链接成目标的源文件，源文件间可以用逗号、空格或另起一行来隔开。

⑦ Libraries：列出包括链接成目标的自定义目标代码的库文件。

下面通过实例介绍如何实现自定义代码的集成。

1. 用自定义代码定义全局常量

下面的例子将介绍如何用自定义代码来定义全局常量，可以在模型中的所有图表中使用该常量。其步骤如下：

① 打开文件名为 example1.mdl 的模型，如图 4-95 所示，其 Stateflow 图表如图 4-96 所示。图 4-96 中的 Stateflow 图表包括状态 A 和 B，以及来自 Simulink 模型的输入信号 input_data。在模型仿真过程中，可通过切换 Manual Switch 来设置 input_data 的值是 0 还是 1。

② 在 Header file 文本框中输入 ♯define 和 ♯include 声明，如图 4-97 所示。在这个例子中，定义了两个常量——TRUE 和 FALSE，分别用于表示值 1 和 0，这些定义提高了图表动作的可读性。

注意：TRUE 和 FALSE 不是图表的数据对象，因为这两个自定义常量将放置在生成代码的头文件 example1_sfun.h 的顶部，所以可以在模型中的任何图表内使用它们。

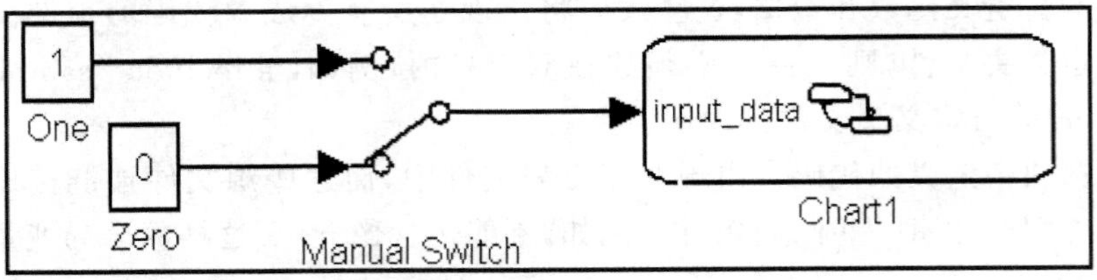

第 4 章 Stateflow 原理与建模基础

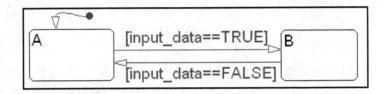

图 4-95 模型图（example1.mdl）

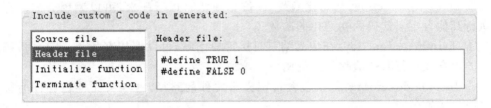

图 4-96 Stateflow 图表（example1.mdl）

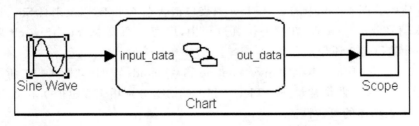

图 4-97 集成代码的 Header file 属性（example1.mdl）

2. 用自定义代码定义常量、变量和函数

下面的例子将介绍如何用自定义代码来定义常量、变量和函数，可以在模型中的所有图表中使用该常量。其步骤如下：

① 打开文件名为 example2.mdl 的模型，如图 4-98 所示，其 Stateflow 图表如图 4-99 所示。图 4-99 中的 Stateflow 图表包括状态 A 和 B，以及 3 个数据对象 input_data、local_data 和 out_data。Stateflow 图表调用自定义函数 my_function，以及访问自定义变量 myglobal。

图 4-98 模型图（exampl2.mdl）

第 4 章 Stateflow 原理与建模基础

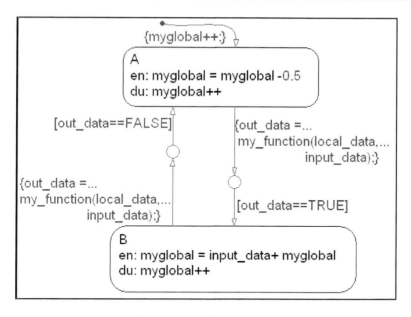

图 4-99 Stateflow 图表（example2.mdl）

② 在 Header file 文本框中输入声明，如图 4-100 所示。其中，自定义头文件 example2_hdr.h 包含 3 个常量的定义：

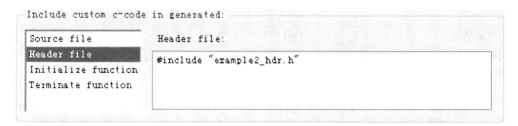

图 4-100 集成代码的 Header file 属性（example2.mdl）

```
#define TRUE 1
#define FALSE 0
#define MAYBE 2
```

还包含函数 my_function 和变量 myglobal 的声明：

```
extern int myglobal;
extern int my_function(int var1, double var2);
```

③ 选择 Include directories，设置如图 4-101 所示，这里的"."表示所有自定义代码与模型在同一目录下。

④ 选择 Source files，设置如图 4-102 所示，自定义源文件 example2_src.c 与

第4章 Stateflow 原理与建模基础

Stateflow 生成的代码将被编译成单个 S-Function MEX 文件。

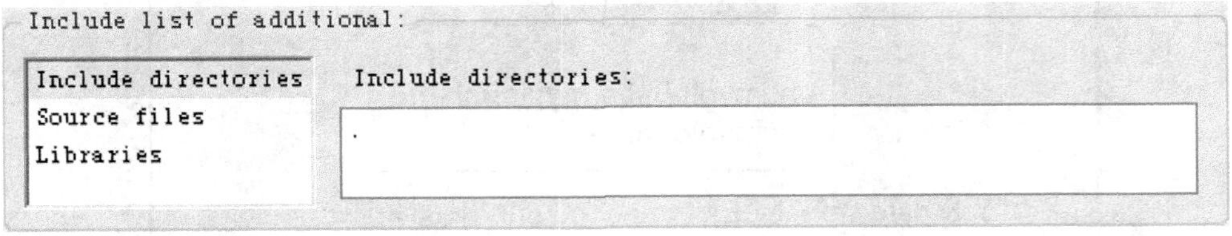

图 4-101　集成代码的 Include directories 属性(example2.mdl)

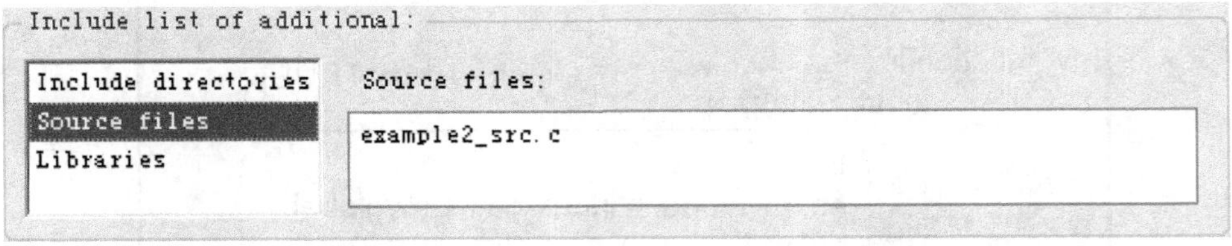

图 4-102　集成代码的 Source files 属性(example2.mdl)

因为自定义代码被放置在生成代码头文件(example2_sfun.h)的顶部，所以可以在模型中的任何图表中访问这些常量、变量或函数。

4.9　Stateflow 建模实例——计时器

本节将以一个简单的基于流程图的计时器为例来介绍 Stateflow 的使用方法，更进一步的例子可参考 MathWorks 公司提供的"Stateflow Examples"例子。

1. Stateflow 状态图

添加默认迁移的事件与条件动作，每当事件 TIC 发生时，执行{percent = percent+1;}，然后再判断是否进行分秒进位，此即可作为一个计时流程。事件 TIC 可由脉冲模块模拟，触发条件为上升沿，如图 4-103 所示。

为了实现以圈计时的功能，可将图 4-103 中的默认迁移起点移到父状态 Run，表示只要 Run 处于激活状态，就不断地执行计时流程，不受 Lap 状态的影响，如图 4-104 所示。

2. Simulink 模型

以脉冲模块模拟输入时钟信号，两个开关分别模拟 Start 与 Lap 按钮，按图 4-105 所示建立 Simulink 模型。由于每个 Stateflow 模块只能有一个事件输入口，当有多个外部输入事件时，必须使用 Mux 模块将它们组合成向量。水平放置的 Mux 模块的输入端口号从左到右对应事件端口号，而垂直放置的 Mux 模块的对应关系则是从上到下。

第4章 Stateflow原理与建模基础

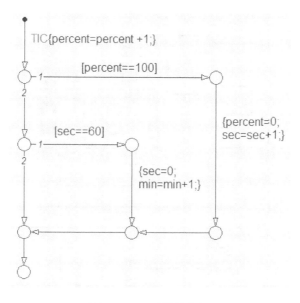

图4-103 时钟流程图

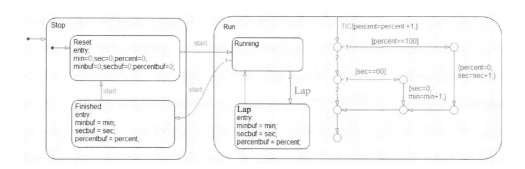

图4-104 计时器状态图

在Simulink模块库中找到如图4-106～图4-110所示的模块,并按图4-105进行连接。

注意:64位MATLAB软件不包含Gauges Blockset工具箱,只有32位MATLAB软件包含Gauges Blockset工具箱。解决办法是:在同一台计算机上安装两个版本的MATLAB软件(即64位的MATLAB R2015b和32位的MATLAB R2015a),或用display模块替代LED模块。

双击Start开关,系统开始计时,如图4-111所示。

双击Lap开关,系统记录当前计时值,并继续计时,如图4-112所示。

再次双击Start开关,系统停止计时,显示最后计时值,如图4-113所示。

第 4 章　Stateflow 原理与建模基础

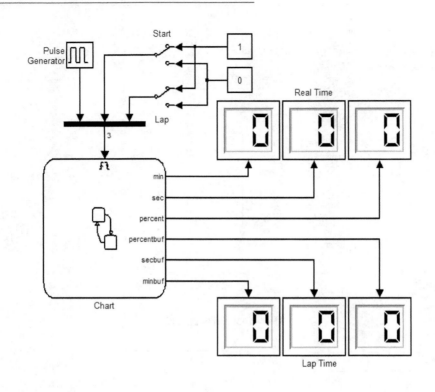

图 4-105　功能验证模型

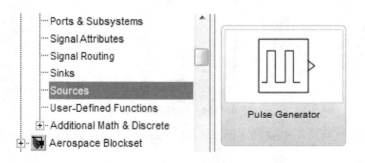

图 4-106　脉冲发生器模块

3. 创建 GUI 界面

利用 Simulink 模块库提供的开关模块已能实现本例的功能,但若模型需要大量的开关,则必然导致常数模块或连线间的交叉点增多,从而人为地使得模型变得复杂。为此使用 GUI 简化模型,同时提高仿真的舒适度。

MATLAB 的 GUI 界面与 VC、VB 等软件的类似,因此这里仅叙述创建过程,不做功能介绍。

第 4 章 Stateflow 原理与建模基础

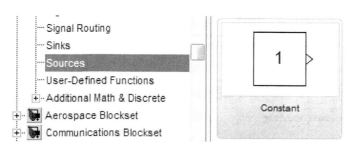

图 4-107 常数模块

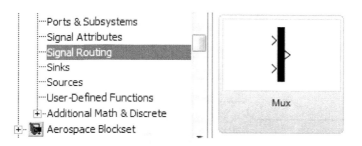

图 4-108 合路器模块

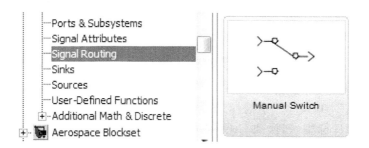

图 4-109 手动开关模块

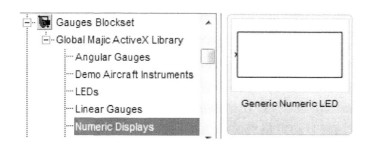

图 4-110 数字 LED 模块

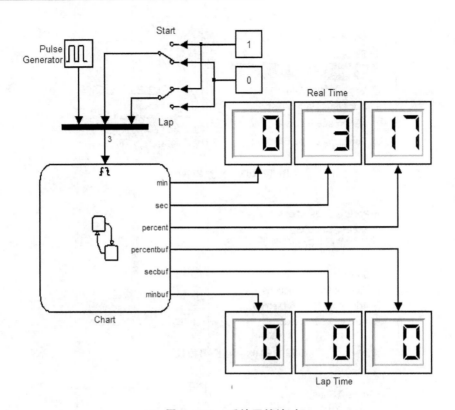

图 4-111 系统开始计时

① 删除图 4-105 中的开关以及常数模块，另外新增常数 Start 与 Lap，按图 4-114 进行调整。

② 在 MATLAB 菜单栏中选择 File→New→GUI 菜单项，在打开的对话框中单击 Geat New GUI 标签，切换到 Great New GUI 选项组，在 GUIDE templates 列表框中选择"Blank GUI(Default)"，选中 Save new figure as 复选框，指定 GUI 文件名，并确保文件路径与 Simulink 模型的一致，如图 4-115 所示。

③ 单击 OK 按钮，系统将打开 GUI 编辑窗口（见图 4-116）与回调函数编辑窗口（见图 4-117）。

④ 在 GUI 编辑窗口中加入两个按钮，如图 4-118 所示。

⑤ 双击按钮，修改属性对话框中 String 的内容，将显示文字修改为 Start/Reset 与 Lap，如图 4-119 所示。

⑥ 右击 Start/Reset 按钮，在弹出的快捷菜单中选择 View Callbacks→Callback 菜单项，系统将自动定位到回调函数编辑窗口的对应位置，并高亮显示，如图 4-120 所示。

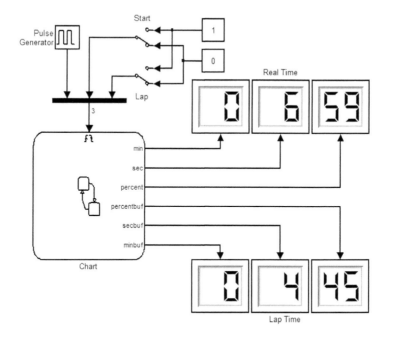

图 4-112 以圈计时

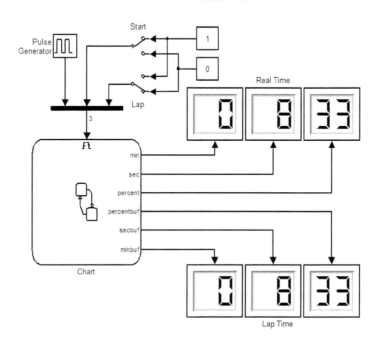

图 4-113 最后计时值

第 4 章 Stateflow 原理与建模基础

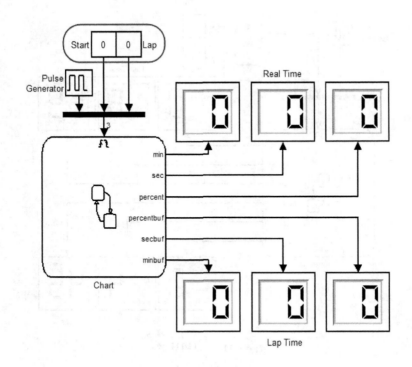

图 4-114 调整功能验证模型

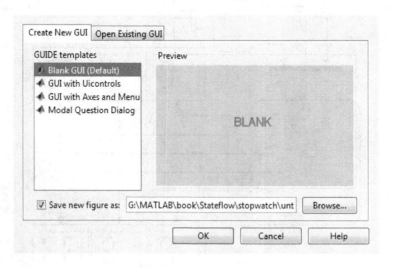

图 4-115 新建 GUI 界面的设置

⑦ 添加 Start/Reset 按钮的回调方法的代码,其中 stopwatch_state 表示模型名称,用户应按实际情况调整。具体代码如下:

第 4 章　Stateflow 原理与建模基础

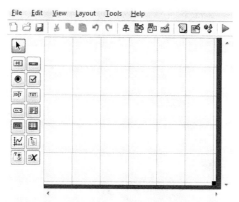

图 4-116　GUI 编辑窗口

图 4-117　回调函数编辑窗口

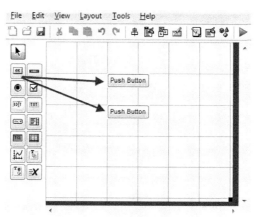

图 4-118　添加两个按钮

第 4 章 Stateflow 原理与建模基础

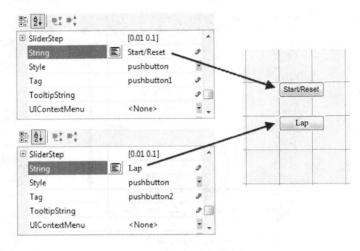

图 4-119 修改 String 中的内容

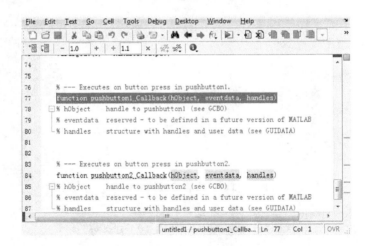

图 4-120 编辑回调函数

```
function pushbutton1_Callback(hObject, eventdata, handles)
    ⋮
start = str2num(get_param('stopwatch_state/Start', 'Value'));
if start == 0
    start = 1;
else
    start = 0;
end
set_param('stopwatch_state/Start', 'Value', num2str(start));
```

同样地添加 Lap 按钮的回调方法的代码，如下：

第 4 章 Stateflow 原理与建模基础

```
function pushbutton2_Callback(hObject, eventdata, handles)
    ⋮
Lap = str2num(get_param('stopwatch_state/Lap', 'Value'));
if Lap == 0
    Lap = 1;
else
    Lap = 0;
end
set_param('stopwatch_state/Lap', 'Value', num2str(Lap));
```

⑧ 单击 GUI 界面编辑器工具栏中的按钮▷，执行该 GUI，如图 4-121 所示。这时 Start/Reset 与 Lap 按钮即可实现原先的开关功能，即使不运行模型，单击这两个按钮后，模型窗口的 Start 与 Lap 常数模块的数值也能够实时变化。

图 4-121 执行 GUI

⑨ 在 Simulink 模型窗口中选择 File→Model Properties 菜单项，在 Callbacks 选项卡中的 Model callbacks 列表框中选择"PostLoadFcn*"，在 Model post-load function 文本框中输入"stopwatch"，如图 4-122 所示。这样重新打开模型窗口时，GUI 界面即可自动打开。

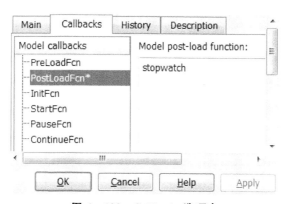

图 4-122 Callbacks 选项卡

第 5 章

Simulink 建模与验证

Simulink 是 MATLAB 的重要组件之一，它是用于动态系统和嵌入式系统的多领域仿真和基于模型的设计工具。对各种时变系统，包括通信、控制、信号处理、视频处理和图像处理系统，Simulink 提供了交互式图形化环境和可定制模块库来对其进行设计、仿真、执行和测试。以往十分困难的系统仿真问题，在该环境中，只要通过简单直观的鼠标操作，就可以轻而易举地构造出复杂的仿真系统。

通过 Simulink 可使用大量的预定义模块快速地推导、建模以及维护系统模块图。Simulink 提供层次化建模、数据管理、定制子系统工具，无论工程师的系统有多复杂，都可以轻松地完成简明精确的模型描述。构架在 Simulink 基础之上的其他产品扩展了 Simulink 多领域建模功能，也提供了用于设计、执行、验证和确认任务的相应工具。

Simulink 与 MATLAB 紧密集成，可以通过直接访问 MATLAB 大量的工具来进行算法研发、仿真的分析和可视化、批处理脚本的创建、建模环境的定制以及信号参数和测试数据的定义，通过调用 MATLAB 函数来集成 MATLAB 代码，从而用于数据分析与可视化。

值得一提的是 Simulink 的代码重用功能。在 Simulink 环境下，用户可使用 MATLAB function 函数来设计嵌入式算法模块，然后与其他模块一起生成代码，实现预设的功能；另外也可以在模型中创建自定义模块，直接集成手写的 C/Fortran/Ada 代码。

基于本书的定位，本章主要向读者介绍 Simulink 模块库的基本功能及模块操作方法，并通过几个实例来完整地说明 Simulink 建模、调试、检查及验证过程。

本章的主要内容有：

◇ Simulink 的基本操作；

◇ 简单建模；

◇ 音视频应用；

◇ 模型调试；

◇ 模型检查与验证。

第 5 章 Simulink 建模与验证

5.1 Simulink 的基本操作

5.1.1 启动 Simulink

启动 Simulink 的方式有以下 3 种：
① 在 MATLAB 的"命令行窗口"中输入"Simulink"；
② 单击 MATLAB 工具栏中的图标 ；
③ 选择 Start →Simulink →library browser 菜单项。
启动 Simulink 后，系统即显示库浏览器，如图 5-1 所示。

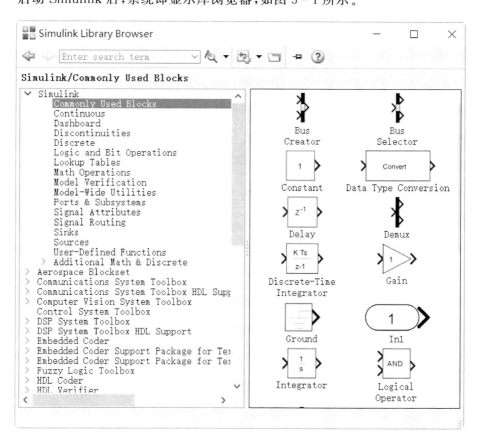

图 5-1 库浏览器

5.1.2 Simulink 模块库简介

1. 标准模块库

图 5-1 所示库浏览器的左侧列出了已安装的所有库文件,其中第一个模块库是 Simulink 标准模块库,它包含了所有常用的模块,如表 5-1 所列。充分了解各模块集所包含的模块,对加快建模的速度是很有帮助的。

表 5-1 Simulink 标准模块库

模块集	包含内容
Commonly Used Blocks	最常用的模块,如增益、逻辑运算、加法器、乘法器、延时器、示波器等,这些模块同样可以在其各自所属的模块集中找到
Continuous	线形函数模块,如微分、积分
Discontinuities	非连续函数模块,如饱和模块
Discrete	离散时间函数模块,如单位延时模块
Logic and Bit Operations	逻辑运算或位运算模块,如逻辑与模块、异或模块
Lookup Tables	包含一些根据输入值查表输出的查表模块,如余弦、正弦模块
Math Operations	数学和逻辑函数模块,如增益、加法、乘法模块
Model Verification	建立自验证模型模块,如 Check Input Resolution
Model-Wide Utilities	模型信息模块,如 Model Info
Ports & Subsystems	用于建立子系统的模块,如 In1、Out1
Signal Attributes	信号属性模块,如数据类型转换模块
Signal Routing	信号路由模块,如多路复用器、开关
Sinks	显示及信号导出模块,如示波器、Out1
Sources	信号源及信号导入模块,如常数、正弦波模块
User-Defined Functions	用户可自定义函数模块,如 Embedded MATLAB Function
Additional Math & Discrete	附加的数学函数库、离散函数库

2. 其他模块库

除了标准模块库外,默认安装的库文件还包括表 5-2 所列的模块库。

表 5-2　Simulink 其他模块库

其他模块库	功能或用途
Aerospace Blockset	建立航空器、航天器及其推进系统的模型
Communications Blockset	设计并仿真通信系统及元件的物理层性能
Control System Toolbox	建立连续或离散系统传输函数、状态空间模型等
Data Acquisition Toolbox	通过本地计算机的并口、声卡等硬件模块获得数据
EDA Simulator Link	由早期版本 EDA Simulator Link DS、EDA Simulator Link IN、EDA Simulator Link MQ 组合而成，支持 Synopsy HDL、Cadence、Mentor Graphics HDL 仿真器、Synopsys VCS MX、Incisive、ModelSim 与 MATLAB 联合仿真，直接硬件设计验证
Embedded IDE Link	由早期版本 Embedded IDE Link CC、Embedded IDE Link MU、Embedded IDE Link VS 组合而成，支持 C280x、C28x3x、C281x、C5000、C6000 DSP 芯片；调试、验证运行在由 Green Hills MULTI 开发环境所支持处理器的代码；调试、验证运行在由 Visual DSP++ 开发环境所支持的所有 Analog Devices DSP 的代码
Fuzzy Logic Toolbox	建立、编辑模糊推断系统模型并仿真
Gauges Blockset	通过图形显示方式监听 Simulink 模型中的信号
Image Acquisition Toolbox	通过图像捕捉设备获得现场图像信息
Instrument Control Toolbox	利用 TCP/IP 协议、UDP 协议、串行口进行远程通信
Model Predictive Control Toolbox	分析用于现有模型的预案、控制策略的可行性
Neural Network Toolbox	建立模式识别、鉴定、分类、视觉模型并仿真
OPC Toolbox	在 MATLAB 与 OPC server 之间进行读/写操作
RF Blockset	设计并仿真无线系统中射频系统及元件的性能
Real-Time Workshop	从 Simulink 模型生成 C 或 C++ 代码
Real-Time Workshop Embedded Coder	生成针对嵌入式系统优化的 C 或 C++ 代码
Report Generator	自动生成 Simulink 模型、Stateflow 模型的报告文档
Robust Control Toolbox	分析包含有未知参数或未知参数范围的模型的稳定边界与最坏表现
Signal Processing Blockset	设计并仿真信号处理系统及设备
SimEvents	开发基于活动的系统模型，用来评估系统参数，如拥塞、竞争、处理延时

第5章 Simulink 建模与验证

续表 5-2

其他模块库	功能或用途
Sim Power Systems	建立电力系统模型并仿真
Simscape	像建立真实物理系统那样,建立并仿真多作用域物理系统,如包含机械、流体、电子元件的系统
Simulink 3D Animation	虚拟现实的动态模型
Simulink Control Design	在 Simulink 环境下设计并分析控制系统
Simulink Design Verifier	用正规的方法进行检测并验证模型的性能
Simulink Verification and Validation	开发所需的设计图及测试实例,并估量测试范围
Stateflow	设计并仿真状态机及控制逻辑
System Identification Toolbox	建立如发动机子系统、热流体过程、机电系统等不能简单地根据基本原理和特征建立的系统模型
Target Support Package	支持 Freescale MPC555 系列处理器、Infineon C166 系列处理器、TI C2000、C5000、C6000 等常见 DSP 处理器
Vehicle Network Toolbox	使用 CAN 协议与车辆设备网络进行通信
Video and Image Processing Blockset	对视频流二维滤波、几何及频率变换、块处理、运动估计、边缘检测以及其他信号处理算法等
Virtual Reality Toolbox	将 Simulink 系统三维动态化及可视化
xPC Target	使用 PC 硬件进行实时快速样机研究及硬件在环仿真

5.1.3 模块操作

1. 模块添加

在库浏览器中右击某一模块,如 Sine Wave,若先前未新建或打开任何模型窗口,则在弹出的快捷菜单中选择 Add to model(见图 5-2),系统将自行新建一个名为 untitled.mdl 的模型窗口,并加入已选中模块,如图 5-3 所示。

此后若要继续添加模块,可右击该模块,在弹出的快捷菜单中选择 Add to untitled,或直接将欲添加模块拖入模型窗口,如图 5-4 所示。

2. 模块缩放

单击 Sine Wave 模块,模块四角将出现缩放柄,用鼠标拖动,即可缩放模块,如图 5-5 所示。

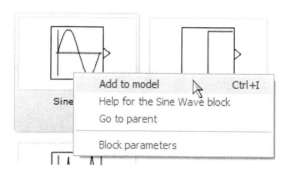

图 5-2 添加到新模型中

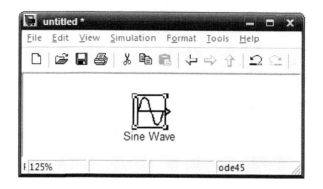

图 5-3 新建模型窗口

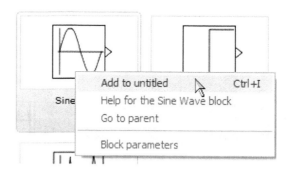

图 5-4 选择 Add to untitled 继续添加模型

3. 模块旋转、翻转

(1) 90°旋转

在模型窗口或模块中右击,在弹出的快捷菜单中选择 Diagram→Rotate & Flip→Clockwise/CounterClockwise,就可以顺时针旋转,或者使用快捷键 Ctrl + R 进行旋转。90°旋转如图 5-6 所示。

(2) 180°翻转

在模型窗口或模块中右击,在弹出的快捷菜单中选择 Diagram→Rotate & Flip→Flip Block,就可以水平或垂直翻转模块,或者使用快捷键 Ctrl+I。180°翻转如图 5-7 所示。

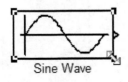

图 5-5　模块缩放　　　　图 5-6　90°旋转　　　　图 5-7　180°翻转

4. 模块复制

复制模块的方法有很多种,如下:

① 在模型窗口中选择 Edit→Copy 菜单项,或选择 Edit→Paste 菜单项;
② 利用工具栏中的按钮;
③ 在模块中右击,在弹出的快捷菜单中选择 Copy 或 Paste;
④ 利用快捷键 Ctrl + C 或 Ctrl + V;
⑤ 按下 Ctrl 键,用鼠标拖动要复制的模块;
⑥ 选中要复制的模块,按住右键并拖动,这是最简便的方法,如图 5-8 所示。

5. 模块标签

(1) 编辑标签

单击模块标签区域后,模块标签表现为可编辑状态,此时即可编辑标签,如图 5-9 所示。

图 5-8　模块复制　　　　　　　　图 5-9　编辑标签

(2) 移动标签

在模型窗口或模块中右击,在弹出的快捷菜单中选择 Format→Flip Name 菜单项,或拖动标签外框,将标签移动至另一端,如图 5-10 所示。

(3) 隐藏标签

某些模块根据其图形即可了解其功能,为了模型简洁可以隐藏其标签。此时,在模型窗口或模块中右击,在弹出的快捷菜单中选择 Format→Hide Name 菜单项,如图 5-11 所示即可。

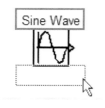

图 5-10　移动标签

图 5-11　隐藏标签

6. 模块连接

第一种方法:把鼠标移到模块的输出端,当光标显示为十字形状时,按住左键移向另一模块的输入端,释放左键即完成两个模块的连接,如图 5-12 所示。

第二种方法:按住 Ctrl 键,依次单击各个模块,这样就可以快速连接所有模块了。

7. 模型说明

双击模型空白处,该位置将出现一个空白的文本框,其中可输入任意的文字,如 Sin(x)或 help。用户可以将文本框移至连线附近,表示连线所传输的信号;也可以移至模型醒目位置,作为模型标题或其他说明,如图 5-13 所示。

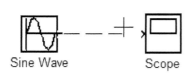

图 5-12　模块连接

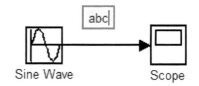

图 5-13　模型说明

右击文本框,在弹出的快捷菜单中选择 Annotation Properties,打开属性设置对话框:

① 在 Appearance 选项组中可修改注释内容,设置注释的阴影、字体、前景及背景颜色、文本对齐模式等,如图 5-14 所示;

② 在 ClickFcn 选项组中可加入代码,如"winopen('C:\...\help.txt');",将来在模型窗口单击该注释即可打开指定路径下的文档,如图 5-15 所示。

8. 模块对齐

自 Simulink 7.3 起,软件增强了模块对齐功能。按下左键拖动 Scope 模块,当它

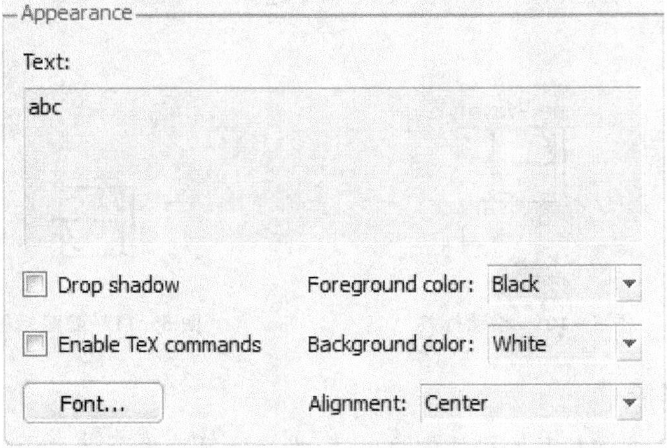

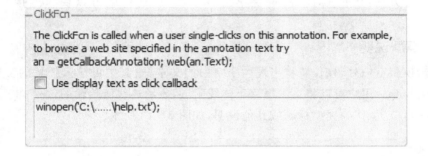

图 5-14 注释样式

图 5-15 单击事件

靠近 Sine Wave 模块的某个对齐点时,模块即自动吸合该对齐点。

图 5-16～图 5-18 显示了 3 种对齐方式,分别为上对齐、下对齐和中心对齐。

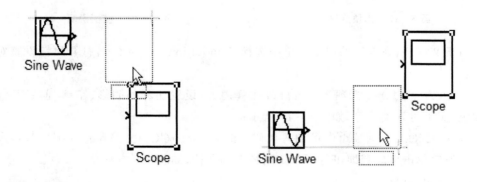

图 5-16 上对齐　　　　　　　　　图 5-17 下对齐

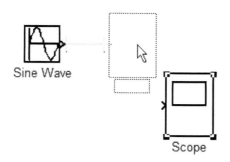

图 5-18　中心对齐

5.2　信号采样误差

以下通过一个简单的例子说明 Simulink 建模的一般过程，其中涉及的各种常用模块将广泛应用于后续的实际工程。

5.2.1　信号源

① 新建一个模型窗口，添加如图 5-19～图 5-21 所示的 Sine Wave（正弦）、Gain（增益）、Scope（示波器）模块，并按图 5-22 所示进行连接。

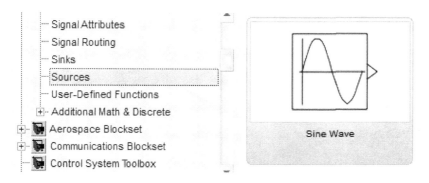

图 5-19　添加 Sine Wave 模块

说明：下面将介绍在新版 MATLAB 中快捷建模的方法：

第一种：直接加载模块，如图 5-23 所示。

第二种：两模块自动连接，如图 5-24 所示。

第三种：加载 Scope 模块，如图 5-25 所示。

第四种：自动连接 Gain 和 Scope 模块后的模型，如图 5-26 所示。

在新版 MATLAB 中，只要知道模块的前几个字母便可轻松加载，这将大大加快

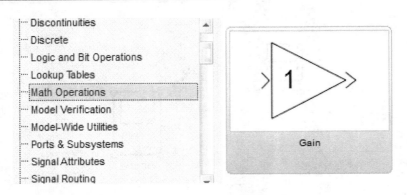

图 5-20　添加 Gain 模块

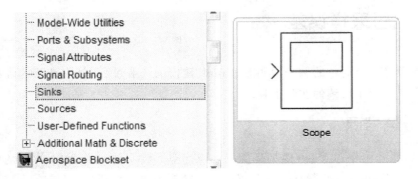

图 5-21　Scope 模块

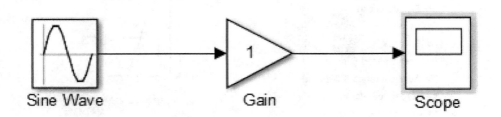

图 5-22　基本放大模型

建模的速度。

② 双击 Gain 模块，打开参数设置页面，设置 Gain 模块的增益为数组 3:1:6，表示 4 路并行信号中每一路的增益依次为 3,4,5,6，如图 5-27 所示。

③ 单击模型窗口中的仿真按钮 ▶，执行仿真。

④ 双击 Scope 模块，打开示波器窗口，可以看到仿真结果，如图 5-28 所示。

为了对曲线中的某些段或某些点进行重点关注，可选择光标测量（cursor meas-

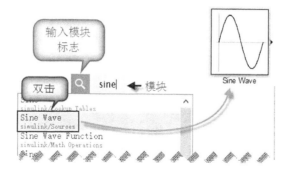

图 5-23 直接加载模块

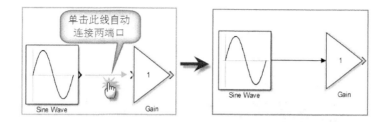

图 5-24 两模块自动连接

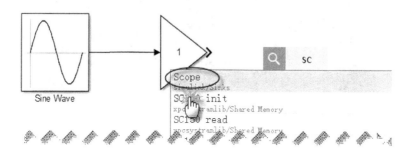

图 5-25 加载 Scope 模块

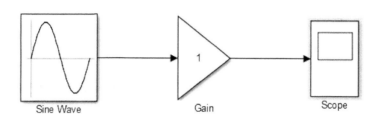

图 5-26 自动连接 Gain 和 Scope 模块后的模型

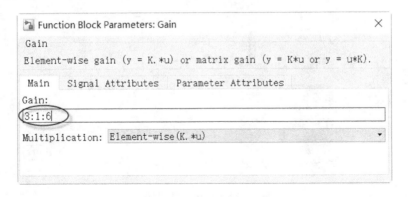

图 5-27　Gain 模块的参数设置

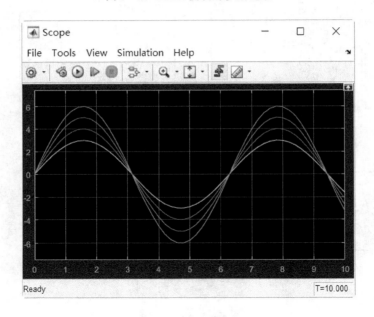

图 5-28　并行放大的仿真结果

urement)来实现。其步骤如下：

① 设置 Settings 选项组，如图 5-29 所示。

② 曲线上某点坐标及 ΔY 和 ΔT 的测量如图 5-30 所示。

说明：MATLAB R2015b 示波器做了较大更新（可在示波器中对波形进行全速和单步播放），光标测量为其新增功能。MATLAB R2015a 的示波器界面如图 5-31 所示。

第 5 章　Simulink 建模与验证

图 5-29　选项组 Settings

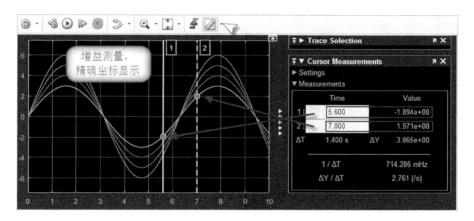

图 5-30　曲线上某点坐标及 ΔY 和 ΔT 的测量

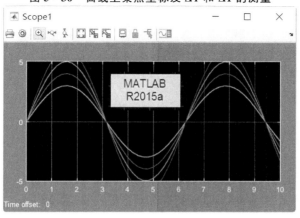

图 5-31　MATLAB R2015a 的示波器界面

5.2.2　MATLAB 工作空间

Sources 或 Sinks 子库中已有的信号源或输出模块可能还不能满足所有的实际应用,因此用户可以通过选用 From Workspace 及 To Workspace 模块来自行定义模型的输入及输出。

From Workspace 模块用于读取 MATLAB 工作空间中以数组格式或结构体格式输入的数据。

一维信号使用数组或矩阵格式:

```
var = [TimeValues DataValues]
```

二维信号使用结构体格式:

```
var.time = [TimeValues]
var.signals.values = [DataValues]
var.signals.dimensions = [DimValues]
```

To Workspace 模块用于当模型仿真结束或暂停时,将计算结果以数组或结构体的形式输出到 MATLAB 工作空间的情况。

① 添加如图 5-32 和图 5-33 所示的 From Workspace 和 To Workspace 模块,并按图 5-34 所示进行连接。

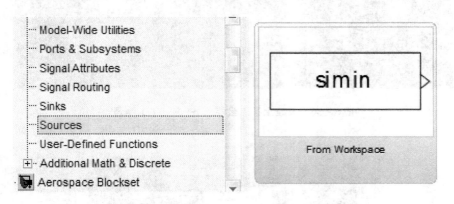

图 5-32　从工作空间输入

② 打开 From Workspace 模块的参数设置对话框,其中,Data 文本框显示的 simin 即为变量名,用户可根据需要自行更改,如图 5-35 所示。

为了便于访问,可以将 To Workspace 模块的 save format 设置为 Array;Variable name 文本框显示的 simout 即为变量名,如图 5-36 所示。

③ 为了便于对比,可继续以正弦波作为输入,所不同的是这里用的是数组。

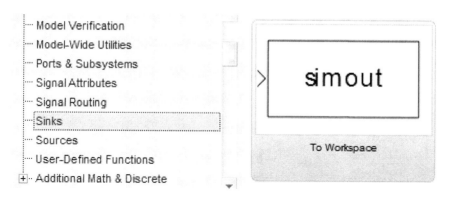

图 5-33 从工作空间输出

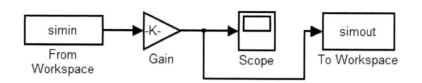

图 5-34 自定义信号源

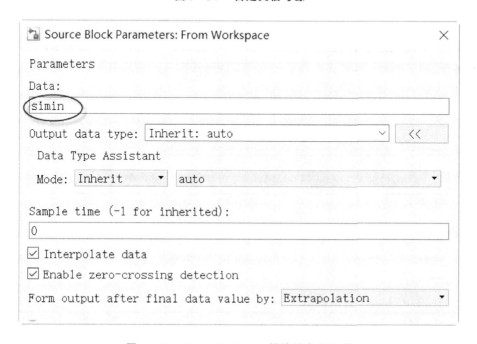

图 5-35 From Workspace 模块的参数设置

根据一维信号的数组格式，在 MATLAB 的“命令行窗口”中输入：

```
>> t = (0:0.2:10)';
>> x = sin(t);
>> simin = [t x];
```

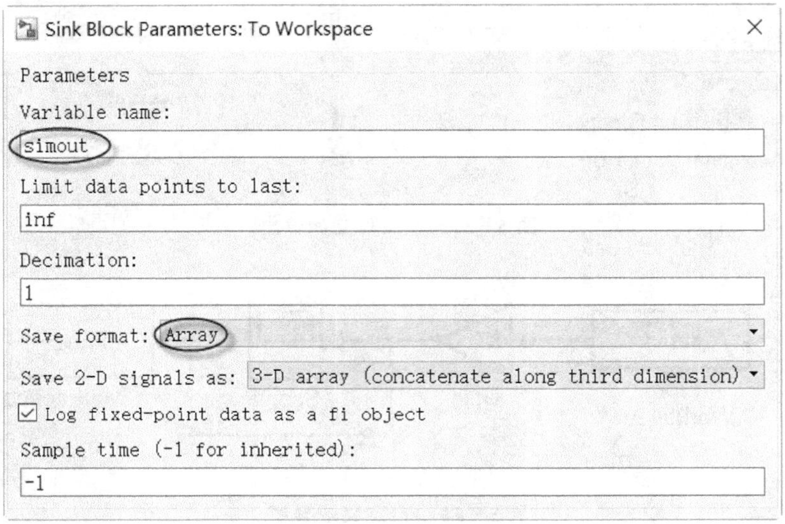

图 5－36　To Workspace 模块的参数设置

MATLAB 工作空间即显示上述 3 个变量(见图 5－37)。双击变量 simin，在变量编辑器窗口中就可以看到该变量的存储结构(见图 5－38)，它形式上是一个二维数组，由于第一列存储时间值，因此真正表示的是一维信号。

Name	Value	Min	Max
simin	<51x2 double>	-0.9962	10
t	<51x1 double>	0	10
x	<1x51 double>	-0.9962	0.9996

图 5－37　工作空间变量

④ 单击仿真按钮，示波器显示的波形如图 5－39 所示。

⑤ 继续输入命令 plot (tout, simout)，得到与示波器窗口一致的波形，如图 5－40 所示。

⑥ 在模型窗口右上角的文本框 10 中显示了当前模型的仿真持续时长，默认为 10 个单位。将其修改为 12，再次仿真得到的结果如图 5－41 所示。显然仿真时长 10 之后的波形不再是正弦波，这是因为先前定义的输入信号时间范围是[0, 10]，10 之后没有定义输入信号，此后系统输出以终了信号导数作为斜率的

simin <51x2 double>

	1	2
1	0	0
2	0.2000	0.1987
3	0.4000	0.3894
4	0.6000	0.5646
5	0.8000	0.7174
6	1	0.8415
7	1.2000	0.9320
8	1.4000	0.9854
9	1.6000	0.9996
10	1.8000	0.9738
11	2	0.9093
12	2.2000	0.8085
13	2.4000	0.6755
14	2.6000	0.5155
15	2.8000	0.3350
16	3	0.1411
17	3.2000	-0.0584

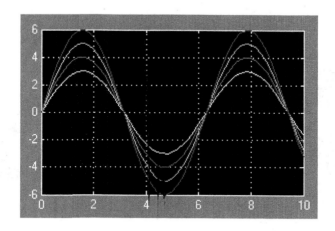

图 5-38　变量 simin

图 5-39　示波器显示的波形

直线。

另外，用户也可以选择 Sources/Sinks 子库中的 From File/To File 模块作为输入/输出，它们适用于输入大量或无规律数据以及需要导出输出值的场合。具体使用方法请读者参考模块说明。

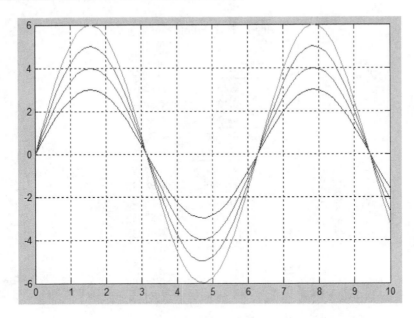

图 5-40　变量绘图

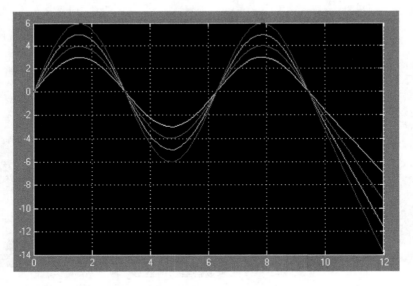

图 5-41　t=12 的输出波形

5.2.3　用户自定义函数

有时,用户可能需要不断地变化输入信号,而频繁地更换输入信号模块或修改变量 simin 显然是不合理的,此时可以利用 Simulink/User-Defined Functions 模块库内的各模块来实现用户自定义输出,其中常用的 MATLAB Function、S-Function Builder 模块将在第 6 章进行介绍。

① 添加如图 5-42 所示的 Interpreted MATLAB Function 模块,并按图 5-43 所示进行连接。

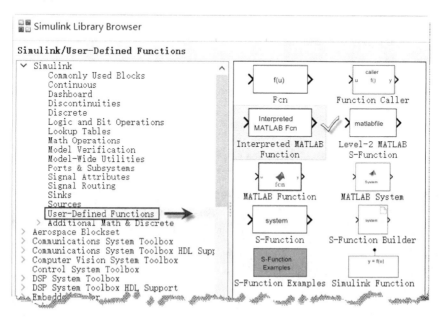

图 5-42 添加 Interpreted MATLAB Function 模块

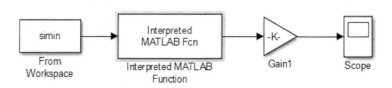

图 5-43 自定义函数信号源

② 在 5.2.2 小节中,命令 simin = [t x]实现了信号源的功能,其中,t 为系统仿真时间,x 为对应输入信号。根据图 5-43,将 simin 修改为 simin = [t t],这里第一个 t 依然是系统仿真时间,第二个 t 为 Interpreted MATLAB Function 的输入信号。

③ 为了便于对比,依然以正弦波作为输入,打开 Interpreted MATLAB Function 模块的参数设置对话框,设置函数名为 sin,如图 5-44 所示。

④ 单击仿真按钮,包含 Interpreted MATLAB Function 模块的仿真结果如图 5-45 所示。

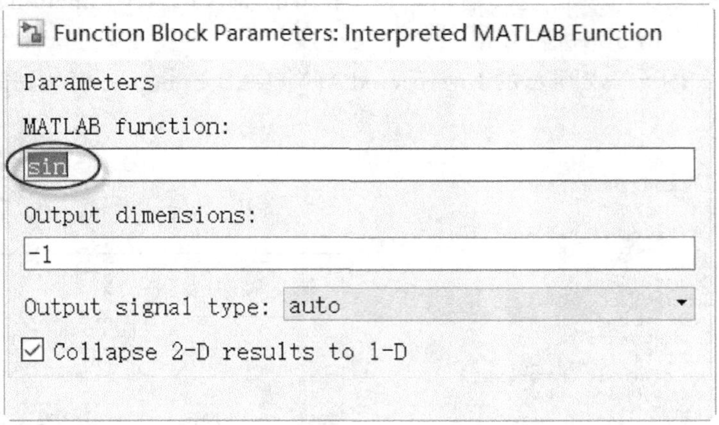

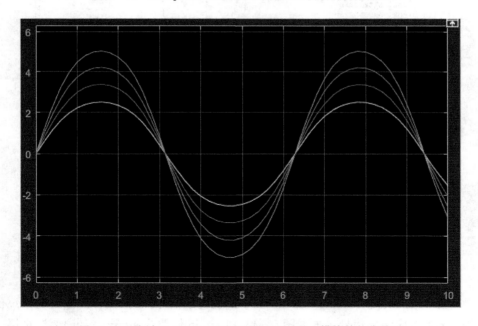

图 5 – 44　Interpreted MATLAB Function 模块的参数设置

图 5 – 45　包含 Interpreted MATLAB Function 模块的仿真结果

5.2.4　非线性系统

① 添加如图 5 – 46 所示的 Saturation(饱和)模块,并按图 5 – 47 所示进行连接。Saturation 模块可将输出信号的幅度限制在设定的上下限,复用模块 Mux 可将多路矢量或标量信号复用到一路。

② 设置 Saturation 模块的参数:饱和上下限分别设置为"rand(4,1) * 6"和"rand(4,1) * －6",如图 5 – 48 所示。其中,rand(4,1)表示生成 4 行 1 列的随机数

矩阵,矩阵中各元素在开区间(0,1)内取值。

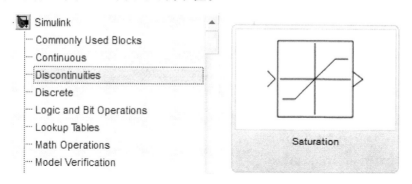

图 5-46 添加 Saturation 模块

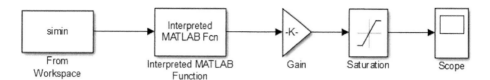

图 5-47 非线性模型

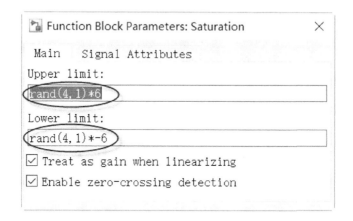

图 5-48 设置饱和上下限

用户可以在 MATLAB 的"命令行窗口"中输入"rand(4,1)*6",观察结果如下:

```
≫ rand(4,1) * 6
ans =
3.2821
1.7779
4.4682
1.1337
```

其中，每一个值都对应着并行信号某一路的饱和上限。

③ 单击示波器窗口工具栏左侧的图标◎，打开示波器参数设置对话框，将坐标轴数量设为 2，如图 5-49 所示。

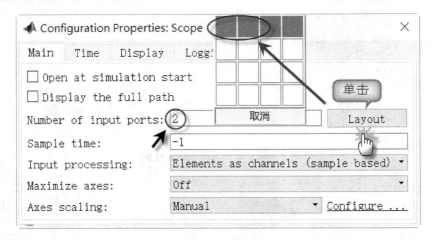

图 5-49　设置示波器坐标轴的数量为 2

说明：示波器布局为 MATLAB R2015b 的新增功能。

④ 为明确显示各信号线上的信号维度，可以选择 Format→Port/Signal Displays→Signal Dimensions 以及 Wide Nonscalar Lines。前者将非标量信号的纬度 4 显示在模块间的连线上，同时后者加粗矩阵或向量数据的连线，以区别于表示标量数据的连线。更新后的模型如图 5-50 所示。

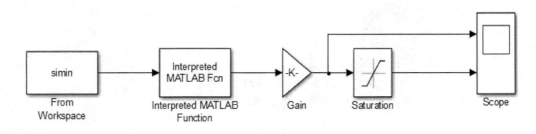

图 5-50　更新后的非线性模型

⑤ 仿真结果如图 5-51 所示。

由于 Saturation 模块的上下限均由随机函数产生，因此同一正弦波的上下限是不同的，每次仿真的结果也是不同的。

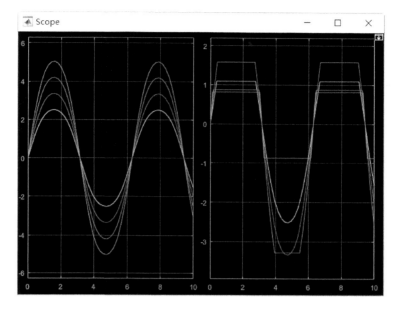

图 5-51 饱和输出波形

5.2.5 离散模块

① 添加如图 5-52 所示的 Zero-Order Hold(零阶保持器)模块,并按图 5-53 所示进行连接。

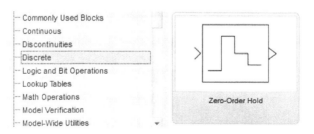

图 5-52 添加 Zero-Order Hold 模块

零阶保持器模块对输入进行采样,并根据指定的采样时间保持该采样值。零阶保持器模块的输入/输出信号可以是标量或矢量,若输入的是矢量,则该矢量的每个元素将保持同样的采样时长。

② 设零阶保持器模块的采样时间为 ts1,如图 5-54 所示。

③ 单击示波器窗口工具栏左侧的图标 ,打开示波器参数设置对话框,将坐标轴数量设 3,如图 5-55 所示。

④ 在 MATLAB 的"命令行窗口"中输入:

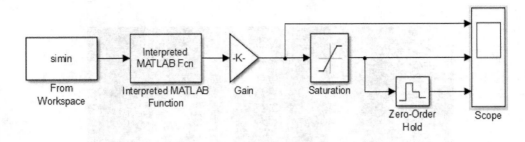

图 5-53 离散模型

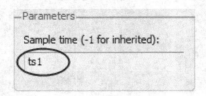

图 5-54 采样时间

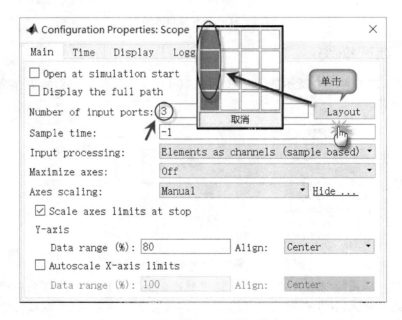

图 5-55 设置示波器坐标轴的数量为 3

```
>> ts1 = 0.3
ts1 =
    0.3000
```

这样做的好处是:不需要屡次进入模块修改采样时间,具体数字可以通过 MAT-

LAB 工作空间来指定。

⑤ 仿真结果如图 5-56 所示，显然每次仿真的结果都是不同的。

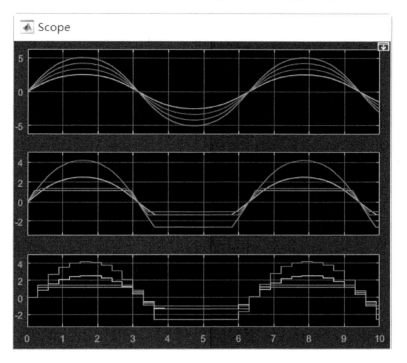

图 5-56　离散输出波形

5.2.6　采样误差

① 添加如图 5-57 和图 5-58 所示的 Mux(合路器)和 Subtract(减法器)模块，并按图 5-59 所示进行连接。

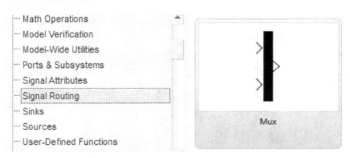

图 5-57　Mux 模块

② 为明确说明采样误差的意义，将 4 路并行信号简化为 1 路信号，修改以下参数：

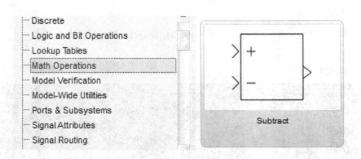

图 5-58 Subtract 模块

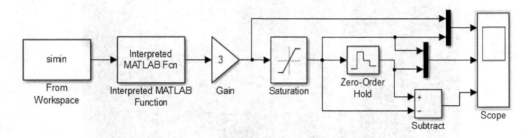

图 5-59 采样误差模型

◇ 增益模块的增益值由 3:1:6 改为 3;
◇ 饱和模块的上下限分别由"rand(4,1)*6""rand(4,1)*-6"改为"rand(1,1)*3""rand(1.1)*-3"。

③ 图 5-60 和图 5-61 所示分别是采样时间 ts1=0.3 和 0.2 时的仿真结果,由

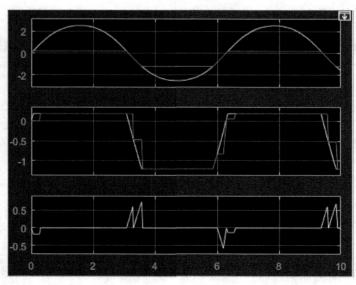

图 5-60 ts1=0.3 时的采样误差

于默认的仿真步长为 0.2，采样时间 ts1＝0.3 与仿真步长不同步，因此图 5-60 所示的采样误差明显大于图 5-61 所示的采样误差。

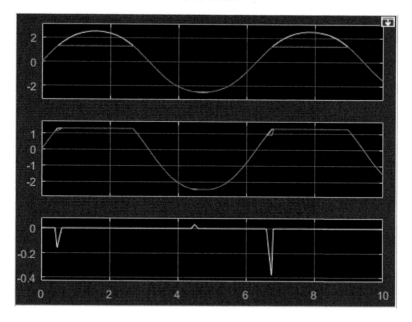

图 5-61　ts1＝0.2 时的采样误差

5.2.7　建立子系统

从库浏览器左侧选中 Gain、Saturation、Zero-Order Hold、Subtract 模块，右击，在弹出的快捷菜单中选择 Create Subsystem，将上述模块整合成一个子系统，如图 5-62 所示。

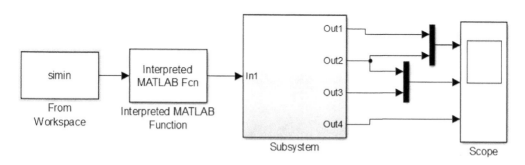

图 5-62　子系统模型

双击该子系统模块，可以看到它是由原先的 4 个功能模块及 5 个输入/输出模块组成。用户可以根据需要修改输入/输出模块的名称，如图 5-63 所示。

第 5 章　Simulink 建模与验证

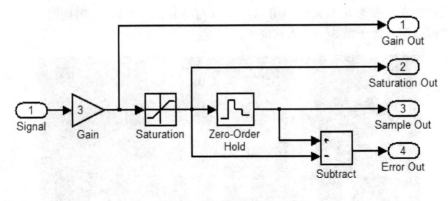

图 5-63　子系统内部

5.2.8　封装子系统

重命名 Subsystem 模块为 Error Subsystem 并右击,在弹出的快捷菜单中选择 mask subsystem,打开封装编辑器。

① Icon & Ports 选项卡(见图 5-64):可以设置模块外框是否可见,模块是否透明,旋转时图标是固定还是跟随模块旋转,以及图标是否自动适应模块的大小。

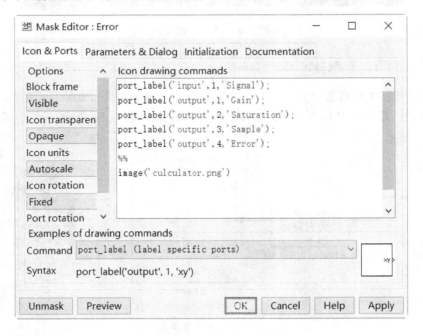

图 5-64　Icon & Ports 选项卡

用户可以根据 Examples of drawing commands 选项组中的提示,在 Icon Drawing commands 列表框中输入表达式:

```
port_label('input', 1, 'Signal');
port_label('output', 1, 'Gain');
port_label('output', 2, 'Saturation');
port_label('output', 3, 'Sample');
port_label('output', 4, 'Error');
image('culculator.png') % 来自第 3 章的简易计算器并将其放置在当前目录下
```

应用后的模型显示如图 5-65 所示。

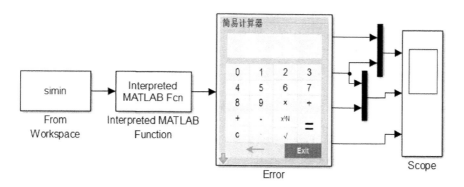

图 5-65 子系统端口名

在子系统里修改模块名称时,同一模型里不能出现两个同名模块,即使两者的功能不一样;而使用封装编辑器命名端口时则没有这样的限制。

② Parameters & Dialog 选项卡:在 Controls 选项组中单击 Edit 图标 添加 sample time 参数,单击 Image 图标 添加子系统电路图片,如图 5-66 所示。Parameters & Dialog 选项卡中相应参数的设置如表 5-3 所列。

表 5-3 Parameters & Dialog 选项卡中相应参数的设置

参 数	功 能	本例设置
Prompt	参数的文字描述	Sample Time
Variable	参数对应的变量名	ts1
Type	参数的输入模式,edit 适用于需要用户具体指定的参数	edit
Evaluate	选中则表示在参数对话框中输入表达式的值赋予指定的变量,否则将输入的表达式看作字符串赋予指定的变量	√
Tunable	选中则允许用户在仿真过程中修改该参数值	√

③ Initialization 选项卡:在 Initialization commands 文本框中输入用于初始化该模块的 MATLAB 命令。

第 5 章 Simulink 建模与验证

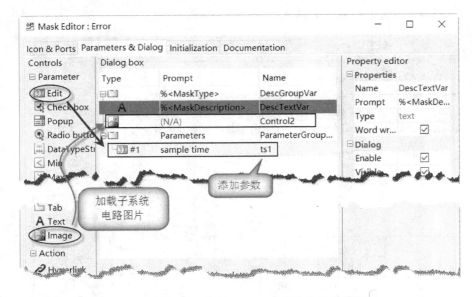

图 5-66 Parameters & Dialog 选项卡中的参数设置

④ Documentation 选项卡：可按图 5-67 所示的内容进行输入。

图 5-67 Documentation 选项卡

◇ Mask type 文本框可输入对模块的简单描述：Error Subsystem；
◇ Mask description 文本框用于详细描述模块的功能："input：Signal"……

"output4：Error"；
◇ Mask help 文本框用于指定模块的帮助文档,格式为"file：///C：/……"。
⑤ 完成配置,双击 subsystem 模块,可以看到先前所做各种设置的效果,如图 5-68 所示。

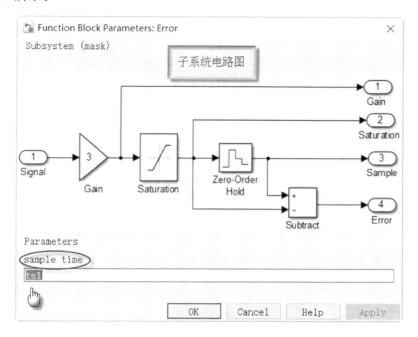

图 5-68　子系统参数设置

可通过 sample time 文本框来输入采样参数 ts1,说明该模块参数所关联的变量与 MATLAB 工作空间所定义的变量无关,即使变量名相同。

5.2.9　数据类型匹配

① 选择 Display→Signals&Ports→Port Data Types,模块之间的连线上显示信号的数据类型为 double,如图 5-69 所示。

② 打开 Error 子系统模块,双击输入端口 Signal,打开参数设置对话框,修改输入端口信号的最大值与最小值分别为"10"和"−10";修改 Data type(数据类型)为"fixdt(1,16,11)",单击右侧扩展按钮 >> ,再单击 Calculate Best-Precision Scaling 按钮,系统将自动得到 Fraction length 为"11",如图 5-70 所示。

③ 单击仿真按钮,系统提示积分模块与 Error 子系统间的数据类型不匹配(见图 5-71),因此两者间需加入 Data Type Conversion(数据类型转换)模块,如图 5-72 所示。设零阶保持器的采样时间为 0.3,并执行仿真。

第 5 章　Simulink 建模与验证

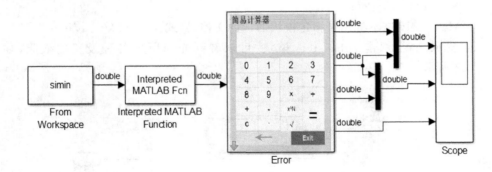

图 5-69　信号数据类型

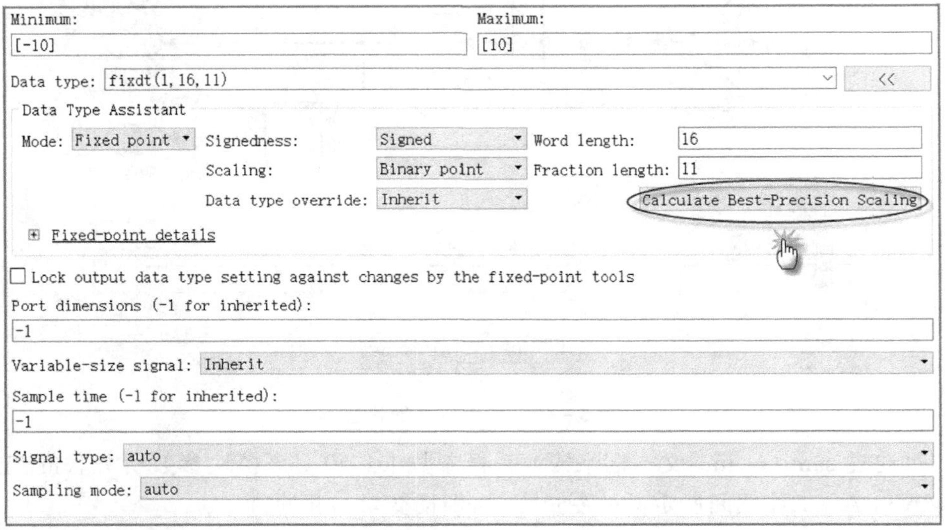

图 5-70　设置数据类型

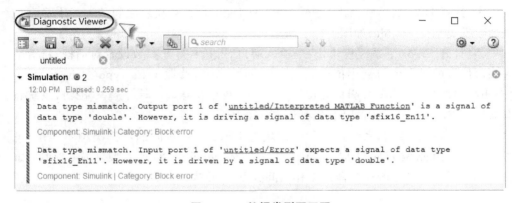

图 5-71　数据类型不匹配

第 5 章　Simulink 建模与验证

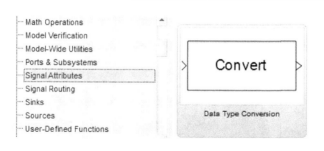

图 5-72　添加 Data Type Conversion 模块

④ 读者可能已注意到,子系统输入与输出端的数据类型并不一致(见图 5-73),这是由于 Error 子系统的输入信号经过放大后,输出的数据类型由 sfix16_En11 扩展为 sfix32_En24。这对于有些已明确限定数据类型的系统是不合适的,因此需要修改输出端口的数据类型。

图 5-73　子系统输入与输出端的数据类型不一致

容易想到的方法是逐次修改 4 个输出模块的数据类型,但这样显然不方便。用户可以使用模型浏览器,更直观、更全面地修改模块参数,单击工具栏上的 图标即可进入模型浏览器。

⑤ 首先在模型浏览器中选择 View→Show Masked Subsystems 菜单项,然后在模型浏览器中部的内容区域同时选中 4 个输出端口,并单击任意一个端口的 OutDataTypeStr 属性区,将"fixdt(1,16,0)"修改为"fixdt(1,16,11)",如图 5-74 所示。

⑥ 单击仿真按钮,系统提示 Gain 端口希望输入的数据类型是 sfix16_En11,而事实上输入的是 sfix32_En24,为此还需要修改前端 Gain 模块的数据类型。

⑦ 继续在模型浏览器中将 Gain 模块的数据类型修改为"fixdt(1,16,11)"。

⑧ 选择 Simulation→Update Diagram 菜单项更新模型,可以看到模型中所有的数据都得到了匹配,可正确运行。

第 5 章　Simulink 建模与验证

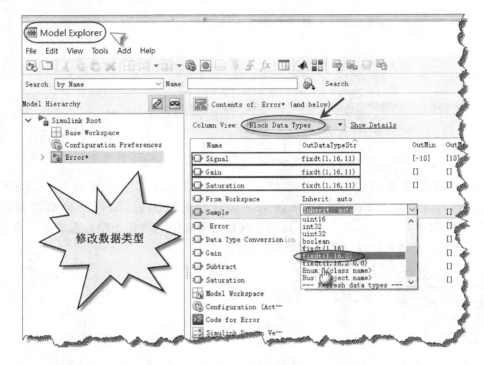

图 5-74　模型浏览器

5.2.10　模型信息

模型建立完成后,通常需要加入一些说明文字,以便后期的理解和维护。这样的模块有 DocBlock 和 Model Info,如图 5-75 和图 5-76 所示。

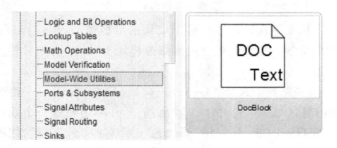

图 5-75　DocBlock 模块

① DocBlock 模块主要用于记录模型的说明文字,并可以将这些文字嵌入模型。双击 DocBlock 模块,默认打开 MATLAB 编辑器窗口,用户可以在这里输入任意文字,如图 5-77 所示。

DocBlock 模块支持的文本格式有 HTML、RTF、txt 文本文档,前两者一般使用

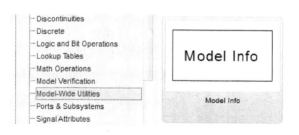

图 5-76 Model Info 模块

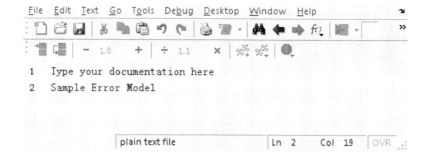

图 5-77 编辑 DocBlock

Microsoft Word 作为默认的编辑器。如果用户计算机上没有 Word 软件,则使用与 txt 文档相同的编辑器,这个编辑器可以在 MATLAB 主窗口主页的预设对话框中的 Editor/Debugger 中设定。

例如,将 Windows 自带的记事本程序设置为默认编辑器,如图 5-78 所示。

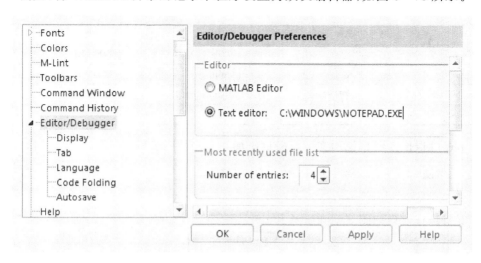

图 5-78 修改默认编辑器

由于说明文档嵌入在模型文件中,因此,如果用户加入的文档里包含图片,则将使模型文件的体积显著增大,同时打开模型也将花费更多的时间。

② Model Info 模块用于显示模块的各种修订信息。

双击模块打开的 Model Info 对话框如图 5-79 所示,在 Model properties 列表框中列出的属性及意义如表 5-4 所列。

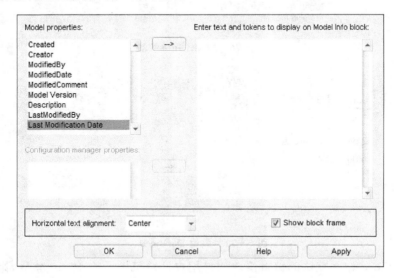

图 5-79 Model Info 对话框

表 5-4 Model properties 列表框中的属性及意义

属 性	意 义	属 性	意 义
Created	模型建立时间	Model Version	模型版本
Creator	建立者	Description	模型描述
ModifiedBy	修改者	LastModifiedBy	最后修改者
ModifiedDate	修改时间	Last Modification Date	最后修改时间
ModifiedComment	修改意见	—	—

用户可根据需要将说明文字及条目添加到右侧的列表框(见图 5-79),例如:

```
Created by % <Creator>
V % <ModelVersion>
```

模型修订信息如图 5-80 所示。

```
Created by liu
V 1.14
```

图 5-80 模型修订信息

第 5 章 Simulink 建模与验证

用户可根据需要取消选中 Show block frame 复选框,此时 Model Info 模块则以无框形式显示。

5.2.11 模型元件化

① 创建如图 5-81 所示的 Call_model 模型。

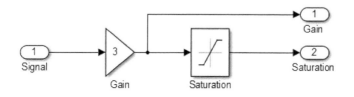

图 5-81 Call_model 模型

② 双击输入端口 Signal,打开参数设置对话框,设置采样时间为"0"(见图 5-82),若沿用默认设置"-1"则将导致仿真错误。

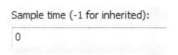

图 5-82 输入端口采样时间

③ 首先创建一个模型文件,并添加 Model 模块,如图 5-83 所示;然后打开 Model 模块参数对话框,在模型名称文本框中输入新建模型的文件名"Call_model",即生成的"模型元件";最后单击"应用"按钮,得到的 Call_model 模块如图 5-84 所示。

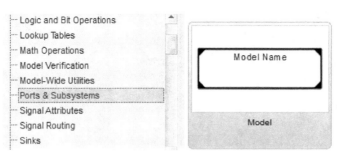

图 5-83 Model 模块

④ 模型元件 Call_model 模块的测试电路如图 5-85 所示。
⑤ 单击工具栏上的运行图标 ▶ ,其仿真结果如图 5-86 所示。

这样做的好处是:用户可以先期设计好各种常用的模型,将来应用时只需利用 Model 模块调用这些现成的模型即可,如同将模型元件化一般。

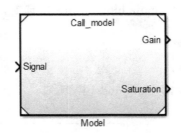

图 5-84　创建的 Call_model 模块

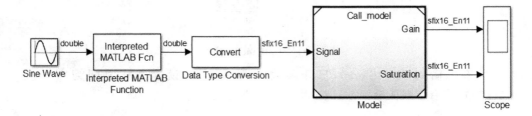

图 5-85　模型元件 Call_model 模块的测试电路

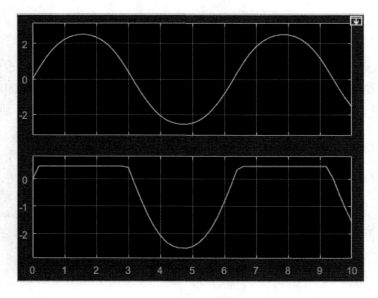

图 5-86　模型元件 Call_model 模块的仿真结果

5.2.12　自定义模块库

　　大型的模型通常涉及较多的子系统，按照项目管理的要求，需要将这些子系统归类整理，以便后期维护与利用。这时用户可以建立自定义的模块库，分门别类地管理子系统。

1. 建立模块库

① 在 Simulink 库浏览器中选择 File→New→Library 菜单项。

② 将用户自定义的子系统模块拖入新建的库文件窗口中,如图 5-87 所示。

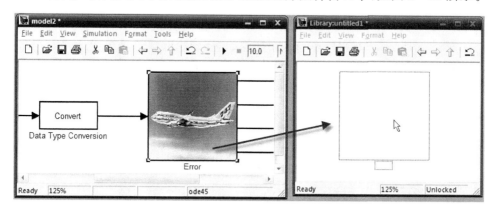

图 5-87 新建模块库

③ 以适当的文件名保存后再次打开,库文件窗口右下方将显示 Locked,说明该模块库已锁定。若要移动模块位置或进行其他修改,系统将提示用户解锁模块库,以避免误操作,如图 5-88 所示。

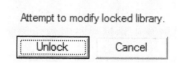

图 5-88 解锁提示

2. 修改模块

将自建模块库里的模块加入其他模型时,源模块与引用模块之间就建立了链接关系。用户可以修改模块库里的源模块,再正向更新引用模块;也可以修改引用模块,再反向更新源模块。当然单独修改引用模块而保持源模块也是可以的。

(1) 正向修改

① 在自建模块库中找到源模块并右击,在弹出的快捷菜单中选择 Look Under Mask 打开子系统模块,修改之前系统将提示是否解锁。

② 若自建模块库数量较多,不便查找,用户可右击引用模块,在弹出的快捷菜单中选择 Link Options→Go to Library Block 菜单项,此时系统将自动定位到源模块。

③ 修改完成后,在引用模块的模型窗口中选择 Edit→Update Diagram 菜单项,可以看到子系统模块的内容得到了更新。若本次不更新,则在下次打开该模型时自动更新。

(2) 反向修改

① 右击引用模块,在弹出的快捷菜单中选择 Look Under Mask 打开子系统模块,修改之前系统将提示是否停用与源模块之间的链接(见图 5-89),确定后即可修改。

第 5 章　Simulink 建模与验证

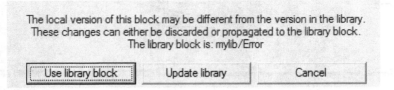

图 5-89　停用链接提示

② 修改完成后，用户可继续右击引用模块，在弹出的快捷菜单中选择 Link Options→Restore Link 菜单项，在弹出的对话框中若单击 Use library block 按钮，则继续沿用源模块；若单击 Update library 按钮，则将引用模块的修改更新到源模块，如图 5-90 所示。

图 5-90　重建链接提示

③ 右击引用模块，在弹出的快捷菜单中选择 Link Options→Break Link 菜单项，可解除引用模块与源模块之间的链接。注意：这项操作是不可逆的。

5.3　音频信号处理

5.2 节说明了 Simulink 建模的一般过程，现在利用 Signal Processing Blockset 模块库，以一个音频信号处理的模型为例来说明 Simulink 的实际应用。

5.3.1　仿真环境

① 本例所处理的信号都是离散信号，因此需要先设置 Simulink 仿真环境。容易想到的方法是选择 Simulation→Model Configuration Parameters 菜单项，打开参数设置对话框进行设置。针对离散信号模型，MATLAB 提供了一种方便且不易遗漏的方法，如下所述。

在 MATLAB 的"命令行窗口"中输入：

```
>> dspstartup
Changed default Simulink settings for signal processing systems (dspstartup.m).
```

上述代码说明将默认的 Simulink 仿真环境设置为适于进行信号处理的环境。

② 为进一步了解 dspstartup.m 文件的意义，用户可以在"命令行窗口"中输入

"open dspstartup.m",自行分析其中的代码,进而自行编写适合于不同情况的配置文件,代码的主要部分如下:

```
set_param(0, ...
'SingleTaskRateTransMsg', 'error', ...
'multiTaskRateTransMsg', 'error', ...
'Solver', 'fixedstepdiscrete', ...
'SolverMode', 'SingleTasking', ...
'StartTime', '0.0', ...
'StopTime', 'inf', ...
'FixedStep', 'auto', ...
'SaveTime', 'off', ...
'SaveOutput', 'off', ...
'AlgebraicLoopMsg', 'error', ...
'SignalLogging', 'off');
```

注意:上述设置只作用于此后建立的模型,先前模型的仿真参数仍需另行修改。为了让先前的模型在新的仿真环境下运行,简便的方法是,新建一个空白模型,将原模型的所有模块复制到新的空白模型中。

5.3.2 基于采样的模型

① 添加如图 5-91 和图 5-92 所示的模块,并按图 5-93 所示进行连接。

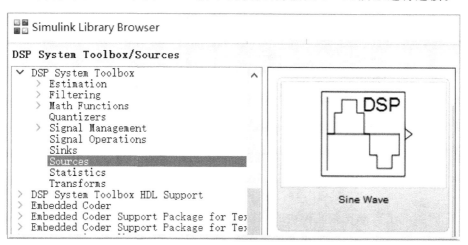

图 5-91 离散正弦模块

说明:在 MATLAB R2015b 中,用"DSP System Toolbox"替换"Signal Processing Blockset"。

第 5 章 Simulink 建模与验证

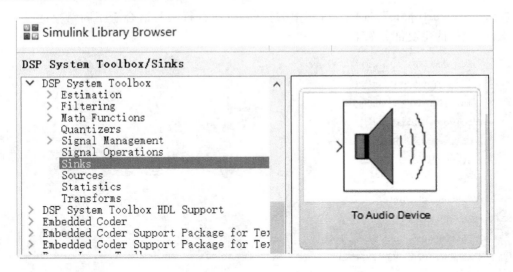

图 5-92 音频播放模块

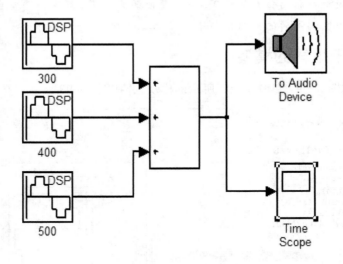

图 5-93 基于采样的模型

② 设置 3 个离散正弦波模块的频率分别为 300,400,500,采样时间为 1/8 000,为避免仿真时音量过大,可将幅度值减小为 0.3,如图 5-94 所示。

③ 单击仿真按钮,用户即可从扬声器中听到由上述 3 个频率合成的声音,同时示波器显示对应的波形,如图 5-95 所示。

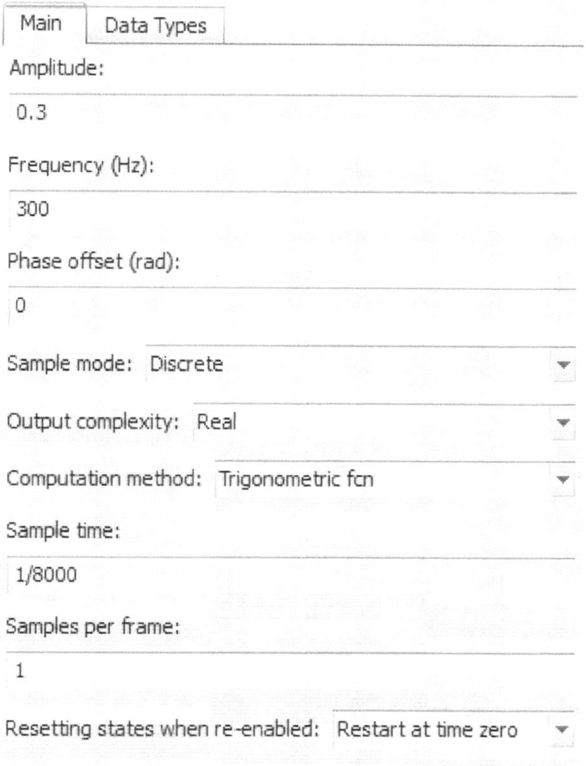

Main
Data Types
Amplitude:
0.3
Frequency (Hz):
300
Phase offset (rad):
0
Sample mode: Discrete
Output complexity: Real
Computation method: Trigonometric fcn
Sample time:
1/8000
Samples per frame:
1
Resetting states when re-enabled: Restart at time zero

图 5－94　离散正弦模块的参数设置

1
0.5
0
-0.5
-1
0.095
0.1
0.105
0.11
0.115
0.12
0.125
0.13

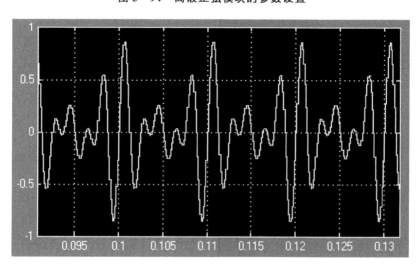

图 5－95　模型输出

5.3.3 帧结构

以上的模型都是基于时域采样的,在每一个采样时间,系统都将输入信号看作是一个独立的采样信号来进行处理,而不考虑信号的维度。默认情况下,所有信号都看作是基于采样的。

接下来将介绍采用帧结构信号进行仿真的方法。帧结构的优势在于它可以批量处理多个采样值,有利于发挥 MATLAB 强大的处理矩阵信号的能力。先前基于时域采样的信号处理方式,在每处理一个采样值后,都跟随着一些额外的任务,如任务调度及错误检查等;而使用基于帧的信号处理方式,减少了在额外任务上消耗的时间,进而加快了仿真速度,如图 5-96 所示。

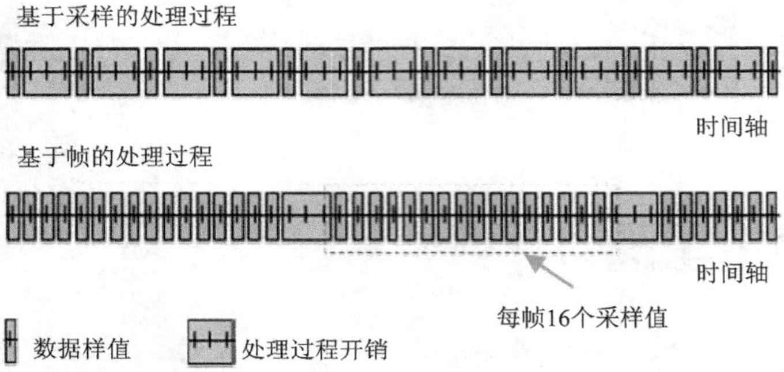

图 5-96 不同结构信号的处理过程

许多通信方式的信号流都是基于帧结构的,如分组交换、时分复用系统、块编码数据等。

另外,实时系统以及数据采集卡中的数据通常也是基于帧结构的,数据采集卡工作在很高的频率下,它积累了大量的采样信号,然后将这些信号看作是一个数据块传递给实时系统。

5.3.4 基于帧结构的模型

① 将图 5-93 所示模型的 3 个离散正弦波模块的每帧采样数均设为"1024",如图 5-97 所示。

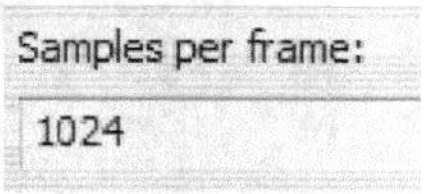

② 由于示波器只能显示基于采样的信号,因此 Vector Scope 模块作为替代,另加入 Spectrum Analyzer 模块,以观察信号的频域特性(见图 5-98 和图 5-99),按图 5-100所示进行连接。

图 5-97 每帧采样数

③ 单击仿真按钮,弹出 Vector Scope 及 Spectrum Analyzer 窗口。适当地缩放图形,在示波器窗口可以看到与图 5-95 相同的时域波形(见图 5-101),在频谱仪窗

第 5 章　Simulink 建模与验证

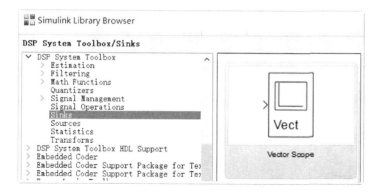

图 5-98　Vector Scope 模块

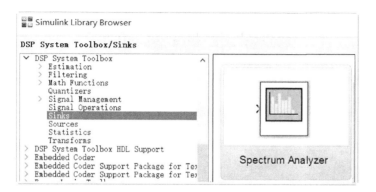

图 5-99　Spectrum Analyzer 模块

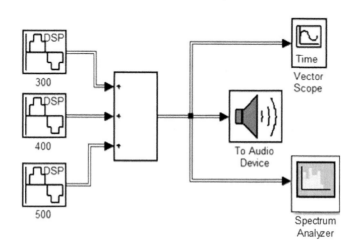

图 5-100　基于帧结构的模型

口可以看到3个峰值的频率,即先前所设置的300 Hz、400 Hz、500 Hz,如图5-102所示。

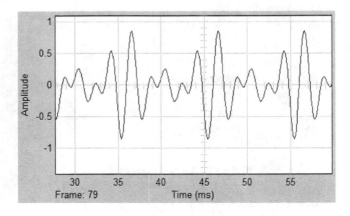

图5-101　帧结构模型的时域输出

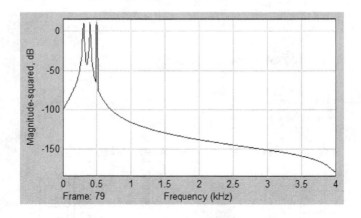

图5-102　帧结构模型的频域输出

5.3.5　信号缓冲器

在5.3.4小节中简单地设置了信号源的每帧采样数,将基于采样的模型转换成基于帧结构的模型。另一种较灵活的方法是采用Signal Management子库中Buffers模块集的Buffer和Unbuffer模块,分别如图5-103和图5-104所示。

用户可以根据需要,将采样信号按一定规律组织成帧或改变原有帧结构,或者将帧信号还原成采样信号,如图5-105所示。

① 在图5-100所示的模型中加入Buffer模块和Time Scope模块,设置Buffer模块的输出缓冲区大小为"1024",如图5-106所示。

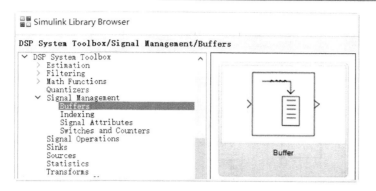

图 5-103 Buffer 模块

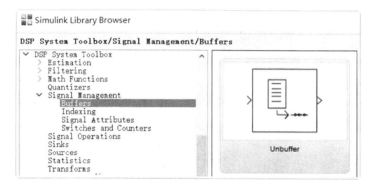

图 5-104 Unbuffer 模块

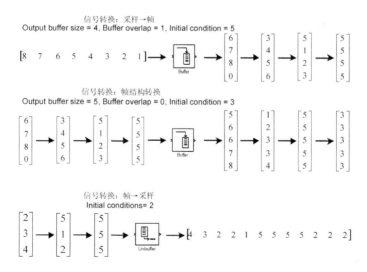

图 5-105 信号缓冲

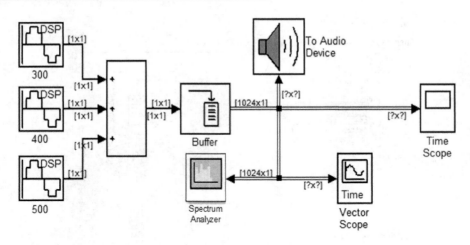

图 5-106　加入 Buffer 模块的模型

② 单击仿真按钮，系统将弹出错误信息。这个错误正如上文所提到的，Time Scope 示波器不能显示基于帧结构的信号。

③ 在 Time Scope 模块前加入 Unbuffer 模块（见图 5-107），再次单击仿真按钮，同样得到 5.3.4 小节的结论。

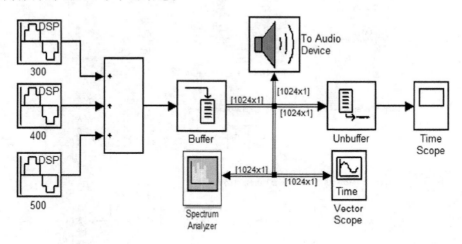

图 5-107　加入 Unbuffer 模块的模型

该模型实现了采样信号与帧信号的并存，显然它比 5.3.2 小节与 5.3.4 小节的模型更为灵活。

5.4　视频监控

自助银行、停车场、交通监控系统的监视探头，每天都会记录大量的数据，而存储这些数据是个大问题。传统的方法是使用视频压缩技术,但这并不能从根本上解决问题,对于监控录像,人们可能只对监控区域中的运动画面感兴趣,而长时间静止的画面没有必要记录,这样就可以从源头减少数据。

本节基于运动物体检测原理建立了一个视频监控系统,记录人们"感兴趣"的运动画面。

5.4.1 原　理

利用绝对差值和公式,判断前后两帧画面是否存在差异:

$$\text{SAD} = \sum_i \sum_j |I_k(i,j) - I_{k-1}(i,j)|$$

式中:$I_k(i,j)$、$I_{k-1}(i,j)$ 分别表示当前帧与前一帧。

若计算得到的 SAD 值超过设定的阈值,则开始记录当前画面,直到 SAD 值小于阈值才停止记录画面。这一过程如图 5-108 所示。

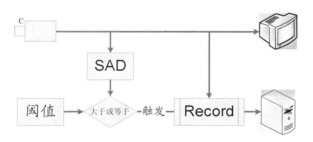

图 5-108　SAD 算法

5.4.2　SAD 子系统

① 新建一个空白模型,加入表 5-5 所列的各模块。

表 5-5　SAD 子系统的模块

模块名	路　　径
Subsystem	Simulink/Ports & Subsystems
Unit Delay	Simulink/Discrete
Sum	Simulink/Math Operations
Abs	Simulink/Math Operations
Matrix Sum	DSP System Toolboxs/Math Functions/Matrices and Linear Algebra/Matrix Operations

② 打开 Sum 模块的对话框,修改 List of signs 的值,其中"|"是为了使后续的"-+"号垂直分布,如图 5-109 所示。

③ 根据 SAD 公式,SAD 子系统的 Simulink 模型移入其余模块,如图 5-110 所示。

第 5 章　Simulink 建模与验证

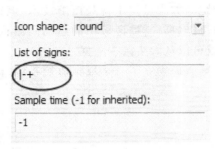

图 5-109　修改 List of signs 的值

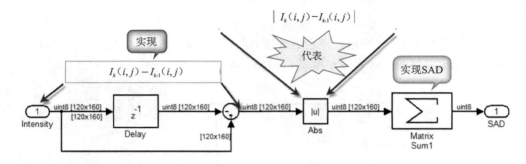

图 5-110　SAD 子系统模型

说明：这里 Delay 模块仅为原理说明，实际上使用 Unit Delay 模块代替，下面的同理。

5.4.3　阈值比较

① 添加表 5-6 所列的模块。

表 5-6　阈值模块

功　能	模　块	路　径
阈值	Constant	Simulink/Sources
比较 SAD 与阈值	Relational Operator	Simulink/Logic and Bit Operations
合并 SAD 与阈值矩阵	Matrix Concatenate	Simulink/Math Operations
显示 SAD 与阈值	Scope	Simulink/Sinks

② 设置 Constant 模块的常数值为 100，数据类型为 uint8。该数值并不唯一，可按需求更改。

③ 设置 Relational operator 为">="，如图 5-111 所示。

④ 设置 Matrix Concatenate 模块的合并维度 Concatenate dimension 为"1"，这

表示将模块第二输入的 m 行矩阵连接在第一输入的 n 行矩阵后,形成 n+m 行新矩阵。

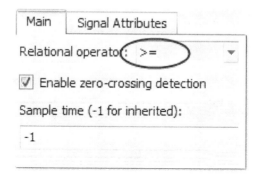

图 5-111　Relational operator 下拉列表框的设置

⑤ 按图 5-112 所示连接各模块。

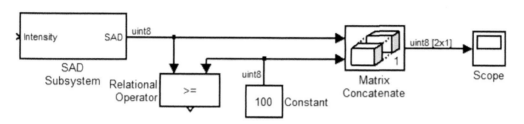

图 5-112　阈值比较模型

5.4.4　视频记录子系统

① 添加表 5-7 所列的模块。

表 5-7　视频记录子系统模块

模　块	路　径
Enabled Subsystem	Simulink/Ports&Subsystems
Constant	Simulink/Sources
Sum	Simulink/Math Operations
Unit Delay	Simulink/Discrete

② 添加视频记录子系统,如图 5-113 所示。

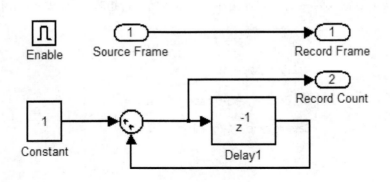

图 5-113 视频记录子系统

5.4.5 源视频帧计数及显示

① 添加表 5-8 所列的模块。

表 5-8 帧计数及显示模块

功　能	模　块	路　径
计数子系统	Subsystem	Simulink/Ports&Subsystems
	Constant	Simulink/Sources
	Sum	Simulink/Math Operations
	Unit Delay	Simulink/Discrete
数据合成	Matrix Concatenate	Simulink/Math Operations
帧数显示	Display	Simulink/Sinks

② 添加计数子系统,如图 5-114 所示。

③ 设置 Matrix Concatenate 模块的合成维度为"1";

④ 按图 5-115 所示连接各模块。

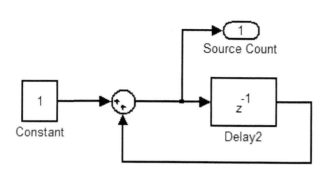

图 5-114 计数子系统

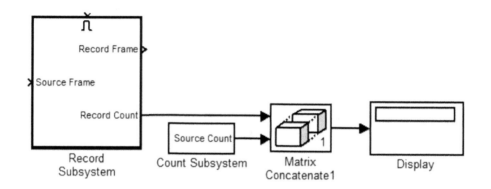

图 5-115 帧计数及显示模型

5.4.6 数据读取与显示

① 添加表 5-9 所列的模块。

表 5-9 视频模块

功　能	模　块	路　径
视频输入	From Multimedia File	Computer Vision System Toolbox/Sources
视频输出	Video Viewer	Computer Vision System Toolbox/Sinks
视频流加字	Insert Text	Computer Vision System Toolbox/Text&Graphics

第 5 章 Simulink 建模与验证

② 本例使用 MATLAB 自带的 vipmen.avi 作为测试视频,它一般位于 C:\Program Files\MATLAB\R2015b\toolbox\vision\visiondata\ vipmen.avi。

③ 设置 From Multimedia File 模块的 Output color format(输出色彩格式)为"Intensity",Video output data type(Video 输出数据类型)为"uint8",分别如图 5-116 和图 5-117 所示。

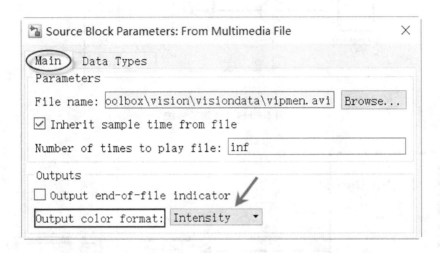

图 5-116 输出色彩格式

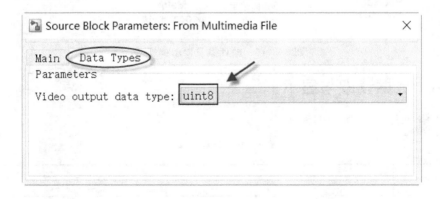

图 5-117 Video 输出数据类型

④ 设置 Insert Text 模块的 Text 为"record",Color value 为"255","Locdtion [row column]"为"[100 10]",如图 5-118 所示。

视频监控的完整模型如图 5-119 所示。

图 5-118 字幕参数

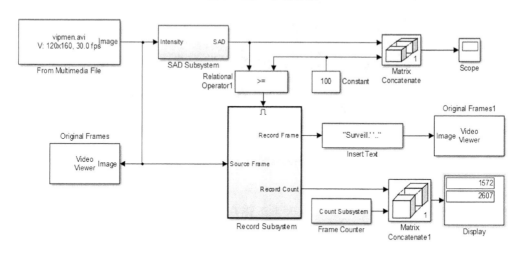

图 5-119 视频监控的完整模型

5.4.7 实验结果

① 单击 Simulink 运行图标▶，系统将弹出两个窗口，分别显示源视频及记录视频，可以看到记录视频的左下角加上了 Surveillance 字符，分别如图 5-120 和图 5-121 所示。

图 5-120 源视频

图 5-121 监控到的视频

② 示波器窗口显示各时刻的 SAD 值,如图 5-122 所示。用户可据此修改阈值,优化系统。

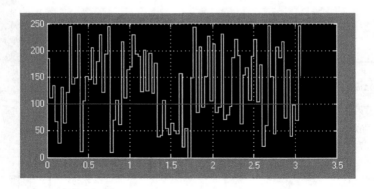

图 5-122 各时刻的 SAD 值

③ 在图 5-119 中,右下角的数码显示模块显示两行数值,分别表示记录视频帧数及源视频帧数,它们的上下位置取决于数据在 Matrix Concatenate 模块的输入位置,如图 5-123 所示。

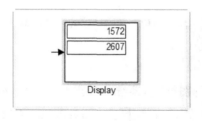

图 5-123 帧计数

5.5 模型调试

建立了 Simulink 模型后,当进行仿真时,难免会遇到各种问题,用户可以利用调试器,对模块逐个调试,发现问题所在。

Simulink 调试器可分为图形界面和命令行界面,其中,图形界面提供了绝大部分常用的调试功能,而命令行则可执行所有的调试。Simulink 的应用范围很广,不同模型的调试方法也大不相同,调试器各种命令的使用技巧需要用户在实际调试过程中体会,本节仅以"5.2 信号采样误差"一节建立的模型来说明调试的一般过程。

5.5.1 图形调试模式

通过选择 Simulink → 🐞 Model Debugger 菜单项打开调试器窗口(见图 5-124),以下简要介绍窗口各部分的功能。

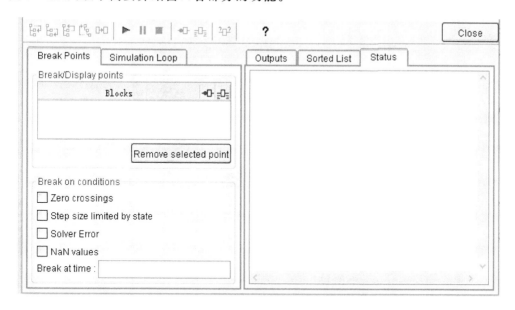

图 5-124 调试器窗口

1. 工具栏

窗口上方的工具栏提供了一些常用的按钮,具体如下:

◇ ▦:进入下一个方法;

◇ ▦:跳过下一个方法;

◇ ▦:离开当前方法;

第 5 章　Simulink 建模与验证

- ◇ ![icon]:返回到下一步仿真时的第一个方法；
- ◇ ![icon]:运行到下一个模块方法；
- ◇ ![icon]:开始或继续执行仿真；
- ◇ ![icon]:暂停仿真；
- ◇ ![icon]:终止仿真；
- ◇ ![icon]:在选中的模块前产生断点；
- ◇ ![icon]:运行时,显示选中模块的输入/输出；
- ◇ ![icon]:显示选中模块当前的输入/输出；
- ◇ ![icon]:帮助信息。

2. 断点/显示点选项卡

如图 5-125 所示,Break Points(断点)选项卡显示了当前设置的各断点模块,用户可以选中某断点条目的复选框,启用模块中断或显示其输入/输出。单击 Remove selected point 按钮,可取消选中的断点。

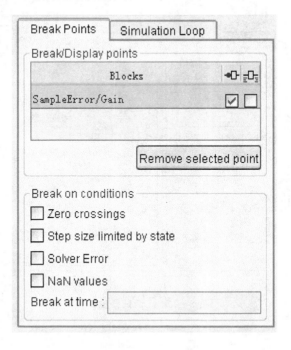

图 5-125　Break Points 选项卡

表 5-10 列出了 5 个条件断点的意义。

第 5 章 Simulink 建模与验证

表 5-10 条件断点的意义

项 目	意 义
Zero crossings	系统发生过零时产生断点
Step size limited by state	仿真步长受到状态限制时产生断点
Solver Error	求解错误时产生断点
NaN values	遇到数值溢出或无穷大时产生断点
Break at time	指定具体产生断点的时刻

具体的断点设置及使用方法详见"5.5.4 断点设置"。

3. 仿真环路选项卡

如图 5-126 所示,Simulation Loop(仿真环路)选项卡包含 3 列内容:

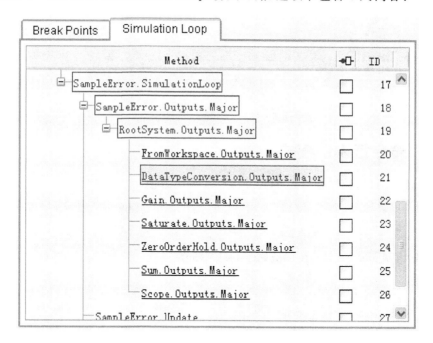

图 5-126 Simulation Loop 选项卡

◇ Method:以目录树的形式列出了目前调用到的方法,每个节点都代表一种方法。

◇ ⬚(Breakpoints):事实上是复选框,选中则表示仿真运行到对应的方法时产生断点。

◇ ID:列出了对应方法的执行顺序,用户可以据此了解一个模型执行仿真的

第 5 章　Simulink 建模与验证

过程。

4. 调试器输出选项卡

如图 5-127 所示,Outputs(调试器输出)选项卡包含了调试命令、输入/输出等信息,这些信息与使用命令行调试时得到的信息一致。其余两个选项卡的说明详见本节末。

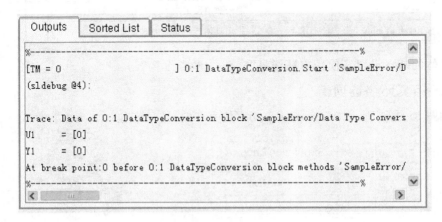

图 5-127　Outputs 选项卡

5.5.2　命令行调试模式

对于高级用户,使用命令行调试显得更加灵活方便。

在 MATLAB 的"命令行窗口"中输入"sim"或"sldebug"命令,启动调试器。例如:

```
≫sim('SampleError',[0,10],simset('debug','on'))
```

或

```
≫sldebug 'SampleError'
```

命令行调试模式的启动和关闭过程如下:

```
≫ sldebug sampleerror
Warning: ...
%---------------------------------------%
[TM = 0 ] SampleError.Simulate
(sldebug @0): ≫ stop
%---------------------------------------%
% Simulation stopped
≫
```

用户可以在提示符后输入各种调试命令。限于篇幅,下文仅涉及部分调试命令的个别用法,完整的命令列表及其语法可以在 MATLAB 帮助窗口中搜索"Simulink Debugger Commands",或在命令行调试状态下输入"help"查阅。

5.5.3 调试过程

1. 逐模块调试

① 重用图 5-59 所示的模型,为明确了解调试器的运行过程,将模型恢复,如图 5-128 所示。

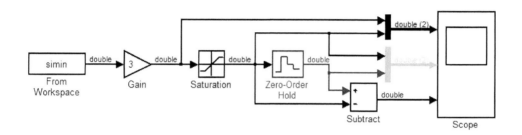

图 5-128　重用图 5-59 所示的模型

② 单击调试器上的开始按钮▶,启动调试,模型窗口左上角将出现调试方法指示框,提示用户模型已进入调试状态。在以后的调试过程中,指示框里的文字将不断变化,提示下一次将要执行的方法。

③ 单击 按钮,指示框引出的指针将指向下一次运行的模块 From Workspace,如图 5-129 所示。

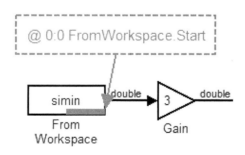

图 5-129　逐模块调试

④ 不断单击 按钮,开始逐模块调试,在单一仿真步长内执行一轮调试后,Outputs 选项卡将显示该时刻的输出,并进入下一个仿真步长。Simulation Loop 选项卡以黄色高亮显示下一次执行的模块,如图 5-130 所示。

⑤ 在命令行调试模式下,使用命令 step 进行逐模块调试,模型窗口同样有调试

第 5 章 Simulink 建模与验证

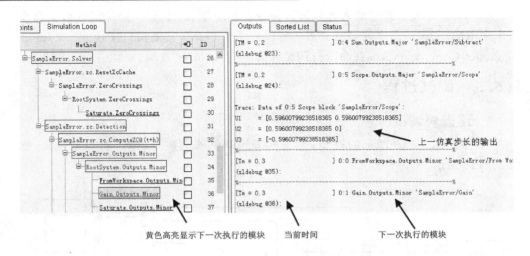

图 5-130 逐模块调试信息

指针指向下一次运行的模块,命令行调试窗口的输出信息如下:

```
%----------------------------------------%
[Tm = 0.2] 0:4 Sum.Outputs.Minor 'SampleError/Subtract'
(sldebug @38): >> step
Data of 0:4 Sum block 'SampleError/Subtract':
U1 = [0]
U2 = [0.59600799238518365]
Y1 = [-0.59600799238518365]
%----------------------------------------%
[Tm = 0.2] 0:5 Scope.Outputs.Minor 'SampleError/Scope'
(sldebug @39): >> step
Data of 0:5 Scope block 'SampleError/Scope':
U1 = [0.59600799238518365 0.59600799238518365]
U2 = [0.59600799238518365 0]
U3 = [-0.59600799238518365]
%----------------------------------------%
```

2. 逐仿真步长调试

使用逐模块调试,用户可以详细分析系统各个模块的输入/输出,对于大型复杂系统,在单一步长内运行一轮调试不仅耗时,还很难发现问题。用户可以根据调试目的,使用逐仿真步长方式对系统进行调试,从而加快调试的速度。

① 单击调试器上的开始按钮 ▶ ,启动调试,在未设置断点的情况下,每单击 按钮一次,即运行一次仿真步长,就会得出相应的系统输出,同时返回至下一次调试

的开始处。

② 由于目前还未针对任何模块设置断点或显示输入/输出信息,所以 Outputs 选项卡仅显示每次仿真的时刻(见图 5-131)。不过用户可以打开示波器,观察逐步生成的波形,评估整个调试过程,如图 5-132 所示。

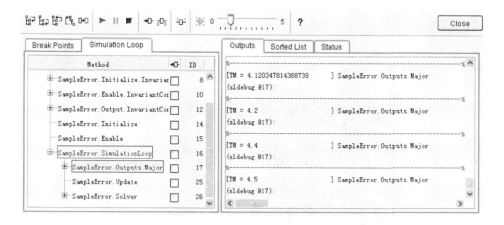

图 5-131 逐仿真步长调试信息

③ 在命令行调试模式下,使用命令 next 进行逐仿真步长调试,命令行调试窗口的输出信息如下:

```
%------------------------------------------------%
[TM = 0 ] SampleError.Simulate
(sldebug @0): >> next
%------------------------------------------------%
⋮
%------------------------------------------------%
[TM = 0 ] SampleError.SimulationLoop
(sldebug @16): >> next
%------------------------------------------------%
[TM = 0 ] SampleError.Outputs.Major
(sldebug @17): >> next
%------------------------------------------------%
[TM = 0 ] SampleError.Update
(sldebug @25): >> next
%------------------------------------------------%
[Tm = 0 ] SampleError.Solver
```

```
(sldebug @26):≫ next
%-------------------------------------------%
[TM = 0.2] SampleError.Outputs.Major
(sldebug @17):≫ next
%-------------------------------------------%
[TM = 0.2] SampleError.Update
(sldebug @25):≫ next
%-------------------------------------------%
  ⋮
```

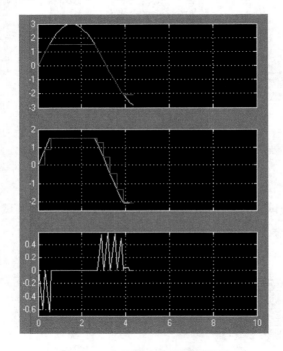

图 5-132　逐仿真步长调试结果

3. 自动调试

逐模块调试,可清晰了解系统的运行过程,但每调试一个模块都需要人工操作,因此比较耗时;逐仿真步长调试,可快速得到当前时刻的系统输出,不需用户全程参与,但却不能实时显示模块的运行顺序。自动调试是上述两种调试方式的结合,用户只需单击 按钮,系统即在当前仿真步长内自动逐模块调试,调试指针依次指向对应的模块。执行完毕,在 Outputs 选项卡中显示相应信息,并返回至下一次调试的开始处。

① 首先单击 按钮启动调试,然后再单击 按钮开始调试。

② 调试指针指向的模块会出现颜色不同、带有数字的小方块,各种颜色代表不同的方法,数字表示该方法被调用的次数,如图 5-133 所示。

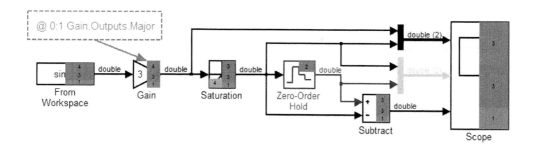

图 5-133　自动调试

5.5.4　断点设置

通过上述调试过程,用户可大致判断系统运行到哪个模块或出现哪种情况时仿真会出错。Simulink 调试器允许用户针对不同的情况设置不同类型的断点:无条件断点与有条件断点。

◇ 无条件断点:无论任何条件,仿真到达预设断点处即中断运行。

◇ 有条件断点:若满足断点条件,则仿真到达预设断点处即中断运行。

1. 无条件断点

设置无条件断点的方式有以下 3 种:

(1) 在图形调试模式下通过工具栏中的按钮设置

① 在模型窗口选中 Gain 模块,然后单击图形调试器工具栏中的 按钮设置断点,Break Points 选项卡将显示当前断点列表,如图 5-134 所示。

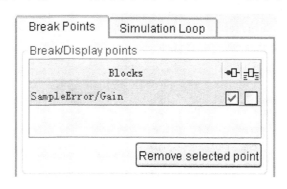

图 5-134　当前断点列表

② 取消选中断点列表后的断点复选框,可临时取消该断点。

③ 在断点列表中选中某一断点,单击 Remove selected point 按钮,即可删除该断点。

第 5 章　Simulink 建模与验证

（2）在图形调试模式下通过 Simulation Loop 选项卡中的复选框设置

最初启动调试器时，Simulation Loop 选项卡中并不包含任何方法，只有用户在调试过程中调用到某一方法时该方法才会显示。因此，在使用 Simulation Loop 选项卡设置断点时，用户至少需要执行一个完整的仿真步长，对于复杂系统，也许还需要执行得更多，主要是为了完全调用模型包含的所有方法。

选中欲设置断点方法后的断点复选框，即完成断点设置，如图 5-135 所示。

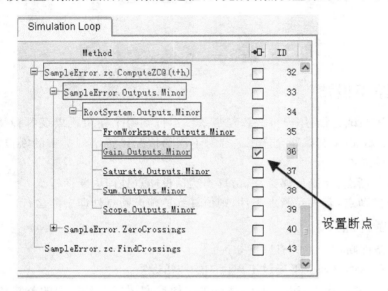

图 5-135　在 Simulation Loop 选项卡中设置断点

（3）在命令行调试模式下通过命令设置

使用命令 break 和 bafter 分别在模块的前端和后端设置断点，使用命令 clear 清除断点，命令行调试窗口的输出信息如下：

```
 ⋮
%----------------------------------------%
[TM = 0] 0:1 Gain.Start 'SampleError/Gain'
(sldebug @4): >> step
Data of 0:1 Gain block 'SampleError/Gain':
No data to display
%----------------------------------------%
[TM = 0] 0:2 Saturate.Start 'SampleError/Saturation'
(sldebug @5): >> break
Installed break point:0 before m:5
(sldebug @5): >> bafter
Installed break point:1 after m:5
(sldebug @5): >> clear
```

```
Break point '0' has been removed.
Break point '1' has been removed.
(sldebug @5): »
```

2. 有条件断点

有条件断点不同于无条件断点，它们并不一定每次都发生，只有在满足设定条件的情况下，运行到该断点时才发生中断。

在 Break on conditions 选项组中设置断点发生的条件，如图 5-136 所示。有条件断点的意义在"5.5.1 图形调试模式"中已作简要说明。使用命令调试模式时，有关的命令如表 5-11 所列。

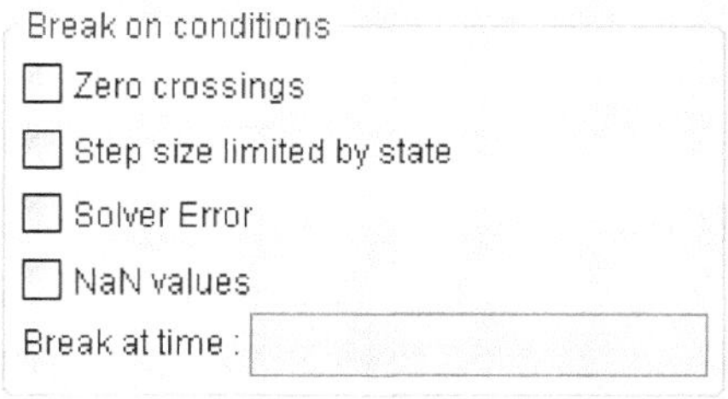

图 5-136 设置断点发生的条件

表 5-11 有条件断点命令

命令	作用
zcbreak	仿真过程发生过零之前设置断点
xbreak	仿真步长超过模型的步长限制时设置断点
ebreak	在求解错误的地方设置断点
nanbreak	当数值溢出或无穷大时设置断点
tbreak	在预设的仿真时刻设置断点

以下将具体说明各有条件断点的使用或意义。

(1) 过零中断

选中 Zero crossings 复选框，或在命令行调试模式下输入"zcbreak"命令，系统将在发生过零情况时产生中断，输出信息显示模块 ID、类型和名称。模块 ID 的格式为(s:b:p)，其中，s 表示系统序号，b 表示模块序号，p 表示端口序号。

在命令行调试模式下，使用 zcbreak 命令设置过零断点，使用 continue 命令开始运行仿真，在下一断点或当前仿真步长末尾前停止运行。以下是过零中断的输出信息：

```
        ⋮
    %----------------------------------------%
    [TM = 0  ] 0:1 Gain.Start 'SampleError/Gain'
```

```
(sldebug @4): ≫ step
Data of 0:1 Gain block 'SampleError/Gain':
No data to display
%----------------------------------------%
[TM = 0 ] 0:2 Saturate.Start 'SampleError/Saturation'
(sldebug @5): ≫ zcbreak
Break at zero crossing events : enabled
(sldebug @5): ≫ continue
1 Zero crossing detected at the following location
0 0:2:0 Saturate 'SampleError/Saturation'
ZeroCrossing Events detected. Interrupting model execution
%----------------------------------------%
[Tm = 0.8 ] SampleError.zc.SearchLoop
(sldebug @44): ≫
```

(2) 仿真步长受限时中断

当模型求解器选用的是变步长仿真时,选中 Step size limited by state 复选框,或在命令行调试模式下输入"xbreak"命令,系统将在求解器选用的仿真步长受到模型限制时产生中断。这种中断方式主要用于调试那些有可能需要过大仿真步长的模型。

当启动图形或命令行调试模式时,调试器会自动分析模型,提示本例不包含连续状态,调试步长不会超过默认的最大步长,因此设置该断点是无意义的。使用命令行设置时,系统将有相关的提示,如下:

```
⋮
Warning: The model 'SampleError' does not have continuous states, hence Simulink is u-
sing the solver 'VariableStepDiscrete' instead of solver 'ode45'...
Warning: Using a default value of 0.2 for maximum step size. The simulation step size
will be equal to or less than this value...
⋮
(sldebug @21): ≫ xbreak
There are no continuous states.
⋮
```

(3) 求解错误的地方中断

选中 Solver Error 复选框,或在命令行调试模式下输入"ebreak"命令,系统将在检测到一个可恢复的错误时产生中断。如果该中断未设置或被禁用,那么用户将无法得知系统曾遇到错误且已恢复,并继续运行了。具体如下:

```
⋮
(sldebug @21): ≫ ebreak
Break on solver error : enabled
⋮
```

(4) 数值溢出或无穷大时中断

选中 NaN values 复选框,或在命令行调试模式下输入"nanbreak"命令,系统将在求解器计算出一个无穷大数值或溢出时产生中断。使用这种中断可以精确地找到系统中的计算错误。具体如下:

```
⋮
(sldebug @21):≫ nanbreak
Break on non-finite (NaN,Inf) values : enabled
⋮
```

(5) 预设的仿真时刻中断

在 Break on conditions 选项组中的 Break at time 文本框中输入具体时间值,或使用 tbreak 命令设置时间断点,系统将在指定的时刻中断,并停留在模型的下一个仿真步长的 Outputs.Major 方法上。

下列信息表示在 Gain 处设置 t=1 的时间断点,输入"continue"后,系统即在 t=1.1 处的 SampleError.Outputs.Major 方法处中断运行。

```
⋮
%--------------------------------------%
[TM = 0 ] 0:0 FromWorkspace.Start 'SampleError/From Workspace'
(sldebug @3):≫ step
Data of 0:0 FromWorkspace block 'SampleError/From Workspace':
No data to display
%--------------------------------------%
[TM = 0 (sldebug @4):≫ tbreak 1
Time break point : enabled (t>=1)
(sldebug @4):≫ continue
%--------------------------------------%
[TM = 1.1] SampleError.Outputs.Major
(sldebug @17):≫
```

5.5.5 显示仿真及模型信息

1. 显示模块的输入/输出

工具栏上的 ▣ 与 ▣ 按钮都能用来显示模块的输入/输出,用于命令行调试的显示命令有 trace、probe 和 disp。

调试命令 trace gcb 与 probe gcb 分别对应于上述两个按钮,而命令 probe 与 disp 在调试窗口并没有按钮与之对应,以下将分别说明它们的不同。

(1) 设置模块的输入/输出显示点

▣ 按钮用于设置显示点,使用方法如同设置断点。在模型中选中某一模块后,单击该按钮,"Break/Display points"(断点/显示点)选项组将列出当前设置的显示点。用户可以在设置断点的同时设置显示点,以方便调试。每当系统调试经过此显示点时,Outputs 选项卡即显示该模块的输入/输出值,如图 5-137 所示。

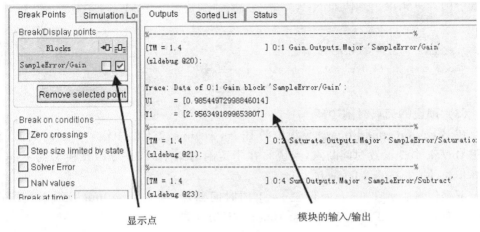

图 5-137 设置显示点

使用命令行调试时,与该按钮对应的命令是"trace gcb"或"trace s:b"。前者为当前模块设置显示点,后者可直接针对某个模块进行设置。其中,s 表示系统顺序,b 表示模块顺序。

命令"untrace gcb"/"untrace s:b"可移去当前或指定的显示点。具体信息如下:

```
                ⋮
%----------------------------------%
[Tm = 0.8] 0:2 Saturate.Outputs.Minor 'SampleError/Saturation'
(sldebug @37): ≫ trace gcb
Installed trace point for data of 0:2 Saturate block 'SampleError/Saturation'.(sldebug @37): ≫ step
Data of 0:2 Saturate block 'SampleError/Saturation':
U1 = [5.1520682726985685]
Y1 = [5.1520682726985685]
Trace: Data of 0:2 Saturate block 'SampleError/Saturation':
U1 = [5.1520682726985685]
Y1 = [5.1520682726985685]
%----------------------------------%
[Tm = 0.8] 0:4 Sum.Outputs.Minor 'SampleError/Subtract'
(sldebug @38): ≫ untrace gcb
Specified trace point does not exist.
(sldebug @38): ≫ untrace 0:2
Removed trace point for block 'SampleError/Saturation'.
(sldebug @38): ≫
```

第 5 章 Simulink 建模与验证

（2）显示选中模块的输入/输出

如图 5-138 所示，调试暂停在 Subtract 模块，单击 按钮即显示该模块的输入/输出值。与之对应的调试命令是 probe gcb。

返回模型窗口，选中任意已运行过的模块，单击 按钮即显示该模块最近一次的输入/输出值。如图 5-138 所示，显示了 Saturation 模块的输入/输出值。与之对应的调试命令是"probe s:b"。

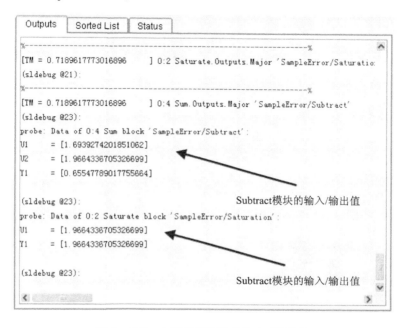

图 5-138　立即显示模块的输入/输出值

使用命令行调试时的输出信息如下：

```
%------------------------------------%
[TM = 0.9336251845012173 ] 0:4 Sum.Outputs.Major 'SampleError/Subtract'
(sldebug @23): >> step
Data of 0:4 Sum block 'SampleError/Subtract':
U1 = [5.3382406135611289]
U2 = [5.3008414066664003]
Y1 = [-0.062600793105271446]
%------------------------------------%
[TM = 0.9336251845012173 ] 0:5 Scope.Outputs.Major 'SampleError/Scope'
(sldebug @24): >> probe gcb
probe: Data of 0:5 Scope block 'SampleError/Scope':
U1 = [5.3008414066664003  5.3008414066664003]
```

```
U2 = [5.3008414066664003 5.3382406135611289]
U3 = [-0.062600793105271446]
(sldebug @24): ≫ probe 0:4
probe: Data of 0:4 Sum block 'SampleError/Subtract':
U1 = [5.3382406135611289]
U2 = [5.3008414066664003]
Y1 = [-0.062600793105271446]
(sldebug @24): ≫
```

在命令行调试模式下,输入命令"probe",进入 probe 模式,这时在模型窗口中单击任意模块,如 Saturation、Zero-Order Hold,命令行窗口将立即显示该模块当前的输入/输出值。

在命令提示符后输入其他任意命令,即退出 probe 模式。过程如下:

```
        ⋮
%----------------------------------------%
[TM = 1.1] SampleError.Outputs.Major
(sldebug @17): ≫ probe
Entering block probe mode. Click on any block to see its data.
Type any command to leave probe mode.
Probe: Data of 0:2 Saturate block 'SampleError/Saturation':
U1 = [5.5602651061626839]
Y1 = [1.9672220974697605]
Probe: Data of 0:3 ZeroOrderHold block 'SampleError/Zero-Order Hold Hold':
U1 = [1.9672220974697605]
Y1 = [1.9672220974697605]
≫ next
%----------------------------------------%
[TM = 1.1] SampleError.Update
(sldebug @25): ≫
```

(3) 在断点处显示模块的输入/输出

调试命令"disp gcb"/"disp s:b"用于设置当前或指定的模块在调试中断时显示其输入/输出值。命令"undisp gcb"/"undisp s:b"可移去当前或指定的显示点。

每单步调试一个模块,命令行窗口都会显示一次该模块的输入/输出值,因此这个命令特别适合于实时观察一个模块的输入/输出变化。用户可自行分析以下输出信息:

```
(sldebug @36): ≫ disp 0:2
Installed data display of 0:2 Saturate block 'SampleError/Saturation'.
        ⋮
Disp: Data of 0:2 Saturate block 'SampleError/Saturation':
U1 = [1.4310912235555289] 上一步输入
```

第 5 章　Simulink 建模与验证

```
Y1 = [1.4310912235555289] 上一步输出
%----------------------------------%
[Tm = 0.6] 0:1 Gain.Outputs.Minor 'SampleError/Gain'
(sldebug @36): >> step
Data of 0:1 Gain block 'SampleError/Gain':
U1 = [0.56464247339503537]
Y1 = [1.6939274201851062]
Disp: Data of 0:2 Saturate block 'SampleError/Saturation':
U1 = [1.6939274201851062] 执行了 Gain,得到新的输入
Y1 = [1.4310912235555289] 上一步输出
%----------------------------------%
[Tm = 0.6] 0:2 Saturate.Outputs.Minor 'SampleError/Saturation'
(sldebug @37): >> step
Data of 0:2 Saturate block 'SampleError/Saturation':
U1 = [1.6939274201851062]
Y1 = [1.6939274201851062]
Disp: Data of 0:2 Saturate block 'SampleError/Saturation':
U1 = [1.6939274201851062] 当前步输入
Y1 = [1.6939274201851062] 执行了 Saturation,得到新的输出
```

2. 显示其他仿真信息

(1) 显示模块执行顺序

在图形调试窗口中,Sorted List 选项卡(见图 5-139)列出了各模块的执行顺序及模块 ID 号,其中,探针、设置断点、显示点等命令都需要用到 ID 号。对于简单的、顺序执行的模型,该信息用处也许不大,但对于复杂的系统就显得特别重要了。

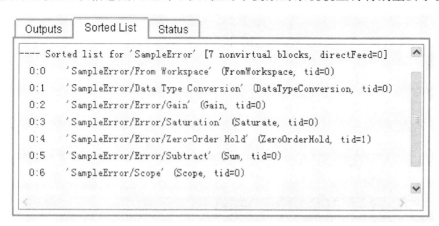

图 5-139　Sorted List 选项卡

在命令行调试模式下,使用命令 slist 显示模型的调试顺序。

```
% --------------------------------------------- %
[TM = 0] SampleError.Simulate
(sldebug @0): ≫ slist
- - - - Sorted list for 'SampleError' [6 nonvirtual blocks, directFeed = 0]
0:0 'SampleError/From Workspace' (FromWorkspace, tid = 0)
0:1 'SampleError/Gain' (Gain, tid = 0)
0:2 'SampleError/Saturation' (Saturate, tid = 0)
0:3 'SampleError/Zero-Order Hold Hold' (ZeroOrderHold, tid = 1)
0:4 'SampleError/Subtract' (Sum, tid = 0)
0:5 'SampleError/Scope' (Scope, tid = 0)
(sldebug @0): ≫
```

(2) 显示调试器状态

在图形调试窗口中,Status 选项卡(见图 5 - 140)列出了调试器各种选项的设置情况以及其他状态信息。

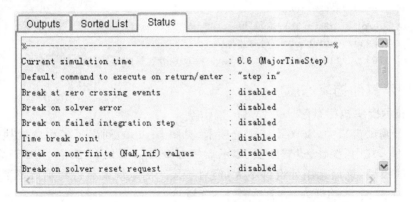

图 5 - 140 Status 选项卡

在命令行调试模式下,使用命令 status 显示调试器状态,具体如下:

```
% --------------------------------------------- %
[TM = 0] SampleError.Simulate
(sldebug @0): ≫ status
% --------------------------------------------- %
Current simulation time                          : 0 (MajorTimeStep)
Solver needs reset                               : no
Solver derivatives cache needs reset             : no
Zero crossing signals cache needs reset          : no
Default command to execute on return/enter       : ""
Break at zero crossing events                    : disabled
Break on solver error                            : disabled
```

```
Break on failed integration step           : disabled
Time break point                           : disabled
Break on non-finite(NaN,Inf) values        : disabled
Break on solver reset request              : disabled
Display level for disp, trace, probe       : 1 (i/o, states)
Solver trace level                         : 0
Algebraic loop tracing level               : 0
Animation Mode                             : off
Window reuse                               : not supported
Execution Mode                             : Normal
Display level for etrace                   : 0 (disabled)
Break points                               : none installed
Display points                             : none installed
Trace points                               : none installed

(sldebug @0): >>
```

(3) 显示系统状态

使用命令 states 显示系统的当前状态，具体如下：

```
%---------------------------------------%
[TM = 0] SampleError.Simulate
(sldebug @0): >> states
Model 'SampleError' has no states.
(sldebug @0): >>
```

由于本例不包含任何连续或离散状态，因此用户可以使用 MATLAB 自带的演示模型 bounce 了解系统状态的变化过程，具体如下：

```
>> sldebug bounce
⋮
%---------------------------------------%
[TM = 0] bounce.Simulate
(sldebug @0): >> states
Continuous States:
Idx Value (system:block:element Name 'BlockName')
0  0 (0:3:0 CSTATE 'bounce/Velocity')
1  0 (0:5:0 CSTATE 'bounce/Position')
(sldebug @0): >> next
%---------------------------------------%
⋮
%---------------------------------------%
[TM = 0] bounce.SimulationLoop
```

第 5 章　Simulink 建模与验证

```
(sldebug @22): >> states
Continuous States:
Idx Value (system:block:element Name 'BlockName')
0 15 (0:3:0 CSTATE 'bounce/Velocity')
1 10 (0:5:0 CSTATE 'bounce/Position')
(sldebug @22): >>
```

（4）显示求解器状态

在命令行调试模式下，若要显示与求解器有关的信息，可以使用命令 strace level，其中，参数 level = 0 表示不显示任何求解器信息，level = 4 则显示所有信息。这些信息包括仿真步长、求解器复位时刻等。如果模型仿真较为耗时，那么用户可以由此找出是否是由于求解器设置不当造成的，是否可以选用另一种求解器来缩短仿真耗时。

```
%-----------------------------------------%
[TM = 0] SampleError.Simulate
(sldebug @0): >> strace
Command syntax error. Usage:
strace level Set solver trace level (0 = none, 4 = everything).
(sldebug @0): >> strace 4
Solver trace level : 4
(sldebug @0): >>
```

限于篇幅，这里就不一一列出这些信息了，用户可以在 MATLAB 的"命令行窗口"中输入以下代码，查看命令 strace 的帮助信息。

```
>> doc strace
```

5.6　模型检查与验证

系统的开发过程都是源于需求，终于在硬件设备上实现需求的。在设计过程中，首先要确认需求是否正确，然后再验证产品是否正确。

传统的设计流程是：需求分析→软件设计→硬件实现→系统验证→修改，其中，系统验证一般位于项目的末尾。这对于小型简单的项目是可行的，而对于大型项目，如果仅依靠后期验证来发现问题再进行修改，其代价也许是难以估量的，因为有可能在最初的需求或设计阶段就出了问题。在基于模型设计的过程中，可以将验证过程提前到需求分析阶段，通过系统的早期验证来发现产品存在的问题以便及时纠正，从而缩短产品的开发周期。

本节均以"信号采样误差"模型为例，说明各个检查与验证的过程。

5.6.1　使用系统检查器——Model Advisor 检查模型

竞争激烈的市场，日益复杂的电气系统、软件功能，不断扩大的开发团队，这些都要求用户再也不能简单地使用人工测试来完成系统的功能验证和确认了。使用

Model Advisor 工具可以自动检查模型是否符合 DO-178C、IEC-61508 和 MAAB 标准,这些建模标准已经被国际航天、汽车和工业设备市场广泛采用,当然它也可以检查模型的其他属性。用户还可以开发自己的建模准则,在 Model Advisor 中注册后执行。

Model Advisor 可以检查模型或子系统的配置是否会导致系统仿真错误或无效,如果用户拥有 Real-Time Workshop 或 Simulink Verification and Validation (Simulink V&V)许可证,它还可以检查模型设置是否会导致生成的代码无效或代码不符合安全标准。检查完成后将生成一份报告,列出那些并非最优的设置,提出更好的模型设置建议。在某些情况下,还可以自动修改警告或错误。下面将以图 5-141 所示的模型为例来简单介绍 Model Advisor 的使用方法。

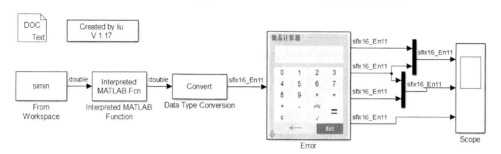

图 5-141　Model Advisor 检查模型

1. 启动 Model Advisor

在启动 Model Advisor 之前,要确保当前目录未写保护。启动之后,Model Advisor 在当前目录下建立一个子目录 slprj,用于存放检查报告及其他信息。

用户可以在模型窗口中选择 Analysis → Model Advisor → Model Advisor 菜单项来打开 Model Advisor,在 System Selector 对话框中(见图 5-142)选择总体模型或模型下的子系统。

对于子系统,用户可以对其右击,在弹出的快捷菜单中选择 Model Advisor。

本演示过程选择总体模型 model。

2. Model Advisor 窗口

选择模型或子系统后,系统将显示 Model Advisor 窗口,如图 5-143 所示。

如果用户先前已经执行模型检查,那么下一次打开 Model Advisor 时,则显示上一次的检查结果、修改建议等。再次执行检查后,旧的检查结果将被覆盖。

右击任务树的 Model Advisor Task Manager 节点,在弹出的快捷菜单中选择 Reset,可以撤销当前的所有检查结果。

3. 执行检查

① 展开节点 By Product,选中 Simulink 复选框;

② 单击 Simulink,在右侧 Model Advisor 选项卡中单击 Run Selected Checks

第 5 章 Simulink 建模与验证

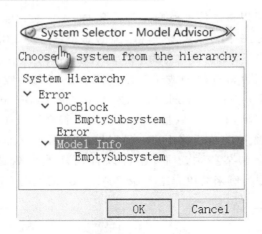

图 5 - 142 选择总体模型或模型下的子系统

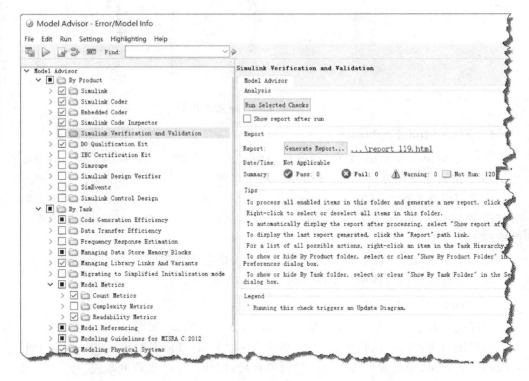

图 5 - 143 Model Advisor 窗口

按钮,开始检查;

③ 检查完成后,右侧 Model Advisor 选项卡中将显示检查结果(见图 5 - 144):
●表示通过检查项目,⊗表示失败项目,⚠表示警告项目,▯表示未检查项目;左侧任务树的节点图标对应显示该项检查的状态。

第 5 章　Simulink 建模与验证

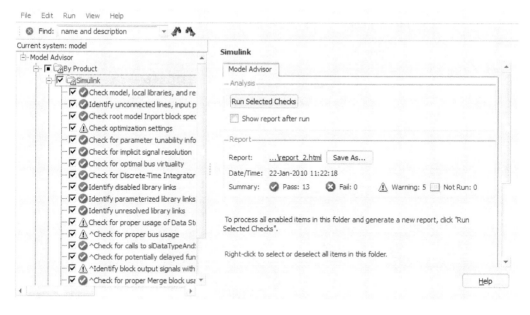

图 5-144　检查结果

4. 还原点

在修改警告或错误之前,最好先设置还原点,以便撤销操作。还原点只保存当前模型、Model Advisor 状态及基本工作空间变量,不保存诸如库文件、引用子模型等其他信息。

(1) 保存还原点

① 确保当前的工作目录为模型所在的目录。

② 在 Model Advisor 窗口中选择 File→Save Restore Point As 菜单项。

③ 在还原点界面下部的 Name、Description 文本框中分别写入还原点名称及描述文字,虽然描述不是必需的,但可以帮助用户区分各个还原点,如图 5-145 所示。

④ 单击 Save 按钮,保存还原点。

用户也可以在 Model Advisor 窗口中选择 File→Save Restore Point 菜单项,快速保存还原点,这时系统使用默认名称 autosaven,其中 n 为顺序号。使用这样的保存方式将无法在后期修改还原点名称及描述。

(2) 导入还原点

① 在 Model Advisor 窗口选择 File→Load Restore Point 菜单项。

② 打开的界面中将列出所有的还原点名称、描述和保存时间,用户可据此选择需要的还原点,如图 5-146 所示。

③ 单击 Load 按钮,并在后续出现的确认界面中继续单击 Load 按钮,即可完成还原。

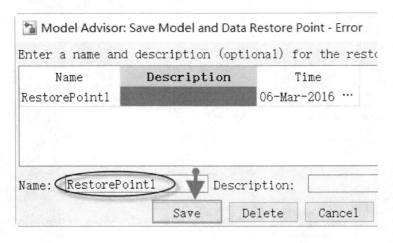

图 5-145　保存还原点

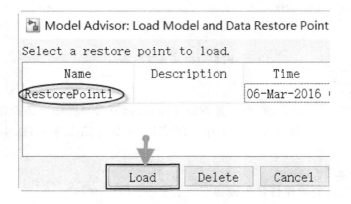

图 5-146　导入还原点

用户还可以选中已有的还原点,单击 Delete 按钮删除还原点。

5. 修改警告及错误

警告及错误说明当前模型或子系统的设置并不是最优的,用户可以根据检查报告修改对应的警告及错误。这里只说明修改的一般过程,不具体讨论某一项检查的意义,各类检查的详细说明可以在帮助窗口中输入"Simulink Checks""Simulink Verification and Validation Checks"等关键字查找。

修改警告及错误的方式有以下 3 种:

(1) 手动修改

对于每一个未通过的检查项目,Model Advisor 都给出了修改建议,例如检查项"Check optimization settings"标记了惊叹号⚠,单击该节点,右侧 Analysis 选项组中将显示修改建议,如图 5-147 所示。

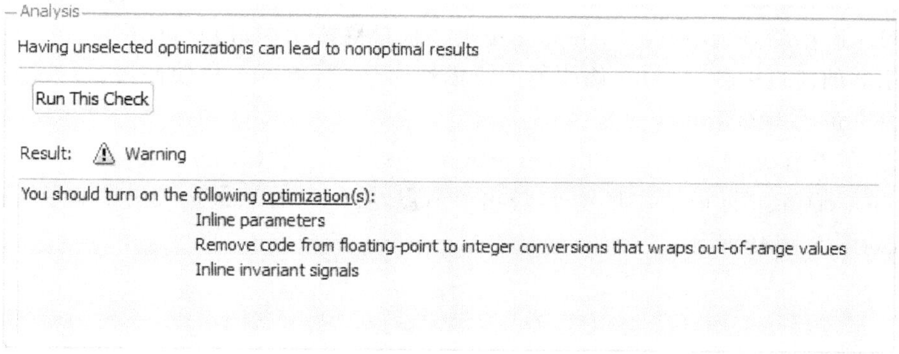

图 5 - 147　手动修改

① 单击 optimization 链接,系统将自动打开模型配置对话框,按修改建议选中对应选项。

② 单击 Run This Check 按钮,再次检查该项目,节点图标变成✅,说明检查通过。

(2) 自动修改

有些检查项提供了自修改功能,它能自动执行 Analysis 选项组中列出的所有修改意见。因此,用户需要事先了解这些修改意见的意义,如果不需要全部修改,则不能使用自修改功能。

① 展开任务树节点 By Product→Simulink Verification and Validation→Modeling Standards,选中节点 DO - 178C Checks 前的复选框,并执行检查。

② 该类的各检查项大多提供了自修改功能。例如,检查项"Check safety-related optimization settings"标记了惊叹号⚠,单击该节点,再单击右侧 Action 选项组中的 Modify Settings 按钮,Result 选项组中将列出本次修改的内容,如图 5 - 148 所示。

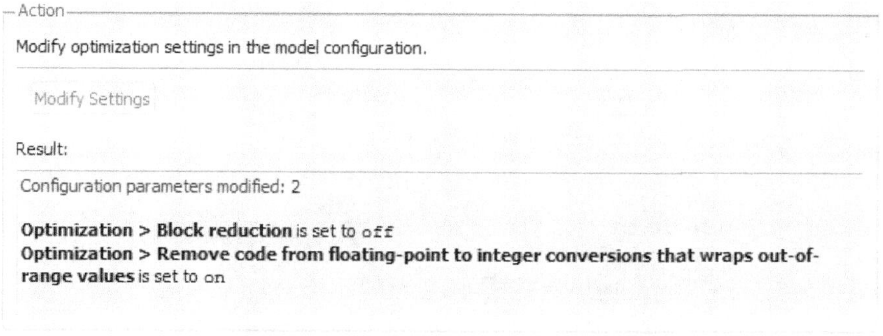

图 5 - 148　自动修改

第 5 章 Simulink 建模与验证

(3) 批量修改

对于有些检查项，Model Advisor 提供了批量修改功能，用户可以在一个类似模型浏览器的窗口中快速定位、修改模型及模块参数，避免逐个模块修改，也避免错误修改原本正确的设置。

① 展开任务树节点 By Product→Simulink，检查项"Check safety-related optimization settings"标记了惊叹号⚠，单击该节点，右侧 Analysis 选项组中显示有两项错误，如图 5 - 149 所示。

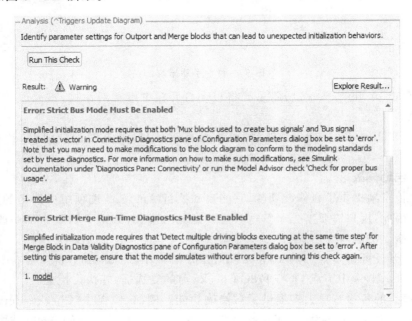

图 5 - 149 错误提示

② 单击 Explore Result 按钮，系统将弹出一个类似于模型浏览器的窗口，但这并不是完整的模型浏览器，它只能用来修改 Analysis 选项组中显示的建议项目。根据建议，修改设置如图 5 - 150 所示。

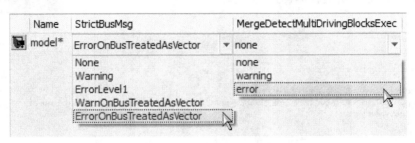

图 5 - 150 批量修改设置

③ 单击 Run This Check 按钮,检查该项目,检查结论区不再显示上述错误,但该项检查仍显示为警告,因此还需要单击 Action 选项组中的 Proceed 按钮,如图 5-151 所示。

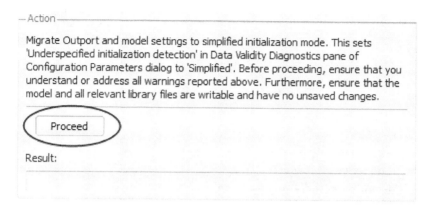

图 5-151 单击 Proceed 按钮

④ 后续出现的对话框提示用户最好要备份模型及库文件,单击 Yes 按钮后完成修改,如图 5-152 所示。

图 5-152 确认修改

⑤ 单击 Run This Check 按钮,再次检查该项目,节点图标显示为,说明检查通过。

6. Model Advisor 报告

(1) 查看报告

① 检查完成,Model Advisor 生成一份 HTML 格式的检查报告,单击任务树的任意一个节点(并不是某个具体的检查项),面板右侧将显示报告链接,如"…/report_2.html"。报告包含该检查类下属的所有检查项结果。

用户可以选中 Show report after run 复选框,当检查完成时,报告将自动显示。

② 每执行一次检查,Model Advisor 就更新一次检查报告,因此报告会记录下每次更新的时间。报告右上角显示的是最近一次的更新时间。

③ 用户可以根据需要,取消选中 Pass、Fail 和 Not Run 复选框,这样报告下部将仅显示警告项,便于浏览,如图 5-153 所示。

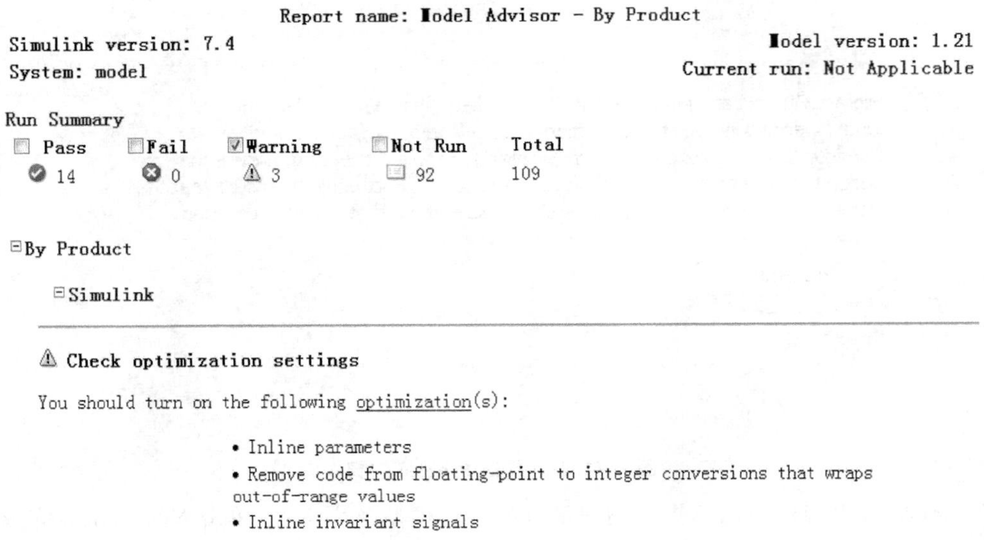

```
Report name: Model Advisor - By Product
Simulink version: 7.4                        Model version: 1.21
System: model                           Current run: Not Applicable

Run Summary
  □ Pass     □ Fail      ☑ Warning      □ Not Run     Total
  ✓ 14       ✗ 0         ⚠ 3            □ 92          109

⊟ By Product
   ⊟ Simulink

      ⚠ Check optimization settings
      You should turn on the following optimization(s):
            • Inline parameters
            • Remove code from floating-point to integer conversions that wraps
              out-of-range values
            • Inline invariant signals
```

图 5-153 查看报告

④ 对于包含有多个检查类的报告,用户可以单击类名左侧的"-"号,折叠该类报告,改为显示检查统计,如图 5-154 所示。

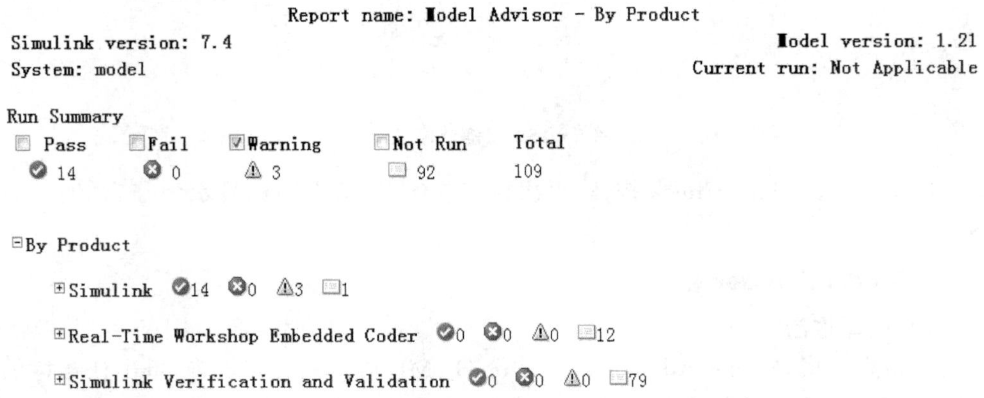

```
Report name: Model Advisor - By Product
Simulink version: 7.4                        Model version: 1.21
System: model                           Current run: Not Applicable

Run Summary
  □ Pass     □ Fail      ☑ Warning      □ Not Run     Total
  ✓ 14       ✗ 0         ⚠ 3            □ 92          109

⊟ By Product
   ⊞ Simulink  ✓14  ✗0  ⚠3  □1
   ⊞ Real-Time Workshop Embedded Coder  ✓0  ✗0  ⚠0  □12
   ⊞ Simulink Verification and Validation  ✓0  ✗0  ⚠0  □79
```

图 5-154 检查统计

(2) 保存报告

单击报告链接旁的 Save As 按钮则可以另存报告。显然 Model Advisor 仅更新位于工作目录.../slprj/modeladvisor/model_name/下的报告,而不会更新用户另存的报告。

5.6.2 建立测试用例

使用 Design Verifier 自动生成的测试用例,可达到满意的模型覆盖度以及用户自定义的目标,同时 Design Verifier 还可以验证模型的属性以及生成反例。

它支持以下几种模型覆盖度目标:分支覆盖度(decision coverage、)条件覆盖度(condition coverage)、变更条件/分支覆盖度(MC/DC)。当然,用户也可以使用 design verification 模块,在 Simulink 或 Stateflow 模型里自定义测试目标。使用属性验证功能时,用户可以发现设计的缺陷、遗漏的需求、多余的状态,这些问题在仿真过程中通常是很难发现的。

Design Verifier 的主要功能有:

◇ 生成测试用例,得到模型覆盖度报告与用户目标;
◇ 验证模型的属性,并指出反例;
◇ 识别模型里无效的模块,例如,不可达的子系统、非法的切换条件、无法实现的状态等;
◇ 生成测试用例与属性验证报告。

以下是 Design Verifier 的简单验证过程,详细的选项设置及验证结果的意义需要用户根据实际的模型具体分析。

1. 兼容性检查

尽管 Simulink Design Verifier 支持许多 Simulink 与 Stateflow 特性,但仍有一些是不支持的,为此用户需要事先检查模型的兼容性。选择 Analysis→Design Verifier→Check Compatibility→Model 菜单项,检查模型是否与 Simulink Design Verifier 兼容,如图 5-155 所示。

由于本模型包含了 Design Verifier 不支持的元素,因此仅部分通过了兼容性检查,如图 5-156 所示。

Simulink Design Verifier 不支持的特性如表 5-12 所列。

表 5-12 Simulink Design Verifier 不支持的特性

不支持的特性	说明
Variable-step solvers	仅支持定步长求解器
Callback functions	Simulink Design Verifier 在分析时不执行模型的回调函数,如果使用回调函数是为了改变模型参数或工作空间变量,那么这些改变不会体现在 Design Verifier 分析中,因此会导致不正确的分析结果。但对于 PreLoadFcn 或 PostLoadFcn 等优先于 Design Verifier 的回调函数,则是支持的

续表 5-12

不支持的特性	说　明
Complex signals	不支持复杂信号
Variable-size signals	不支持维度变化的信号
Multiword fixed-point data types	不支持多字的定点数据类型
Signals with nonzero sample time offset	不支持带有非零采样时间偏移量的信号
Nonzero start times	尽管 Simulink 可以从非零时刻开始仿真，但 Design Verifier 只能从零时刻开始生成信号，不能从非零时刻开始生成信号

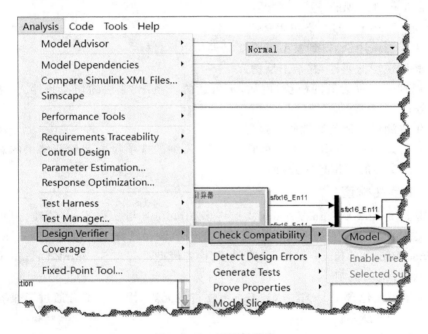

图 5-155　兼容性检查

2. 修改模型

根据兼容性检查时列出的提示信息（见图 5-157）逐一修改。

将输入模块 From Workspace 和 interpreted MATLAB Fcn、示波器，分别用 In、Out 代替，修改输入端口 In 的数据类型，使其与原输入模块一致，例如 double。

为简化验证过程，将 Error 子系统 Gain 模块的放大值修改为"1"，Saturation 模块的上限设置为"10"，下限设置为"5"，如图 5-158 所示。

调整后的模型如图 5-159 所示。

通过兼容性检查的提示如图 5-160 所示。

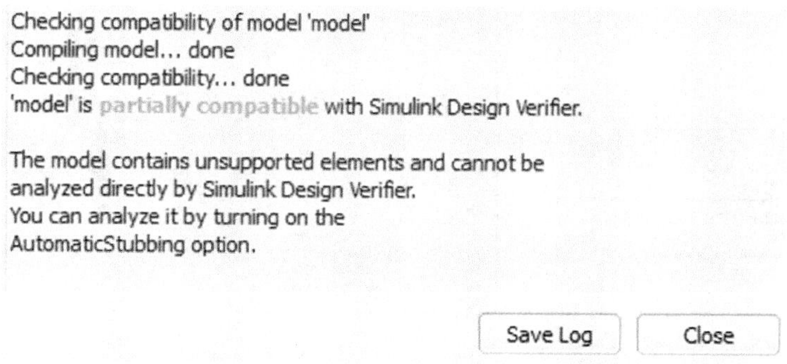

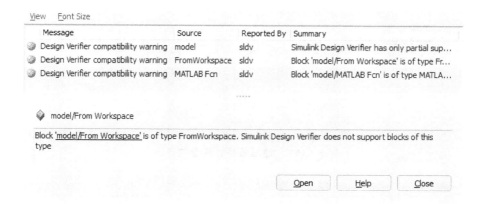

图 5-156　部分通过兼容性检查

图 5-157　提示信息

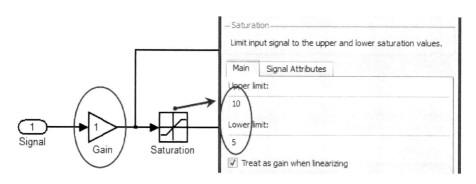

图 5-158　参数调整

3. 设置 Design Verifier

选择 Analysis→Design Verifier→ Options 的菜单项,模型参数配置窗口下部将显示 Design Verifier 中的各选项组,Design Verifier 中各选项组的功能如表 5-13 所列。

第 5 章　Simulink 建模与验证

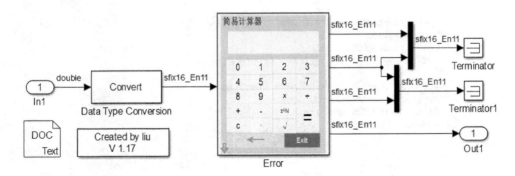

图 5-159　调整后的模型

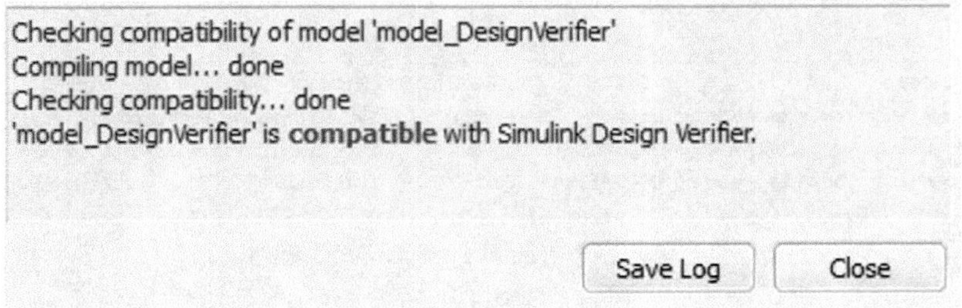

```
Checking compatibility of model 'model_DesignVerifier'
Compiling model... done
Checking compatibility... done
'model_DesignVerifier' is compatible with Simulink Design Verifier.

                                    Save Log    Close
```

图 5-160　通过兼容性检查的提示

表 5-13　Design Verifier 中各选项组的功能

选项组	功　　能
Design Verifier	指定 Design Verifier 的分析类型、时间、输出目录等
Block Replacements	指定用于模型预处理的模块替换规则
Parameters	指定参数设置
Test generation	指定测试用例的生成类型
Property Proving	指定属性验证的选项
Results	指定输出的数据文件、测试用例模型、SystemTest 测试程序的生成选项
Report	指定测试报告的生成选项

　　本例在 Test generation 选项组中设置 Test suite optimization 为 LongTestcases，这样模型的各种条件可在同一个测试用例里得到满足，便于模型与测试用例对照分析，如图 5-161 所示。

4. 生成测试用例

　　选择 Analysis→Design Verifier→Generate Tests 菜单项，系统将自动生成测试用例，如图 5-162 所示。

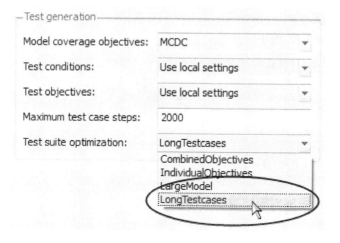

图 5-161　Test generation 选项组

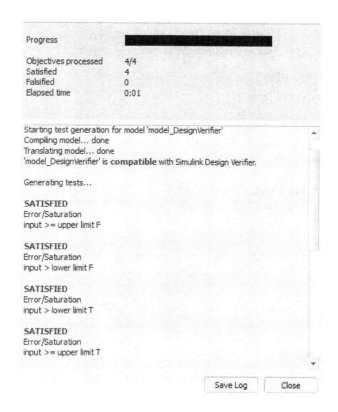

图 5-162　测试用例生成过程的日志

以下日志说明了测试用例生成的过程：
(1) 生成测试用例
生成测试用例具体如下：

```
Generating tests...

SATISFIED
Error/Saturation
input >= upper limit F
（相同部分略去）
07 - Mar - 2016 00:58:26
Completed normally.
```

(2) 生成测试用例对应的数据文件
生成测试用例对应的数据文件具体如下：

```
Generating output files:

Data file:
C:\Documents and Settings\...\MATLAB\...\sldv_output\
model_DesignVerifier\model_DesignVerifier_sldvdata2.mat
```

(3) 生成测试用例模型
生成测试用例模型具体如下：

```
Harness model:
C:\Documents and Settings\...\MATLAB\...\sldv_output\
model_DesignVerifier\model_DesignVerifier_harness2.mdl
```

(4) 生成 Simulink Design Verifier 报告
生成 Simulink Design Verifier 报告具体如下：

```
Report:
C:\Documents and Settings\...\MATLAB\...\sldv_output\
model_DesignVerifier\model_DesignVerifier_report2.html


07 - Mar - 2016 00:58:30
Results generation completed.
```

5. 测试用例模型

该测试用例模型可用于分析模型覆盖度（见图 5-163），测试方法已在 5.6.3 小节中说明。

① 双击模型左上角的 Inputs 模块，打开 Signal Builder 窗口；
② 双击模型右侧的 Test Unit 模块，打开原模型；

③ 双击模型左下角的 Test Case Explanation 模块,在 MATLAB 编辑器窗口中显示测试用例说明。

6. 测试用例说明

打开 Signal Builder 窗口与测试用例说明,可以更好地理解测试用例的作用,如图 5-164 所示。

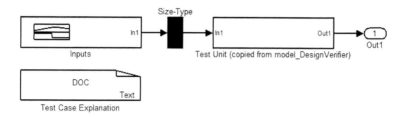

图 5-163　测试用例模型

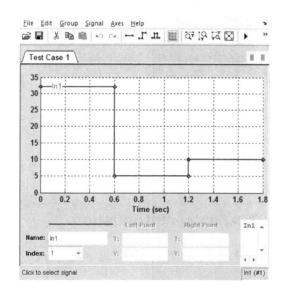

图 5-164　测试用例

具体信息如下:

```
Test Case 1 (4 Objectives)
Parameter values:

1. Error/Saturation - input > lower limit F @ T = 0.00
2. Error/Saturation - input > lower limit T @ T = 0.60
3. Error/Saturation - input >= upper limit F @ T = 0.00
4. Error/Saturation - input >= upper limit T @ T = 1.20
```

第 5 章　Simulink 建模与验证

可见该测试用例满足了原模型的所有状态。

7. 建立 SystemTest 测试程序

这里建立 SystemTest 测试程序,具体程序读者可自行分析。

8. Simulink Design Verifier 报告

Simulink Design Verifier 报告包括 5 个部分:

报告第 1 章 Summary 列出了 Design Verifier 分析的基本信息、测试目标的数量等,如图 5-165 所示。

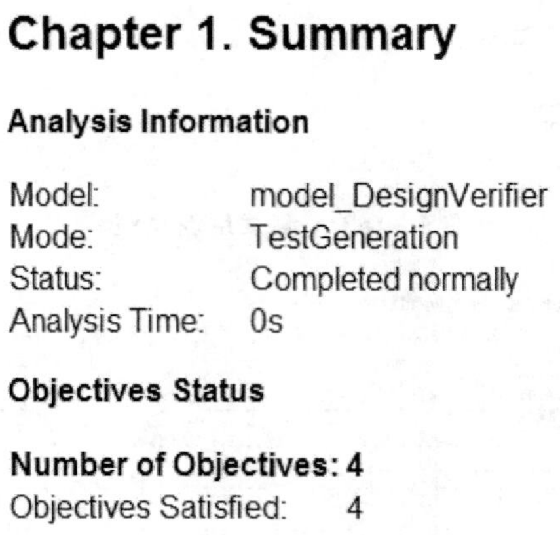

Chapter 1. Summary

Analysis Information

Model:　　　　model_DesignVerifier
Mode:　　　　 TestGeneration
Status:　　　　Completed normally
Analysis Time: 0s

Objectives Status

Number of Objectives: 4
Objectives Satisfied:　4

图 5-165　第 1 章 Summary

报告第 2 章 Analysis Information,根据模型的不同,包含以下几个小节的全部或部分,如图 5-166 所示。各小节的意义如表 5-14 所列。

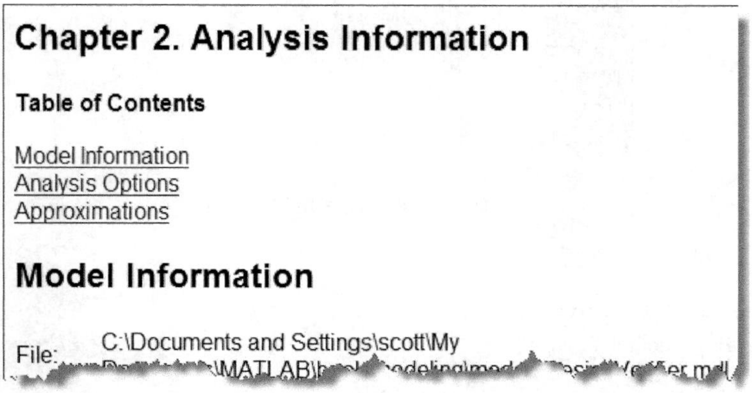

Chapter 2. Analysis Information

Table of Contents

Model Information
Analysis Options
Approximations

Model Information

File: C:\Documents and Settings\scott\My

图 5-166　第 2 章 Analysis Information

第 5 章　Simulink 建模与验证

表 5-14　报告第 2 章各小节的意义

小　节	意　义
Model Information	列出了模型的基本信息：模型路径、修订版本、最后一次保存时间、作者等
Analysis Options	列出了 Design Verifier 的分析设置，选择 Tools→Design Verifier→Options 菜单项可以修改这些设置
Unsupported elements	如果模型中包含不支持的元素，那么用户可以通过启用 automatic stubbing 功能来检查这些元素
Constraints	列出了 Design Verifier 软件在分析模型时的测试条件
Block Replacements Summary	如果 Design Verifier 软件替换了模型中的某些模块，则列出模块替换信息
Approximations	列出了 Design Verifier 软件在分析模型时使用的近似类型

报告第 3 章 Test Objectives Status 总结了整个模型的测试目标、目标类型、响应该测试的模块及描述，如图 5-167 所示。

Chapter 3. Test Objectives Status

Table of Contents

Objectives Satisfied

Objectives Satisfied

Simulink Design Verifier found test cases that exercise these test objectives.

#	Type	Model Item	Description	Test Case
1	Decision	Error/Saturation	input > lower limit F	1
2	Decision	Error/Saturation	input > lower limit T	1
3	Decision	Error/Saturation	input >= upper limit F	1
4	Decision	Error/Saturation	input >= upper limit T	1

图 5-167　第 3 章 Test Objectives Status

报告第 4 章 Model Items 列出了每个被测模块的测试类型、描述和测试状态等，如图 5-168 所示。

报告第 5 章 Test Cases 列出了各个测试用例的目标模块以及测试效果，如图 5-169 所示。

第 5 章 Simulink 建模与验证

Chapter 4. Model Items

Table of Contents

Error/Saturation

This section presents, for each object in the model defining coverage objectives, the list of objectives and their individual status at the end of the analysis. It should match the coverage report obtained from running the generated test suite on the model, either from the harness model or by using the sldvruntests command.

Error/Saturation

View

#	Type	Description	Status	Test Case
1	Decision	input > lower limit F	Satisfied	1
2	Decision	input > lower limit T	Satisfied	1
3	Decision	input >= upper limit F	Satisfied	1
4	Decision	input >= upper limit T	Satisfied	1

图 5 - 168　第 4 章 Model Items

Chapter 5. Test Cases

Table of Contents

Test Case 1

This section contains detailed information about each generated test case.

Test Case 1

Summary

Length:　　　1.2 Seconds (3 sample periods)
Objective Count: 4

Objectives

Step	Time	Model Item	Objectives
1	0	Error/Saturation	input > lower limit F
		Error/Saturation	input >= upper limit F

图 5 - 169　第 5 章 Test Cases

9. 模型覆盖度报告

执行测试用例将得到一份模型覆盖度分析报告，报告的生成过程及意义可参考 5.6.3 小节。

5.6.3 模型覆盖度分析

模型覆盖度分析可用于分析模型测试用例的有效程度，检查结果是一个百分比数值，它表示以一个测试用例作为模型的输入，仿真后，有效的仿真通路占所有通路的比例。

模型覆盖度分析记录下模型中每一个能直接或间接决定仿真通路的模块的执行情况，同时也记录模型中 Stateflow 图表的状态及状态转移情况。仿真完成后给出一份报告，它包含所有可能的仿真通路以及通路所覆盖的所有模块。因此，用户可以了解模型中是否存在从未执行的模块，进而判断是模块冗余还是设计错误。

不同的测试用例、不同的选项设置可能得到不同的模型覆盖度，因此本小节仅作概念性介绍，每个选项的意义还需要用户在实际应用中进行体会。

1. 模型参数选项

在模型参数设置窗口的 Optimization 中有两项参数会影响覆盖度分析结果，如下：

◇ Block reduction；
◇ Conditional input branch execution。

由于在记录覆盖度数据时会互相冲突，所以用户不能同时启用上述两项设置。

2. 覆盖度分析报告选项

在分析之前，用户应指定必要的模型覆盖度选项，在模型窗口中选择 Tools→Coverage Settings 菜单项，打开覆盖度设置对话框进行相应的设置，如图 5-170 所示。

(1) Coverage 选项卡

1) 选择模型及子系统

选中"Coverage for this model:model_DesignVerifier"复选框，或单击 Select Subsystem 按钮，选择需要检查的子系统。在仿真过程中，系统将收集并报告选定模型或子系统的覆盖度信息。

2) 选择引用模型

对于包含引用模块的模型，可选中 Coverage for referenced models 复选框，或单击 Select Models 按钮，选择需要分析的引用模型。在仿真过程中，系统将收集并报告全部或个别指定的引用模型的覆盖度信息。

Simulink V&V 软件仅针对工作于 Normal 仿真模式下的引用模型给出覆盖度报告，对于 Accelerator 仿真模式，Simulink V&V 软件是无法记录其覆盖度的。

3) 检查外部 Embedded MATLAB 文件

选中 Coverage For External Embedded MATLAB files 复选框，在仿真过程中，

图 5-170 覆盖度设置

系统将收集并报告模型中 Embedded MATLAB Function 模块或 Stateflow 图表中调用到的 M 文件的覆盖度信息。

4) 选择覆盖度检查类型

模型覆盖度分析分为表 5-15 所列的几种类型。

表 5-15 覆盖度分析类型

类 型	意 义
Cyclomatic Complexity	循环复杂度
Decision Coverage（DC）	判决覆盖度
Condition Coverage（CC）	条件覆盖度
Modified Condition/Decision Coverage（MCDC）	修改的判决/条件覆盖度
Lookup Table Coverage	查表覆盖度
Signal Range Coverage	单一范围覆盖度
Signal Size Coverage	信号大小覆盖度
Simulink Design Verifier Coverage	Simulink 设计验证覆盖度

第 5 章　Simulink 建模与验证

有些 Simulink 模块可以接受任何一种的覆盖度检查,而有些模块却只能接受其中的某些检查。对于 Stateflow 状态、事件及状态时序逻辑判决,只能得到判决覆盖度;对于 Stateflow 状态转移,则可以得到 DC、CC、MCDC 三种覆盖度。对于上述参数设置、覆盖度类型的意义及各模块可接受的检查类型,用户应事先参阅帮助文档。

对于不同的引用模型,如果需要各自执行不同类型的覆盖度检查,则可以使用命令 cv.cvtestgroup 与 cvsimref,具体用法请参阅帮助文档。

(2) Results 选项卡

该选项卡有 5 项内容,作用如图 5-171 所示。

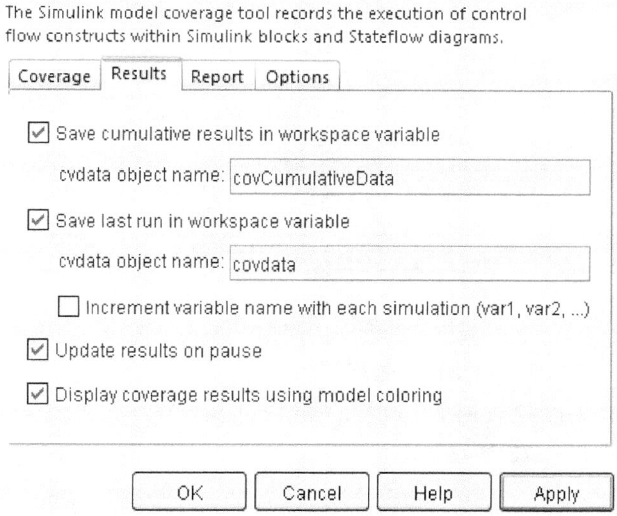

图 5-171　Results 选项卡

1) Save cumulative results in workspace variable 复选框

累积各次的覆盖度检查结果,以 cvdata object name 文本框内的文字作为对象变量名,保存在 MATLAB 工作空间中。

2) Save last run in workspace variable 复选框

在 MATLAB 工作空间中保存最近一次的覆盖度检查结果,以 cvdata object name 文本框内的文字作为对象变量名。

3) "Increment variable name with each simulation(var1,var2,…)" 复选框

按顺序逐个保存最近一次的覆盖度检查结果,避免以往的结果被覆盖。

4) Update results on pause 复选框

系统在仿真暂停时立即给出覆盖度检查报告,随后用户可以继续执行仿真,在下一次暂停或停止时再次更新检查报告。

5) Display coverage results using model coloring 复选框

根据覆盖度程度，以不同的颜色显示各个模块。例如，全覆盖的模块显示淡绿色，不完全覆盖的模块显示淡红色。

(3) Report 选项卡

该选项卡中的各选项用于设置是否生成以及如何生成检查报告，如图 5-172 所示。

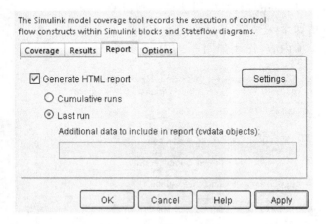

图 5-172　Report 选项卡

1) Generate HTML report 复选框

当系统完成覆盖度检查时，生成检查报告，同时在 MATLAB 网页浏览器中显示。报告选项如图 5-173 所示。

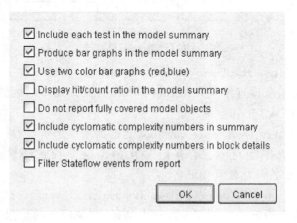

图 5-173　报告选项

2) Settings 按钮

右侧的 Settings 按钮用于设置报告选项，意义如表 5-16 所列。

第 5 章　Simulink 建模与验证

表 5-16　模型覆盖度报告选项

报告选项	意 义
Include each test in the model summary	在报告上部给出每一个测试用例的覆盖度列表，如果取消选中该复选框，则仅给出总的覆盖度报告
Produce bar graphs in the model summary	以条状图例显示覆盖度
Use two color bar graphs (red, blue)	用红蓝两色替代条状图例中的黑白两色，便于识别
Display hit/count ratio in the model summary	以百分比及分数形式同时显示覆盖度，如 80% (4/5)
Do not report fully covered model objects	报告里不体现全覆盖模块，这样能明显减小报告，这在测试用例开发阶段特别有用
Include cyclomatic complexity numbers in summary	在报告里体现模型及其第一级子系统、Stateflow 图表的循环复杂度。在计算复杂度时，系统将子系统以及 Stateflow 图表看作一个对象，以黑体显示复杂度数值
Include cyclomatic complexity numbers in block details	在报告的模块细节部分体现循环复杂度检查结果
Filter Stateflow events from report	排除 Stateflow 事件的覆盖度数据

3）Cumulative runs 单选按钮

本次生成的报告里体现此前各次积累的覆盖度检查结果。

4）Last run 单选按钮

本次生成的报告里仅体现最近一次的检查结果。

5）"Additional data to include in report (cvdata objects)"文本框

本次生成的报告里加入以前检查的结果，在文本框中输入数据的名称。

(4) Options 选项卡

Options 选项卡如图 5-174 所示。

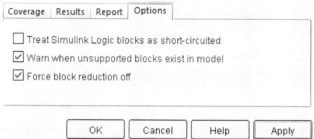

图 5-174　Options 选项卡

1) Treat Simulink Logic blocks as short-circuited 复选框

在进行覆盖度检查时,对于逻辑模块,如果某一个输入能立即决定该模块的输出,则忽略该模块的其他输入。例如逻辑与模块,如果有一个输入为"非",则整个模块输出"非",其他输入不再起作用,如同将"非"输入端与输出端短路。

该复选框仅对 DC 及 MCDC 覆盖度检查有效,这可能会导致模型覆盖度达不到 100%。

2) Warn when unsupported blocks exist in model 复选框

如果模型里含有无法执行覆盖度检查的模块,则在仿真结束时提出警告信息。

3) Force block reduction off 复选框

如果用户在模型参数配置窗口中启用了 Block reduction,并且选中该复选框,则系统在收集模型覆盖度信息时忽略 Block reduction 选项。

3. 生成报告

建立了测试用例,并设置了覆盖度报告选项后,用户可以借助覆盖度分析,开发有效的测试用例,进而验证模型设计是否符合需求,及时发现设计缺陷。过程如下:

① 针对原模型,建立一个或多个测试用例。

② 选中 Signal Builder 窗口所示的测试用例,单击工具栏中的仿真按钮,得到该次测试的覆盖度报告;如果有多个测试用例,也可以单击批量执行按钮,得到全部测试用例的覆盖度报告。

③ 根据覆盖度检查报告,修改测试用例,或新建测试用例,以覆盖尚未覆盖到的区域,提高模型覆盖度。

④ 重复以上过程,直至得到满意的测试用例。

显然本例使用的测试用例能够得到 100% 的模型覆盖度,如图 5-175 所示。

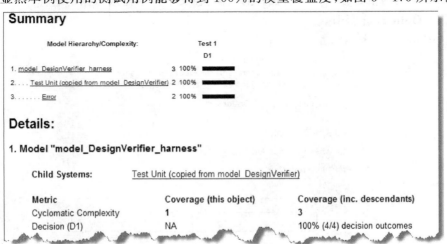

图 5-175　满意的测试用例

注意：用户不能同时选择输出覆盖度检查报告与 acceleration 仿真模式，如果启用了后者，则输出检查报告选项将自动清除。

5.6.4 模型效率分析

Profiler 记录下模型运行时各部分所消耗的时间，用户可以此了解模型的哪些部分还需要优化。

1. 启用 Profiler

在模型窗口中选择 Tools→Profiler 菜单项，完成仿真后在 MATLAB 浏览器中显示模型分析报告。

注意：

◇ 不能在 Rapid Accelerator 仿真模式下使用 Profiler；

◇ 在主模型使用 Profiler 分析模型效率时，需要确保主模型中引用的子模型工作于 Normal 仿真模式；

◇ Profiler 并不延伸分析主模型中引用的子模型，用户必须针对每个子模型单独使用 Profiler。

2. Profiler 报告

（1）汇总部分

汇总部分如图 5-176 所示，汇总报告上半部信息的意义如表 5-17 所列，函数调用情况列表的表头意义如表 5-18 所列，列表中部分函数的意义如表 5-19 所列。

表 5-17 汇总报告上半部信息的意义

项 目	说 明
Total recorded time	模型仿真的总时间
Number of Block Methods	模块层级函数的调用总次数
Number of Internal Methods	系统层级函数的调用总次数
Number of Nonvirtual Subsystem Methods	非虚拟子系统函数的调用总次数
Clock precision	profiler 时间精度

表 5-18 函数调用情况列表的表头意义

项 目	说 明
Name	函数名，以超级链接形式显示。单击链接，查看详细的分析说明
Time	函数被调用的总时长，以绝对时间以及占总仿真时长百分比的形式分别显示

续表 5-18

项目	说明
Calls	函数被调用的次数
Time/call	函数被调用的平均时长,其中包含该函数调用其他函数所消耗的时间
Self time	函数执行的平均时长,其中不包含该函数调用其他函数所消耗的时间
Location	指出调用该函数时所执行的模块或模型。以超级链接形式显示,单击链接,在模型中高亮显示对应的模块。只有在 MATLAB 浏览器里查看分析报告时,该链接才有效

表 5-19 列表中部分函数的意义

函数名	说明	层级
sim	执行模型仿真。这是个顶级函数,它调用所有在模型仿真过程中需要用到的函数。该函数被调用的时间即模型运行的时间	系统
ModelInitialize	模型初始化	系统
ModelExecute	在每个仿真步长中,针对所有模块,调用 output、update、integrate 等函数,执行模型仿真	系统
Output	计算当前时间的模块输出	模块
Update	更新当前时间的模块状态	模块
Integrate	计算当前时间的模块连续状态	模块
MinorOutput	计算最小仿真步长内的模块输出	模块
MinorDeriv	计算最小仿真步长内的状态导数	模块
MinorZeroCrossings	计算最小仿真步长内的模块过零值	模块
ModelTerminate	释放内存,并执行清理程序	系统
Nonvirtual Subsystem	在当前时间,针对所有子系统内的模块,调用 output、update、integrate 等函数,计算非虚拟子系统输出。该函数被调用的时间即子系统运行的时间	模块

(2) 详细部分

该部分包含了每个函数调用详细的效率分析信息,每项信息均包含表 5-18 所列的各项目;另外,还显示了父函数与子函数之间的调用关系。单击函数名就可以得到详细信息,如图 5-177 所示。

Summary | Function Details | Simulink Profiler Help | Clear Highlighted Blocks

Simulink Profile Report: Summary

Report generated 27-Sep-2009 03:44:41

Total recorded time:	4.77 s
Number of Block Methods:	8
Number of Internal Methods:	7
Number of Nonvirtual Subsystem Methods:	1
Clock precision:	0.00000006 s
Clock Speed:	1800 MHz

To write this data as modelProfileData in the base workspace click here

Function List

Name	Time		Calls	Time/call	Self time		Location (must use MATLAB Web Browser to view)
sim	4.76562500	100.0%	1	4.7656250000	0.00000000	0.0%	model
ModelTerminate	3.37500000	70.8%	1	3.3750000000	3.37500000	70.8%	model
ModelInitialize	1.20312500	25.2%	1	1.2031250000	1.20312500	25.2%	model
ModelExecute	0.18750000	3.9%	1	0.1875000000	0.17187500	3.6%	model
model (Output)	0.01562500	0.3%	68	0.0002297794	0.01562500	0.3%	model
MajorOutputs	0.01562500	0.3%	68	0.0002297794	0.00000000	0.0%	model
Integrate	0.00000000	0.0%	67	0.0000000000	0.00000000	0.0%	model
MajorUpdate	0.00000000	0.0%	68	0.0000000000	0.00000000	0.0%	model

图 5-176 报告汇总部分

3. 保存分析结果

Profiler 分析报告可以以变量的形式保存在 MATLAB 工作空间中,此后就可以重生成报告,进而还可以将变量永久保存为 MAT 文件,再将变量保存为.mat。操作步骤如下:

① 单击报告汇总部分的链接 click here,将报告以变量名 modelProfileData 保存;

② 在 MATLAB 的“命令行窗口”中输入命令,重生成分析报告,如下:

```
slprofreport(modelProfileData)
```

③ 以 report.mat 文件保存变量 modelProfileData,如下:

```
save report modelProfileData
```

④ 若将来需要再次浏览报告,则只需输入以下代码即可:

```
load report % 加载 MAT 文件,重建报告对象
slprofreport(modelProfileData); % 重生成报告
```

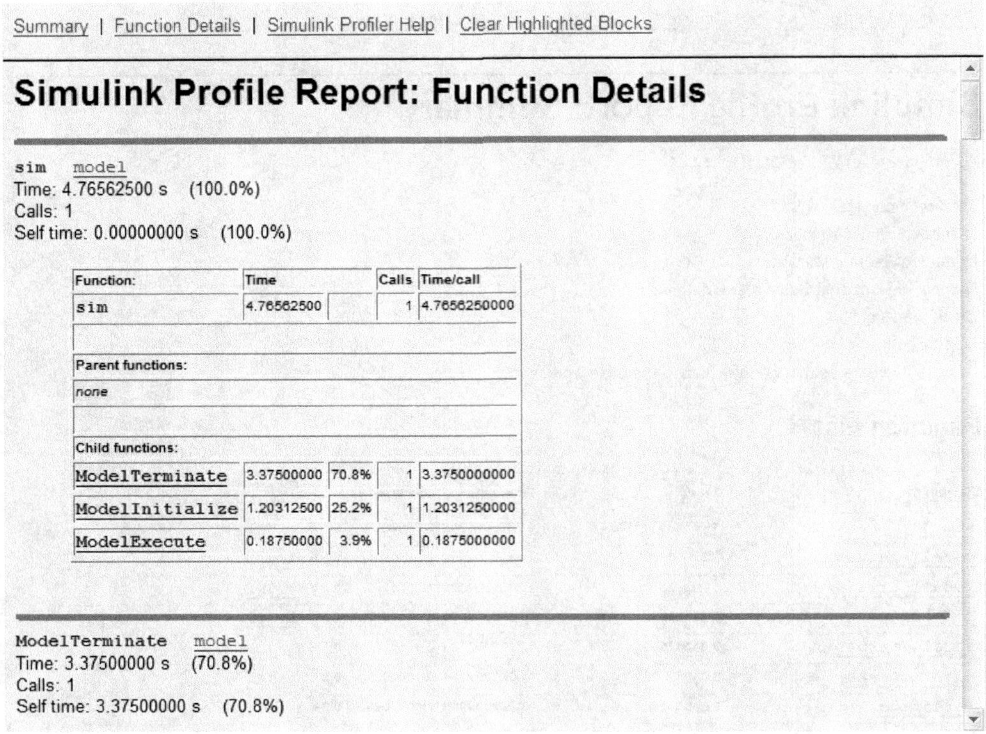

Summary | Function Details | Simulink Profiler Help | Clear Highlighted Blocks

Simulink Profile Report: Function Details

```
sim  model
Time: 4.76562500 s  (100.0%)
Calls: 1
Self time: 0.00000000 s  (100.0%)
```

Function:	Time	Calls	Time/call
sim	4.76562500	1	4.7656250000

Parent functions:			
none			

Child functions:			
ModelTerminate	3.37500000	70.8%	1	3.3750000000
ModelInitialize	1.20312500	25.2%	1	1.2031250000
ModelExecute	0.18750000	3.9%	1	0.1875000000

```
ModelTerminate  model
Time: 3.37500000 s  (70.8%)
Calls: 1
Self time: 3.37500000 s  (70.8%)
```

图 5 - 177　报告详细部分

第 6 章

用户驱动模块的创建

基于模型设计的核心是用户创建的可执行、可跟踪的应用模型。尽管 MATLAB 软件的模块库中自带了 1 000 多个模块,以及第三方,例如 TI、ADI、Xilinx、Altera、Microchip、飞思卡尔、英飞凌等公司也提供了大量自己芯片的驱动模块,可以轻松地搭建大多数用户模型,但是,这也不可能面面俱到。因此,当现有的 Simulink 模块无法满足用户的系统建模时,用户驱动模块的编写就显得尤其重要。用户驱动模块的创建意味着用户可以根据实际情况生成最适用的设备驱动模块,从而大大提高搭建模型的效率与准确性。再者,对于一些特殊的功能模块,即使可以使用 Simulink 自带的模块,通过组合的方式将多个基本模块搭建成所需的复杂模块,但这种拼凑方式是烦琐与困难的,将导致大量中间变量的数据交换,从而影响模型的运行速度。如果开发用户驱动模块,那么完成这些工作将会变得方便与简捷,同时还可以避免组合模型在系统升级时,每个基本模块的参数都必须修改的烦琐问题。因此,掌握用户自定义模块的编写是学习本书的核心内容之一。

本章的主要内容包括:
◇ 什么是 S-Function;
◇ S-Function Builder;
◇ MATLAB Function 模块;
◇ 实例。

6.1 什么是 S-Function

系统函数(System Function,S-Function),是 Simulink 环境下的功能扩展机制,能有效提高和丰富 Simulink 的功能。S-Function 提供了一种用 MATLAB、C、C++ 或 Fortran 等多种计算机语言描述 Simulink 模块的方法。用上述计算机语言编写的 S-Function 将会用 MEX 工具编译产生 MEX 文件。与其他 MEX 文件类似,S-Function 能够动态链接到 MATLAB 中可以装载执行的子程序。

S-Function 中有一种特定的回调语法,使用户可以和 Simulink engine 交互,此类交互和 Simulink 内置模块与 engine 间的交互极为相似。这种回调语法被称为 S-Function API。

第6章 用户驱动模块的创建

S-Function 的通用模式可以用来描述与创建连续系统、离散系统以及复合系统的 Simulink 模型。在遵循 S-Function 语法规则的前提下,用户可以用 S-Function 实现自己的算法,并通过 S-Function 模块建立自己的模型。当然,在完成 S-Function 和其模块后,Simulink 还允许用户通过 masking 来自定义用户界面。

用户可以在 RTW 中使用 S-Function,还能用目标语言编译器 TLC(Target Language Compiler)自定义 S-Function 的代码生成。

创建的自定义模块的属性和功能由 M 文件 S-Function 定义,有两种格式的 M 文件 S-Function,分别为 LEVEL-1 和 LEVEL-2,其中,LEVEL-1 S-Function 只能用于基于 Simulink 的仿真,LEVEL-2 S-Function 可用于嵌入式开发,而用 C 语言格式创建的 C MEX S-Function 可以转换成独立的应用程序。

将一个 C MEX S-Function 或 M 文件 S-Function 添加到模型中,只需将 User-Defined Function 模块库中的 S-Function 模块添加到新建的 Simulink 模型窗口即可。双击模块图标,在弹出的对话框中的 S-Function name 文本框中输入 S-Function 的名称,这个 S-Function 既可以是 M 文件,也可以是 C MEX 文件,如图 6-1 所示。S-Function 模块可以设定特定的参数,通过这些参数可将数据传递到 S-Function 模块中,但在使用这个参数框之前必须知道 S-Function 所需要的参数个数及其在函数中的顺序。如果存在多个参数,则可按 S-Function 中的参数顺序逐一设置,其间用英文逗号将其隔开,它们既可以是参数,也可以是模型工作空间中的变量名、MAT-LAB 表达式。利用 masking 功能,用户可以自定义 S-Function 模块对话框和图标,经封装后 S-Function 模块能更方便地指定其参数。

利用 S-Function 模块,可以创建新的具有特殊用途的模块。例如,添加硬件设

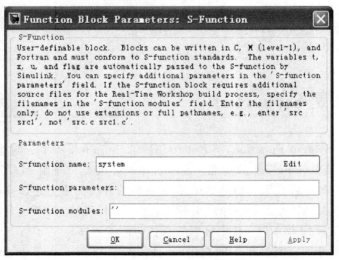

图 6-1　S-Function 函数的设置

备驱动的模块,调用其他模块代码,将一个系统描述成一系列数学公式,生成新的通用模块,使用图形动画等。一般采用 S-Function 来创建用户自定义的 Simulink 模块,当使用 S-Function 创建一个通用模块时就可以多次重复使用该模块。

6.1.1　S-Function 的工作机制

想要创建 S-Function,就必须了解 S-Function 的工作机制,而这又需要事先了解 Simulink 模型的仿真过程。

一个 Simulink 模块一般包含若干输入变量、若干状态变量以及若干输出,其中,输出是仿真时间、输入变量、状态变量的函数。

每个 Simulink 模块都包括 3 个基本元素,即输入、状态变量和输出,它们的关系如图 6-2 所示。

图 6-2　输入、状态变量和输出的关系图

$$\begin{cases} y = f_0(t,x,u) & （输出）\\ x_d = f_d(t,x,u) & （微分）\\ x_{d_{k+1}} = f_u(t_0 x_c, x_{d_k}, u) & （更新离散状态）\end{cases}$$

式中:$x = [x_c; x_d]$。

执行一个 Simulink 模型的过程如图 6-3 所示。

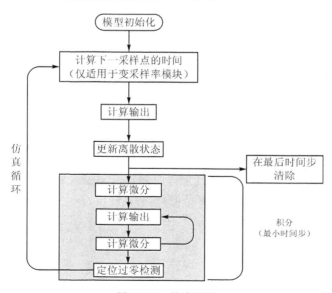

图 6-3　仿真过程

① 初始化阶段：系统将模块整合到模型中，计算信号带宽、数据类型、采样时间与参数值，决定模块的执行次序并分配存储空间。

② 仿真循环阶段：一次循环可称为一个仿真步长，在每一仿真步长期间，系统按照初始化阶段决定的次序依次执行各模块。对于每个模块，系统都调用各种函数来计算当前采样时间的模块状态、微分值以及模块的输出。其中，内积分循环仅用于包含连续状态的模型，不断执行该循环，就可以得到状态所需要的精度。

6.1.2 函数回调方法

一个 S-Function 的代码包括一系列 S-Function 回调方法，用于在每个仿真阶段执行指定的任务。在仿真模型中的每个仿真阶段，Simulink 都对每个 S-Function 模块调用适当的方法。通过 S-Function 的回调来执行的任务包括：

① 初始化（mdlInitializeSizes）：
◇ 初始化结构体 SimStruct，它包含 S-Function 的所有信息；
◇ 设置输入/输出端口数与维度；
◇ 设置采样时间；
◇ 分配存储空间。
② 计算下一个采样时间点，只适用于变步长求解器的仿真。
③ 计算输出（mdlOutputs），计算所有输出端口的输出值。
④ 更新离散状态。
⑤ 数值积分，用于连续状态的求解和非采样过零点。

如果 S-Function 存在连续状态，则 Simulink 采用在最小步长内调用 mdlDerivatives 和 mdlOutputs 两个 S-Function 的方法。

如果 S-Function 存在非采样过零点，则 Simulink 就在最小步长内调用输出和过零检测函数。

S-Function 入门

(1) 直接馈入(direct feedthrough)

直接馈入意味着输出或变采样模块的可变采样时间与输入直接相关。在如下的两种情况下需要直接馈入：

① 某一时刻的系统输出 y 中包含某一时刻的系统输入 u；
② 系统是一个变采样时间系统且采样时间计算与输入 u 相关。

例如，$y = k \times u$，其中，u 是输入，k 是增益，y 是输出。

没有直接馈入的例子如下：

输出：

$$y = x$$

微分：

$$x' = u$$

第6章 用户驱动模块的创建

式中：x 是状态值，x' 是关于时间的状态微分，u 是输入，y 是输出。

（2）动态维数矩阵（dynamically sized arrays）

S-Function 支持动态可变维数的输入。在这种情况下，当仿真开始时，S-Function的输入变量 u 的维数取决于驱动 S-Function 模块的输入信号的维数，还可以用输入变量 u 的维数决定连续状态的数目、离散状态的数目和输出数目。

LEVEL-1 M 文件的 S-Function 只有一个输入/输出端口，只能获取一维信号，然而这些信号可以是不同宽度的。在一个 M 文件的 S-Function 中，在 sizes 结构中用 -1 来表明输入信号的宽度是动态可变的，该值由 mdlInitializeSizes 的回调方法返回。通过调用 length(u) 来决定实际的输入信号宽度，若宽度为 0，则将输入端口从 S-Function 模块中移除。

C MEX S-Function 和 LEVEL-2 M 文件的 S-Function 可以有多个输入/输出端口，而且每个端口可以具有不同的维数，维数和每一维的大小都是动态的。

（3）设置采样时间和偏移量（setting sample times and offsets）

LEVEL-2 的 M 文件和 C MEX S-Function 可以灵活地设置采样时间，Simulink 为采样时间提供了以下几种选择：

① 连续采样时间：适用于具有连续状态和非采样过零点的 S-Function，对于这种类型的 S-Function，输出是按最小的时间步长改变的。

② 连续的但在最小仿真步具有固定值的采样时间：适用于需要在每一个主仿真步执行，但在最小时间步内不改变值的 S-Function。

③ 离散采样时间：如果是具有离散间隔的 S-Function，用户可以定义一个采样时间来控制 Simulink 驱动何时调用 S-Function，用户还可以定义一个偏移量来延时采样点，但偏移量不能超过采样周期。

一个采样点对应的时间值由下面的公式决定：

$$下一个采样时间 = (第 n 个采样点 \times 采样周期) + 偏移量$$

式中：n 是一个整数，表示当前仿真步，起始值总为 0。

如果用户定义了离散采样时间，那么 Simulink 会在前面等式定义的每一个采样时间点调用 mdlOutputs 和 mdlUpdate 方法。

④ 可变采样时间：相邻采样点的时间间隔是可变的。在每一个仿真步开始时，S-Function 都要计算下一个采样点的时间。

⑤ 继承的采样时间：有时 S-Function 没有固定的采样时间，它是连续还是离散的取决于系统中其他模块的采样时间。在这种情况下，可以把采样时间设为继承。一个 S-Function 可通过以下几种方式继承采样时间：

◇ 继承驱动模块的采样时间；

◇ 继承目标模块的采样时间；

◇ 继承系统中的最快采样时间。

若把采样时间设为继承的采样时间，则在 LEVEL-2 的 M 文件 S-Function 中把采样时间的值置为-1,而在 C MEX S-Function 中置为 INHERITED_SAMPLE_TIME。

S-Function 可以是单速率的也可以是多速率的,多速率的 S-Function 具有多个采样时间。

采样时间设置格式:

```
[sample_time, offset_time]
```

有效 C MEX S-Function 中的采样时间为

```
[CONTINUOUS_SAMPLE_TIME, 0.0]
[CONTINUOUS_SAMPLE_TIME, FIXED_IN_MINOR_STEP_OFFSET]
[discrete_sample_time_period, offset]
[VARIABLE_SAMPLE_TIME, 0.0]
```

其中,CONTINUOUS_SAMPLE_TIME = 0.0,FIXED_IN_MINOR_STEP_OFFSET = 1.0,VARIABLE_SAMPLE_TIME = -2.0,变量名为斜体的说明应为实数值。

或者,用户可设置采样时间从驱动模块继承,这时只能有一个采样时间对。

```
[INHERITED_SAMPLE_TIME, 0.0]
[INHERITED_SAMPLE_TIME, FIXED_IN_MINOR_STEP_OFFSET]
```

其中,INHERITED_SAMPLE_TIME=-1.0。

有效的 LEVEL-2 M 文件的采样时间为

```
[0 offset]                                    % 连续采样时间
[discrete_sample_time_period, offset]         % 离散采样时间
[-1, 0]                                       % 继承的采样时间
[-2, 0]                                       % 可变采样时间
```

其中,变量名为斜体的说明应为实数值。当采用连续采样时间时,偏移量为 1 说明在最小积分步值是不变的,偏移量为 0 说明在最小积分步值会变化。

(4) SimStruct 数据结构

SimStruct 数据结构描述系统的所有信息,即封装系统的所有动态信息,它保存了指向系统的输入、状态和时间等存储区的指针,另外,它还包含指向不同 S-Function(S-Function 例程)的指针。为 Simulink 模型分配一个 SimStruct 数据结构,模型中的每一个 S-Function 都有自己的 SimStruct 与之相连,这些 SimStruct 像一个目录树,与模型相连的 SimStruct 是"根"SimStruct,与 S-Function 相连的 SimStruct 是"子"SimStruct。另外,Simulink 提供了一系列的宏,使 S-Function 能够访问 SimStruct 数据结构。

(5) 代码无异常处理

指定无异常处理的代码可以加快 S-Function 的执行速度。做这项指定必须谨

慎，通常，如果用户 S-Function 与 MATLAB 没有交互，那么指定无异常处理的代码则是安全的。

6.1.3　编写 C MEX S-Function

在仿真过程中，C MEX S-Function 必须向 Simulink 引擎提供模型相关信息，Simulink 引擎、常微分方程（ODE）求解器以及 C MEX S-Function 相互作用来执行特定的任务。这些任务包括确定初始化条件、模块特征、计算微分与离散状态以及最后的输出。

交互仿真的 C MEX S-Function 调用执行 S-Function 的回调函数和 M 文件 S-Function 是不同的，Simulink 不是通过显式的 flag 参数来指定调用何种 C MEX S-Function 方法，这是因为 Simulink 在交互作用时会自动调用每个 S-Function 方法。每种方法都执行指定的任务，如计算模块输出，这些任务是 S-Function 定义的功能块仿真必需的。这种基于回调的 API 允许用户创建的 S-Function 实现其任意功能的自定义驱动模块。

与 M 文件 S-Function 不同的是，C MEX 文件可以访问并修改 Simulink 内部用来存储 S-Function 信息的数据结构。更多的回调方法和对 Simulink 内部数据结构的访问能力，使得 C MEX S-Function 可以实现更丰富的模块特性，如处理矩阵信号和多种数据类型。C MEX S-Function 只需实现 Simulink 定义的回调方法的一个小子集即可。如果不实现某个回调方法，则相应的功能会被省略，这将有利于快速开发简单的驱动模块。

mdlInitializeSizes 是 Simulink 在和 S-Function 交互时首先调用的方法。在一个 S-Function 源文件内，还有其他的几个 mdl * 方法。所有的 S-Function 源文件都必须和这个格式一致，也就是说，不同的 S-Function 文件是通过 S-Function 的名称来区别的。在 Simulink 调用 mdlInitializeSizes 后，通过其他的几种方法（都以 mdl 开头）来和 S-Function 实现交互。在仿真结束时，mdlTerminate 将被调用。

为了简化 C MEX S-Function 的编写，Simulink 提供了两个模板，分别位于 <matlabroot>/simulink/src/sfuntmpl_basic.c 和 <matlabroot>/simulink/src/sfuntmpl_doc.c。其中，sfuntmpl_basic.c 模板给出了 C MEX S-Function 的常用功能方法，而 sfuntmpl_doc.c 模板则描述了 C MEX S-Function 的全部实现方法。

用户 S-Function 要访问 SimStruct 结构，则必须在文件头部声明下列宏定义和头文件：

```
#define S_FUNCTION_NAME   your_sfunction_name_here
#define S_FUNCTION_LEVEL 2
#include "simstruc.h"
```

这里 your_sfunction_name_here 表示用户 S-Function 的函数名。这些声明使

第6章 用户驱动模块的创建

S-Function 能访问 SimStruct 结构。宏语句"♯include "simstruc.h""定义了 SimStruct，它使用户的 MEX 文件能在 simStruct 中赋值以及从中取值。

当被编译为 MEX 文件时，matlabroot/simulink/include/simstruc.h 将包含表6-1所列出的头文件。

表6-1 编译为 MEX 文件时所包含的头文件

头文件	说明
matlabroot/extern/include/tmwtypes.h	通用数据类型，如 real_T
matlabroot/simulink/include/simstruc_types.h	SimStruct 数据类型，如 BuiltInDTypeId
matlabroot/extern/include/mex.h	MATLAB MEX 文件 API 程序
matlabroot/extern/include/matrix.h	查询和操作 MATLAB 矩阵的外部接口 API 程序

当通过 RTW 编译时，matlabroot/simulink/include/simstruc.h 将包含表6-2所列出的头文件。

表6-2 通过 RTW 编译时所包含的头文件

头文件	说明
matlabroot/extern/include/tmwtypes.h	通用数据类型，如 real_T
matlabroot/simulink/include/simstruc_types.h	SimStruct 数据类型，如 BuiltInDTypeId
matlabroot/rtw/c/src/rt_matrx.h	MATLAB API 程序的宏

mdlInitializeSizes：当 Simulink 开始处理模型并决定输入和输出端口的数量时，就调用该方法。在仿真开始时 Simulink 同样会调用该方法，以获得函数的信息，如端口的尺寸以及状态数。

mdlInitializeSampleTimes：Simulink 调用该方法来设置 S-Function 的采样时间。

mdlOutputs：计算输出。

mdlTerminate：实现在仿真结束时的操作。

用户 C MEX S-Function 文件尾部必须包括以下声明：

```
#ifdef MATLAB_MEX_FILE    /*是否编译成 MEX 文件 */
#include "simulink.c"
#else
#include "cg_sfun.h"
#endif
```

这些声明确保针对用户的具体应用选择适当的代码：

第 6 章 用户驱动模块的创建

◇ 当被编译为 MEX 文件时，simulink.c 文件将被包含；
◇ 当被编译为关联了实时工具箱（Real-Time WorkshopRTW）的独立程序时，cg_sfun.h 文件将被包含。

C MEX S-Function 模板：

```
#define S_FUNCTION_NAME    your_sfunction_name_here
#define S_FUNCTION_LEVEL 2
/* S-Function 按照 LEVEL-2 的格式进行编写 */


#include "simstruc.h"
/* 文件 simstruc.h 定义了 SimStruct 结构及相关的宏 */


static void mdlInitializeSizes(SimStruct *S)
/* 初始化,查询 S-Function 模块的输入/输出端口数、端口容量以及 S-Function 所需的其
   他对象(如状态个数等)*/

{
    ssSetNumSFcnParams(S,0);   /* 设置 S-Function 参数的个数。这里,0 为参数数目 */
    /* 检查 S-Function 参数数目是否与设置的数值一致,如果不一致则直接返回 */
    if (ssGetNumSFcnParams(S) != ssGetSFcnParamsCount(S))
    {
        return;
    }
    ssSetNumContStates(S, 0);  /* 设置连续状态个数,默认值为 0 */
    ssSetNumDiscStates(S, 0);  /* 设置离散状态个数,默认值为 0 */
    if (!ssSetNumInputPorts(S, INPUT_NUM)) return;
    /* INPUT_NUM 是输入端口的个数,端口号从 0 开始 */

    /* int_T ssSetInputPortWidth(SimStruct *S, int_T port, int_T width) */
    ssSetInputPortWidth(S, 0, 1);
    /* 设置端口号和维数,0 号端口,维数为一维 */

    ssSetInputPortRequiredContiguous(S, 0, true);
    /* 设置输入的访问方式,true 为临近访问,这样指针增量后就可以直接访问下一个
       输入端口 */
    ssSetInputPortDirectFeedThrough(S, 0, 1);
    /* 设置输入端口的信号是否为直接反馈,若在 mdlOutputs 或 mdlGetTimeOfNextVar-
       Hit 函数中用到输入信号则为直接反馈,直接反馈的值设为 1;若在 S-Function 的
       回调方法中没有用到输入信号,则直接反馈的值设为 0 */

    if (!ssSetNumOutputPorts(S, OUTPUT_NUM))
```

```c
    return;
    ssSetOutputPortWidth(S, 0, 1);    /*设置输出端口的个数及维数*/
    ssSetNumSampleTimes(S, 1);        /*设置采样时间,1 s*/
    ssSetNumRWork(S, 0);
    /*设置浮点工作向量的大小,0表示没有使用到工作向量,默认值为0,DYNAMICALLY_
        SIZED表示可用mdlSetWorkWidths来自己设置*/

    ssSetNumIWork(S, 0);              /*设置整型向量的大小*/
    ssSetNumPWork(S, 0);              /*设置指针向量的大小*/
    ssSetNumModes(S, 0);              /*设置模式向量的大小*/
    ssSetNumNonsampledZCs(S, 0);
    /*设置采样点之间的连续过零点的个数*/


        ssSetOptions(S, 0);           /*设置工作模式的选项*/
}

static void mdlInitializeSampleTimes(SimStruct *S)/*给出采样时间*/
{
    ssSetSampleTime(S, 0, CONTINUOUS_SAMPLE_TIME);
    ssSetOffsetTime(S, 0, 0.0);                   /*偏移量*/
}


#define MDL_INITIALIZE_CONDITIONS

#if defined(MDL_INITIALIZE_CONDITIONS)
static void mdlInitializeConditions(SimStruct *S)
/*可为S-Function模块初始化离散和连续状态*/
{
}
#endif /* MDL_INITIALIZE_CONDITIONS */


#define MDL_START
#if defined(MDL_START)
/*仿真开始时的初始化操作,在整个仿真过程中只执行一次*/
static void mdlStart(SimStruct *S)
{
}
#endif /*  MDL_START */


static void mdlOutputs(SimStruct *S, int_T tid)      /*计算模块的输出*/
{
    const real_T *u = (const real_T*) ssGetInputPortSignal(S,0);
```

```
        /* 获得输入信号的指针 */
        real_T * y = ssGetOutputPortSignal(S,0);
        /* 获得输出信号的指针 */
        y[0] = u[0];
}

#define MDL_UPDATE
#if defined(MDL_UPDATE)
/* 更新离散状态,在每个抽样时刻到来时执行一次 */
static void mdlUpdate(SimStruct * S, int_T tid)
{
}
#endif /* MDL_UPDATE */


#define MDL_DERIVATIVES
#if defined(MDL_DERIVATIVES)
/* 计算连续状态的导数,通过 ssGetdX(S)获得连续状态导数向量 */
static void mdlDerivatives(SimStruct * S)
{
}
#endif /* MDL_DERIVATIVES */

static void mdlTerminate(SimStruct * S) /* 在仿真结束时释放文件指针 */
{
}


#ifdef  MATLAB_MEX_FILE
/* 如果本函数编译成 MEX 文件,则链接 simulink.c,否则链接 cg_sfun.h 文件 */
#include "simulink.c"        /* MEX 文件接口机制 */
#else
#include "cg_sfun.h"         /* 生产代码的函数 */
#endif
```

Real-Time Workshop 还定义了其他的预处理信号,会影响 S-Function 的编译。

(1) MATLAB_MEX_FILE

当用 MEX 令将 S-Function 编译成 MEX 文件时,MATLAB_MEX_FILE 自动定义。

(2) MDL_START

只有当 MDL_START 用 #define 声明后,模型才可循环调用 mdlStart;如果没定义,则在编译 S-Function 时会出现警告"未引用的函数",在仿真时,mdlStart 的代码不能被调用。

6.1.4 Simulink 引擎与 C S-Function 的相互作用

这部分从两个方面介绍了 Simulink 与 C S-Function 的相互作用,从进程的观点,某一仿真时刻调用 S-Function;从数据的观点,在仿真时,Simulink 与 S-Function 如何交换信息。

1. 从进程的观点

在 S-Function 中,Simulink 调用回调方法的顺序如图 6-4 所示,实线框表示在模型初始化或每一时间步内需调用的回调方法,虚线框表示在初始化阶段或仿真循环的一些或所有时间步内需调用的回调方法。进程层面框图(见图 6-4)表示了包含连续或离散状态、允许过零采样和模型中使用变步长求解器的 S-Function 的执行。

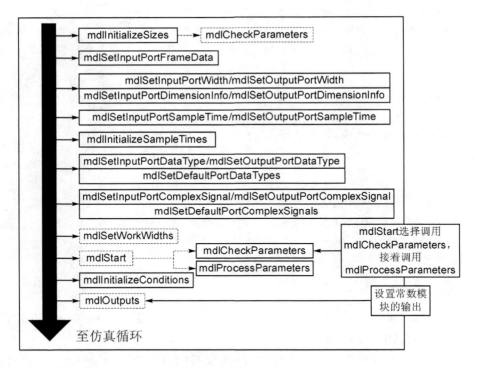

图 6-4 回调方法流程

在下面的模型初始化循环中,Simulink 为将要进行的仿真设置 S-Function,则必须调用 mdlInitializeSizes 和 mdlInitializeSampleTimes 来设置 S-Function 的基本属性,包括输入/输出端口、S-Function 对话框参数、工作向量、采样时间等;然后根据需要调用其他的回调方法来完成 S-Function 的初始化。例如,如果 S-Function 要使用工作向量,则需调用 mdlSetWorkWidths;如果 mdlInitializeSizes 方法中没有设置输入/输出端口的属性,则需调用其他的方法来完成端口的初始化,如 mdlSetInputPortWidth;如果 S-Function 中使用对话框参数,则利用 mdlStart 方法调用 mdlCheckParameters 和 mdlProcessParameters 方法。

初始化后,Simulink 将执行图 6-5 所示的仿真循环,如果人为或有错误产生使仿真循环中断,则直接跳转到 mdlTerminate 方法;如果手动暂停仿真,则在调用 mdlTerminate 前要完成当前时间步的操作。

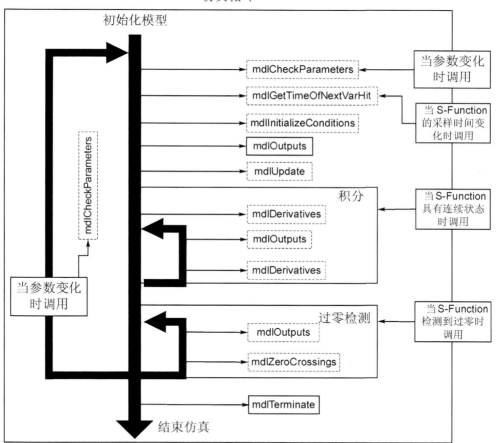

图 6-5 仿真循环流程

(1) 生成代码的调用结构

当用户利用 Real-Time Workshop 为存在 S-Function 模块的模型生成代码时,Simulink 不需要按图 6-4 所示的顺序执行全部的回调方法,而是按图 6-4 所示的框图执行初始化程序直到调用 mdlStart 回调方法为止,接着按图 6-6 所示的顺序调用其他回调方法。其中,mdlOutputs 设置端口输出或连续采样时间模块的输出,mdlRTW 方法只用于利用 RTW 生成代码中。

(2) 交替调用外部模式的结构

当在外部模式下仿真 Simulink 模型时,Simulink 按图 6-7 所示的顺序调用 S-Function 的回调方法。当进入外部模式时,Simulink 调用 mdlRTW 回调方法一次,在每一次参数变化时再调用一次,或者在选择 Edit→Update Diagram 菜单项时调用一次。

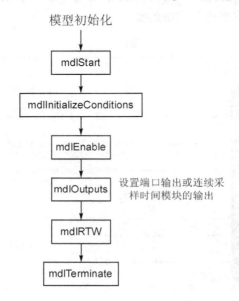

图 6-6　生成代码调用回调方法的流程

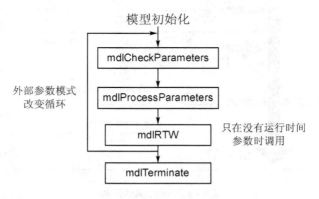

图 6-7　在外部模式下仿真时调用回调方法的流程

2. 从数据的观点

S-Function 模块有输入/输出信号、参数和内部状态及其他的工作区域。一般情况下,通过块 I/O 向量实现块输入和输出信号的读/写。通过根 Inport 模块的外部输入可作为输入信号,或者如果输入信号悬空或接地,则为接地输入;通过根 Outport 模块可将模块输出信号传递到外部输出。除了输入/输出信号,S-Function 还有连续、离散状态,以及实数、整数或指针工作向量的其他工作区域。用户还可以通过 S-Function 模块的参数对话框传递参数来参数化 S-Function 模块。

图 6-8 所示为各种类型数据间的一般映射关系。

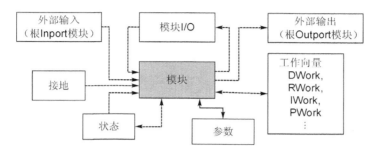

图 6-8　各种类型数据间的一般映射关系

S-Function 的 mdlInitializeSizes 程序设置了各种信号和向量的宽度,在仿真循环中通过调用 S-Function 的方法来确定信号的宽度和值。S-Function 通过两种方式来访问输入信号,即通过指针或使用相邻的输入。

(1) 通过指针访问信号

在仿真循环中,用下面的函数访问输入信号:

```
InputRealPtrsType uPtrs = ssGetInputPortRealSignalPtrs(S,portIndex)
```

返回值为有索引号 portIndex 的输入端口信号的指针数组,portIndex 从 0 开始。要访问数组中的一个元素,用户应使用 * uPtrs[element]。图 6-9 描述了怎样访问有两个输入端口的 S-Function 的输入信号。

由图 6-9 可知,输入数组指针可以指向存储器中的非相邻单元。

用户可以用下面的代码来获取输出信号:

```
real_T * y = ssGetOutputPortSignal(S,outputPortIndex);
```

(2) 访问相邻的输入信号

在 S-Function 的 mdlInitializeSizes 中,可以用 ssSetInputPortRequiredContiguous 指定输入信号的元素占据存储器中的相邻单元。如果输入是相邻的,则其他回调方法可以用 ssGetInputPortSignal 访问输入信号。

(3) 访问独立端口的输入信号

这里介绍了如何访问特定端口的所有输入信号,并将它们写到输出端口。由图 6-9 可知,输入指针数组可以指向块 I/O 向量中的非相邻单元,特定端口的输出信号能形成一个相邻的向量,因此,访问输入元素并将它们写到输出端口(假设输入与输出端口的宽度相同)的正确方法是使用下面的代码:

第6章 用户驱动模块的创建

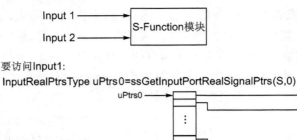

图 6-9 访问有两个输入端口的信号

```
int_T element;
int_T portWidth = ssGetInputPortWidth(S,inputPortIndex);
InputRealPtrsType uPtrs =
ssGetInputPortRealSignalPtrs(S, inputPortIndex);
real_T * y = ssGetOutputPortSignal(S,outputPortIdx);
for (element = 0; element<portWidth; element++)
{
    y[element] = * uPtrs[element];
}
```

例如,使用下面的代码试图通过指针运算来访问输入信号是个常见错误:

```
real_T *u = *uPtrs; /* 不正确 */
```

而在初始化 uPtrs 后,用下面的代码替代上面代码中的循环也是错误的:

```
*y++ = *u++; /* 不正确 */
```

虽然该代码可以编译,但 MEX 文件会与 Simulink 冲突,因为它可能访问无效的存储器(这取决于用户建立的模型)。当不正确地访问输入信号,且该信号输入到 S-Function模块不相邻的单元时,会发生冲突。通过虚拟连接的模块,如 Mux 或 Selector 模块,传递的数据一般为不相邻的数据。

若要检验 S-Function 能否正确地访问宽输入信号,则应先将信号复制后再传递给 S-Function 的每个输入端口。用户可以通过创建一个输入端口数与信号宽度相同的 Mux 模块来实现,然后连接驱动信源与每个输入端口(见图 6-10),最后运行使用该输入信号的 S-Function 来验证是否发生冲突。结果是不发生冲突,并且得到了预期的结果。

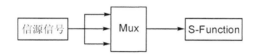

图 6-10 访问宽输入信号的模型

(4) C MEX S-Function 的编译

通过编译,可以使 MATLAB 更快地运行程序,或者脱离运行环境独立地运行可执行文件。在使用 MATLAB 编译器的各种功能之前,如使用 MEX 命令,首先需要在系统中安装 MATLAB 的编译器以及其他程序语言的编译器。如果使用"MEX 命令",则可在 MATLAB 的"命令行窗口"中输入:

```
>> mex your_sfunction_name_here.c
```

将 C 文件 S-Function 编译成 MEX 文件,当 C 文件中使用到其他库文件时,编译时应该在其后添加上所需库的文件名,如表 6-3 所列。S-Function 可以采用表 6-3 所列的 3 种方式进行编译。

表 6-3 需添加的库文件名

库文件名	作用
MATLAB_MEX_FILE	编译为用于 Simulink 的 MEX 文件
RT	通过 Real-Time Workshop 生成代码,成为一个具有固定步长求解器的实时应用程序
NRT	通过 Real-Time Workshop 生成代码,成为一个具有变步长求解器的非实时应用程序

例如,通过生成一个随机信号产生的二进制单极性不归零信号(NRZ)的 C MEX S-Function 来说明用户自定义 S-Function 模块的编写。

S-Function 的文件名为 pcm.c,保存在默认当前目录 MATLAB 下,内容如下:

```
#define S_FUNCTION_NAME   pcm
#define S_FUNCTION_LEVEL  2
#include "simstruc.h"
/* ====================*
 * S-Function 回调方法 *
 * ====================*/
static void mdlInitializeSizes(SimStruct *S)
{
/* See sfuntmpl_doc.c for more details on the macros below */

    ssSetNumSFcnParams(S, 0);   /* Number of expected parameters */
```

```c
    if (ssGetNumSFcnParams(S) != ssGetSFcnParamsCount(S))
    {
        /* Return if number of expected != number of actual parameters */
        return;
    }
    ssSetNumContStates(S, 0);
    ssSetNumDiscStates(S, 0);

    if (!ssSetNumInputPorts(S, 1))
        return;

    ssSetInputPortWidth(S, 0, 1);
    ssSetInputPortRequiredContiguous(S, 0, true);
    /* 直接输入信号访问 */
    /*
     * Set direct feedthrough flag (1 = yes, 0 = no).
     * A port has direct feedthrough if the input is used in either
     * the mdlOutputs or mdlGetTimeOfNextVarHit functions.
     * See matlabroot/simulink/src/sfuntmpl_directfeed.txt.
     */

    ssSetInputPortDirectFeedThrough(S, 0, 1);
    /* 输入端口信号直接反馈 */

    if (!ssSetNumOutputPorts(S, 1))
        return;

    ssSetOutputPortWidth(S, 0, 1);
    ssSetNumSampleTimes(S, 1);
    ssSetNumRWork(S, 0);
    ssSetNumIWork(S, 0);
    ssSetNumPWork(S, 0);
    ssSetNumModes(S, 0);
    ssSetNumNonsampledZCs(S, 0);

    ssSetOptions(S, 0);
}

static void mdlInitializeSampleTimes(SimStruct *S)
{
    ssSetSampleTime(S, 0, INHERITED_SAMPLE_TIME);
```

```
    ssSetOffsetTime(S, 0, 0.0);

}

#define MDL_INITIALIZE_CONDITIONS
/* 改成#undef,即移除函数 */
#if defined(MDL_INITIALIZE_CONDITIONS)
static void mdlInitializeConditions(SimStruct *S)
{
}
#endif /* MDL_INITIALIZE_CONDITIONS */

#define MDL_START    /* 改成#undef,即移除函数 */
#if defined(MDL_START)
static void mdlStart(SimStruct *S)
{
}
#endif /*  MDL_START */

static void mdlOutputs(SimStruct *S, int_T tid)
{
    const real_T *u = (const real_T *) ssGetInputPortSignal(S,0);
    real_T *y = ssGetOutputPortSignal(S,0);
    if (u[0]<0.5)
    y[0] = 0;
    else y[0] = 1;
}


#define MDL_UPDATE    /* 改成#undef,即移除函数 */
#if defined(MDL_UPDATE)
static void mdlUpdate(SimStruct *S, int_T tid)
{
}
#endif /* MDL_UPDATE */


#define MDL_DERIVATIVES    /* 改成#undef,即移除函数 */
#if defined(MDL_DERIVATIVES)
static void mdlDerivatives(SimStruct *S)
{
}
#endif /* MDL_DERIVATIVES */
```

第6章 用户驱动模块的创建

```
static void mdlTerminate(SimStruct * S)
{
}

/* ==============================*
 * 必需的 S-Function 尾部  *
 * ==============================*/
#ifdef  MATLAB_MEX_FILE
/* Is this file being compiled as a MEX-filefi */
#include "simulink.c"
/* MEX-file interface mechanism */
#else
#include "cg_sfun.h"
/* Code generation registration function */
#endif
```

选择 Signal Processing Blockset→Signal Processing Source 菜单项，然后从中选择 Random Source 模块，搭建如图 6-11 所示的模型。

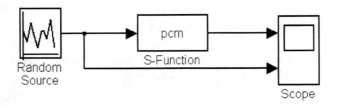

图 6-11　仿真模型

运行仿真，其结果如图 6-12 所示。

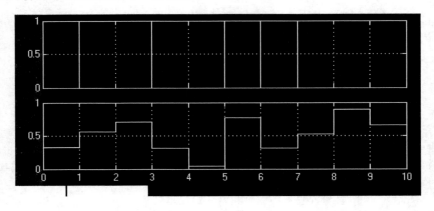

图 6-12　仿真结果(1)

6.1.5 TLC 文件

S-Function 有 3 种类型：noninlining S-Function、wrapper S-Function 和 inlining S-Function。其中：noninlining S-Function 只用于仿真，不需要 TLC(Target Language Compiler,目标语言编译器)文件；wrapper S-Function 和 inlining S-Function 用于生成实时代码和集成现有 C 代码,需要 TLC 文件,它们能加快仿真过程并减少内存使用率。

TLC S-Function 允许定制 RTW 生成代码,TLC 文件是直接控制 Real-Time Workshop 代码生成 ASCII 码文件,在为 Simulink 模型生成实时代码时需编写 TLC 文件。通过编辑 TLC 文件,可以改变某个模块的代码生成方式,也可用于将手写代码合并到模型代码中。

TLC 文件有两种形式——系统 TLC 文件和模块 TLC 文件,前者控制整个模型的代码生成,而后者仅针对某一特定模块的代码生成。一个模型包含多个模块,而每一个模块都有相应的模块 TLC 文件。MATLAB 提供的模块都有模块 TLC 文件,当用户用 S-Function 开发自定义模块时,需要编写优化代码生成的 TLC 文件。

在 Simulink 中,用户可以创建定制的模块,把已有的代码加进来,TLC 可以通过代码内嵌的方法优化从自定义模块产生的代码,将用户算法、设备驱动和自定义模块添加到模型中。而使用 S-Function Builder 模块可以自动生成用于集成用户自定义代码的 TLC 文件,即采用 S-Function Builder 生成的用户自定义模块不需要编写 TLC 文件。

inlining S-Function 为 S-Function 模型生成嵌入代码,如图 6-13 所示。

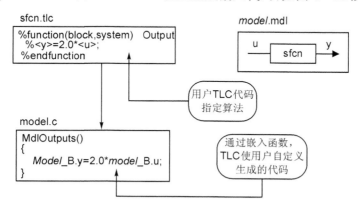

图 6-13　生成代码的过程

指令：

```
% keyword [argument1, argument2 ,...]
```

其中,keyword 为 TLC 的命令,[argument1,argument2,…]为定义所需参数的表达式。

第6章 用户驱动模块的创建

每行指令以非空格符开始,一般是以字符"%"开始,若以"%%"开始则为单行注释,而对于多行注释可采用"/%... %/"的方式。所有的 TLC 文件表达式都要写在"<>"中。若某条指令太长需要另起一行,则可以用 C 语言符号"\"或 MATLAB 中用到的"…"续行,将指令分成多行。例如:

```
% roll   sigIdx = RollRegions, lcv = RollThreshold, block, \
"Roller", rollVars
```

或者

```
% roll   sigIdx = RollRegions, lcv = RollThreshold, block, ...
"Roller", rollVars
```

函数:

```
% function identifier ( optional-arguments ) [Output | void]
% return
% endfunction
```

目标语言中的函数是递归的,有自己的局部变量空间,文件中的%return 指令为返回变量值,标号 Output 与 void 指明是否产生函数输出值。

例如,输出信号为输入信号两倍的 S-Function 的 TLC 文件:

```
% implements "timestwo" "C"

%% Function: Outputs
%% ===================================================
%%
% function Outputs(block, system) Output
/* %<Type> Block: %<Name> */
%%
/* Multiply input by two */
% assign rollVars = ["U", "Y"]
% roll idx = RollRegions, lcv = RollThreshold, block, "Roller", rollVars
%<LibBlockOutputSignal(0, "", lcv, idx)> = \
%<LibBlockInputSignal(0, "", lcv, idx)> * 2.0;
% endroll

% endfunction

%% [EOF] timestwo.tlc
```

说明:
◇ %implements:该指令是所有模块目标文件必需的,是模块目标文件的第一条可执行指令。

第6章 用户驱动模块的创建

- ◇ %function：该指令声明一个函数，函数名为 Outputs，表达式为 block 和 system。
- ◇ %assign：该指令创建或修改变量，其中，"U"指所有的模块输入，"Y"指所有的模块输出。
- ◇ %roll：取决于输入/输出信号宽度及输入信号的存储是否相邻，指令%roll 的执行相当于 for 循环，在%roll 与%endroll 之间的命令重复循环执行。该例在 roll 循环主体中用 LibBlockOutputSignal 和 LibBlockInputSignal 指令访问输入/输出信号，并执行乘法和赋值运算，该 TLC 文件支持任意宽度的信号。
- ◇ idx：指定信号向量的索引，用于生成代码。如果信号是标量，则在分析 model.rtw 文件的模块时，TLC 决定只需一行代码。在此例中，设置 idx 值为 0，则只访问向量的第一个元素，没有循环结构。
- ◇ lcv：循环控制变量，一般设置 lcv = RollThreshold，其中 RollThreshold 是全局阈值，默认值为 5。所以，当模块中包含超过 5 个相邻的变量时创建循环，少于 5 个变量时不创建循环而是生成独立行代码。
- ◇ block：告诉 TLC 是在模块对象上执行的操作，S-Function 的 TLC 代码使用该变量。
- ◇ "Roller"：在 matlabroot\rw\c\tlc\mw\roller.tlc 中指定为循环格式。
- ◇ rollVars：告诉 TLC 循环变量是输入信号、输出信号还是参数，例子中用%assign 定义该变量。
- ◇ LibBlockOutputSignal（portIdx，ucv，lcv，sigIdx）：portIdx 为输出端口号，ucv 为用户控制变量，lcv 为循环控制变量，sigIdx 为信号索引，返回值为模块的输出信号。
- ◇ LibBlockInputSignal（portIdx，ucv，lcv，sigIdx）：portIdx 为输入端口号，ucv 为用户控制变量，lcv 为循环控制变量，sigIdx 为信号索引，返回值为模块的输入信号。

此例中，portIdx 值为 0，即第一个输入端口号为 0，第二个输入端口号为 1，以此类推命名其他端口号；ucv 为""，即空字符串，用户可以在%roll 中使用自己定义的变量。

TLC 常用的编译器指令如表 6-4 所列。

表 6-4 TLC 常用的编译器指令

指 令	解 释
%%text	单一行注释
/% text%/	单一行或多行注释
%matlab	调用 MATLAB 函数，不返回结果
%<expr>	计算表达式的值

续表 6-4

指令	解释
%if expr %elseif expr %else %endif	类似 C 语言中的 if 语句
%switch expr %case expr %break %default %break %endswitch	类似 C 语言中的 switch 语句
%with %endwith	变量范围的引用
%assert expr	判断布尔表达式的值，如果表达式为假，TLC 返回错误信息，堆栈跟踪并退出；如果表达式为真，则正常执行
%assign	创建或修改变量
%createrecord	在存储器中创建记录
%addtorecord	在已存在的记录中增加记录
%mergerecord	合并记录
%copyrecord	复制记录
%realformat	指定变量的格式
%language	在 GENERATE 或 GENERATE_TYPE 函数调用前使用，指定语言格式
%implements	指定 TLC 文件中的语言类型，语法为"%implements "Type" "Language""
%generatefile	将模型中的模块名与 TLC 文件对应
%filescope	限制文件的范围
%include	添加指定的目标文件
%addincludepath	添加查找的路径
%roll %endroll	执行相当于 for 循环，在 %roll 与 %endroll 之间的命令重复循环执行
%breakpoint	为 TLC 调试器设置断点
%function %return %endfunction	调用函数
%for	类似 C 语言中的 for 语句

续表 6-4

指　令	解　释
%openfile %selectfile %closefile	用于处理已创建的文件
%generate	%generate blk fn 即 GENERATE(blk,fn)
%undef	去除变量的定义

封装函数不需要再编写该函数的代码，只需编写 TLC 代码来集成已有的函数，如图 6-14 所示。封装使得对象模块或库能用于 S-Function 中，这是开发不能获得源代码函数的唯一方法。

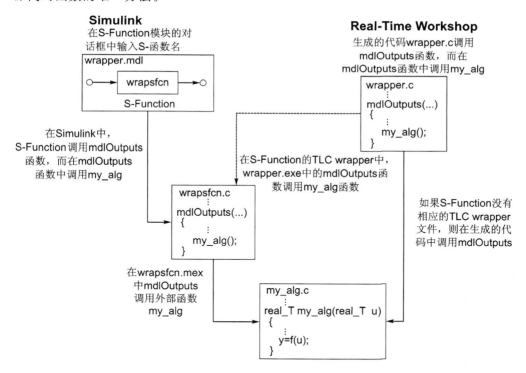

图 6-14　封装函数

6.1.6　LEVEL-2 M 文件 S-Function 介绍

LEVEL-2 M 文件 S-Function 允许用户创建一个有很多特性和功能的嵌入式模块，包括：

◇ 多输入多输出端口；

第6章 用户驱动模块的创建

- ◇ 能处理矢量或矩阵信号,一维、二维和 N 维的输入/输出信号;
- ◇ 支持多种信号属性,如 Simulink 软件支持的所有数据类型、实数或复数、基于帧的信号;
- ◇ 能在多速率采样时间处理数据;
- ◇ 用户自定义数据或工作向量;
- ◇ 参数可调。

但是,LEVEL-2 M 文件 S-Function 不支持过零检测,采用 setup 例程来设置参数的基本属性,在仿真中适当的时间调用对应的回调方法。函数的基本模板为<matlabroot>/toolbox/simulink/blocks/msfuntmpl_basic.m,模板包括最高层的 setup 函数和一些基本的子函数,每一个函数对应一个回调方法,每一个回调方法在仿真的特定时间都执行具体的任务,采用 setup 例程中定义的函数句柄来调用子函数。更详细的模板为<matlabroot>/toolbox/simulink/blocks/msfuntmpl.m。

为了促进任务的执行,将运行时对象作为参数传递给回调方法,运行时对象为 S-Function 模块提供了 M 语言的代理,使回调方法在仿真或模型更新期间能设置和读取模块属性。

在 LEVEL-2 M 文件 S-Function 中,运行时对象就是数据对象类 Simulink.MSFcnRunTimeBlock,可以获取实时信息。这个对象同 C MEX 文件 S-Function 中的 SimStruct 结构的目的一样,使回调方法能够提供或获取模块端口、参数、状态和工作矢量中不同元素的信息。运行时对象不支持 MATLAB 稀疏矩阵,例如,如果变量 block 是运行时对象,则

```
block.Outport(1).Data = speye(10);
```

在 LEVEL-2 M 文件 S-Function 中这句会出错,因为 speye 命令会生成一个单位稀疏矩阵。

LEVEL-2 M 文件 S-Function 必须包括 setup 和 Output 函数,setup 函数初始化 S-Function 的基本特征,Output 函数计算 S-Function 的输出。其他回调方法取决于模块要实现的功能。

setup 方法同 C MEX S-Function 执行的回调方法 mdlInitializeSizes 和 mdlInitializeSampleTimes 相似,初始化对应模块的实例。setup 方法执行的任务包括:初始化模块的输入/输出端口数目;设置属性,如端口的信号维度、数据类型、实数或复数、采样时间;确定模块采样时间;设置 S-Function 对话框参数的数目;通过传递 M 文件 S-Function 中的局部函数的句柄给 S-Function 模块的运行时对象的 RegBlockMethod 来存储 S-Function 的回调方法。

在模型中使用 LEVEL-2 M 文件 S-Function,将 User-Defined Function 模块库中的 S-Function 模块添加到 Simulink 模型窗口中,打开模块参数对话框,输入执行 S-Function 的 M 文件名。如果 S-Function 用到了其他参数,则在 Parameters 文本

框中输入参数值,参数间用逗号隔开,如图 6-15 所示。

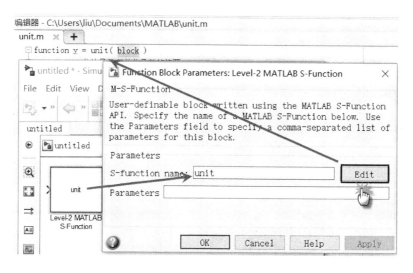

图 6-15 函数模块、参数对话框和源文件之间的关系

MEX 文件 S-Function 与 M 文件 S-Function 的对比

LEVEL-2 M 文件和 MEX 文件的 S-Function 各有优点,LEVEL-2 M 文件加快了开发的进程,开发 LEVEL-2 M 文件 S-Function 避免了用已编译过的语言开发所需的编译—链接—执行循环消耗的时间,LEVEL-2 M 文件 S-Function 更容易访问 MATLAB 工具函数以及更容易利用 MATLAB 编译器、调试器。

MEX 文件的 S-Function 更适合将原有代码嵌入到 Simulink 模型中,对于复杂的系统,MEX 文件的 S-Function 比 LEVEL-2 M 文件 S-Function 的仿真速度快,因为 LEVEL-2 M 文件 S-Function 在每一个回调方法中都要调用 MATLAB 解译器。

LEVEL-2 M 文件 S-Function 能够访问广泛的 S-Function 应用程序接口(API),支持代码生成。而 C MEX 文件的 S-Function 使得程序设计更加灵活,用户可以将自己的算法作为 C MEX S-Function 来执行,或者写一个封装的 S-Function 来调用已存在的 C 代码。写一个新的 S-Function 需要了解 S-Function 的 API 的知识。如果用户要产生嵌入式的代码,则还要了解 TLC 的知识。

如果用户要为包含 S-Function 模块的模型产生代码,就要自己编写 TLC 文件,＜matlabroot＞/toolbox/simulink/blocks/tlc_c 目录中的 msfcn_times_two.tlc 是 ＜matlabroot＞/toolbox/simulink/blocks 目录中 msfcn_times_two.m 实现的 S-Function 对应的 TLC 文件,用户可参考此例编写对应 S-Function 的 TLC 文件。

S-Function 模板文件 msfuntmpl.m 的主要代码如下:

```matlab
function msfuntmpl(block)
% M 文件 S-Function 名应与 MATLAB 函数名相同,在编写 S-Function 时,用文件名替换
% 'msfuntmpl'

% 用 setup 方法设置 S-Function 的基本属性,如端口、参数等,不在函数体中添加其他 %
  的调用
setup(block);

% endfunction

% % Function: setup
% % setup 函数用来设置 S-Function 模块的基本属性,初始化模块输入/输出端口的数
% % 目,设置尺寸、数据类型、端口的采样时间等属性,指定模块的采样时间
% % 设置对话框参数的数目,并存储 S-Function 的回调方法
% % 必需的回调方法,即任何 S-Function 都有该回调方法
% % 对应 C MEX S-Function 中的 mdlInitializeSizes
function setup(block)
% 存储输入/输出端口数
block.NumInputPorts  = 1;
block.NumOutputPorts = 1;

% 设置端口属性(维度、数据类型、实数或复数、采样方式)是继承的
block.SetPreCompInpPortInfoToDynamic;
block.SetPreCompOutPortInfoToDynamic;

% 覆盖输入端口属性,即替换继承的属性值
block.InputPort(1).DatatypeID  = 0;  % 双精度
block.InputPort(1).Complexity  = 'Real';   % 实数

block.OutputPort(1).DatatypeID  = 0; % double
block.OutputPort(1).Complexity  = 'Real';

% 存储参数,初始化 3 个对话框参数:可调、不可调、只在仿真过程中可调
block.NumDialogPrms     = 3;
block.DialogPrmsTunable = {'Tunable','Nontunable','SimOnlyTunable'};

% 存储采样时间
%  [0 offset]            : 连续采样时间
%  [positive_num offset] : 离散采样时间
%  [-1, 0]               : 继承的采样时间
%  [-2, 0]               : 可变采样时间
```

```
% 偏移量为 0 的连续采样时间
block.SampleTimes = [0 0];


% % ------------------------------
% % 可选项
% % ------------------------------
% 确定加速器是用 TLC 文件还是回调到 M 文件
block.SetAccelRunOnTLC(false);


% % M 文件 S-Function 存储了所有的 block 方法,用户可以选择相关的回调方法(必
% % 需的和可选的),作为局部函数执行这些方法
% % 
% % ------------------------------
% % 在更新对话框或编译时调用
% % ------------------------------

% % CheckParameters 回调方法的功能
% % 调用该方法使模块的对话框参数合法,用户在 setup 方法的开始显式地调
% % 用该方法
% % 对应 C MEX S-Function 中的 mdlCheckParameters
block.RegBlockMethod('CheckParameters', @CheckPrms);


% % SetInputPortSamplingMode 回调方法的功能
% % 如果端口是基于采样或基于帧模式的,则检查、设置输入/输出端口的属性
% % 对应 C MEX S-Function 中的 mdlSetInputPortFrameData(为了设置基于帧的
% % 端口必须有信号处理模块)
block.RegBlockMethod('SetInputPortSamplingMode', @SetInpPortFrameData);


% % SetInputPortDimensions 回调方法的功能
% % 检查、设置输入端口和可选输出端口的维度
% % 对应 C MEX S-Function 中的 mdlSetInputPortDimensionInfo
block.RegBlockMethod('SetInputPortDimensions', @SetInpPortDims);


% % SetOutputPortDimensions 回调方法的功能
% % 检查、设置输出端口和可选输入端口的维度
% % 对应 C MEX S-Function 中的 mdlSetOutputPortDimensionInfo
block.RegBlockMethod('SetOutputPortDimensions', @SetOutPortDims);


% % SetInputPortDatatype 回调方法的功能
% % 检查、设置输入端口和可选输出端口的数据类型
% % 对应 C MEX S-Function 中的 mdlSetInputPortDataType
block.RegBlockMethod('SetInputPortDataType', @SetInpPortDataType);
```

```
% % SetOutputPortDatatype 回调方法的功能
% % 检查、设置输出端口和可选输入端口的数据类型
% % 对应 C MEX S-Function 中的 mdlSetOutputPortDataType
block.RegBlockMethod('SetOutputPortDataType', @SetOutPortDataType);

% % SetInputPortComplexSignal 回调方法的功能
% % 检查、设置输入端口和可选输出端口的复数属性
% % 对应 C MEX S-Function 中的 mdlSetInputPortComplexSignal
block.RegBlockMethod('SetInputPortComplexSignal', @SetInpPortComplexSig);

% % SetOutputPortComplexSignal 回调方法的功能
% % 检查、设置输出端口和可选输入端口的复数属性
% % 对应 C MEX S-Function 中的 mdlSetOutputPortComplexSignal    block.RegBlock
% % Method('SetOutputPortComplexSignal',   @SetOutPortComplexSig);

% % PostPropagationSetup 回调方法的功能
% % 设置工作区域和状态变量,可在此方法中存储运行时间方法
% % 对应 C MEX S-Function 中的 mdlSetWorkWidths
block.RegBlockMethod('PostPropagationSetup', @DoPostPropSetup);


% % -----------------------------
% % 在运行时调用
% % -----------------------------


% % ProcessParameters 回调方法的功能
% % 调用该方法来更新运行时间参数
% % 对应 C MEX S-Function 中的 mdlProcessParameters
block.RegBlockMethod('ProcessParameters', @ProcessPrms);

% % InitializeConditions 回调方法的功能
% % 调用该方法来初始化状态和工作区域值
% % 对应 C MEX S-Function 中的 mdlInitializeConditions
block.RegBlockMethod('InitializeConditions', @InitializeConditions);

% % Start 回调方法的功能
% % 调用该方法来初始化状态和工作区域值
% % 对应 C MEX S-Function 中的 mdlStart
block.RegBlockMethod('Start', @Start);

% % Outputs 回调方法的功能
% % 调用该方法在仿真中生成模块输出
```

```
%% 对应 C MEX S-Function 中的 mdlOutputs
block.RegBlockMethod('Outputs', @Outputs);

%% Update 回调方法的功能
%% 调用该方法在仿真步更新离散状态
%% 对应 C MEX S-Function 中的 mdlUpdate
block.RegBlockMethod('Update', @Update);

%% Derivatives 回调方法的功能
%% 调用该方法在仿真步更新连续状态的微分
%% 对应 C MEX S-Function 中的 mdlDerivatives
block.RegBlockMethod('Derivatives', @Derivatives);

%% Projection 回调方法的功能
%% 调用该方法在仿真步更新工程
%% 对应 C MEX S-Function 中的 mdlProjections
block.RegBlockMethod('Projection', @Projection);

%% SimStatusChange 回调方法的功能
%% 在仿真中调用该方法到达暂停模式或离开暂停模式继续仿真
%% 对应 C MEX S-Function 中的 mdlSimStatusChange
block.RegBlockMethod('SimStatusChange', @SimStatusChange);

%% Terminate 回调方法的功能
%% 在仿真结束时调用该方法清除信息
%% 对应 C MEX S-Function 中的 mdlTerminate
block.RegBlockMethod('Terminate', @Terminate);


%% ----------------------------
%% 在生成代码时调用
%% ----------------------------

%% WriteRTW 回调方法的功能
%% 向 RTW 文件写具体的信息
%% 对应 C MEX S-Function 中的 mdlRTW
block.RegBlockMethod('WriteRTW', @WriteRTW);
%endfunction


%% ----------------------------
%% 下面的局部函数说明如何执行上述各种模块方法
%% ----------------------------
```

```
function CheckPrms(block)
  a = block.DialogPrm(1).Data;
  if ~strcmp(class(a), 'double')
    DAStudio.error('Simulink:block:invalidParameter');
  end
% endfunction

function ProcessPrms(block)
  block.AutoUpdateRuntimePrms;
% endfunction

function SetInpPortFrameData(block, idx, fd)
  block.InputPort(idx).SamplingMode = fd;
  block.OutputPort(1).SamplingMode  = fd;
% endfunction

function SetInpPortDims(block, idx, di)
  block.InputPort(idx).Dimensions = di;
  block.OutputPort(1).Dimensions  = di;
% endfunction

function SetOutPortDims(block, idx, di)
  block.OutputPort(idx).Dimensions = di;
  block.InputPort(1).Dimensions    = di;
% endfunction

function SetInpPortDataType(block, idx, dt)
  block.InputPort(idx).DataTypeID = dt;
  block.OutputPort(1).DataTypeID  = dt;
% endfunction

function SetOutPortDataType(block, idx, dt)
  block.OutputPort(idx).DataTypeID = dt;
  block.InputPort(1).DataTypeID    = dt;
% endfunction

function SetInpPortComplexSig(block, idx, c)
  block.InputPort(idx).Complexity = c;
  block.OutputPort(1).Complexity  = c;
% endfunction
```

```
function SetOutPortComplexSig(block, idx, c)
  block.OutputPort(idx).Complexity = c;
  block.InputPort(1).Complexity    = c;
% endfunction


% 初始化离散状态,存储在 DWork 向量中,DWork 向量名为 x1,如果还用到其
% 他的 DWork 向量,也在该回调方法中初始化
function DoPostPropSetup(block)
  block.NumDworks = 1;
  block.Dwork(1).Name            = 'x1';
  block.Dwork(1).Dimensions      = 1;
  block.Dwork(1).DatatypeID      = 0;      % double
  block.Dwork(1).Complexity      = 'Real'; % real
  block.Dwork(1).UsedAsDiscState = true;
  %% 存储所有可调的参数为运行时参数
  block.AutoRegRuntimePrms;
% endfunction


% 在 InitializeConditions 或 Start 回调方法中初始化离散状态、连续状态或其他
% DWork 向量的值
% 包含 S-Function 的使能子系统再次触发时,值需要重新初始化,此时用
% InitializeConditions 回调方法
function InitializeConditions(block)
% endfunction


% 在仿真开始时,值只初始化一次时用 Start 回调方法
function Start(block)
  block.Dwork(1).Data = 0;
% endfunction


function WriteRTW(block)
   block.WriteRTWParam('matrix', 'M',   [1 2; 3 4]);
   block.WriteRTWParam('string', 'Mode', 'Auto');
% endfunction


function Outputs(block)
  block.OutputPort(1).Data = block.Dwork(1).Data + block.InputPort(1).Data;
% endfunction


function Update(block)
  block.Dwork(1).Data = block.InputPort(1).Data;
```

```
% endfunction

function Derivatives(block)
% endfunction

function Projection(block)
% endfunction

function SimStatusChange(block, s)
  if s == 0
    disp('Pause has been called');
  elseif s == 1
    disp('Continue has been called');
  end
% endfunction

function Terminate(block)
% endfunction
```

下面介绍一个 MATLAB 自带的例子,帮助读者学会编写 M 文件 S-Function 来实现特定的模块功能。继承采样时间,示例程序为 msfcndsc.m,用于 msfcndemo_sfundsc1.mdl 中仿真。系统模型如图 6-16 所示。

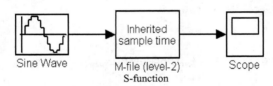

图 6-16　系统模型图

双击 matlabroot\toolbox\simulink\blocks\ msfcndsc.m,将弹出以下程序代码:

```
function msfcn_dsc(block)
% 继承采样时间的 LEVEL-2 M 文件 S-Function 示例
  setup(block);
% endfunction

function setup(block)
  %% 存储输入、输出端口数
  block.NumInputPorts  = 1;
  block.NumOutputPorts = 1;

  %% 设置端口属性为动态继承
```

```
    block.SetPreCompInpPortInfoToDynamic;
    block.SetPreCompOutPortInfoToDynamic;

    block.InputPort(1).Dimensions        = 1;
    block.InputPort(1).DirectFeedthrough = false;

    block.OutputPort(1).Dimensions       = 1;

    %% 设置模块采样时间为继承
    block.SampleTimes = [-1 0];

    %% 存储回调方法
    block.RegBlockMethod('PostPropagationSetup',    @DoPostPropSetup);
    block.RegBlockMethod('InitializeConditions',    @InitConditions);
    block.RegBlockMethod('Outputs',                 @Output);
    block.RegBlockMethod('Update',                  @Update);
%endfunction

function DoPostPropSetup(block)
    %% 设置 Dwork
    block.NumDworks = 1;
    block.Dwork(1).Name            = 'x0';
    block.Dwork(1).Dimensions      = 1;
    block.Dwork(1).DatatypeID      = 0;
    block.Dwork(1).Complexity      = 'Real';
    block.Dwork(1).UsedAsDiscState = true;
%endfunction

function InitConditions(block)
    %% 初始化 Dwork
    block.Dwork(1).Data = 0;
%endfunction

function Output(block)
    block.OutputPort(1).Data = block.Dwork(1).Data;
%endfunction

function Update(block)
    block.Dwork(1).Data = block.InputPort(1).Data;
%endfunction
```

运行仿真,其结果如图 6-17 所示。

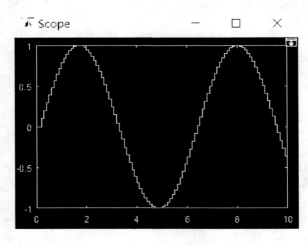

图 6-17 仿真结果(2)

6.1.7 调用仿真模型外部的 C 代码和生成代码

在很多实际应用中,如果能够利用已经测试和验证过的 C 代码算法,并将这些算法嵌入到 Simulink 模型中,则会大大加快开发进度,提高代码的重用度,节约开发成本。

MATLAB 的代码继承工具(Legacy Code Tool,LCT),允许用户在仿真和产生代码过程中调用外部函数,整合已存在 C 语言代码生成 Simulink 用户模块。

使用代码继承工具的函数名为 legacy_code,其将创建存储已存在的 C 或 C++ 代码以及产生 S-Function 的规范 MATLAB 结构。而且,legacy_code 函数能为特定的 S-Function 产生、编译、链接和创建一个已封装的模块,还产生了使仿真加速和产生代码的 TLC 文件,以及用户可以自定义说明在不同目录下的相关的源文件和头文件的 rtwmakecfg.m 文件。在使用 legacy_code 函数时,用户需确定在 MATLAB 环境下已安装 C 编译器。

为了与代码继承工具交互,用户需用代码继承工具数据结构定义 S-Function 名、已存在的 C 函数的规范、编译所需的文件和路径及产生 S-Function 的选项。采用 legacy_code 函数为给定的 C 函数初始化代码继承工具数据结构,生成在仿真中用到的 S-Function,将生成的 S-Function 编译链接成可加载的可执行程序,产生调用已生成的 S-Function 和已封装的 S-Function 模块,生成 TLC 文件,如果需要就生成 rtwmakecfg.m 文件。图 6-18 所示为使用代码继承工具的一般过程。

这里通过一个例子来说明如何调用已存在的 C 代码来创建自定义的 Simulink 模块,调用已存在的 C 函数,该函数在文件 SimpleTable.c 和 SimpleTable.h 中定义。

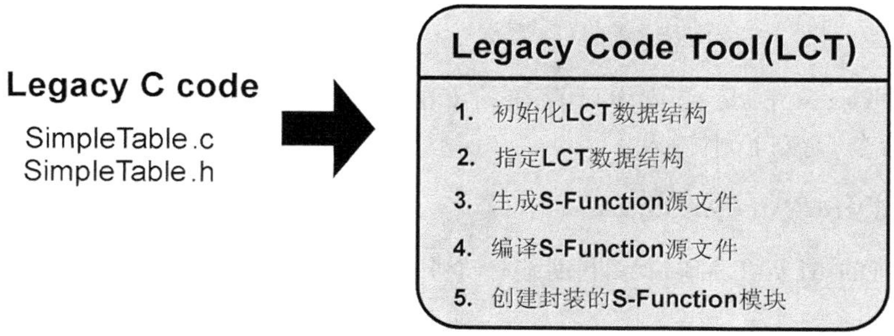

```
                    Legacy Code Tool(LCT)
  Legacy C code     1. 初始化LCT数据结构
   SimpleTable.c    2. 指定LCT数据结构
   SimpleTable.h    3. 生成S-Function源文件
                    4. 编译S-Function源文件
                    5. 创建封装的S-Function模块
```

图 6-18 使用代码继承工具的一般过程

① 用 legacy_code 函数初始化表示代码继承工具属性的 MATLAB 结构,在 MATLAB 的"命令行窗口"中输入下面的命令创建一个名为 def 的代码继承工具数据结构,该数据结构定义了到已存在的 C 代码的函数界面。

```
def = legacy_code('initialize')
```

则在 MATLAB 的"命令行窗口"中显示如下信息:

```
def =
                  SFunctionName: ''
       InitializeConditionsFcnSpec: ''
                   OutputFcnSpec: ''
                    StartFcnSpec: ''
                TerminateFcnSpec: ''
                     HeaderFiles: {}
                     SourceFiles: {}
                    HostLibFiles: {}
                  TargetLibFiles: {}
                        IncPaths: {}
                        SrcPaths: {}
                        LibPaths: {}
                      SampleTime: 'inherited'
                         Options: [1x1 struct]
```

② 具体说明代码继承工具数据结构的值,使其与已存在的 C 函数的属性一致,如指定 C 函数的源文件名和头文件名;还可以指定要生成的 S-Function 的信息,如 S-Function 名和输出函数声明。通过在 MATLAB 的"命令行窗口"中输入以下代码即可实现:

```
def.SourceFiles = {'SimpleTable.c'};
def.HeaderFiles = {'SimpleTable.h'};
def.SFunctionName = 'SimpTableWrap';
```

第6章 用户驱动模块的创建

```
def.OutputFcnSpec = [ 'double y1 = SimpleTable (double u1,',...
'double p1[ ], double p2[ ],int16 p3)'];
```

③ 用 legacy_code 函数为已存在的 C 函数生成 S-Function 源文件，在 MATLAB 的"命令行窗口"中输入：

```
legacy_code('sfcn_cmex_generate',def)
```

在当前的 MATLAB 目录下创建一个名为 SimpTableWrap.c 的 S-Function 源文件。

④ 用 legacy_code 函数将生成的 S-Function 源文件编译链接成可加载的可执行程序，在 MATLAB 的"命令行窗口"中输入：

```
legacy_code('compile',def)
```

则在 MATLAB 的"命令行窗口"中将显示如下信息，在 32 位 Windows 系统下生成的可执行程序名为 SimpTableWrap.mexw32。

```
### Start Compiling SimpTableWrap
    mex('SimpTableWrap.c',
'...\mydocuments\MATLAB\SimpleTable\SimpleTable.c', '-I...\mydocuments\MATLAB\SimpleTable')
### Finish Compiling SimpTableWrap
### Exit
```

⑤ 用 legacy_code 函数将已封装的 S-Function 模块添加到 Simulink 模型中，代码继承工具用之前生成的 C MEX S-Function 配置模块，模块封装后将显示 OutputFcnSpec 属性值。该模块可以在任何模型中使用。创建一个包含已封装的 S-Function 模块的模型，在 MATLAB 的"命令行窗口"中输入：

```
legacy_code('slblock_generate',def)
```

模块出现在空白模型编辑器中，如图 6 - 19 所示。

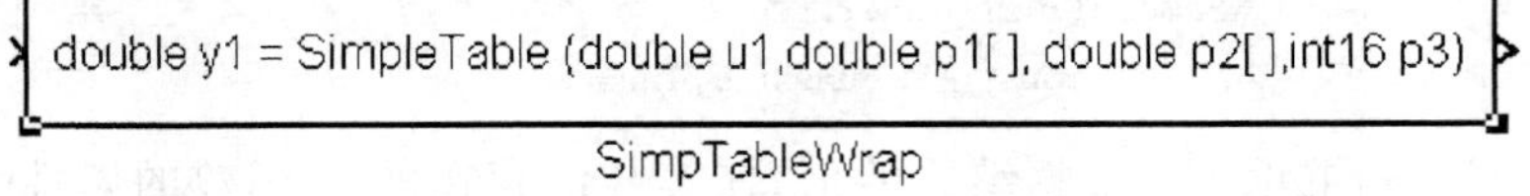

```
double y1 = SimpleTable (double u1,double p1[ ], double p2[ ],int16 p3)
                         SimpTableWrap
```

图 6 - 19 生成的模块

⑥ 用 legacy_code 函数为 S-Function 生成 TLC 文件，在 MATLAB 的"命令行窗口"中输入：

```
legacy_code('sfcn_tlc_generate',def)
```

6.2 S-Function Builder

S-Function Builder 模块允许用户不必从头编写 S-Function,它将用户的 C 代码封装成一个 CMEX S-Function,C 代码可以是多输入、多输出的,代码中标量、矢量、矩阵的数量也是可变的。这些输入/输出端口支持 Simulink 的内建数据类型以及定点、复数、帧、一维及二维信号,还支持实数型的离散及连续状态。用户可以利用该模块生成 TLC 文件,而 TLC 文件是一种直接控制 Real-Time Workshop 代码生成的 ASCII 码文件。

需要特别说明的是:S-Function Builder 模块不同于 Subsystem 模块,它不支持模块封装。因此,用户需要自建一个子系统,将 S-Function Builder 模块添加在子系统中,以实现封装功能,如图 6-20 所示。

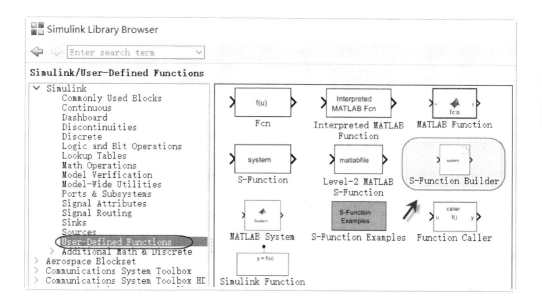

图 6-20 S-Function Builder 模块

双击 S-Function Builder 模块,打开如图 6-21 所示的对话框,在使用之前详细了解对话框中各项的功能是很有必要的。

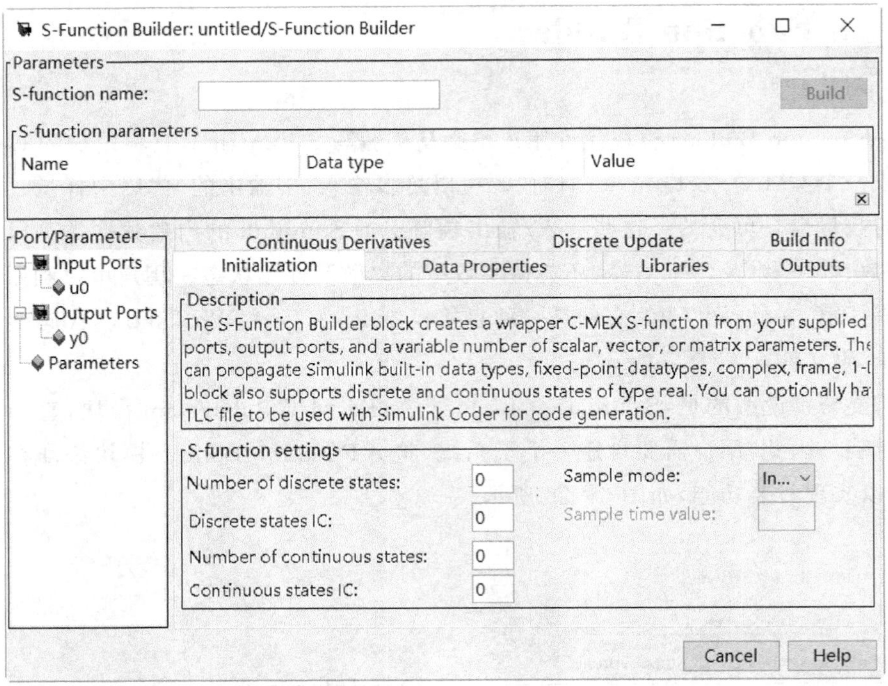

第 6 章 用户驱动模块的创建

图 6 – 21 S-Function Builder 对话框

6.2.1 S-Function 名及参数名

Parameters 选项组如图 6 – 22 所示,在该选项组中可以指定 S-Function 和该 S-Function 所包含的参数。

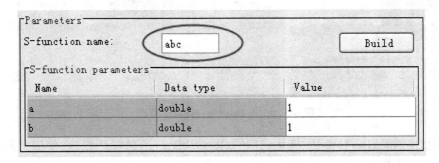

图 6 – 22 Parameters 选项组

① 在 S-function name 文本框中可输入用户所指定的 S-Function 名。

② 在 S-function parameters 选项组中列出了该 S-Function 所包含的参数,

Name 和 Data type 的设置详见"6.2.3 数据属性",Value 列用于指定对应参数的参数值,用户需要在此填入正确的 MATLAB 表达式。

完成一切设置后,单击 Build 按钮,生成 C 源代码与可执行的 MEX 文件。如果按钮文字显示为 Save,则系统仅生成 C 源代码。用户可以通过选中 Build Info 选项卡中的 Save code only 复选框开启该功能,详见"6.2.8 编译信息"。

6.2.2 初始化

Initialization(初始化)选项卡如图 6-23 所示。

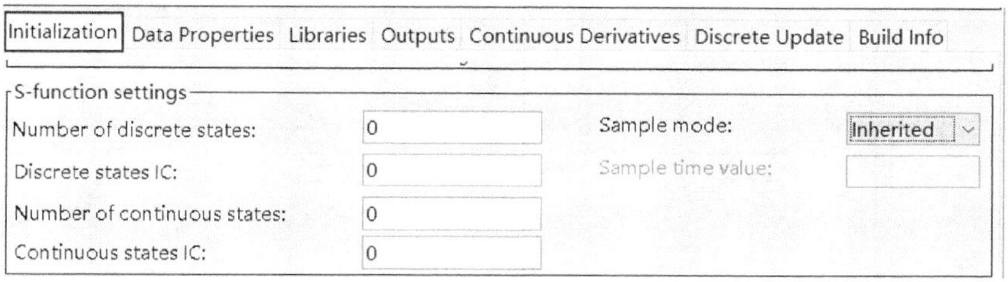

图 6-23 Initialization 选项卡

① Number of discrete states 和 Number of continuous states 文本框:用于输入 S-Function 中离散或连续状态的数量。

② Discrete states IC 和 Continuous states IC 文本框:用于输入 S-Function 中离散或连续状态的初始状态。用户可以用半角逗号分隔各个初始值,如"0,1,2";或以向量形式表示,如[0 1 2]。初始值的个数必须与先前指定离散或连续状态的数量一致。

③ Sample mode 下拉列表框:

◇ Inherited:S-Function 模块从与其输入端口相连的前级模块继承采样时间。

◇ Continuous:以模型的仿真步长作为采样时间。

◇ Discrete:以下方 Sample time value 文本框指定的数值作为采样时间。

④ Sample time value 文本框:在采样模式为 Discrete 时有效,采样时间只能是标量。

S-Function Builder 将用户在 Initialization 选项卡中所输入的信息生成 mdlInitializeSizes 回调方法,系统在模型初始化期间调用该方法,以得到该 S-Function 的基本信息。

6.2.3 数据属性

Data Properties 选项卡的 Port and Parameter properties 选项组中包括:

第6章 用户驱动模块的创建

◇ Input ports 选项卡；
◇ Output ports 选项卡；
◇ Parameters 选项卡；
◇ Data type attributes 选项卡。

Input ports(输入端口)选项卡和 Output ports(输出端口)选项卡的结构相同，因此这里仅以 Input ports 选项卡为例作简要说明。Input ports 选项卡和 Output ports 选项卡分别如图 6-24 和图 6-25 所示。

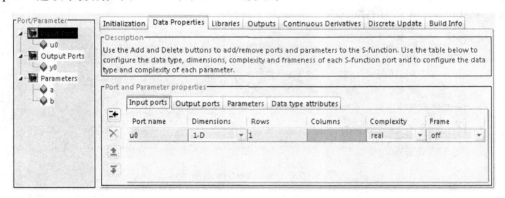

图 6-24　Input ports 选项卡

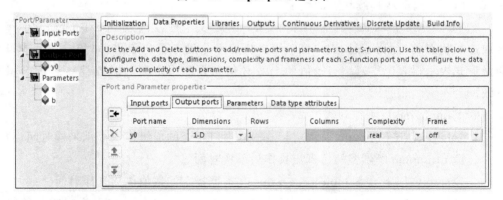

图 6-25　Output ports 选项卡

(1) Input ports 选项卡

Input ports 选项卡包括以下内容：

◇ Port name：指定端口的名称。
◇ Dimensions：指定端口信号是一维还是二维。选择"1-D"时允许动态信号维度，这样用户可以不用考虑实际的信号维度。
◇ Rows：指定信号的行数，输入"-1"则表示动态行数。

第 6 章 用户驱动模块的创建

◇ Columns：当信号维度为二维时，指定信号的列数。

注意：如果行数设置为动态，则列数也必须设置为动态或 1，如果列数设置为其他数值，虽然编译可以通过，但由于该设置不正确，任何包含该 S-Function 的仿真都将无法执行。

◇ Complexity：指定该端口支持的信号是实数还是复数。

◇ Frame：指定该端口是否支持由 Signal Processing Blockset 或 Communications Blockset 生成的基于帧结构的信号。

（2）Parameters 选项卡

Parameters（参数）选项卡如图 6 - 26 所示，包括以下内容：

◇ Parameter name：参数的名称。

◇ Data type：指定参数的数据类型。

◇ Complexity：指定参数值是实数还是复数。

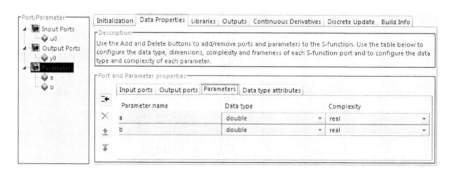

图 6 - 26　Parameters 选项卡

（3）Data type attributes 选项卡

Data type attributes（数据类型属性）选项卡如图 6 - 27 所示。该选项卡列出了 S-Function 所有输入/输出端口的数据类型属性。单击 Data Type 列右侧的倒三角按钮，可修改端口的数据类型。

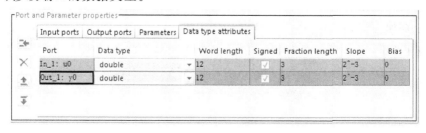

图 6 - 27　Data type attributes 选项卡

仅当数据类型为"Fixed-Point"时，Word length、Signed、Fraction length 三列可编辑。

Port and Parameter properties 选项组可用于快速定位输入端口、输出端口及参数。

6.2.4 库文件

用户可以在这里指定外部代码文件的位置，这些外部代码是指在其他选项卡输入的自定义代码中引用到的代码文件，如图 6-28 所示。

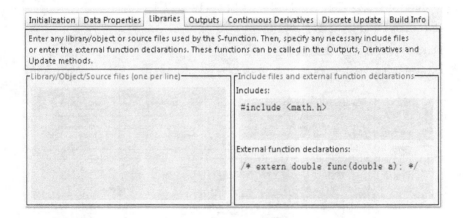

图 6-28　Libraries(库文件)选项卡

1. "Library/Object/Source files(on per line)"选项组

该选项组用以声明在其他选项卡输入的自定义代码中引用到的外部库文件、对象代码以及源文件。每一个文件都单独占一行。如果代码文件处在当前工作目录中，则用户只需声明文件名即可；如果代码文件处在其他的目录中，则用户需要输入完整的路径。

另一种方法是输入用于搜索库文件、对象文件、头文件以及源文件的路径，并在路径前分别加上标签 LIB_PATH、INC_PATH、SRC_PATH。当然，用户可以根据需求尽量多地指定这些文件入口。同样，每个路径都单独占用一行。

若 MATLAB 安装于 C:\Program Files\MATLAB\，某个 S-Function Builder 文件处于 E:\user\，需要链接的 3 个文件位于：

```
C:\Program Files\MATLAB\user_object\aaa.obj
C:\user_lib\bbb.lib
D:\source\ccc.c
```

则对应的代码为

```
LIB_PATH        $MATLABROOT\user_object
LIB_PATH        C:\user_lib
SRC_PATH        D:\source
aaa.obj
bbb.lib
ccc.c
```

从上例可以看到，路径标签 LIB_PATH 用来标志对象文件以及库文件路径，SRC_PATH 用来标志源文件路径，路径与具体文件各自占用一行。$MATLABROOT 表示 MATLAB 的安装路径。如果用户输入了多个 LIB_PATH 路径，则系统根据路径的上下次序，依次搜索。

注意：不要在路径两端加入引号，即使路径名中含有空格，否则编译器将找不到对应的文件。

用户还可以在此输入预处理指令，前缀为-D，如-DDEBUG。

2. Include files and external function declarations 选项组

(1) Includes

该区域用于声明头文件，而这些头文件又声明了用户在其他选项组输入的自定义代码中引用的函数、变量以及宏定义。每个头文件声明都占用一行，前缀为♯include。

对于标准 C 头文件，需要用尖括弧将文件名括起来，例如 ♯include <math.h>。

对于用户自定义的头文件，则需要用半角双引号，例如为 ♯include "xxx.h"。

如果用户引用的头文件不处在当前工作目录中，则需要在前述 Library/Object/Source files(on per line)选项组中，前缀 INC_PATH，指定该头文件的目录。

(2) External function declarations

如果上述 Includes 区域所列出的头文件对一些外部函数未曾声明，则用户必须在此进行声明，每一个函数声明都占用一行。S-Function Builder 将这些声明包含在生成的 S-Function 源文件中。这就允许 S-Function 调用这些外部函数，计算函数状态或函数输出。

6.2.5 输 出

Outputs(输出)选项卡如图 6-29 所示。

① 用户可以在该选项卡中的对应区域输入自定义的 C 代码或调用某种算法，如果包含离散或连续状态，则分别用 xD[0],…,xD[n],以及 xC[0],…,xC[n]表示。代码或算法中的输入/输出端口或参数，必须使用在前述"Data Properties"选项卡中定义的符号来表示。系统将在每个采样时间(仿真步长时间或离散 S-Function 的采

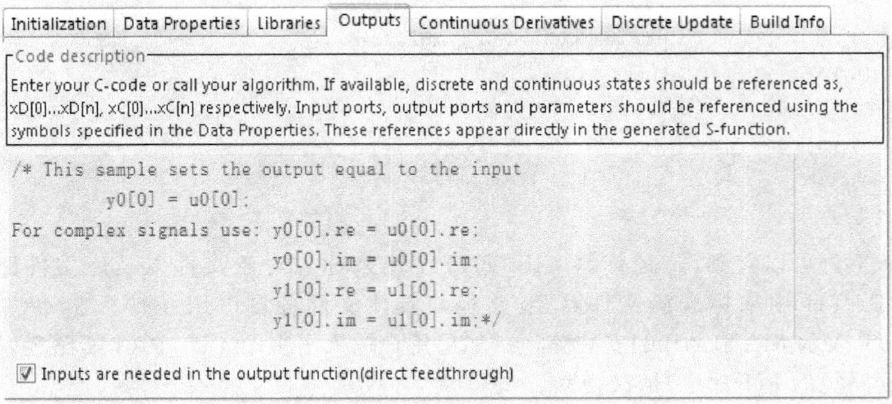

第6章 用户驱动模块的创建

```
Initialization | Data Properties | Libraries | Outputs | Continuous Derivatives | Discrete Update | Build Info
Code description
Enter your C-code or call your algorithm. If available, discrete and continuous states should be referenced as,
xD[0],...xD[n], xC[0],...xC[n] respectively. Input ports, output ports and parameters should be referenced using the
symbols specified in the Data Properties. These references appear directly in the generated S-function.

/* This sample sets the output equal to the input
            y0[0] = u0[0];
For complex signals use: y0[0].re = u0[0].re;
                         y0[0].im = u0[0].im;
                         y1[0].re = u1[0].re;
                         y1[0].im = u1[0].im;*/

☑ Inputs are needed in the output function(direct feedthrough)
```

图 6 - 29 Outputs 选项卡

样时间)计算 S-Function 的输出值。当生成 S-Function 源代码时,S-Function Builder 将用户代码插入一个封装函数,形式如下,并以 sfun 作为 S-Function 名:

```
void      sfun_Outputs_wrapper(   const real_T    * u,
real_T                    * y,
const real_T    * xD,         /* optional */
const real_T    * xC,         /* optional */
const real_T    * param0,     /* optional */
int_T           p_width0,     /* optional */
real_T          * param1,     /* optional */
int_t           p_width1,     /* optional */
int_T           y_width,      /* optional */
int_T           u_width)      /* optional */
{
  ⋮           /* user code */
}
```

S-Function Builder 在 mdlOutputs 回调方式中加入了一条调用该封装函数的代码。Simulink 在每个采样时间调用 mdlOutputs 方法,mdlOutputs 方法又调用该封装函数,这时才真正执行用户的代码,并将结果返回 S-Function 作为输出。

mdlOutputs 方式将表 6 - 5 所列的某些或全部参数传递给输出封装函数。

表 6-5 利用 mdlOutputs 方式传递的参数

参　数	说　明
u0, u1, …, uN	● S-Function 输入数组的指针，N 表示在 Input ports 选项卡中定义的输入端口的数量。 ● 在输出封装函数中出现的参数名 u0, …, uN 就是在 Input ports 选项卡中定义的输入端口名。每个数组的宽度即为每个输入端口的输入宽度。如果先前指定的输入宽度为 −1，则数组的宽度将由封装函数的 u_width 参数决定。(详见本表 u_width 参数的介绍)
y0, y1, …, yN	● S-Function 输出数组的指针，N 表示在 Output ports 选项卡中定义的输出端口的数量。 ● 在输出封装函数中出现的参数名 y0, …, yN 就是在 Output ports 选项卡中定义的输出端口名。每个数组的宽度即为每个输出端口的输出宽度。如果先前指定的输出宽度为 −1，则数组的宽度将由封装函数的 y_width 参数决定。(详见本表 y_width 参数的介绍) ● 使用该数组向 Simulink 传递由用户代码计算得到的输出
xD	● S-Function 离散状态的数组指针。仅当用户在 Initialization 选项卡中定义了离散状态，该参数才有效。 ● 第一步仿真时，离散状态的初始值由用户在 Initialization 选项卡中指定。在接下来的采样时间点，离散状态值来自 S-Function 在上一次采样点计算得到的数值。(详见 6.2.7 小节)
xC	● S-Function 连续状态的数组指针。仅当用户在 Initialization 选项卡中定义了连续状态，该参数才有效。 ● 在第一步仿真时，连续状态的初始值由用户在 Initialization 选项卡中指定。在接下来的采样时间点，连续状态值来自对上一次采样点状态导数的数值积分。(详见 6.2.6 小节)
param0, p_width0, param1, p_width1, …, paramN, p_widthN	● param0, param1, …, paramN 是 S-Function 参数数组的指针，N 表示在 Parameters 选项卡中定义的参数数量。 ● p_width0, p_width1, …, p_widthN 表示参数数组的宽度。如果某个参数是矩阵，则数组矩阵行列数的乘积(即矩阵元素的个数)作为该参数的宽度。例如，一个 3 行 2 列矩阵参数的宽度为 6。 ● 仅当用户在 Data Properties 选项卡中定义了参数，上述 param0, p_width0, …, paramN, p_widthN 才有效
u_width	● S-Function 输入数组的宽度。 ● 仅当用户将 S-Function 的输入宽度设置为 −1 时，该参数才会出现在生成的代码中。如果输入的是一个矩阵，则 u_width 等于矩阵行列数的乘积(即矩阵元素的个数)

续表 6-5

参　数	说　明
y_width	● S-Function 输出数组的宽度。 ● 仅当用户将 S-Function 的输出宽度设置为 -1 时，该参数才会出现在生成的代码中。如果输出的是一个矩阵，则 y_width 等于矩阵行列数的乘积（即矩阵元素的个数）

引入这些参数后，系统计算模块的输出就如同调用一个带输入与可选状态及参数的函数。用户可以调用在 Libraries 选项卡中声明的外部函数，这样用户就可以利用现成的代码得到 S-Function 的输出。

② Inputs are needed in the output function(direct feedthrough)复选框：如果 S-Function 当前的输入值用于计算其输出，则选中该复选框，Simulink 将通过该复选框检查是否存在由于直接或间接连接 S-Function 的输入/输出端而形成的代数环。

6.2.6 连续状态求导

Continuous Derivatives(连续状态求导)选项卡如图 6-30 所示。

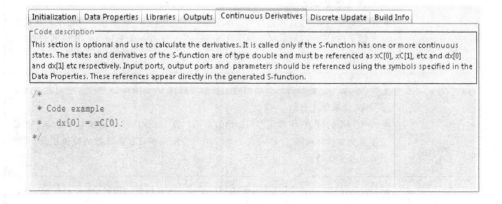

图 6-30　Continuous Derivatives 选项卡

如果 S-Function 中含有连续状态，则用户可以在这里输入用于求导的代码。连续状态以及导数的数据类型是 double，同时必须用 xC[0]，…，xC[n]，以及 dx[0]，…，dx[n]分别表示。代码中的输入/输出端口及参数必须使用在 Data Properties 选项卡中定义的符号来表示。

当生成代码时，S-Function Builder 将用户代码插入一个封装函数，形式如下，并以 sfun 作为 S-Function 名：

```
void    sfun_Derivatives_wrapper(            const real_T    * u,
const real_T       * y,
```

```
    real_T              * dx,
    real_T              * xC,
    const real_T        * param0,      /* optional */
    int_T               p_width0,      /* optional */
    real_T              * param1,      /* optional */
    int_T               p_width1,      /* optional */
    int_T               y_width,       /* optional */
    int_T               u_width)       /* optional */
    {
    ⋮                                  /* user code */
    }
```

S-Function Builder 在 mdlDerivatives 回调方式中加入了一条调用该封装函数的代码。Simulink 在每个采样时间结束时调用 mdlDerivatives 方法,获取连续状态的导数(详见帮助文档"How the Simulink Engine Interacts with C S-Functions")。Simulink 求解器对导数进行数值积分,以确定下一采样时间的连续状态初值。在接下来的这个采样时间里 Simulink 将更新过的状态回传给 mdlOutputs 方法。

mdlDerivatives 回调方法将如下参数传递给导数封装函数:u、y、dx、xC、y_width、u_width、param0、p_width0、param1、p_width1、…、paramN、p_widthN。

读者可以发现,参数 dx 是一个新的参数,它是一个数组指针,宽度等于用户在 Initialization 选项卡中指定的连续状态的数量。用户应该使用该数组来返回导数值。其余参数的意义及使用详见表 6-5。

引入这些参数后,系统计算导数就如同调用一个带输入/输出与可选参数的函数。用户还可以调用在 Libraries 选项卡中声明的外部函数。

6.2.7 离散状态更新

Discrete Update(离散状态更新)如图 6-31 所示。

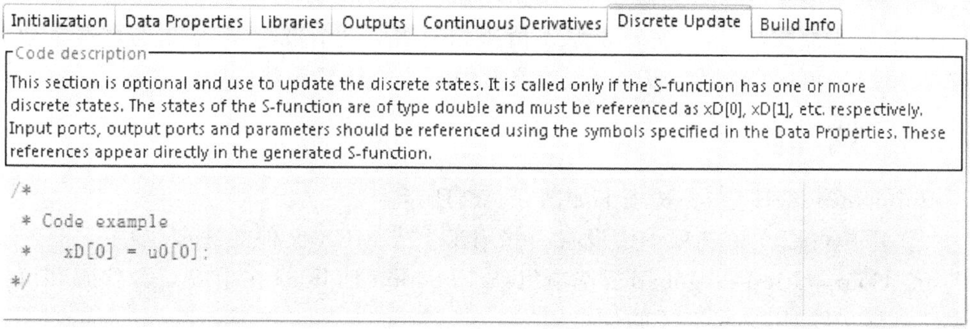

```
┌─────────────┬────────────────┬───────────┬─────────┬──────────────────────┬─────────────────┬────────────┐
│Initialization│Data Properties │ Libraries │ Outputs │Continuous Derivatives│ Discrete Update │ Build Info │
└─────────────┴────────────────┴───────────┴─────────┴──────────────────────┴─────────────────┴────────────┘
┌─Code description─────────────────────────────────────────────────────────────────────────────────────────┐
│This section is optional and use to update the discrete states. It is called only if the S-function has   │
│one or more discrete states. The states of the S-function are of type double and must be referenced as    │
│xD[0], xD[1], etc. respectively. Input ports, output ports and parameters should be referenced using the  │
│symbols specified in the Data Properties. These references appear directly in the generated S-function.   │
└──────────────────────────────────────────────────────────────────────────────────────────────────────────┘

/*
 * Code example
 *    xD[0] = u0[0];
 */
```

图 6-31 Discrete Update 选项卡

第 6 章　用户驱动模块的创建

如果 S-Function 中含有离散状态，则用户可以在这里输入用于更新离散状态值的代码，在当前采样时间内计算的数值将用于下一个采样时间。

离散状态的数据类型是 double，同时必须用 xD[0]，…，xD[n] 表示。代码中的输入/输出端口及参数必须使用在 Data Properties 选项卡中定义的符号来表示。

当生成代码时，S-Function Builder 将用户代码插入一个封装函数，形式如下，并以 sfun 作为 S-Function 名：

```
void        sfun_Update_wrapper(    const real_T    *u,
const real_T       *y,
real_T             *xD,
const real_T       *param0,     /* optional */
int_T              p_width0,    /* optional */
real_T             *param1,     /* optional */
int_T              p_width1,    /* optional */
int_T              y_width,     /* optional */
int_T              u_width)     /* optional */
{
⋮                              /* user code */
```

S-Function Builder 在 mdlUpdate 回调方式中加入了一条调用该封装函数的代码。Simulink 在每个采样时间结束时调用 mdlUpdate 方法，获取下一个采样时间的离散状态值（详见帮助文档"How the Simulink Engine Interacts with C S-Functions"）。在接下来的这个采样时间里 Simulink 将更新过的状态回传给 mdlOutputs 方法。

mdlUpdates 回调方法将如下参数传递给更新封装函数：u, y, xD, y_width, u_width, param0, p_width0, param1, p_width1, …, paramN, p_widthN。

参数的意义及使用详见表 6-5。

用户应使用变量 xD（离散状态）来返回离散状态值。

引入这些参数，系统计算离散状态值就如同调用一个带输入/输出与可选参数的函数。用户还可以调用在 Libraries 选项卡中声明的外部函数。

6.2.8　编译信息

Build Info（编译信息）选项卡如图 6-32 所示。

① 用户可以在该选项卡中设置一些用于生成 MEX 文件的选项，如下：

◇ Compilation diagnostics 选项组：S-Function Builder 在生成 C 源代码和可执行文件时，显示有关的信息。

◇ Show compile steps 复选框：选中该复选框，Compilation diagnostics 选项组将显示编译的每个步骤。

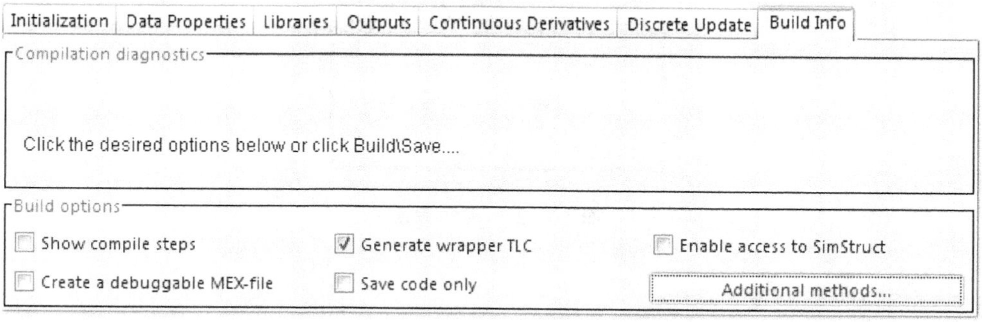

第 6 章　用户驱动模块的创建

图 6 - 32　Build Info 选项卡

◇ Create a debuggable MEX-file 复选框：选中该复选框，生成的 MEX 文件中将包含调试信息。

◇ Generate wrapper TLC 复选框：选中该复选框，将生成 TLC 文件。如果用户不打算让 S-Function 在 Accelerator 模式下运行，也不打算将它用在生成 Real-Time Workshop 代码的模型中，则不需要生成 TLC 文件。

◇ Save code only 复选框：选中该复选框，将不生成 MEX 文件。

◇ Enable access to SimStruct 复选框：选中该复选框，允许 S-Function Builder 生成的封装函数访问 SimStruct(S)。于是用户就可以在 Outputs、Continuous Derivatives、Discrete Update 等选项卡中使用 SimStruct 的宏定义及函数。

例如，用户可以在代码中使用 ssGetT 宏定义来计算 S-Function 的输出：

```
double t = ssGetT(S);
if(t < 2 )
    {
        y0[0] = u0[0];
    }
else
    {
        y0[0] = 0.0;
    }
```

完整的 SimStruct 宏定义及函数详见在线帮助文档。

② 单击 Additional methods 按钮，弹出如图 6 - 33 所示的对话框，此时用户可以在 TLC 文件中增加更多的 TLC 方法。

更多信息详见 Real-Time Workshop TLC 帮助文档中的"Block Target File Methods"部分。

第 6 章　用户驱动模块的创建

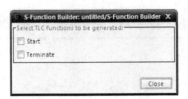

图 6-33　附加方法

6.2.9　应　用

6.2 节简要说明了 S-Function Builder 各选项卡的功能,这里将通过一个简单的两数取大的例子来了解其具体的应用。

新建模型如图 6-34 所示,将 C 源代码文件放在模型所在的目录中。

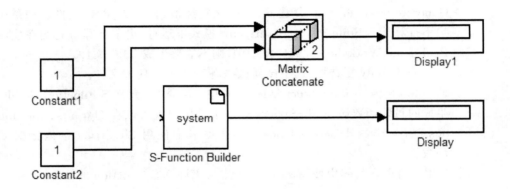

图 6-34　两数取大模型

代码如下:

```
int ma(int a,int b)
{
    int t;
    if(a>b)
        t = a;
    else
        t = b;
    return t;
}
```

打开 Constant 模块,设置常数值为"randi(50,1,1)",如图 6-35 所示。
打开 S-Function Builder 模块对话框,对应上述各选项卡简介的顺序,设置如下:
① S-Function 名可根据需要设定。

第 6 章 用户驱动模块的创建

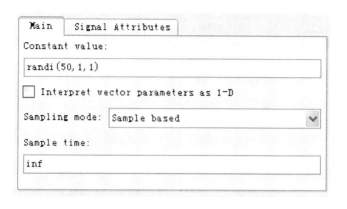

图 6-35 Constant 模块的参数设置

② 数据属性：对于本例，设置输入/输出端口的数据类型为"int8"，如图 6-36 所示。

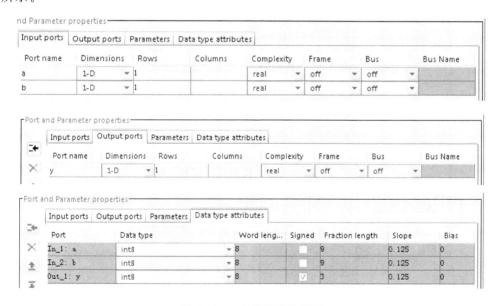

图 6-36 数据属性的设置

③ 库文件：若 C 源代码文件与模型文件不处于同一目录，则需要在"Library/object/Source files(one per line)"选项组中指定其路径，如图 6-37 所示。

④ 输出"y[0]＝ma(a[0],b[0]);"，如图 6-38 所示。

⑤ 编译信息：编译之前，应先按照"2.7.4　C 编译器的设置"的说明来完成 C 编译器的设置，然后单击工具栏中的 Build 按钮，此时编译信息窗口将显示完成信息。

⑥ 返回模型，执行仿真，即得到正确显示，如图 6-39 所示。

第 6 章 用户驱动模块的创建

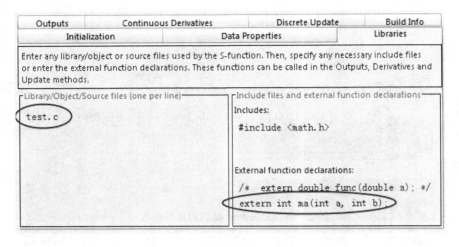

图 6-37 库文件声明

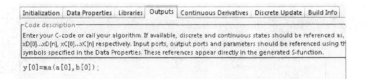

图 6-38 输出内容

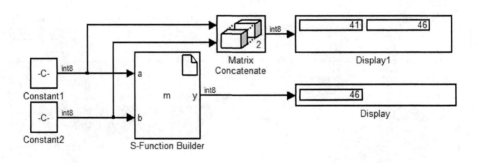

图 6-39 仿真结果(3)

6.3 MATLAB Function 模块

MATLAB Coder 的使用方法已在 2.7 节中做了详细的介绍，本节将运用这些方法生成用户自定义模块——MATLAB Function 模块，以及集成已存在的 C 代码到 MATLAB Function 模块中。

6.3.1 MATLAB Function 模块的生成方法

1. MATLAB Function 模块的使用方法

(1) 添加 MATLAB Function 模块

将 Simulink/User-Defined Functions 中的 MATLAB Function 模块添加到空白模型中,如图 6-40 所示。

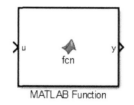

图 6-40 MATLAB Function 模块

(2) 添加 MATLAB Function 模块的驱动程序

① 双击 MATLAB Function 模块,将导出如图 6-41 所示的函数。

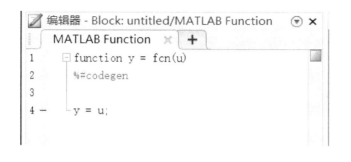

图 6-41 MATLAB 模块的原始程序

② 将 2.7 节中用到的 myquadratic(a,b,c) 替换为图 6-41 中的初始代码,如图 6-42 所示。

(3) 搭建求解二次方程的 Simulink 模型

求解二次方程的 Simulink 模型如图 6-43 所示。

(4) 运行模型

① 给二次方程的系数 a,b,c 赋值,在"命令行窗口"中输入:

```
>> a = 1;
>> b = 4;
>> c = 2;
```

② 运行图 6-43 所示的 Simulink 模型,结果如图 6-44 所示。

2. MATLAB Function 模块的应用

① 搭建如图 6-45 所示的模型。

双击 MATLAB Function 模块,打开 MATLAB 代码编辑器,添加数据大小可变的代码,如下:

第 6 章 用户驱动模块的创建

```
function [x1,x2]=myquadratic(a,b,c) %#codegen
assert(isa(a,'double'));
assert(isa(b,'double'));
assert(isa(c,'double'));
x1=0;
x2=0;
% coder.extrinsic('disp','fprintf');
% Calculate delta
    delta= b^2 - 4*a*c;
% Solve roots of Equation,according to the value of delta
if delta > 0 % Equation has two different real roots
    x1 = (-b + sqrt(delta)) / (2*a)
    x2 = (-b - sqrt(delta)) / (2*a)
    disp('Equation has two different real roots :');
    fprintf('x1 = %f\n', x1);
    fprintf('x2 = %f\n', x2);

elseif delta == 0 % Equation has two identical real roots
    x1 = (-b) / (2*a);
    disp('Equation has two identical real roots:');
    fprintf('x1 = x2 = %f\n', x1);

    % Equation has two complex roots
else
    real_part = (-b) / (2*a);
    imag_part = sqrt( abs(delta)) / (2*a);
    disp('Equation has two complex roots:');
    fprintf('x1 = %f + i %f \n',real_part, imag_part);
    fprintf('x1 = %f - i %f \n', real_part, imag_part);
end
```

图 6-42 myquadratic(a,b,c)程序

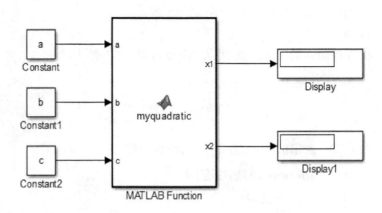

图 6-43 求解二次方程的 Simulink 模型

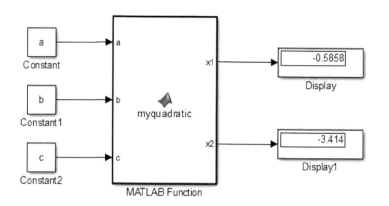

图 6-44　模型仿真结果

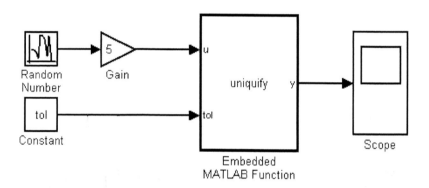

图 6-45　数据大小可变的 Simulink 模型

```
function y = uniquify(u,tol) % #codegen
y = uniquetol(u,tol);
function B = uniquetol(A,tol)
A = sort(A);
B = A(1);
k = 1;
for i = 2:length(A)
    if abs(A(k) - A(i)) > tol
        B = [B A(i)];
        k = i;
    end
end
```

② 打开 Model Explorer 对话框,设置输出数据 y 的属性:选中 Variable size 复选框,设置 Size 为"[1 100]",如图 6-46 所示。

③ 在"命令行窗口"中输入:

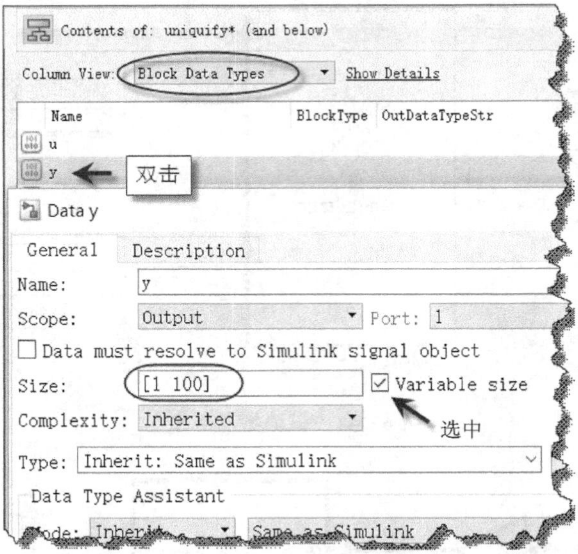

第6章 用户驱动模块的创建

图 6-46 设置输出数据 y 的属性

```
>> tol = 0.3;
```

仿真结果如图 6-47 所示。

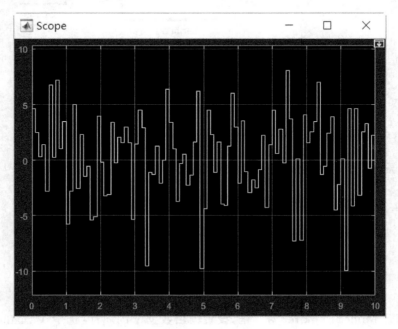

图 6-47 仿真结果(4)

第 6 章　用户驱动模块的创建

6.3.2　集成用户自定义的 C 代码

通过使用 coder.ceval('function_name',u1,…,un) 指令来集成已存在的 C 代码。集成用户 C 代码的步骤如下：

① 编写外部 C 代码或库。

② 如果有必要，则需添加头文件。例如，添加 tmwtypes.h 文件，因为它定义了所有通用的 MATLAB 支持的数据类型。

③ 在 MATLAB Function 模型中，用 coder.ceval 指令调用已存在的 C 代码（包括使用 coder.ref、coder.rref 和 coder.wref 指令）。例如，"coder.ceval ('function_name', coder.rref(u1), coder.rref(u2),…, coder.wref(u3), coder.wref(u4), coder.wref(u5));"。

④ 包含自定义 C 函数生成的代码。

⑤ 配置 C 编译器把警告作为错误处理，以便找出 C 代码与 MATLAB 子集之间不匹配的类型。

⑥ 建立模型与修正错误。

⑦ 运行模型。

集成一个已存在的 C 代码（c_a.c）到 MATLAB Function 模块中，首先将头文件 c_a.h、源文件 c_a.c 与 Simulink 模型文件放在当前工作目录下，并打开模型的 Configuration Parameters 对话框，添加 c_a.h 头文件与 c_a.c 源文件，如图 6-48 所示。

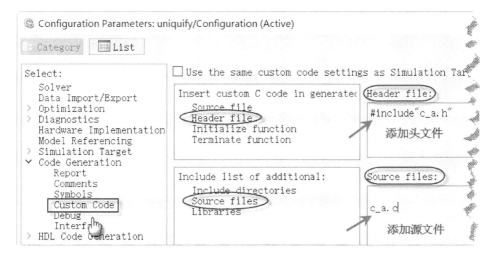

图 6-48　添加头文件 c_a.h 和源文件 c_a.c

6.4 实 例

6.4.1 IIR 滤波器

以一个 IIR 滤波器为例来说明 S-Function Builder 具体的应用。

已知 IIR 滤波器的差分方程为

$$y(n) = \sum_{k=1}^{N} a_k y(n-k) + \sum_{k=0}^{M} b_k x(n-k)$$

取 $b_0 = 0.2, a_1 = 0.3, a_2 = 0.5$,得到二阶 IIR 滤波器的差分方程为

$$y(n) = 0.2x(n) + 0.3y(n-1) + 0.5y(n-2)$$

系统函数为

$$H(z) = \frac{0.2}{1 - 0.3z^{-1} - 0.5z^{-2}}$$

信号流图可用图 6-49 所示的模型表示,C 语言实现如下,以文件名 iir2.c 保存。

```
double iir2(double u, double * x)
{
    double y;
    y = 0.2 * u + 0.3 * x[0] + 0.5 * x[1];
    x[1] = x[0];
    x[0] = y;
    return y;
}
```

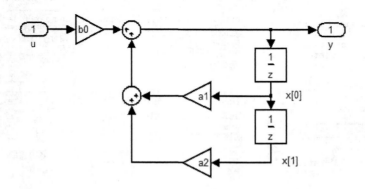

图 6-49 二阶 IIR 滤波器

① 创建如图 6-50 所示的 Simulink 模型。

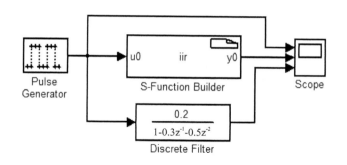

图 6-50　S-Function Builder 建模

② 单击 Pulse Generator 模块，参数设置如图 6-51 所示。这些数值并不唯一，用户后续可多次修改，以观察不同的输出结果。

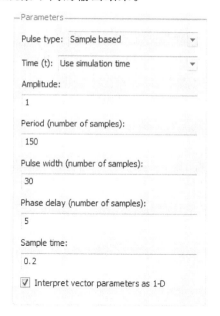

图 6-51　Pulse Generator 模块的参数设置

③ 模型中的 Discrete Filter 模块的分子系数为[0.2]，分母系数为[1 −0.3 −0.5]，该模块主要用于验证算法的正确性。

④ S-Function Builder 的操作。打开 S-Function Builder 模块对话框，对应上述各选项卡介绍的顺序，设置如下：

第一，S-Function 名可根据需要设定，如 iir。

第二，Initialization 选项卡：设置离散状态数为"2"，初始条件为"[0　0]"，如图 6-52 所示。

第三，Data Properties 选项卡：无特殊要求。

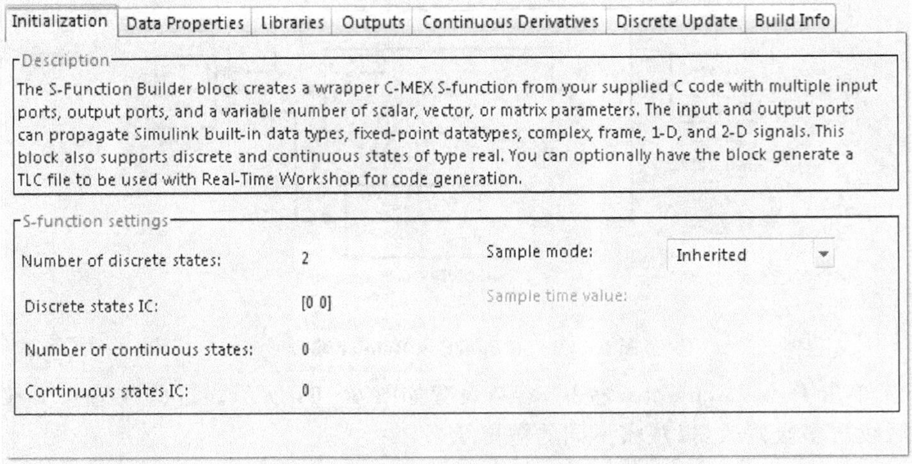

第 6 章 用户驱动模块的创建

图 6-52 所示离散状态的设置界面(Initialization 选项卡)。

图 6-52 离散状态的设置

第四,Libraries 选项卡:Library/Object/Soure files (one per line)选项组用于指定源文件 iir2.c 的存放路径,Include files and external function declarations 选项组用于声明函数名"double iir2(double u,double * x);",如图 6-53 所示。

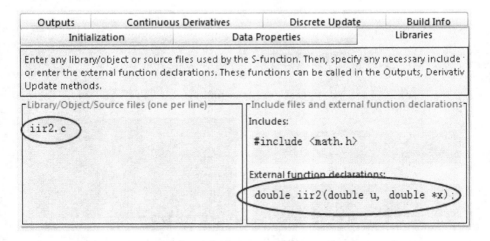

图 6-53 库文件的设置

第五,Outputs 选项卡:输入"y0[0] = iir2(u0[0],xD);",如图 6-54 所示。

第六,编译信息:编译之前,应先按照"2.7.4 C 编译器的设置"来完成对 C 编译器的设置,然后单击工具栏中的 Build 按钮,此时编译信息窗口将显示完成信息。

第七,返回模型,执行仿真,对照图 6-55 中的第二和第三两个波形,说明 C 代码的算法是正确的。

第八,比较 C 代码函数 double iir2(double u,double * x)与 Outputs 选项卡的

第 6 章　用户驱动模块的创建

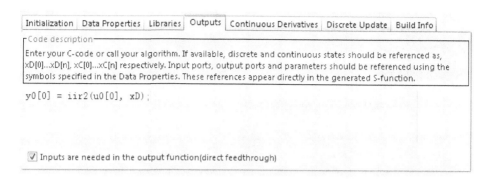

图 6-54　输出的设置

代码"y0[0] = iir2(u0[0], xD);",可看出先前设置的两个离散状态的实际作用是寄存器。

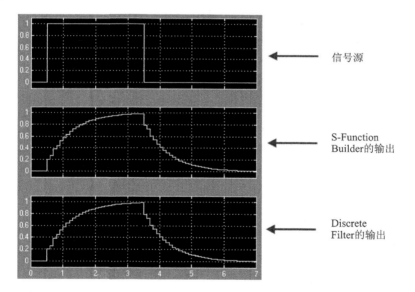

图 6-55　输出波形

6.4.2　S-Function 的参数设置与封装

以一个多输入/输出端口的例子来说明如何设置 S-Function 的参数与创建用户界面。采用 C MEX 编写 S-Function 模块,有 4 个输入端口、2 个输出端口,在算法中使用了 4 个参数。

1. 编写 C 代码

① 定义 S-Function 函数名、函数层级、头文件。

```
#define S_FUNCTION_NAME   merge
#define S_FUNCTION_LEVEL 2
#include "simstruc.h"
```

② 初始化模型。

```
static void mdlInitializeSizes(SimStruct *S)
{
    ssSetNumSFcnParams(S,4);   /* Number of expected parameters */
    if (ssGetNumSFcnParams(S) != ssGetSFcnParamsCount(S)) {
        /* Return if number of expected != number of actual parameters */
        return;
    }
    ssSetNumContStates(S, 0);
    ssSetNumDiscStates(S, 0);
    if (!ssSetNumInputPorts(S, 4)) return;
    ssSetInputPortWidth(S, 0, 4);
    ssSetInputPortRequiredContiguous(S, 0, true); /* direct input signal access */
    ssSetInputPortWidth(S, 1, 4);
    ssSetInputPortRequiredContiguous(S, 1, true);
    ssSetInputPortWidth(S, 2, 1);
    ssSetInputPortRequiredContiguous(S, 2, true);
    ssSetInputPortWidth(S, 3, 1);
    ssSetInputPortRequiredContiguous(S, 3, true);
    ssSetInputPortDirectFeedThrough(S, 0, 1);
    ssSetInputPortDirectFeedThrough(S, 1, 1);
    ssSetInputPortDirectFeedThrough(S, 2, 1);
    ssSetInputPortDirectFeedThrough(S, 3, 1);

    if (!ssSetNumOutputPorts(S, 2)) return;
    ssSetOutputPortWidth(S, 0, 4);
    ssSetOutputPortWidth(S, 1, 1);

    ssSetNumSampleTimes(S, 1);
    ssSetNumModes(S, 0);
    ssSetNumNonsampledZCs(S, 0);
    ssSetOptions(S, 0);
}
```

③ 初始化采样时间。

```
static void mdlInitializeSampleTimes(SimStruct *S)
{
    ssSetSampleTime(S, 0, CONTINUOUS_SAMPLE_TIME);
```

```
    ssSetOffsetTime(S, 0, 0.0);
}
```

④ 初始化函数。

```
#define MDL_INITIALIZE_CONDITIONS      /* Change to #undef to remove function */
#if defined(MDL_INITIALIZE_CONDITIONS)

static void mdlInitializeConditions(SimStruct *S)
{
}
#endif                                 /* MDL_INITIALIZE_CONDITIONS */


#define MDL_START                      /* Change to #undef to remove function */
#if defined(MDL_START)

static void mdlStart(SimStruct *S)
{
}
#endif                                 /*   MDL_START */
```

⑤ 仿真输出函数,读取输入信号,对其进行操作并输出。

```
static void mdlOutputs(SimStruct *S, int_T tid)
{
    real_T *para1 = mxGetPr(ssGetSFcnParam(S,0));
    real_T *para2 = mxGetPr(ssGetSFcnParam(S,1));
    real_T *para3 = mxGetPr(ssGetSFcnParam(S,2));
    real_T *para4 = mxGetPr(ssGetSFcnParam(S,3));
    const real_T *u1 = (const real_T*) ssGetInputPortSignal(S,0);
    const real_T *u2 = (const real_T*) ssGetInputPortSignal(S,1);
    const real_T *u3 = (const real_T*) ssGetInputPortSignal(S,2);
    const real_T *u4 = (const real_T*) ssGetInputPortSignal(S,3);

    real_T        *y1 = ssGetOutputPortSignal(S,0);
    real_T        *y2 = ssGetOutputPortSignal(S,1);

    y1[0] = para1[0]*u1[0] + u2[0]/para2[0];
    y1[1] = para1[0]*u1[1] + u2[1]/para2[0];
    y1[2] = para1[0]*u1[2] + u2[2]/para2[0];
    y1[3] = para1[0]*u1[3] + u2[3]/para2[0];
    y2[0] = para3[0]*u3[0] + para4[0]*u4[0];
}
```

⑥ 仿真结束函数。

```
#define MDL_UPDATE            /* Change to #undef to remove function */
#if defined(MDL_UPDATE)

static void mdlUpdate(SimStruct *S, int_T tid)
{
}
#endif                        /* MDL_UPDATE */

#define MDL_DERIVATIVES       /* Change to #undef to remove function */
#if defined(MDL_DERIVATIVES)

static void mdlDerivatives(SimStruct *S)
{
}
#endif                        /* MDL_DERIVATIVES */

static void mdlTerminate(SimStruct *S)
{
}

#ifdef  MATLAB_MEX_FILE       /* Is this file being compiled as a MEX-filefi */
#include "simulink.c"         /* MEX-file interface mechanism */
#else
#include "cg_sfun.h"          /* Code generation registration function */
#endif
```

2. 编译 C 代码文件

在"命令行窗口"中输入以下代码,编译 C 文件。

```
mex merge.c
```

3. 建模并仿真

创建的 Simulink 模型如图 6-56 所示,仿真后的示波器结果如图 6-57 所示,此时设置的参数值如图 6-58 所示。

4. 封装模块

通过封装 S-Function 模块,能够灵活设置各个参数值。参照"5.2.8 封装子系统"来封装 S-Function 模块。

① 右击要封装的模块,在弹出的快捷菜单中选择"Mask S-Function",打开封装设置对话框,按图 6-59 和图 6-60 所示设置各个参数。

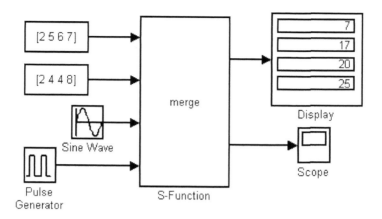

图 6-56　多输入/输出端口模型图

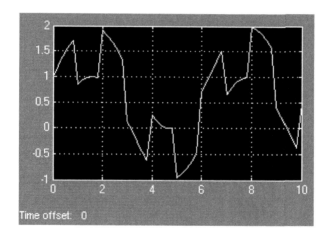

图 6-57　多输入/输出端口模型仿真结果

图 6-58　参数值的设置

② 在模块属性设置对话框中输入参数名,如图 6-61 所示。

③ 现在双击模块打开参数值设置对话框,可在该对话框中设置参数的具体数值,如图 6-62 所示。

第6章 用户驱动模块的创建

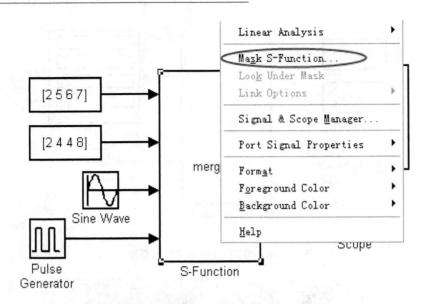

图 6-59 选择"Mask S-Function"

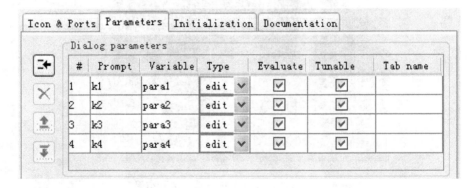

图 6-60 设置参数

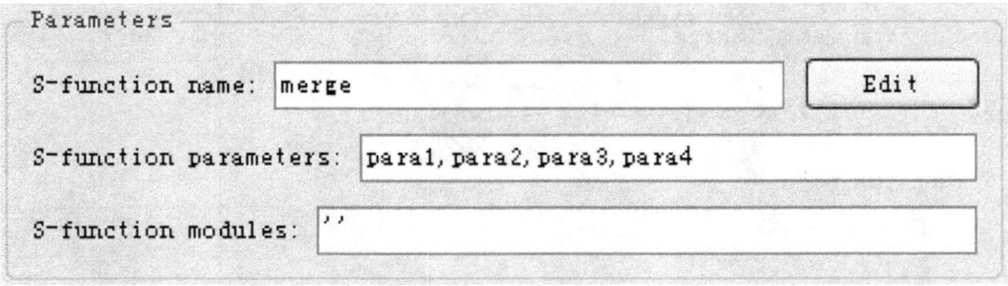

图 6-61 设置参数名

④ 仿真结果与图 6-57 相同。

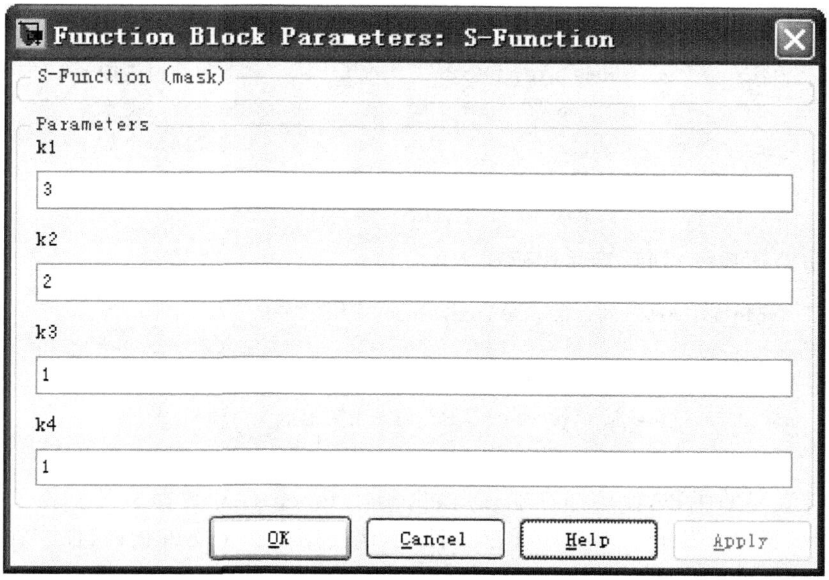

图 6-62 封装后的参数值设置对话框

6.4.3 读取数据文件

本小节的例子是使用 C 语言以及标准 I/O 函数(stdio.h)编写可读取 data 数据文件的 S-Function。

1. 编写 C 代码

① 定义 S-Function 函数名、函数层级、头文件,具体代码如下:

```
#define S_FUNCTION_NAME   io_tutorial
#define S_FUNCTION_LEVEL 2
#include "simstruc.h"
#include <stdio.h>
```

② 初始化模型,具体代码如下:

```
static void mdlInitializeSizes(SimStruct * S)
{
    ssSetNumSFcnParams(S, 0);
    if (ssGetNumSFcnParams(S) != ssGetSFcnParamsCount(S)) {
        return;
    }
    ssSetNumContStates(S, 0);
    ssSetNumDiscStates(S, 0);
```

第6章 用户驱动模块的创建

```
        if (!ssSetNumInputPorts(S, 0)) return;
        if (!ssSetNumOutputPorts(S, 1)) return;
        ssSetOutputPortWidth(S, 0, 1);             /*输出端口维度*/
        ssSetOutputPortDataType(S,0,SS_SINGLE);    /*输出数据类型*/
        ssSetNumPWork(S,1);                        /*定义向量个数*/
        ssSetNumSampleTimes(S, 1);                 /*单一采样时间*/
    }
```

③ 初始化采样时间,具体代码如下:

```
    static void mdlInitializeSampleTimes(SimStruct *S)
    {
        ssSetSampleTime(S, 0, 1.0);      /*采样时间为1.0*/
        ssSetOffsetTime(S, 0, 0.0);      /*偏移时间为0.0*/
    }
```

④ 仿真起始函数,使用标准输入/输出函数 fopen 打开数据文件。为了避免在每个仿真步长中重复开启与关闭数据文件,本例使用了一个文件指针,保存在 pwork 向量中。具体代码如下:

```
    static void mdlStart(SimStruct *S)
    {
        void ** pwork = ssGetPWork(S);
        FILE * io_data;
        io_data = fopen("io_tutorial.dat","r");
        pwork[0] = io_data;
    }
```

⑤ 仿真输出函数,在每个仿真步长中读取数据文件并输出,具体代码如下:

```
    static void mdlOutputs(SimStruct *S, int_T tid)
    {
        real_T       * y = ssGetOutputPortSignal(S,0);
        void ** pwork = ssGetPWork(S);
        fscanf(pwork[0]," % f % * c",y);
    }
```

⑥ 仿真结束函数,关闭数据文件,具体代码如下:

```
    static void mdlTerminate(SimStruct *S)
    {
        void ** pwork = ssGetPWork(S);
        FILE * io_data;
        io_data = pwork[0];
        fclose(io_data);
    }
```

第 6 章 用户驱动模块的创建

```
#ifdef   MATLAB_MEX_FILE     /* Is this file being compiled as a MEX-file? */
#include "simulink.c"        /* MEX-file interface mechanism */
#else
#include "cg_sfun.h"         /* Code generation registration function */
#endif
```

2. 编译 C 代码文件

在"命令行窗口"中输入以下代码,编译 C 文件。

```
mex io_tutorial.c
```

3. 创建数据文件

下面使用 MATLAB 命令生成数据文件 io_tutorial.dat,具体如下:

```
>> t = 0:0.1:20;
>> x = sin(t);
>> save io_tutorial.dat x -ascii;
```

依次选中工作空间的变量 t,x,并单击右上角的 ⚡ 按钮(见图 6-63),绘制 t-x 曲线,如图 6-64 所示。

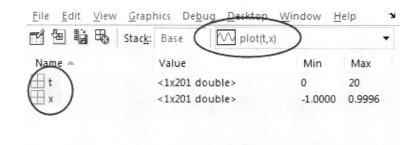

图 6-63 工作空间内容

4. 建模并仿真

① 添加 S-Function 模块,如图 6-65 所示。

② 在 Parameters 选项组中的"S-function name"文本框中输入名称,如图 6-66 所示。

③ 建立 Simulink 模型。连接 S-Function 与 Terminator 模块,并右击连接线,在弹出的快捷菜单中选择 Create&Connect Viewer→Simulink→Scope 菜单项,添加

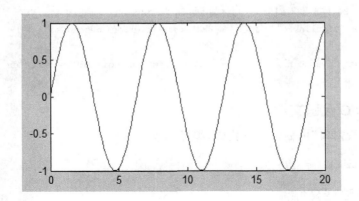

图 6-64　绘制的 t-x 曲线

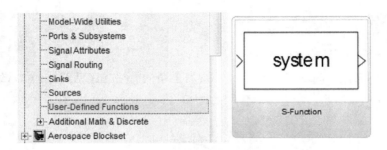

图 6-65　添加 S-Function 模块

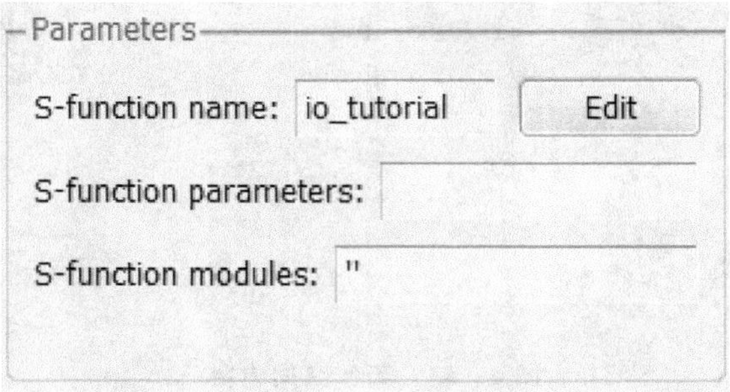

图 6-66　指定 S-Function 名

一个测试点,同时打开一个示波器窗口,如图 6-67 所示。

④ 根据数据的长度 200,选择正确的仿真时长。本例取 200,单击仿真按钮,得到的波形如图 6-68 所示。

第 6 章 用户驱动模块的创建

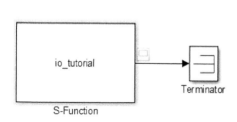

图 6-67　Simulink 模型 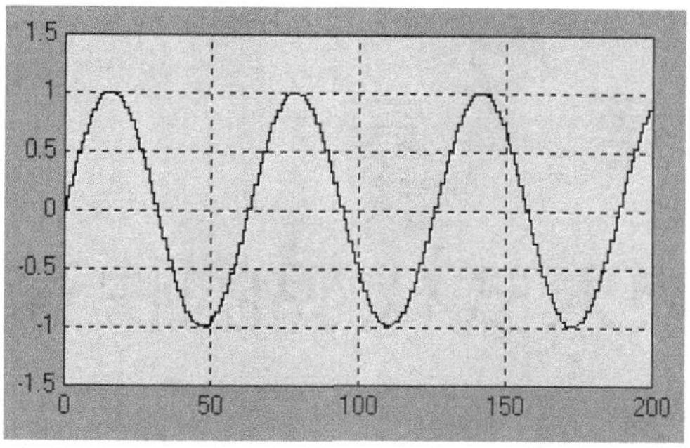　　　　图 6-68　仿真时长＝200 时的输出

⑤ 封装 S-Function，Icon Drawing commands 选项组和 Mask description 选项组中的内容分别如图 6-69 和图 6-70 所示。

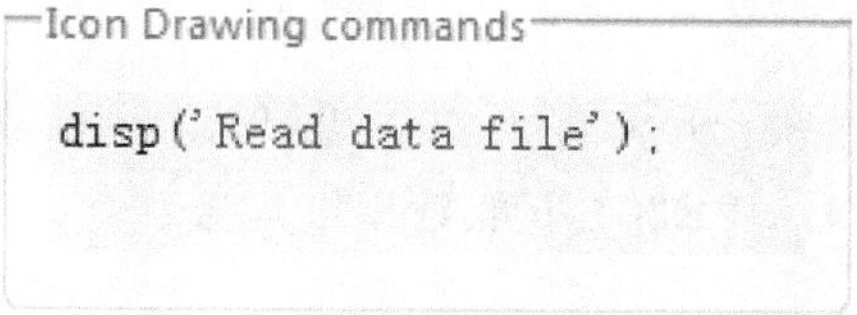

```
disp('Read data file');
```

图 6-69　Icon Drawing commands 选项组

```
This S-function reads data from a .dat file at each time step of the simulation.
```

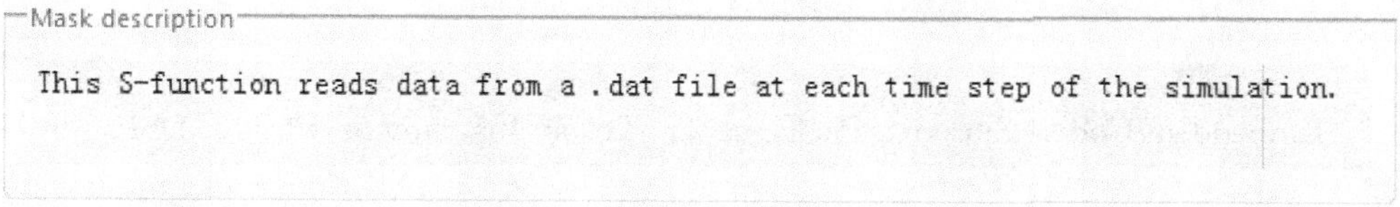

图 6-70　Mask description 选项组

双击 S-Function 模块，显示的是封装模块的信息，而不再是 S-Function 模块的属性，如图 6-71 所示。

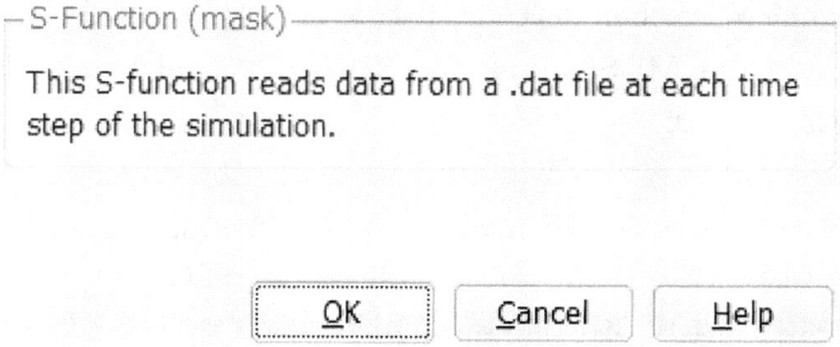

图 6-71　封装模块的信息

第 7 章

嵌入式代码的快速生成

利用 Embedded Coder 等工具为用户算法自动生成嵌入式代码,是一种高效、实用的方法。目前,国内外各大公司在进行新产品开发时已广泛采用这种方法。其核心思想是,让工程师把主要精力集中在算法的研究上,把枯燥、困难的代码编写工作留给计算机自动完成,这样可以大大缩短产品的开发周期,降低市场风险。本章主要以 TI DSP 为例讲述嵌入式代码的快速生成方法。

本章的主要内容有:
◇ 利用 Embedded Coder 生成 DSP 目标代码;
◇ CCS 5/6 与 MATLAB R2015b 的数据链配置;
◇ 代码验证;
◇ 实例。

7.1 利用 Embedded Coder 生成 DSP 目标代码

Embedded Coder Support Package for Texas Instrument C6000 DSPs 可将 MATLAB 与 CCS 进行无缝连接。用户可以利用 MATLAB Coder 和 Simulink 模型在 TI 系列 DSP 上调试、验证自动生成的嵌入式代码。利用 Embedded Coder 等工具,从模型生成实时 C 代码,并自动调用 CCS 软件来编译所生成的 C 代码,产生可执行的 .out 文件,自动或手动下载到 TI 的目标板上执行,其工作流程如图 7-1 所示。

利用 Real-Time Workshop 生成实时代码的过程如图 7-2 所示,分成 4 个阶段:

① 用户建立 MATLAB/Simulink/Stateflow 模型 model.mdl。RTW 读取模型文件并对其进行编译,形成描述模型的 model.rtw 文件,该文件以 ASCII 码的形式进行存储。

② TLC 目标语言编译器读取 model.rtw 文件中的信息。将模型转化成源代码。TLC 文件有两种形式——系统 TLC 文件和模块 TLC 文件,其中,系统 TLC 文件控制整个模型的代码生成,不同的目标使用不同的系统目标文件,比如一般实时目标使用 grt.tlc,嵌入式实时目标使用 ert.tlc;而模块 TLC 文件仅针对某一模块,决定某一模块对应生成什么样的代码。

第 7 章 嵌入式代码的快速生成

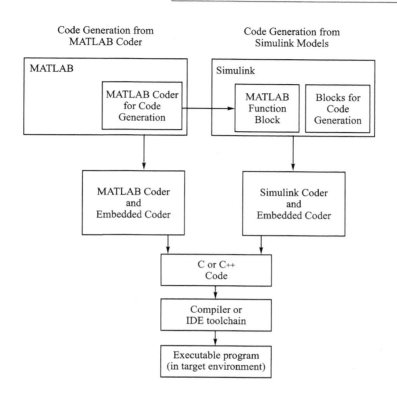

图 7-1 TI DSP 代码快速生成的工作流程

③ 生成指定目标的代码。RTW 代码生成器需要 makefile 模板,该文件指定合适的 C 或 C++编译器及编译器选项。通过 RTW 代码生成器将 makefile 模板文件生成目标 makefile 文件(model. mk),指导程序编译和链接模型中生成的源代码、主程序等。

④ 连接开发目标程序所需的环境。建立运行时接口支持库,将模型生成的代码编译成在目标系统上直接运行的可执行文件。通过 TLC 生成 S-Function 代码,可以将用户手写代码嵌入到生成代码中。通过 TLC 生成的代码高度优化、注释完整,并且能够从任何包含线性的、非线性的、连续的、离散的或混合模块的模型生成代码,除了调用 M 文件编写的不符合 MATLAB Coder 生成 C 代码模块和 S-Function 模块外,其他的模块都能自动转换成代码。

而利用 Embedded Coder Support Package for Texas Instrument C6000 DSPs 代码生成工具,从 MATLAB/Simulink/Stateflow 用户模型中所产生的代码是针对嵌入式器件生成的实时代码,其代码长度短,执行效率高。

第 7 章　嵌入式代码的快速生成

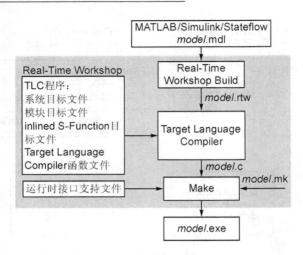

图 7-2　利用 RTW 生成实时代码的过程

7.2　CCS 5/6 与 MATLAB R2015b 的数据链配置

本节将详细介绍不包含 DSP/BIOS 部分的设置，有关包含 DSP/BIOS 部分的设置请参考 1.3 节的内容。

1. 基于 CCS 5/6 的 XMakefile 设置

① 在 MATLAB 的"命令行窗口"中输入"xmakefilesetup"，将弹出如图 7-3 所示的 XMakefile User Configuration 对话框。

图 7-3　XMakefile User Configuration 对话框

② 取消选中 Display operational configurations only 复选框（见图 7-3），以便

选择用户安装的 CCS 软件。

③ 选择用户安装的 CCS 软件：在 Configuration 下拉列表框中选择"ticcs_c6000_ccsv5"，如图 7-4 所示。

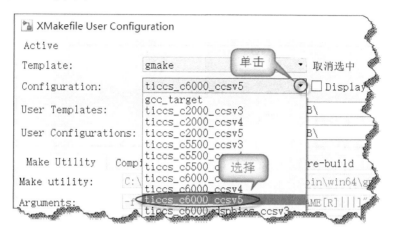

图 7-4　选择"ticcs_c6000_ccsv5"

④ 选择编译器与 C6xCSL 支持包。

第一，设置 Make Utility 选项卡，如图 7-5 所示。

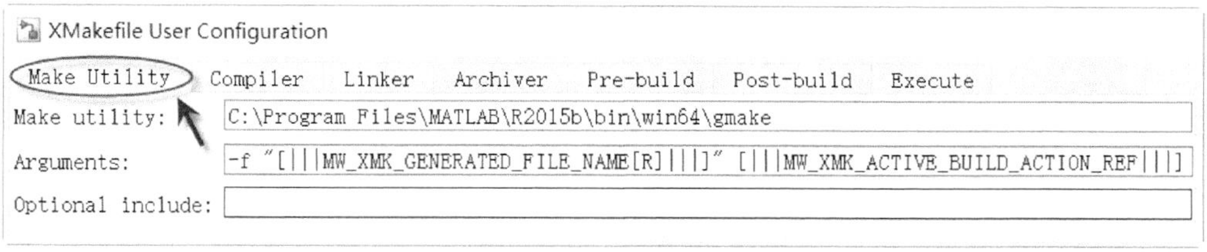

图 7-5　Make Utility 选项卡的设置

第二，设置 Compiler 选项卡，如图 7-6 所示。

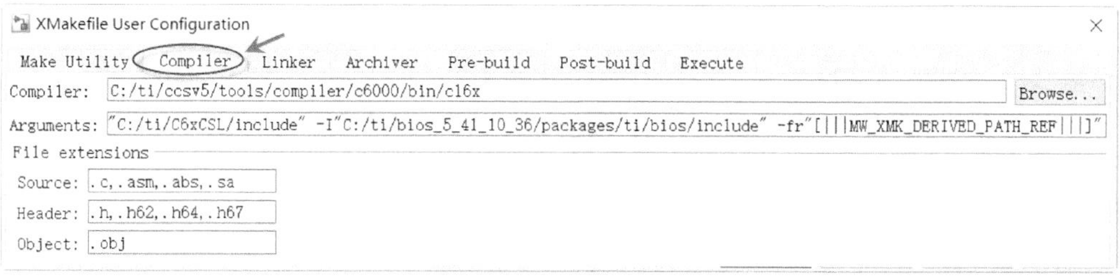

图 7-6　Compiler 选项卡的设置

说明：在添加了 C6xCSL 包后，需单击 Apply 按钮。

第三，设置 Tool Directories 选项卡，如图 7-7 所示。

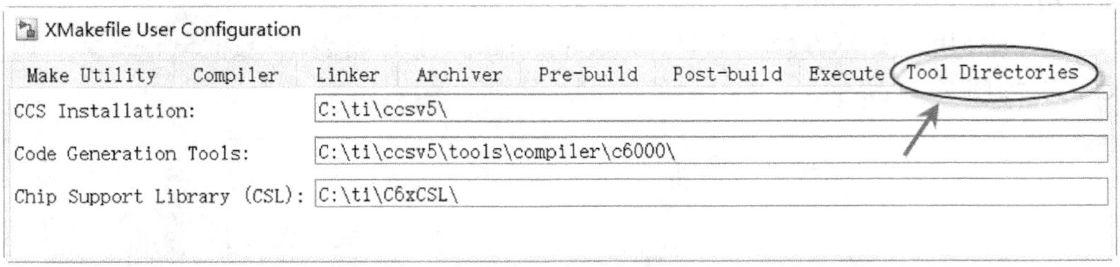

第 7 章　嵌入式代码的快速生成

```
XMakefile User Configuration
Make Utility  Compiler  Linker  Archiver  Pre-build  Post-build  Execute  Tool Directories
CCS Installation:          C:\ti\ccsv5\
Code Generation Tools:     C:\ti\ccsv5\tools\compiler\c6000\
Chip Support Library (CSL): C:\ti\C6xCSL\
```

图 7 - 7　Tool Directories 选项卡的设置

2. 查看/设置软件包和环境变量

在 MTLAB 的"命令行窗口"中输入"checkEnvSetup('ccsv5','用户板卡','check/setup')"来查看/设置 CCS 软件和环境变量。比如，查看软件包和环境变量的情况，可在 MATLAB 的"命令行窗口"中输入"checkEnvSetup('ccsv5','C6416','check')"，将显示以下信息：

```
% C6416 为用户板卡
  CCSv5 (Code Composer Studio)
  Your version        : 5.1.1
  Required version    : 5.0 or later
  Required for        : Code Generation
  TI_DIR = "C:\ti\ccsv5"

  C6000 CSL (TMS320C6000 Chip Support Library)
  Your version        : 2.31.00.15
  Required version    : 2.31.00.10 or later
  Required for        : Code generation
  CSL_C6000_INSTALLDIR = "C:\ti\C6xCSL"

  CGT (Code Generation Tools)
  Your version        : 7.3.1
  Required version    : 6.1.18 to 7.3.1
  Required for        : Code generation
  C6000_CGT_INSTALLDIR = "C:\ti\ccsv5\tools\compiler\c6000"

  DSP/BIOS (Real Time Operating System)
  Your version        : 5.41.10.36
  Required version    : 5.33.05 to 5.41.11.38
  Required for        : Code generation
  CCSV5_DSPBIOS_INSTALLDIR = "C:\ti\bios_5_41_10_36"

  XDC Tools (eXpress DSP Components)
```

第 7 章 嵌入式代码的快速生成

```
Your version        :
Required version : 3.16.02.32 or later
Required for        : Code generation

Texas Instruments IMGLIB (TMS320C64x Image Library)
Your version        : 1.04
Required version : 1.04
Required for        : CRL block replacement
C64X_IMGLIB_INSTALLDIR = "C:\ti\C6400\imglib"
```

3. 在 CCS 5/6 中创建 Target Configuration File

① 无论手动还是自动加载.out 文件,都必须创建 Target Configuration File 文件,即.ccxml 格式文件。其创建方法为:在 CCS 5/6 软件的菜单中选择 File→New→Target Configuration File 菜单项,在弹出的 New Target Configuration 对话框单中设置 Target Configuration File 文件的名字,比如 C6416.ccxml,如图 7-8 所示。

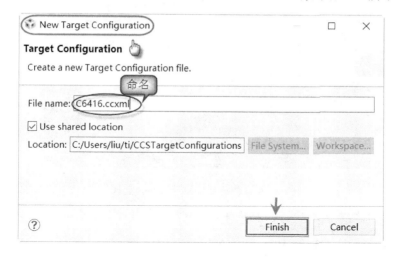

图 7-8 创建 Target Configuration File 文件

② 剩余设置步骤请参看第 1 章的相关内容。

4. 配置 Debug Server Scripting(DSS)的 Windows 路径

在 Path 变量下添加 Debug Server Scripting(DSS)的 Windows 路径:"C:\ti\ccsv5\ccs_base\scripting\bin"。

5. 配置 DSS 来自动加载和运行 CCS5/6 软件

MathWorks 提供了一个 JavaScrip 文件——runProgram.js,用于使用 DSS。该脚本可加载和运行指定的编程到特定的目标配置文件上。用户可创建该脚本的拷贝或根据用户需求修改该脚本。runProgram.js 文件位于[MATLABROOT]\toolbox\

第 7 章 嵌入式代码的快速生成

idelink\extensions\ticcs\ccsdemos。

(1) 使用 XMakefile 配置自动加载和运行 CCS 软件

使用 XMakefile 配置运行 dss.bat 和 runProgram.js 的语法是

```
> dss runProgramFile targetConfigurationFile [|||MW_XMK_GENERATED...
_TARGET_REF[E]|||]
```

(2) 使用 Windows 命令行自动加载和运行 CCS 软件

使用 Windows 命令行运行 dss.bat 和 runProgram.js 的语法是

```
> dss runProgramFile targetConfigurationFile programFile
```

一个使用 DSS 自动加载和运行的 F28027 DSP 的例子如图 7-9 所示。

图 7-9　自动加载和运行 .out 文件

说明：此时无须打开 CCS 5/6 软件，.out 文件会自动加载到目标板并运行。

7.3　TI DSP 原装板的实时代码生成

1. 用户模型生成实时代码

用户模型生成实时代码的步骤如下：

① 建立实时模型，并在 CCS 系统配置中选择相应的处理器进行仿真；

② 设置仿真参数；

③ 编译实时模型。

2. 仿真参数的设置

① 在模型窗口中选择 Simulation→Configuration Parameters 菜单项，打开配置参数对话框，在左侧的列表框中选择 Solver，然后设置下列几项参数，如图 7-10 所示。

◇ Start time:在该文本框中输入"0.0";
◇ Stop time:在该文本框中输入"inf";
◇ Type:在该下拉表框中选择"Fixed-step";
◇ Solver:在该下拉表框中选择"discrete(no continuous states)"。

② 在图 7-10 中左侧的列表框中选择 Optimization 可用于设置模型的优化选项,它包括 Signals and Parameters 选项卡和 Stateflow 选项卡。

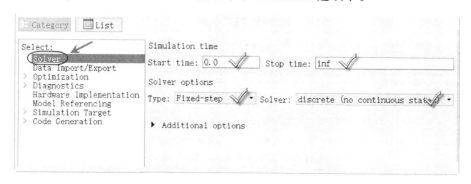

图 7-10 在左侧列表框中选择 Solver 设置相应参数

第一,Signals and Parameters 选项卡。根据用途,在 Code generation 选项组中的 Default parameter behavior 下拉列表框中选择 Tunable 或是 Inlined。如果为了减少全局 ARM 的使用和增加生成代码的效率,则应选择 Inlined;如果要使能调整生成代码中数字模块的参数,则应选择 Tunable。

这里在 Default parameter behavior 下拉列表框中选择 Inline,并且选中 Inline invariant signals 复选框,其余为默认设置,如图 7-11 所示。

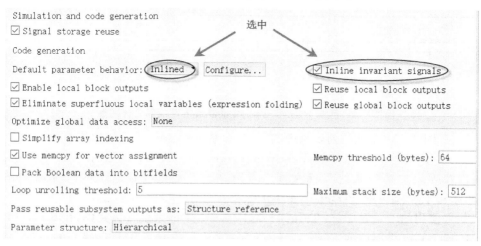

图 7-11 选择 Inlined 并选中 Inline invariant signals 复选框

第 7 章 嵌入式代码的快速生成

Signals and Parameters 选项卡中几个选项的说明如表 7-1 所列。

表 7-1 Signals and Parameters 选项卡中几个选项的说明

选 项	意 义
Signal storage reuse	Real-Time Workshop 代码生成器在存储空间重用时存储信号；取消选中时，所有模块的输出为全局变量，增加了 RAM 和 ROM 的利用率
Enable local block outputs	声明模块信号是局部变量而不是全局变量
Reuse local block outputs	减少缓存局部变量的堆栈空间
Inline invariant signals	不为具有固定值的采样时间的模块产生代码
Eliminate superfluous local variables (expression folding)	减少模块输出的中间结果的计算，以及这些结果在临时缓冲区的存储
Loop unrolling threshold	设置适当的值，即循环展开门限值
Use memcpy for vector assignment	当目标环境支持 memcpy 函数，而且用信号向量来传输数据时，选中则在生成代码时调用 memcpy 函数来替代 for 循环，以加速向量分配的执行，同时还需设置适当的 Memcpy threshold (bytes) 值

第二，Stateflow 选项卡可按默认设置。

③ 在左侧的列表框中选择 Hardware Implementation，用于指定生成代码在何种硬件上运行，如图 7-12 所示。其中，Code Generation system target file 用于指定代码生成的系统目标文件，Hardware board 用于指定所使用的硬件型号，Device vendor 用于指定硬件生产商，Device type 用于指定硬件类型。

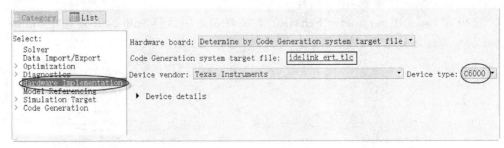

图 7-12 选择 Hardware Implementation 可设置硬件属性

④ 在图 7-12 左侧的列表框中选择 Code Generation，可设置以下参数：

第一，单击 Browse 按钮打开 System Target File Browser（见图 7-13）面板，用户可以在列表中选择系统目标文件。当用户选择好系统目标文件时，Real-Time Workshop 会自动设置 Template makefile 和 Make command 选项。

如果使用的不是 System Target File Browser 中的系统目标文件，在 Configuration Parameters 界面中的 System target file 文本框中输入用户自定义的系统目标文件名时，则需要用户设置 Template makefile 和 Make command 选项，分别如图 7-14 和图 7-15 所示。

第 7 章 嵌入式代码的快速生成

用 Real-Time Workshop 生成实时代码时,设置 System target file 为 ccslink_grt.tlc;使用 Real-Time Workshop Embedded Coder 生成产品级代码时,设置 System target file 为 ccslink_ert.tlc。

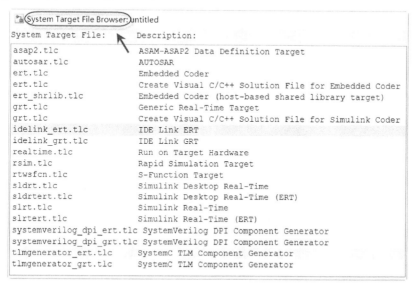

图 7-13　TLC 文件列表

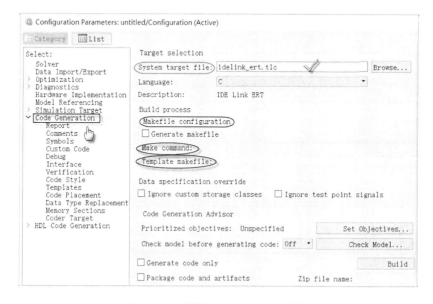

图 7-14　选择 idelink_ert.tlc 文件

第二,在 Configuration Parameters 面板的左侧列表框中选择 Report,可按图 7-16 所示对其进行设置。

第7章 嵌入式代码的快速生成

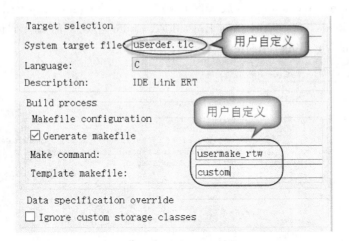

图 7-15 用户自定义 .tlc 文件

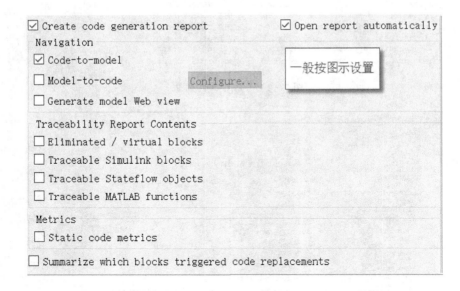

图 7-16 选择 Report 后的右侧显示区域

第三,通过修改 Comments 中的参数来设置在生成的代码中插入注释。

第四,设置 Custom Code 向相应的目标中添加自定义代码。

第五,设置 Debug,在为自定义目标、添加已存在的代码或开发新的模块写 TLC 代码时设置 Debug 参数很有用。选择 Debug 后的显示区域如图 7-17 所示,其中各复选框的意义如表 7-2 所列。

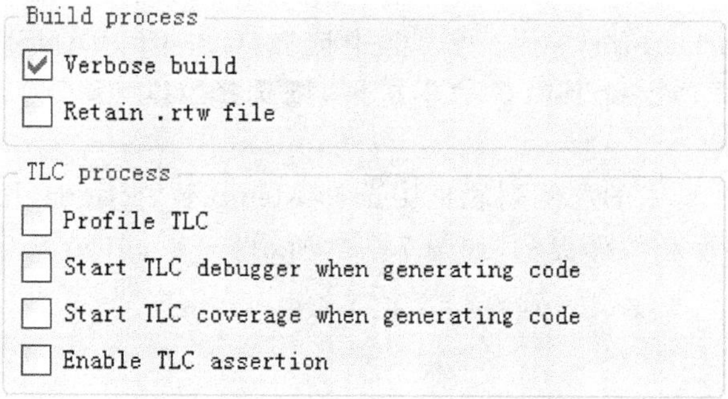

第 7 章 嵌入式代码的快速生成

图 7 - 17 选择 Debug 后的显示区域

表 7 - 2 选择 Debug 后的显示区域中各复选框的意义

复选框	意义
Verbose build	在 MATLAB 的"命令行窗口"中显示生成代码的过程信息
Retain .rtw file	在编译完成时阻止从编译目录下删除 model.rtw 文件
Profile TLC	在代码生成过程中用 TLC 分析器分析 TLC 代码的执行效率并生成 HTML 格式的报告
Start TLC debugger when generating code	在生成代码过程中启动 TLC 调试器
Start TLC coverage when generating code	生成包含统计数据的报告
Enable TLC assertion	用户提供的 TLC 文件如果包含 %assert 指令,当值为 FALSE 时暂停编译

第六,设置 Interface,用于指定在生成代码时所使用的数学函数库,如图 7 - 18 所示。

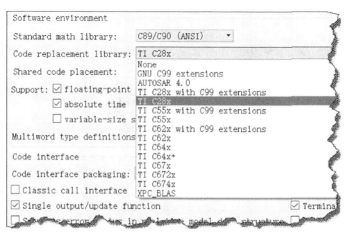

图 7 - 18 选择 Interface 后的显示区域

第7章 嵌入式代码的快速生成

Standard math library 下拉列表框用于指定在生成代码时使用的特定目标数学库,在 Standard math library 下拉列表框中选择"C89/C90(ANSI)";使用 ANSI C 库函数集,如果编译器支持 ISO C 数学扩展,则选择"C99(ISO)",能生成更有效的代码。

第七,在图 7-14 中的左侧列表框中选择 Memory Sections,用于为生成的数据和函数代码插入注释和编译提示,如图 7-19 所示。

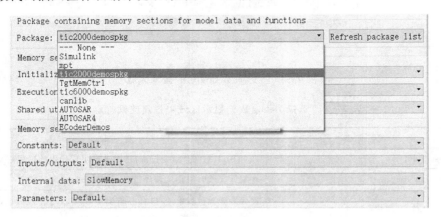

图 7-19 选择 Memory Sections 后的显示区域

说明:Memory Sections 的使用方法请参考帮助文档和后面的例程。

第八,在图 7-14 中左侧列表框中选择 Coder Target,右边的显示区域由 Tool-Chain Automation 选项卡和 Target Hardware Resources 选项卡构成,分别如图 7-20 和图 7-21 所示。

第九,Build action,指定当用户单击 Build 按钮时,Code Generation 所执行的操作,有 5 种操作方式供选择,如表 7-3 所列。

表 7-3 工程建立操作方式

操作方式	意 义
Create_Project	Real-Time Workshop 会启动 CCS IDE 并创建一个新的工程,该工程包含模型编译过程中生成的文件。模型编译过程中生成了 modelname.c、modelname.cmd、modelname.bld 等文件,这些文件存于 MATLAB 工作目录下的 modelname_c6000_rtw 文件夹内
Archive_library	Real-Time Workshop 生成一个归档模型库,选择此项,用户可以在模型引用时调用该库
Build	编译链接可执行 COFF 文件,但并不把该文件加载到目标 DSP 中

第 7 章　嵌入式代码的快速生成

续表 7-3

操作方式	意　义
Build_and_execute	编译链接可执行 COFF 文件,把该文件加载到目标 DSP 中并运行生成的代码
Create_Processor_In_the_Loop_project	控制 Simulink Coder 的代码生成过程,创建 PIL 算法对象代码作为项目的一部分

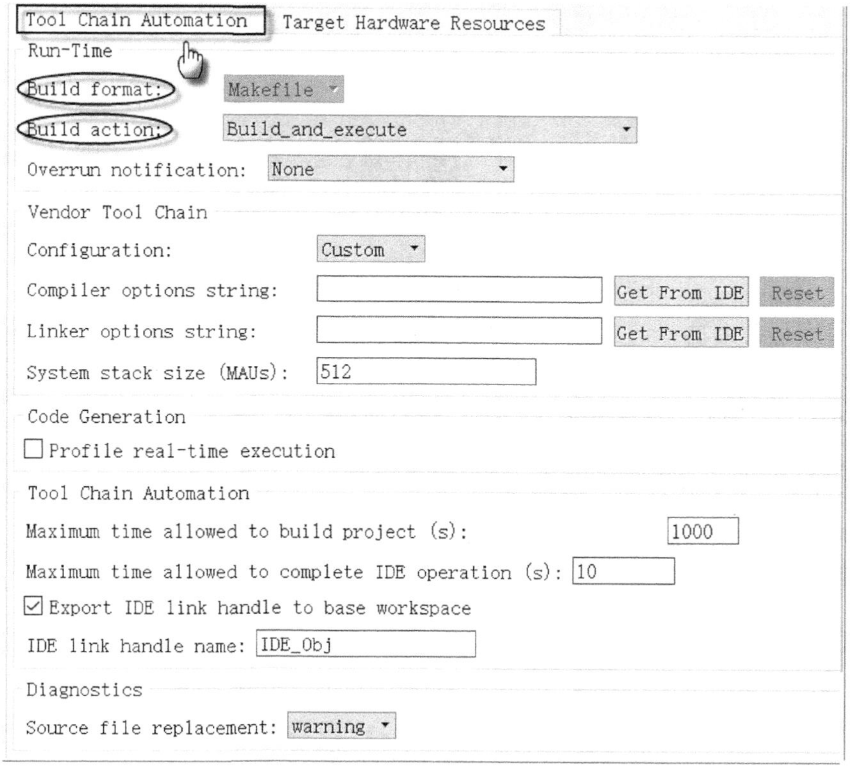

图 7-20　Tool Chain Automation 选项卡

7.4　代码验证

本节将主要介绍通过软件在环(Software-In-the-Loop,SIL)测试和处理器在环(Processor-In-the-Loop PIL))测试进行模型验证。

1. SIL 测试

SIL 测试是在主机上对仿真中生成的函数或手写代码的评估。当软件组件包含

第 7 章 嵌入式代码的快速生成

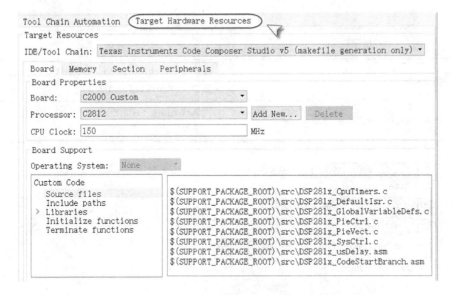

图 7-21 Target Hardware Resources 选项卡

需要在目标平台上执行的生成代码和手写代码的组合时,应考虑进行 SIL 测试,并且 SIL 测试也验证图形化模型中现有算法的重用问题,完成对模型设计的验证。

Embedded Coder 软件为子系统的代码验证提供了 SIL 测试。Embedded Coder 软件提供了模型设置选项——Enable portable word sizes,支持处理器字长不同的主机-目标机系统的代码生成。若选择 Enable portable word sizes 选项,则生成的代码中包含有条件的处理宏,使生成的源代码文件能够用于 SIL 测试。

下面给出一个非常简单的 SIL 测试例程,其步骤如下:

① 创建待 SIL 测试的 Simulink 模型,如图 7-22 所示。

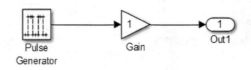

图 7-22 待 SIL 测试的 Simulink 模型

② 设置 Configuration Parameters,在打开的对话框的左侧列表框中分别选择 Hardware Implementation、Code Generation 和 Verification,然后进行相应的设置,如图 7-23～图 7-25 所示。

③ 单击 Build Model 图标,创建 SIL 模块如图 7-26 所示。

④ 创建 SIL 测试电路,如图 7-27 和图 7-28 所示。

说明:在新版 MATLAB/Simulink 中只要能大致记得模块的名称即可在设计面板中直接添加模块,这会大大加快建模速度,值得读者掌握。

第 7 章 嵌入式代码的快速生成

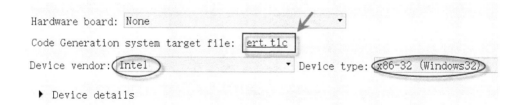

图 7-23 设置 Hardware Implementation 面板中相应的内容

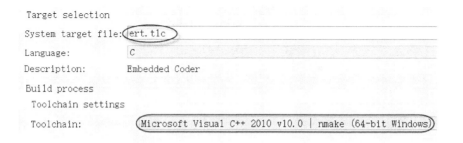

图 7-24 设置 Code Generation 面板中相应的内容

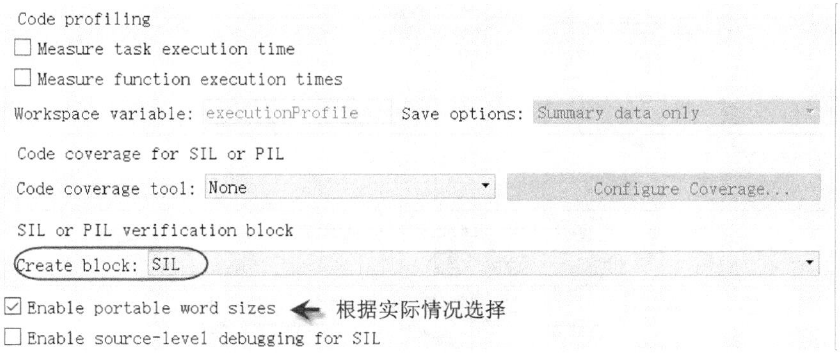

图 7-25 设置 Verification 面板中相应的内容

⑤ SIL 测试模型与原始模块的比较结果如图 7-29 所示。

说明：SIL 测试验证了由原始模型生成的 C 代码，在不考虑实时性时，能正确实现模型的功能。

2. PIL 测试

(1) PIL 功能描述

PIL 测试是实现对生成代码的验证，帮助用户评价在处理器上生成的代码的运

第 7 章 嵌入式代码的快速生成

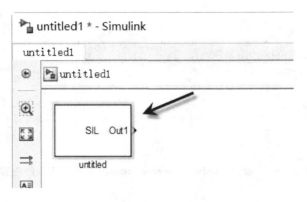

图 7-26 创建的 SIL 模块

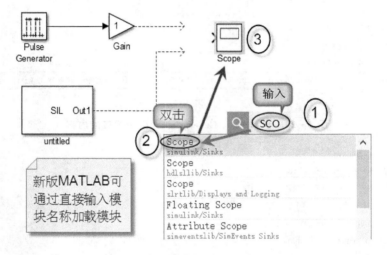

图 7-27 创建 SIL 测试电路(1)

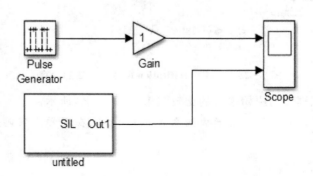

图 7-28 创建 SIL 测试电路(2)

行过程,找出由目标编译器或处理器产生的错误。验证 PIL 的框图如图 7-30 所示。PIL 协同仿真可以帮助用户估计算法的优劣,通过 PIL 测试,可以在所支持的处理器上自动生成子系统代码,还可以用原始的 Simulink 模型自动验证生成的嵌入式代码,包括在 Simulink 中无法仿真的一些目标特定的代码。在利用 Embedded Coder 生成代码的过程中,可以对模型或模型中的一个子系统或库中的子系统创建 PIL 模块。

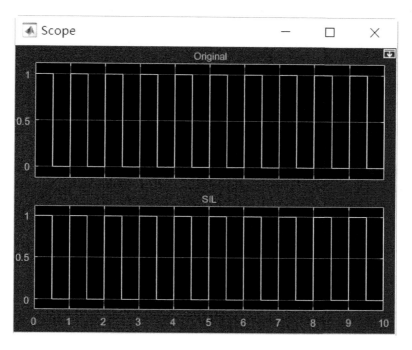

图 7-29　SIL 测试模型与原始模块的比较结果

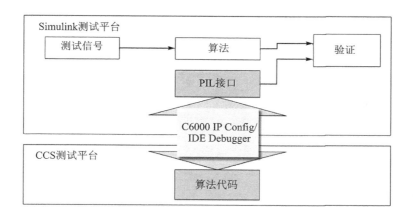

图 7-30　验证 PIL 的框图

通过链接 PIL 算法对象代码与 wrapped 代码来创建 PIL 应用。由于 wrapped 代码包含 string.h 头文件,所以在 PIL 应用中要用到 memcpy 函数。采用 memcpy 函数有利于 Simulink 软件与协同仿真处理器间的数据交换。

在 PIL 协同仿真中,Code Generation 为 PIL 算法生成可执行代码,仿真时在处理器平台上运行该代码。在每一采样间隔仿真模型,并通过 CCS 软件将输出信号下载到处理器平台上。当处理器平台从模型中接收信号时,在每一采样步执行 PIL 算法,而 PIL 算法通过 CCS 界面返回 Simulink 软件处理的输出信号。完成仿真的一次采样循环后,在下一个采样间隔再处理模型,在仿真过程中重复执行该操作。PIL 测试不是实时运行的,在每一个采样完成后,仿真都会暂停以保证 Simulink 测试工具与对象代码间所有的数据进行了交换,从而可以检查出模型和生成代码之间的不同。

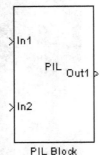

图 7-31 PIL 模块

说明:由于高版本 CCS 5/6 仅支持 Makefile only,不支持 PIL,所以这部分省略。

(2) PIL 模块

根据子系统创建的 PIL 模块继承子系统的输入/输出信号名,PIL 模块如图 7-31 所示。

注意:目标文件 grt.tlc 不支持 PIL,在创建 PIL 模块时要选择 ccslink_ert.tlc 目标文件。

7.5 TI C6416 DSK 目标板应用例程

通过一个非常简单的例子——LED 实验,来介绍嵌入式 C 代码的快速生成过程,其工作流程如下:

① 设计和仿真;
② 软件在环测试;
③ 快速原型建立;
④ 代码验证;
⑤ 生成和剖析代码;
⑥ 堆栈使用率剖析;
⑦ 生成代码和硬件在环测试。

1. 设计和仿真

(1) 输　入

在 MATLAB 的"命令行窗口"中输入:

checkEnvSetup('ccs5', 'C6416', 'check')

得到如图 7-32 所示的安装的软件包及环境变量信息。

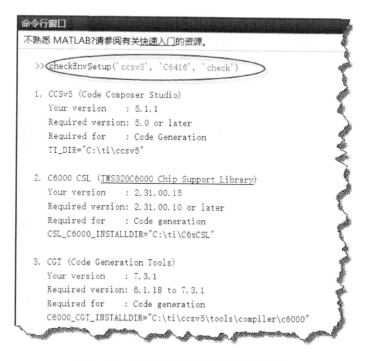

图 7-32　安装的软件包及环境变量信息

(2) 建立 LED 模型

① 打开一个新的 Simulink 模型窗口，在 Signal Processing Sources 库中选择 Random Source 模块（见图 7-33），添加到新建的模型中。

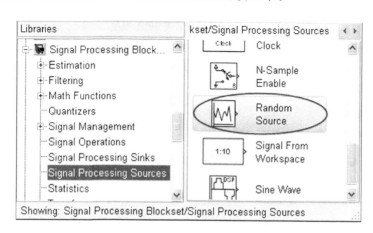

图 7-33　添加 Random Source 模块

第 7 章 嵌入式代码的快速生成

② 从 Math Operations 库中选择 Gain 和 Rounding Function 模块(见图 7-34),添加到新建的模型中。

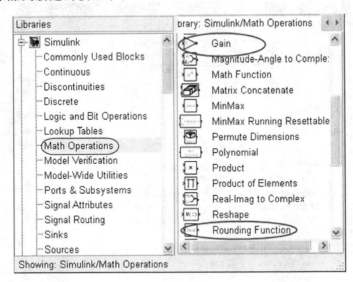

图 7-34 选择 Gain 和 Rounding Function 模块

③ 创建如图 7-35 所示的模型,指定路径和文件名 light.mdl,并保存此模型。

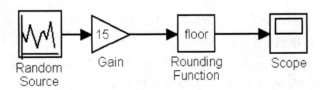

图 7-35 建立的 Simulink 模型

(3) 配置模块参数

① 双击 Random Source 模块,打开模块参数对话框,设置采样时间为"5",如图 7-36 所示。

② 单击 ▶ 按钮,开始仿真,仿真结果如图 7-37 所示。

2. 软件在环测试

软件在环测试在于验证生成代码的有效性,即将 Gain 模块与 Rounding Function 模块封装成子系统,设置参数如下:

① 在 Configuration Parameters 对话框中的左侧列表框中选择 Hardware Implementation,然后在右侧显示区域的 Device vendor 下拉列表框中选择 Intel,并在 Device type 下拉列表框中选择"x86-32(Windows32)",如图 7-23 所示。

② 在 Code Generation 右侧显示区域的 System target file 文本框中输入

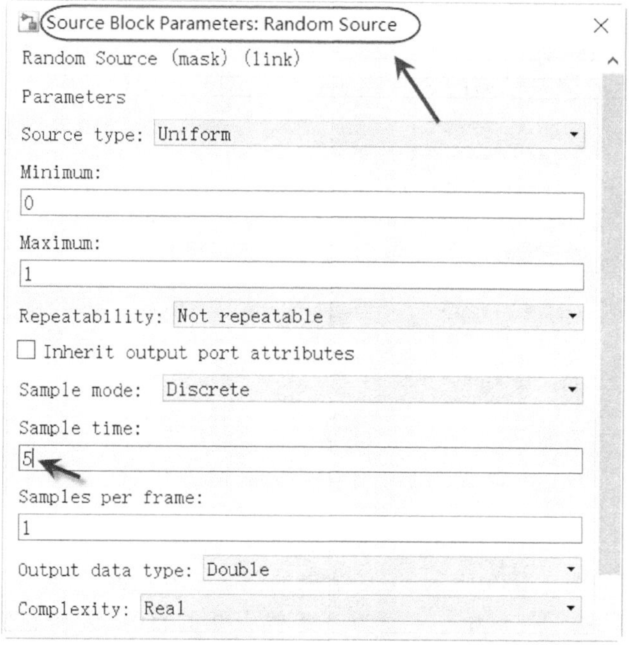

第 7 章 嵌入式代码的快速生成

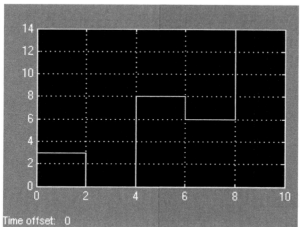

图 7-36 设置 Random Source 模块参数

图 7-37 仿真结果(1)

"ert.tlc";

③ 在 Verification 右侧显示区域中选中 Enable portable word sizes 复选框。

④ 在 Code Generation 右侧显示区域中:第一,取消选中 Generate code only 复选框;第二,在 Toolchain 下拉列表框中选择用户安装的 C 编译器,这里选择 Mi-

第 7 章 嵌入式代码的快速生成

crosoft Visual C++ 2010 v10.0。

右击子系统模块,在弹出的快捷菜单中选择"C/C++ Code"→Build This Subsystem 菜单项,生成该子模型的 SIL 模块。该模型及其属性如图 7-38 所示。

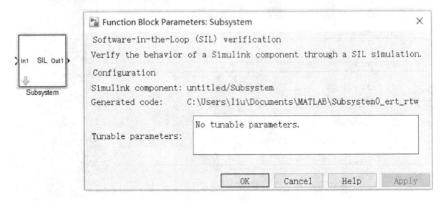

图 7-38 SIL 模块及其属性

⑤ 验证模型如图 7-39 所示,仿真结果如图 7-40 所示。从图 7-70 所示的仿真结果可知,两者的差值 Subtract 恒为一条值为 0 的直线,说明它们实现的功能一致,即生成的代码能实现模型的功能。

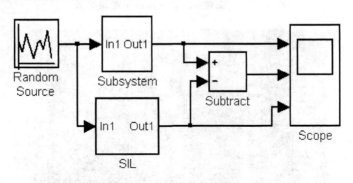

图 7-39 验证模型

3. 快速原型建立

(1) 添加 LED 模块

在 Simulink Library Browser 对话框中选择 Embedded Coder Support Package for Texas Instruments C6000 DSPs,然后选择 C6416 DSK 库,并从该库中选择 LED 模块。这里选择 C6416 DSK LED 模块如(见图 7-41),添加到新建的模型中,替换 Scope 模块。

(2) 创建模型

创建如图 7-42 所示的 C6416_light 模型,指定路径和文件名,并保存此模型。

第 7 章 嵌入式代码的快速生成

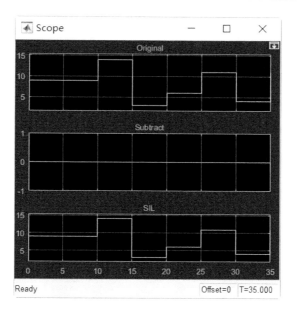

图 7 - 40 仿真结果(2)

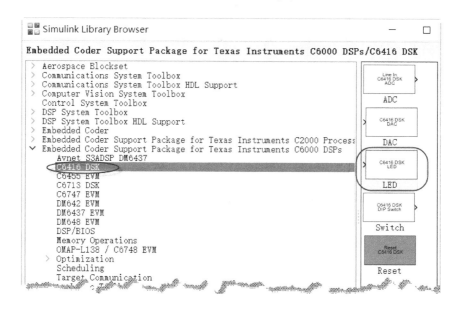

图 7 - 41 选择 C6416 DSK LED 模块

(3) 设置 C6416 DSK 参数

① 对 Solver 相应的显示区域进行设置,如图 7 - 43 所示。
② 对 Hardware Implementation 相应显示区域的设置如图 7 - 44 所示。
③ 对 Code Generation 相应显示区域的设置如图 7 - 45 所示。

第 7 章 嵌入式代码的快速生成

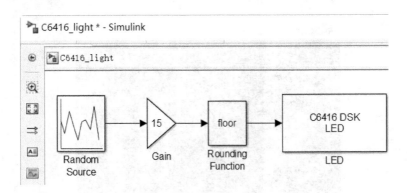

图 7 - 42　C6416_light 模型

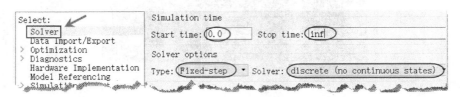

图 7 - 43　Solver 相应显示区域的设置

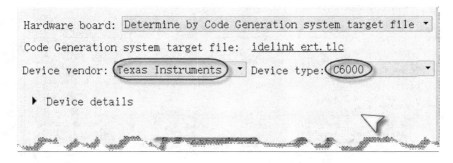

图 7 - 44　Hardware Implementation 相应显示区域的设置

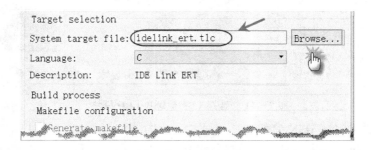

图 7 - 45　Code Generation 相应显示区域的设置

④ 选择 Code Generation→Report,然后对 Report 相应的显示区域进行设置,如图 7 - 46 所示。

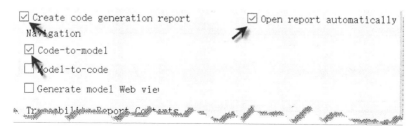

图 7 - 46　Report 相应显示区域的设置

⑤ 选择 Code Generation→Interface,然后对 Interface 相应的显示区域进行设置,如图 7 - 47 所示。

图 7 - 47　Interface 相应显示区域的设置

⑥ 选择 Code Generation→Coder Target,然后对 Coder Target 相应的显示区域进行设置,具体如下:

第一,Target Hardware Resources 选项卡的相应设置如图 7 - 48 所示。

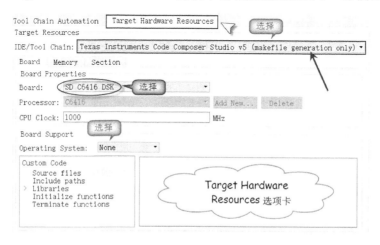

图 7 - 48　Target Hardware Resources 选项卡的相应设置

第 7 章　嵌入式代码的快速生成

单击 Memory,切换到 Memory 选项卡,可以看到相应的信息,如图 7 - 49 所示。单击 Section 标签,切换到 Section 选项卡(见图 7 - 50),可以看到内存分配的信息,读者可根据.cmd 文件修改存储空间的起始地址、存储空间的长度以及段的内容。

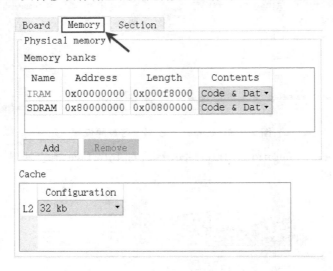

图 7 - 49　Memory 选项卡

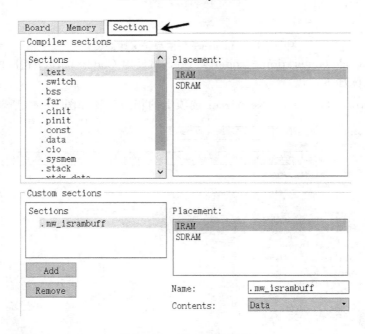

图 7 - 50　Section 选项卡

第二,Tool Chain Automation 选项卡的相应设置如图 7 - 51 所示。

第 7 章 嵌入式代码的快速生成

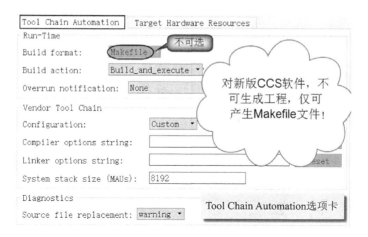

图 7-51 Tool Chain Automation 选项卡的相应设置

⑦ 其他选项内容按默认设置即可。

4. 在 MATLAB R2015b 和 CCS 4/5/6 中为 C6416_light 模型自动生成代码

(1) 在 MATLAB 的"命令行窗口"中输入命令

在 MATLAB 的"命令行窗口"中输入"xmakefilesetup"。在弹出的对话框中按图 7-52 所示进行设置。

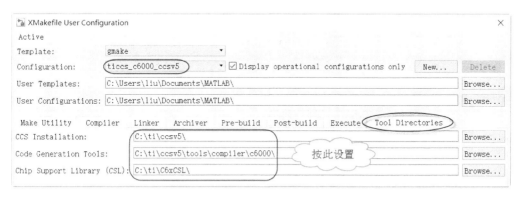

图 7-52 C6416 DSK xmakefile 配置

说明：详细设置过程请参考 7.2 节的相应内容。

(2) 自动生成代码

单击工具栏上的 build 图标 为 C6416_light 模型自动生成代码，具体如下：

① C6416_light 模型的代码生成报告如图 7-53 所示。

② 由生成的 Makefile 文件与 CCS 5.11 软件产生的 C6416_light.out 文件如图 7-54 所示。

第 7 章 嵌入式代码的快速生成

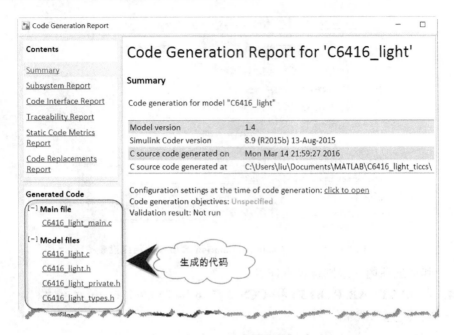

图 7-53 C6416_light 模型的代码生成报告

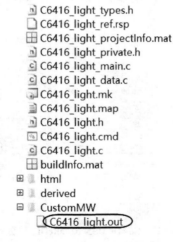

图 7-54 产生的 C6416_light.out 文件

③ 设置软仿真的 C6416.ccxml,如图 7-55 所示。

④ 加载 C6416_light_ticcs 文件包到 CCS 5.11。

第一,在 CCS 5.11 菜单栏中选择 File → NEW → Project 菜单项,打开 New Project 对话框,在该对话框的列表框中选择"C/C++",然后选择 Makefile Project with Existing Code,如图 7-56 所示。

第 7 章 嵌入式代码的快速生成

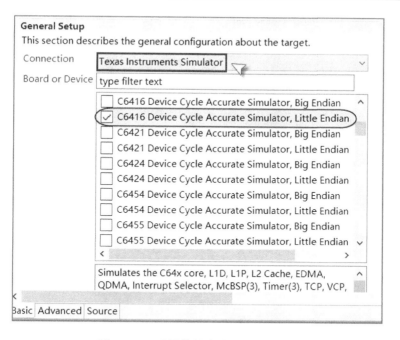

图 7 - 55　设置软仿真的 C6416.ccxml

图 7 - 56　加载 Makefile Project with Existing Code

第二，单击 Next 按钮，弹出如图 7 - 57 所示的对话框，在 Project Name 文本框中输入"C6416_light"，然后单击 Browse 按钮，打开"浏览文件夹"对话框，在列表框中选择"C6416_light_ticcs"。单击"确定"按钮，返回上一个对话框，单击 Finish 按钮，此时将其加载到 CCS 5.11 中，如图 7 - 58 所示。

⑤ 硬件测试：由于后面将介绍 C6416_light 模型生成代码在 CCS 3.3 中的硬件测试，所以这里省略。

第 7 章 嵌入式代码的快速生成

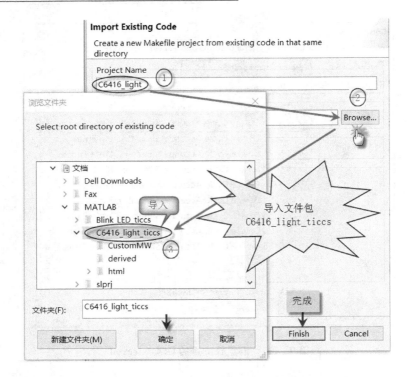

图 7-57 导入 C6416_light_ticcs 文件包(1)

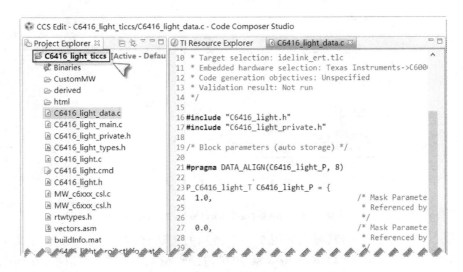

图 7-58 导入 C6416_light_ticcs 文件包(2)

5. 在 CCS 3.3 软件中进行的一些测试

这里仅介绍 CCS 3.3 软件可做,而新版 CCS 4/5/6 不支持的——处理器在环测试、生成代码的剖析、堆栈使用率剖析等内容的测试。

仅针对那些仍然在使用旧版 MATLAB 软件和 CCS 3.3 的读者阅读，使用新版本 MATLAB 和 CCS 软件的读者可跳过本部分内容。

(1) 处理器在环测试

将 Gain 模块与 Rounding Function 模块封装成子系统，生成 PIL 模块，如图 7-59 所示。

比较子系统与利用子系统生成的 PIL 模块，验证 PIL 模块执行的功能与原系统的

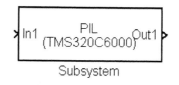

图 7-59 生成的 PIL 模块

一致性。模型和仿真结果分别如图 7-60 和图 7-61 所示，两者的差值 Subtract 恒为一条值为 0 的直线，说明它们实现的功能一致。

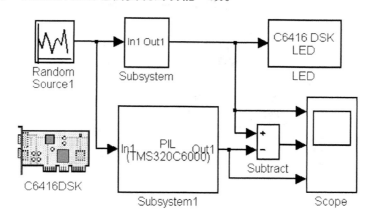

图 7-60 验证功能的模型

(2) 生成代码的剖析

对于 LED 模型，首先设置实现任务剖析的参数，然后使程序运行一段时间后停止，得到任务剖析的结果。

在 MATLAB 的"命令行窗口"中输入：

```
>> profile(CCS_Obj,'execution','report')
```

剖析结果如下：

```
ans =
       numTimerTasks    : 1
               wsize    : 32
            oRunMax    : 0
                tMax    : 2.0560e-006
        taskActivity    : [16x1 char]
          taskIdList    : 1
```

第 7 章 嵌入式代码的快速生成

```
        taskTs         : [16x1 double]
     taskTicks         : [16x1 double]
    timePerTick        : 8.0000e-009
       warning         : ''
    taskNameList       : {'Base-Rate'}
  recordedTaskIdx      : 1
```

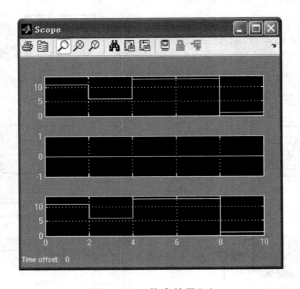

图 7-61　仿真结果(3)

任务剖析报告如图 7-62 所示。

任务剖析数据分析如下:

图 7-62 记录的是从 $t=0$ 开始执行模型后 14.000 s 内的数据剖析,剖析的定时器分辨率为 8.000 ns,具体数据如表 7-4 所列。

表 7-4　任务剖析报告的数据分析

任 务	Base-Rate
Maximum turnaround time	在 $t=12.000$ s 时为 1.984 μs
Average turnaround time	1.713 μs
Maximum execution time	在 $t=12.000$ s 时为 1.984 μs
Average execution time	1.713 μs
Average sample time	2.000 s

第 7 章 嵌入式代码的快速生成

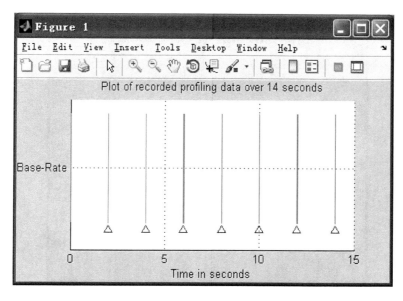

图 7-62 任务剖析报告

子系统剖析的结果如下：

```
ans =
    numTimerSubsystems : 1
                wsize : 32
     subsystemActivity : [28x1 char]
      subsystemIdList : 1
             subsysTs : [28x1 double]
          subsysTicks : [28x1 double]
          timePerTick : 8.0000e-009
              warning : ''
       subsysNameList : {'C6416_light'}
    recordedSubsysIdx : 1
```

子系统剖析报告如图 7-63 所示。

子系统剖析数据的分析如下：

图 7-63 记录的是从 $t=0$ 开始执行模型后 12.000 s 内的数据剖析，剖析的定时器分辨率为 8.000 ns，具体数据如表 7-5 所列。

第 7 章 嵌入式代码的快速生成

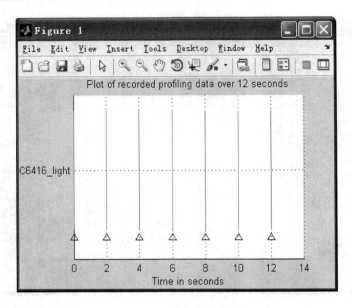

图 7-63 子系统剖析报告

表 7-5 子系统剖析报告的数据分析

子系统	C6416_light
Maximum turnaround time	在 $t = 12.000$ s 时为 1.584 μs
Average turnaround time	899.077 ns
Maximum execution time	在 $t = 12.000$ s 时为 1.584 μs
Average execution time	1.713 μs
Average sample time	899.077 ns

(3) 堆栈使用率剖析

对于 LED 模型,在 Embedded IDE Link 中设置系统堆栈大小为 1 024 MAUs。在 MATLAB 的"命令行窗口"中输入:

```
>> profile(CCS_Obj,'stack','report')
```

得到堆栈使用率报告:

```
Maximum stack usage:
System Stack    : 0/1024 ( 0 % ) MAUs used.
        name    : System Stack
    startAddress: [30032        0]
```

```
        endAddress         : [31055       0]
        stackSize          : 1024 MAUs
     growthDirection       : ascending
```

继续输入:

```
run(CCS_Obj)
halt(CCS_Obj)
profile(CCS_Obj,'stack','report')
```

得到结果:

```
Maximum stack usage:
System Stack            : 540/1024 (52.73%) MAUs used.
        name            : System Stack
        startAddress    : [30032       0]
        endAddress      : [31055       0]
        stackSize       : 1024 MAUs
     growthDirection    : ascending
```

(4) 生成代码

通过上述的模型仿真与代码验证,单击工具栏上的 ▦ 按钮,RTW-EC 将为 LED 模型自动生成嵌入式 C 代码;同时,将生成的 C 代码自动加载到 CCS IDE 中,编译链接成可执行文件,并将其下载到 C6416 DSK 板上运行。生成的工程文件如图 7-64 所示,生成的代码报告如图 7-65 所示,代码的跟踪报告如图 7-66 所示。

在生成代码的过程中,MATLAB 的"命令行窗口"将显示如下信息:

```
### Connecting to Code Composer Studio(tm)...
### Generating code into build directory:
  ...\MATLAB\light\C6416_light_ticcs
### Invoking Target Language Compiler on C6416_light.rtw
    tlc
    -r
  :
### TLC code generation complete.
### Creating project marker file: rtw_proj.tmw
### Creating project:
  ...\MATLAB\light\C6416_light_ccslink\C6416_light.pjt
### Project creation done.
### Building project...
### Build done.
### Downloading program:
  ...\MATLAB\light\C6416_light_ticcs\C6416_light.out
### Download done.
```

第 7 章 嵌入式代码的快速生成

图 7-64 生成的工程文件

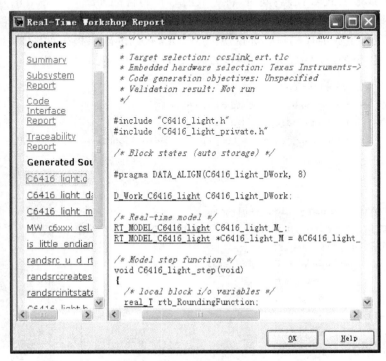

图 7-65 生成的代码报告

第 7 章 嵌入式代码的快速生成

Traceability Report for C6416_light

Table of Contents
1. Eliminated / Virtual Blocks
2. Traceable Simulink Blocks / Stateflow Objects / Embedded MATLAB Scripts
   - C6416_light
   - C6416_light/C6416DSK

Eliminated / Virtual Blocks

Block Name	Comment
<Root>/C6416DSK	Masked SubSystem
<Root>/LED	Not traceable
<S1>/Subsystem	Empty SubSystem

Traceable Simulink Blocks / Stateflow Objects / Embedded MATLAB Scripts

Root system: C6416_light

Object Name	Code Location
<Root>/Gain	C6416_light.c:44 C6416_light_data.c:33 C6416_light.h:60
<Root>/Random Source	C6416_light.c:37, 66 C6416_light_data.c:27, 30 C6416_light.h:46, 47, 54, 57
<Root>/Rounding Function	C6416_light.c:43

Subsystem: C6416_light/C6416DSK
No traceable objects in this Subsystem.

图 7-66 代码的跟踪报告

生成的工程文件中还含有地址映射文件（MAP 文件），通过查阅该文件可以了解程序、数据及 I/O 空间的占用信息，如图 7-67 所示。

6. 硬件在环测试

① 需求：C6416 DSK 板上的 4 个 LED 指示灯随机点亮。

当输入值为 0 时,灯灭；当输入非零值时,灯亮,输入值范围为 0～15。

例如,当输入值为 6,即 0110 时,中间两个灯亮,两边的灯灭；当输入值为 13,即 1101 时,则第 0、1、3 号灯亮,第 2 号灯灭。

② 测试实验：当输入为 13 时,验证 C6416 DSK 板上的第 0、1、3 号灯是否点亮。

硬件在环测 LED 试模型如图 7-68 所示,按前面介绍的方法为测试 LED 模型生成嵌入式 C 代码,并下载到 C6416 DSK 板上运行,硬件在环测试结果如图 7-69 所示。从实验结果来看,第 0、1、3 号 LED 点亮,证明自动生成的嵌入式 C 代码运行正确,设计满足需求分析的要求。

第 7 章 嵌入式代码的快速生成

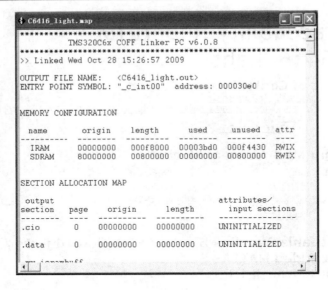

图 7-67　MAP 文件

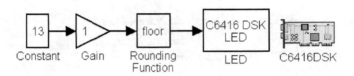

图 7-68　硬件在环测试 LED 模型

图 7-69　硬件在环测试结果

第7章 嵌入式代码的快速生成

7.6 用户自定义目标板的应用

1. 驱动程序开发

当用户使用自定义的硬件模块时,需编写设备驱动程序,而设备驱动程序需用户通过手写 S-Function、Embedded Function 代码来创建。为生成设备驱动代码模块,需添加硬件特有的设备驱动代码和 S-Function 代码。其中,硬件特有设备驱动代码用于处理实时程序与 I/O 设备之间的联系,S-Function 代码用于实现应用程序界面所需的模型初始化、输出和其他函数。然后通过 Embedded Coder 自动生成代码。详细内容请读者查阅相应资料。

2. 用户自定义目标板的代码生成

具体步骤如下:
① 创建应用模型。
② 在模型窗口中选择 Simulation→Configuration Parameters 菜单项,打开 Configuration Parameters 对话框,在左侧列表框中选择 Code Generation,然后选择 Coder Target,在 Target Hardware Resources 选项卡中选择 Custom Board。注意:如果要用 DSP/BIOS 则需选中此项。Configuration Parameters 的其他设置参见上述内容。
③ 其他过程与 TI 原装板类似。

3. 实 例

下面以基于 C6455 DSP 的闪烁灯为例来介绍如何为用户自定义的目标板生成实时代码。

① 配置 XMakefile User Configuration,设置 C6455 软件包和环境变量,分别如图 7-70 和图 7-71 所示。

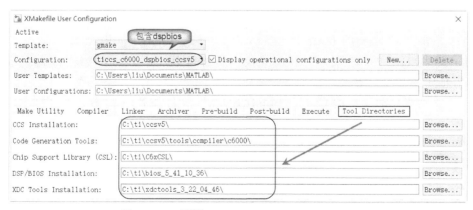

图 7-70 配置 XMakefile User Configuration

第 7 章 嵌入式代码的快速生成

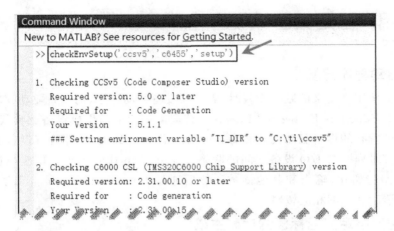

图 7-71 设置 C6455 软件包和环境变量

② 设置 Configuration Parameters。

第一,Code Generation 对应右侧显示区域的设置如图 7-72 所示。

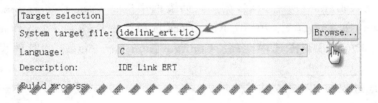

图 7-72 Code Generation 对应右侧显示区域的设置

第二,Target Hardware Resources 选项卡的设置如图 7-73 所示。

③ 创建 C6455_BlinkLED 的硬件模型,如图 7-74 所示。

说明:仿真模型及仿真测试(包括软件在环测试)请参考图 7-28 所示的模型。

第一,Pulse Generator 模块的参数设置如图 7-75 所示。

第二,Data Type Conversion 模块的参数设置如图 7-76 所示。

④ 单击工具栏上的 build 图标▦,为 C6455_BlinkLED 模型自动生成代码及.out 文件,如图 7-77 所示。在生成代码的过程中,Diagnostic Viewer 对话框显示的信息如图 7-78 所示。

⑤ 手动将自动生成的 C6455_BlinkLED.out 文件加载到 CCS 5.11 中(自动加载请参考 7.2 节的相关内容),如图 7-79 所示。

⑥ 单击图 7-79 中的运行图标▶,C6455_BlinkLED.out 在 C6455 DSK 板上的测试结果如图 7-80 所示。

从图 7-80 的硬件测试结果来看,C6455_BlinkLED 模型所生成的代码实现了 LED 的闪烁功能,这就验证了设计的正确性。

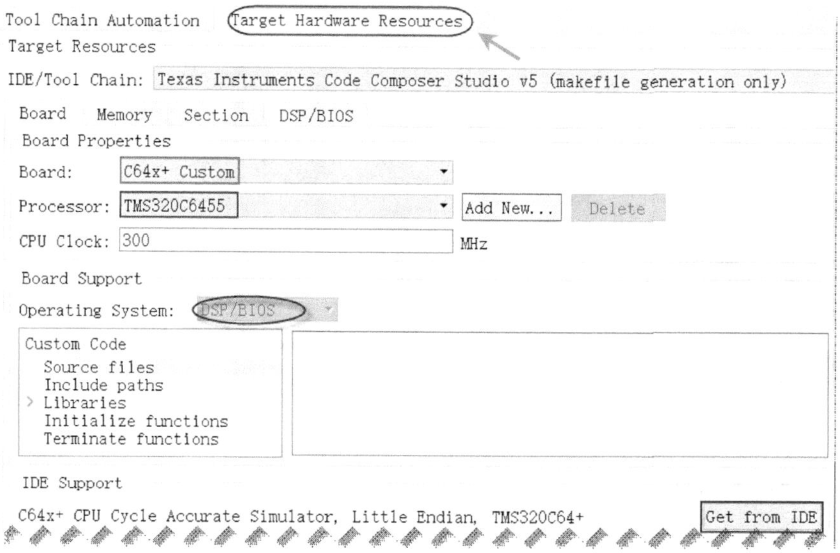

第 7 章 嵌入式代码的快速生成

图 7 - 73 Target Hardware Resources 选项卡的设置

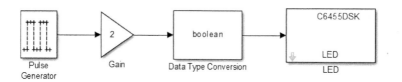

图 7 - 74 C6455_BlinkLED 的硬件模型

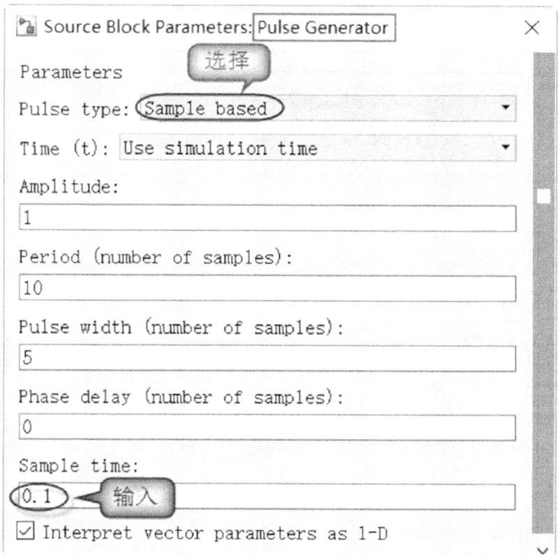

图 7 - 75 Pulse Generator 模块的参数设置

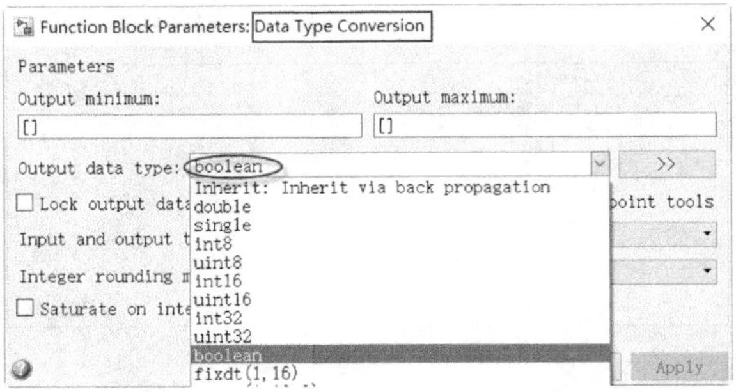

第 7 章 嵌入式代码的快速生成

图 7-76 Data Type Conversion 模块的参数设置

图 7-77 为 C6455_BlinkLED 模型自动生成代码及 .out 文件

图 7-78 Diagnostic Viewer 对话框显示的信息

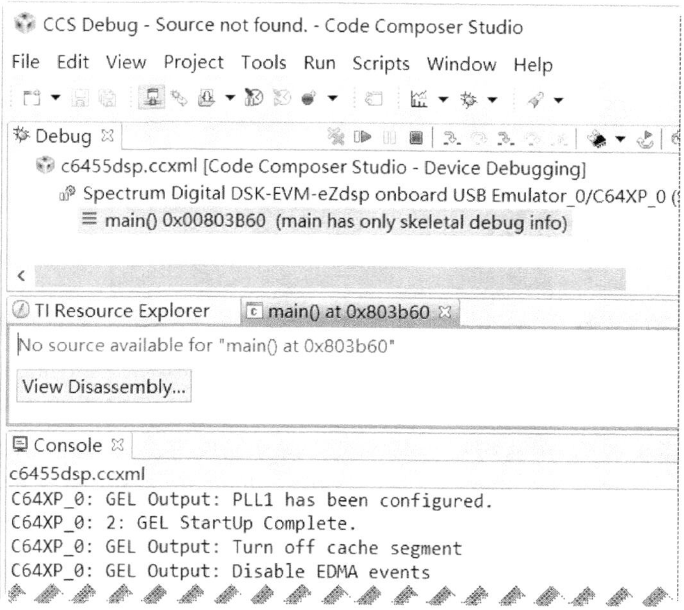

第 7 章 嵌入式代码的快速生成

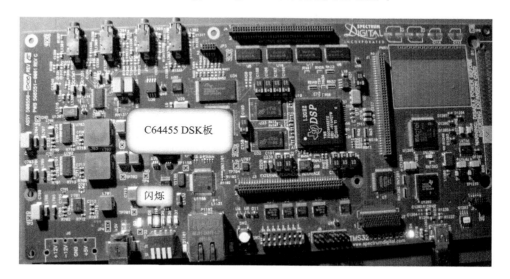

图 7 - 79　加载 C6455_BlinkLED.out 到 CCS 5.11 中

图 7 - 80　C6455_BlinkLED.out 在 C6455 DSK 板上的测试结果

第 8 章

基于模型的设计

众所周知,航空、汽车、轨道交通和其他相关行业对系统软件的安全性有相当严格的要求,开发者通常使用自我保护的编程技术来确保系统具有容错能力,并使软件能在异常情况下继续工作。因此,实现可靠的验证和确认策略来减少故障进入系统的可能性是相当重要的,但这种需求会大大增加开发成本。据行业报告显示,用在安全关键系统的验证和确认过程的成本与工作常常超过开发整个系统的一半,而基于手动编程和纸上规范的传统方法在这个问题上更加难以胜任。使用 C 或 Fortran 开发模型不仅代码冗长而且可能有错误,在不同的设计阶段重新利用模型时可能产生因不经意地改变而导致的非预期结果。类似地,在团队间频繁用于交流的需求、技术规范、测试和其他内容的文档也可能引起歧义和误解。

使用基于模型设计的工作流程与统一的开发测试平台(如 MATLAB、SCADE 等),可使得系统开发和验证自动化,以此来降低成本和减少错误。

在基于模型的设计中,通过建模和仿真来获得从需求到设计、实现和测试,使系统模型成为开发过程的核心。

模型是在整个开发过程中不断细化的可执行规范,它与写在纸上的规范相比,可执行的技术规范能使系统工程师更深入地了解他们策略的动态表现。在开始编程之前的早期开发阶段就对模型进行测试,将产品的缺陷暴露在项目开发初期,并在开发过程中持续不断地验证与测试,这样工程师就可以把主要精力放在算法和测试用例的研究上,确保规范的完整性和无歧义性。

自动代码生成有效地减少了人为引入错误的可能性,同时自动化的验证和确认使测试工程师能够开发完整的、基于需求并可在自动产生的代码上重用的测试用例。产品的代码生成和验证过程留给计算机自动完成,可大大缩短开发周期与成本,降低开发难度,并且软件的一致性好,软硬件整合简单,可靠性高。

本章将以一个视频监控的实例着重介绍基于模型设计过程的几个关键步骤:
◇ 需求分析;
◇ 模型检查及验证;
◇ 浮点模型转定点过程;
◇ 软件在环测试和处理器在环测试;
◇ 优化设置;

◇ 硬件在环测试及代码分析。

8.1 传统设计过程与基于模型设计过程的对比

图 8-1 所示为传统开发的工作流程。基于模型设计的工作流程如图 8-2 所示。

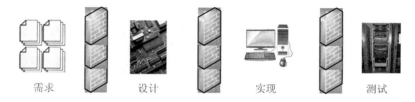

图 8-1 传统开发的工作流程

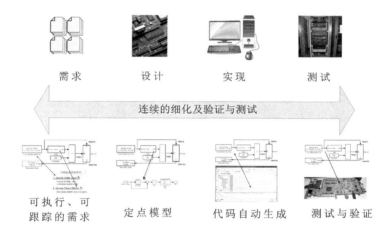

图 8-2 基于模型设计的工作流程

① 传统开发的缺陷是显而易见的,主要体现在以下几个方面:
◇ 每个开发环节都孤立进行。
◇ 开发人员不可避免地存在对需求分析与技术规范文档的理解偏差。
◇ 设计必须通过搭建硬件原型进行,开发资金投入大。
◇ 实现只能采用手动编程的方式,难度大、效率低、错误多。
◇ 测试与验证只能在完成原型样机之后进行,查错与修正的费用巨大,造成潜在的市场风险。据相关文献报道,有 60% 的错误是在编制技术规范阶段引入的,而这时能够发现的错误仅有 8%,大部分的错误需要等到测试阶段才能发现,这显然相当耗费成本,如图 8-3 所示。
◇ 对于大型项目,需要众多的开发人员手动编程,且开发平台不统一,后期整合难度大,开发周期长。

第8章 基于模型的设计

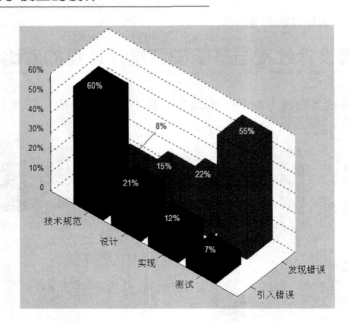

图8-3 早期错误给后期修正带来巨大的资金投入

② 相对于传统的设计模型,基于模型设计的各个过程之间没有阻碍,它的优势在于:

◇ 在统一的开发-测试平台上,允许产品从需求分析阶段就开始验证,并做到持续不断的验证与测试。

◇ 产品的缺陷暴露在产品开发的初级阶段,开发者把主要精力放在算法和测试用例的研究上,嵌入式代码的生成和验证过程则留给计算机自动完成。

据相关文献报道,自动生成代码在某些情况下已能够到达甚至超过手写代码的效率,如表8-1和表8-2所列。

表8-1 美国伟世通(Visteon)公司数据

测试项目	手写代码	自动代码生成
ROM	6 408	6 192
RAM	132	112

表8-2 美国GM(General Motors)公司数据

测试项目	手写代码	自动代码生成
Calibration ROM	9 464	9 464
ROM	2 952	2 900
RAM	240	238

◇ 大大缩短开发周期与降低开发成本。Arthur D. Little 公司的调研项目显示，使用基于模型设计的开发成本大大低于传统的开发方式，如图 8-4 所示。

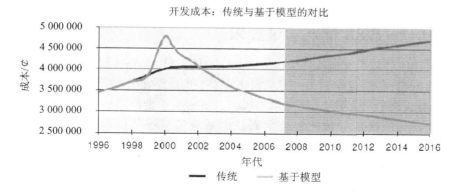

图 8-4　开发成本的比较

8.2　DO-178B 标准简介

应用于高安全要求环境下的软件，例如航空电子系统，其开发与验证过程需要严格遵循各种标准。DO-178B 就是应用最为广泛的开发标准之一，它是由国际航空无线电委员会(RTCA)针对民用航空电子系统开发的，制定于 1992 年，在欧洲也称作 ED-12B。

DO-178B 规定了 66 条软件开发过程的目标，分布于系统开发生命周期的各个阶段。不过当时绝大部分软件还是使用手动编写，因此无法使用高级的软件开发技术对这些代码进行检验。而如今 DO-178B 标准已可以集成到基于模型设计的工具软件里，保证了基于模型设计出来的软件符合 DO-178B 标准。

8.2.1　什么是 DO-178B 标准

飞机和汽车都是重要的交通工具，但飞机对安全性的要求比汽车严格得多。这里将飞机简单地分成两类：军用与民用。各国对军用飞机的研制有着自己的标准，但对于民用飞机来说，由于一个国家制造的飞机有可能飞到其他国家去，所以这就要求有一套能够被国际普遍认可的标准和质量体系来保证飞机的安全。

民用航空电子系统的开发在提高生产力和保证安全性这两方面有着非常严格的要求。为此，国际航空无线电委员会(RTCA)针对民用航空电子系统的开发制定了 DO-178B 标准。在欧洲和美国，如果一架民用飞机没有通过 DO-178B 质量认证就不允许在其领空飞行。越来越多的国家将 DO-178B 标准作为民航领域必须的资格认证，在中国，DO-178B 标准的推行和认证也是民航领域的必然趋势。

执行 DO-178B 标准认证的权威机构在不同的国家和地区也不尽相同。在欧洲，由 EASA(European Aviation Safety Agency)执行；在美国该认证由 FAA(Federal Aviation Administration)执行。通常，被一个机构认证通过的飞机在一定条件下也会被另外一个机构默认通过。

8.2.2　DO-178B 标准验证要求

DO-178B 定义了 5 个软件层次：A、B、C、D、E。针对 A、B 层次开发的软件，要求严格符合安全要求，这是因为一旦软件失效，将可能造成伤亡；针对 C 层开发的软件，需要具有较高的可靠性，否则会增加机组人员的工作量或降低安全系数。

这 5 个软件层次所导致的失效状态是由系统安全评估过程决定的，详细描述如下：

A 层：软件的异常状态可能直接导致或间接引起系统功能失效，引起航空器灾难性的失效状态。例如，航空器无法继续安全飞行或降落。

B 级：软件的异常状态可能直接导致或间接引起系统功能失效，引起航空器危险或严重的失效状态，降低了航空器的适航性能，失效状态极大地增加了工作量，使得机组人员身心疲劳。

C 级：软件的异常状态可能直接导致或间接引起系统功能失效，引起航空器较重的失效状态，降低了航空器的适航性能，或失效状态大大增加了机组人员的工作量。

D 级：软件的异常状态可能直接导致或间接引起系统功能失效，引起航空器较轻的失效状态，进而稍许增加机组人员的工作量。例如，飞行计划变更、乘客感觉不适等。

E 级：软件的异常状态可能直接导致或间接引起系统功能失效，不过它并不影响航空器的适航性能或驾驶员的工作量。

对于不同的软件层次，验证的目标及力度也是不一样的，如表 8-3 所列。

表 8-3　基于各软件层次的验证要求

验证目标	DO-178B 参考条目	软件层次			
		A	B	C	D
测试步骤是正确的	8.3.6b	☆	○	○	
测试结果是符合要求的，同时不符合的地方可以得到解释	8.3.6c	☆	○	○	
高层需求的测试覆盖是可达的	8.4.4.1	☆	○	○	○
低层需求的测试覆盖是可达的	8.4.4.1	☆	○	○	
软件结构(修正的条件/判决)的测试覆盖是可达的	8.4.4.2	☆			
软件结构(判决范围)的测试覆盖是可达的	8.4.4.2a 8.4.4.2b	☆	☆		

续表 8-3

验证目标	DO-178B 参考条目	软件层次			
		A	B	C	D
软件结构(指令范围)的测试覆盖是可达的	8.4.4.2a 8.4.4.2b	☆	☆	○	
软件结构(数据耦合与控制耦合)的测试覆盖是可达的	8.4.4.2c	☆	☆	○	

☆:该目标应单独得到满足
○:该目标应得到满足

显然对于符合 A 层验证标准的产品,它的潜在市场是巨大的,但开发过程需要有大量的准备,才能达到这样严格的要求。

8.2.3　DO-178B 软件生命周期

DO-178B 定义的软件生命周期可划分为 3 类过程:
- ◇ 软件计划过程:该过程定义并协调一个项目的软件开发与系统集成过程。
- ◇ 软件开发过程:该过程包括软件需求分析、设计、编码、整合过程,同时还包括各过程间的跟踪。
- ◇ 整合过程:该过程保证软件生命周期及其输出的正确性、可控性和可信性,它包括验证、软件配置管理、软件质量保证和合格审定联络过程。

DO-178B 为各个过程规定了具体的目标,无论 A 层还是 D 层软件,都应满足这些目标,如表 8-4 所列。

表 8-4　DO-178B 软件开发过程的目标

开发目标	参考条目	软件层次			
		A	B	C	D
定义高层需求	5.1.1a	○	○	○	○
定义派生的高层需求	5.1.1b	○	○	○	○
定义软件架构	5.2.1a	○	○	○	○
定义低层需求	5.2.1a	○	○	○	
定义派生的低层需求	5.2.1b	○	○	○	

第 8 章 基于模型的设计

续表 8-4

开发目标	参考条目	软件层次			
		A	B	C	D
开发源代码	5.3.1a	○	○	○	○
可执行的目标代码已开发并集成到目标计算机	5.3.1a	○	○	○	○

○:该目标应得到满足

DO-178B 标准强调一种良好的软件开发习惯、良好的系统设计过程,在软件生命周期的开发过程中特别提到了各个开发目标的跟踪过程:

① 系统级需求与软件需求之间是可跟踪的,以便能够验证系统需求是否得到了完整的执行,并给出明确的派生需求。

② 低级需求与高级需求之间是可跟踪的,以便在软件设计过程中给出明确的派生需求与结构设计决策,并验证高级需求是否得到了完整的执行。

③ 源代码与低级需求之间是可跟踪的,以便能够验证未证实的源代码,并验证低级需求是否得到了完整的执行。

软件生命周期中整合过程的验证过程又分为:需求验证、设计验证、代码验证、系统集成输出测试、前述各验证过程的验证。

为了进行 DO-178B 标准的验证,需要准备以下验证文档:

◇ 软件验证方案;
◇ 软件验证用例与过程(单元测试、集成测试的计划与流程);
◇ 合格性测试(正式的评估计划与流程);
◇ 问题报告;
◇ 软件验证结果。

8.3 基于模型设计的工作流程

根据上述基于模型设计的工作流程以及 DO-178B 软件生命周期的各个过程,并结合 MATLAB 软件,可得到具体的基于模型设计的操作过程,如图 8-5 所示。

由于各种软件所处的软件层次不同,以下各步骤并不是必需的,用户可根据实际需要进行选择,其先后顺序也不严格要求。

1. 建立需求文档

对于一个项目,一般需要建立文件形式的需求文档提交给设计人员,这是项目管理不可缺少的一部分。

第 8 章 基于模型的设计

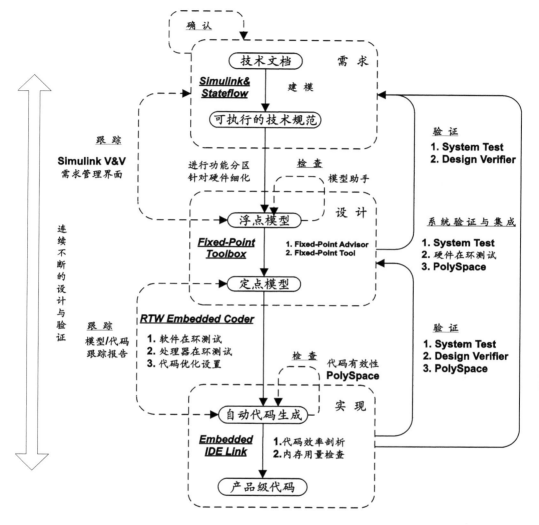

图 8-5 基于模型设计的工作流程

需求文档一般是 Word、Excel、HTML、DOORS 等格式的电子文档。

2. 建立可执行的技术规范

系统工程师根据需求文档,使用 Simulink&Stateflow 建立可执行的技术规范,或称作系统模型,它只实现算法或状态转移过程。

这主要是为了确定算法的可行性,为将来的设计提供依据,因此暂时不涉及硬件。

3. 浮点模型

软硬件工程师根据需求文档及系统设计,对模型进行功能分区,针对具体硬件重新调整模型,完成初步的设计。

本过程在 5.1 节~5.6 节已做详细论述。

4. 需求与模型间的双向跟踪

基于模型设计的一个很重要的特征是:设计全过程连续不断的跟踪与验证。文档中的每一条需求应与一个或多个模块关联,同时模型中的每一个模块也应与一个或多个需求关联。

若在仿真过程中发现存在某些需求不可达,或有必要细化需求以完成设计等情况,设计人员可径自删除或增加模块,再通过需求一致性检查,反映在需求文档里。

反之,若需求发生变更,则执行需求一致性检查时变更即体现在模型窗口或检查报告中,此时设计人员可根据变更的需求修改相应的模块。这样可以发现需求的不足、设计的不足,及时根据需求修改设计,在设计的早期确认需求。

8.4 节将详细说明需求关联、跟踪的过程。

5. 模型助手检查

浮点模型的建成,经过若干次的仿真调试,实现了需求的功能,但还需要使用 Model Advisor(模型助手)检查模型中隐含的问题或警告,检查模型设置是否会导致生成的代码无效或代码不符合安全标准,然后根据检查报告修改模型设置。

本过程在 5.6.1 小节已做详细论述。

6. 模型验证

完成了建模、仿真、模型检查、需求跟踪及确认后,还需要验证模型,具体如下:

(1) System Test(系统测试)

建立测试程序已成为系统开发规范的一部分。SystemTest 预先定义了许多测试元素,工程师可以使用 SystemTest 建立、保存并共享测试程序,测试 MATLAB 代码或 Simulink 模型的正确性,从而保证从研发到试生产阶段的测试过程都是标准的以及可重复的。

(2) Simulink Design Verifier(设计验证器)

使用 Design Verifier 自动生成的测试用例可达到满意的模型覆盖度以及用户自定义的目标,同时 Design Verifier 还可以检验模型的属性以及生成反例。

它支持的模型覆盖度目标有:分支覆盖度、条件覆盖度、变更条件/分支覆盖度(MC/DC)。当然用户也可以使用 design verification 模块,在 Simulink 或 Stateflow 模型里自定义测试目标。使用属性检验功能,用户可以发现设计的缺陷、遗漏的需求、多余的状态,而这些问题在仿真过程中通常是很难发现的。

(3) 覆盖度检测

模型覆盖度检测可用于分析模型测试用例的有效程度,检查结果是一个百分比数值,它表示以一个测试用例作为模型的输入,仿真后,有效的仿真通路占所有通路的比例。模型覆盖度检测记录下模型中每一个能直接或间接决定仿真通路的模块的执行情况,同时也记录模型中 Stateflow 图表的状态及状态转移情况。仿真完成后,给出一份报告,该报告包含了所有可能的仿真通路以及通路所覆盖的所有模块。因此,用户可以了解模型中是否存在从未执行的模块,进而判断是模块冗余还是设计错误。

"覆盖度检测"在"第 5 章　Simulink 建模与验证"中已做详细论述。

8.5 节将详细说明模型检查及验证的过程。

7. 定点模型

经过仿真、检查、验证后已基本确定浮点模型的可行性,现在可以把它转换为定点模型。这一过程主要是针对嵌入式处理器的,定点数据能够提高数据的运算效率。

进行定点信号处理能简化电路,而且整数型的硬件较廉价,能够缩小芯片体积,可以使得运算简单,提高运算速度,减少运算时间,降低功耗,所以在模型设计过程中应将有些模块的数据类型从浮点类型转换成定点型转。

用户可以自己手动设置定点数据类型,然后借助 Fixed-Point Tool 工具检查设置是否符合要求,或者用 Fixed-Point Advisor 工具自动定标,再借助 Fixed-Point Tool 工具优化定标。

8.6 节将详细说明转换的过程。

8. 软件在环测试

软件在环测试(SIL)是在主机上对仿真中生成的函数或手写代码进行评估,当软件组件包含需要在目标平台上执行的生成代码和手写代码的组合时,应该考虑进行软件在环测试。同时,它也是验证图形化模型中重用现有算法的方法,完成对生成代码的早期验证。

软件在环测试不需要硬件,只是对算法代码进行测试。具体做法是,对要进行测试的子系统编译生成 SIL 模块,比较原模块与 SIL 模块的输出,以此确认算法的正确性。

"软件在环测试"在"第 7 章　嵌入式代码的快速生成"中已做详细介绍。

9. 处理器在环测试

处理器在环测试(PIL)是实现对生成代码的验证,帮助用户评价在处理器上生成的代码的运行过程,找出由目标编译器或处理器产生的错误。PIL 协同仿真可以帮助用户估计算法的优劣,是用于对所生成代码的处理器在环测试新的模型的仿真模式。通过 PIL 测试,可以在所支持的处理器上自动生成子系统的代码,还可以用原始的 Simulink 模型自动验证生成的嵌入式代码,包括在 Simulink 中无法仿真的一些目标特定的代码。

通过对要进行测试的子系统进行编译生成 PIL 模块,从而可以检查出模型和生成代码之间是否相同。

"处理器在环测试"在"第 7 章　嵌入式代码的快速生成"中已做详细介绍。

10. 代码与模型间的双向跟踪

需求与模型之间可建立双向跟踪,代码与模型之间同样也可以建立这样的跟踪,用户可以通过代码与模型间的链接,快速定位某个模块所对应的代码段,也可以通过分析代码,改进模型。

8.9 节将详细说明建立双向链接的过程。

11. 代码优化

为提高代码的效率,在生成代码之前,需要对模型进行必要的优化设置,这些设置有些在建模时就应考虑,有些可以根据 Model Advisor 检查意见修正,有些则只有在代码生成后,在 IDE 环境下另行设置优化选项。

8.11 节将详细说明优化设置的过程。

12. 代码有效性检查

PolySpace 是一个采用语义分析技术的软件测试工具。该软件采用基于源代码的语义分析技术检查程序中的运行时错误,无须编译及运行被测程序,可以大幅度提高软件的可靠性,降低测试成本,缩短软件的开发周期。

8.12 节将简要说明 PolySpace 的检查原理。

13. 代码效率剖析

代码实时运行剖析,帮助用户了解任务在处理器硬件上的实时运行。实时剖析能够剖析同步、异步任务或单一子系统,剖析的结果输出为图形形式或 HTML 报告形式。可通过 profile 函数获得剖析结果,如 profile(ticcs_obj,'execution','report'),其中,ticcs_obj 为模型的 IDE link 句柄名。

14. 内存用量检查

生成的代码文件夹里有一个 modelname.map 文件,可用任何一种文本编辑软件打开,通过其可详细了解各内存空间的使用情况,用户可据此分析代码的效率,以了解内存分配是否合理。

15. 硬件在环测试

将生成的代码加载到 IDE 环境,编译后将其下载到硬件平台,以测试代码的实时性指标,即所谓的硬件在环测试。对照需求文档,评估测试结果是否符合要求,而后再分析代码的运行效率、内存用量等指标,重复上述优化过程,直到满足设计要求为止。

8.13 节将详细说明硬件在环测试、代码效率剖析、内存用量检查的过程。

16. 代码生成

经过前面完整的验证和优化,最后生成的就是可用于产品的产品级代码。

8.4 需求分析及跟踪

8.4.1 根据需求建立系统模型

假设某视频监控系统的设计需求文档如图 8-6 所示。

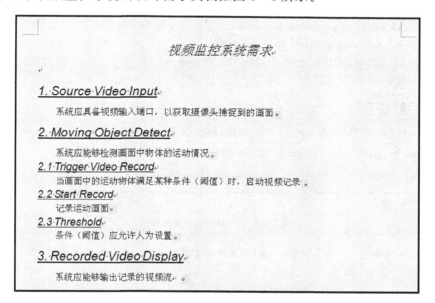

图 8-6 需求文档

根据上述需求,建立视频监控系统模型,如图 8-7 所示。该建模过程可参考"5.4 视频监控"。

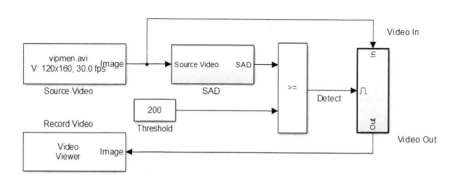

图 8-7 视频监控系统模型

第 8 章 基于模型的设计

8.4.2 建立需求与模块间的关联

1. 注册控件

在建立需求到模块的关联之前,首先需要注册 ActiveX 控件,以便在需求文档(以 Word 为例)中加入模块导航按钮。在 MATLAB 的"命令行窗口"中输入:

```
>> rmi setup
Ensuring required Active-X controls...
Verifying MATLAB automation server path...
Registering this MATLAB executable as an automation server...
>>
```

2. 关联选项

在模型窗口中选择 Analysis→Requirements Traceability→Setting 菜单项,打开需求设置选项,Selection-Based Linking 中的相应内容如表 8-5 所列。

表 8-5 Selection-Based Linking

选 项	描 述
链接到外部文件内的有效选择	
Enabled applications	使能基于选择链接的快捷键,Word、Excel 或 DOORS 应用
Document file reference	指定需求文档的位置: ● absolute path:绝对路径; ● path relative to current directory:当前目录的相对路径; ● path relative to model directory:模型目录的相对路径; ● filename only (on MATLAB path):仅文件名
Apply this user tag to new links	输入关联到创建链接的文本
创建基于选择的链接	
Modify destination for bidirectional linking	创建指定目标的双向链接(Creates links both to and from selected link destination)
Store absolute path to model file	选择文件类型的路径
Use custom bitmap for navigation controls in documents	选择和浏览用户位图。用户可用自己的位图文件来控制文档中导航链接的外观
Use ActiveX buttons in Word and Excel (backward compatibility)	选择使用遗留的 ActiveX 控件创建 Word 和 Excel 应用链接。如果不选择,则默认情况下用户将创建基于 URL 的链接

3. 建立关联

本文以常用的 Word 2013 作为需求文档的编辑环境（注意，使能 ActiveX 控件）。由于目前 MATLAB 诸多组件不支持中文，因此需要关联到模块的需求主题词必须以英文表述。

建立关联的步骤如下：

① 在需求文档中选中需要建立关联的主题词。

② 右击需要建立关联的模块，在弹出的快捷菜单中选择 Analysis→Requirements Traceability→Link to Selection in Word 菜单项，如图 8-8 所示。这时需求主题词的末尾加入了一个导航按钮，如图 8-9 所示。

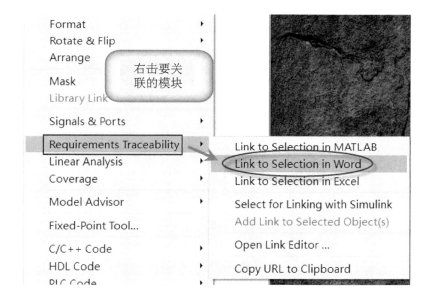

图 8-8 最终选择 Link to Selection in Word

③ 再次右击先前的模块，在弹出的快捷菜单中选择 Analysis→Requirements→"1. "1. Source Video Input""菜单项（见图 8-10），对应的需求主题词将高亮显示，如图 8-11 所示。

④ 双击需求主题词末尾的导航按钮，对应的模块高亮显示，说明需求与模块之间已建立关联，如图 8-12 所示。

第 8 章　基于模型的设计

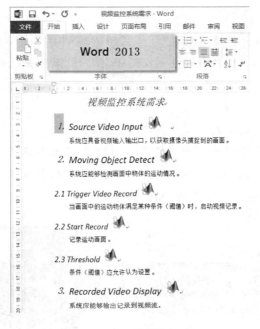

图 8-9　导航按钮

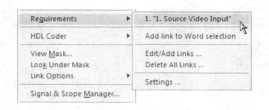

图 8-10　最终选择"1."1. Source Video Input""

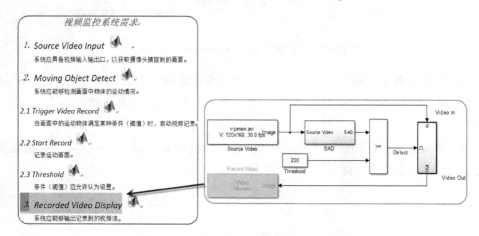

图 8-11　高亮显示对应的需求主题词

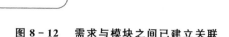

图 8-12 需求与模块之间已建立关联

8.4.3 一致性检查

1. 完成文档与模型间的关联后,可立即进行一致性检查

具体步骤如下:

① 在模型窗口中选择 Analysis→Requirements Traceability→Checking Consistency 菜单项,系统将打开 Model Advisor,并自动选中 Requirements consistency checking。

② 关闭 Word 应用程序,再单击右侧的 Run Selected Check 按钮,开始检查。

③ 检查完成,报告显示通过一致性检查,如图 8-13 所示。

图 8-13 一致性检查报告

2. 需求变更

① 若增加了某项需求,用户只要查看文档是否存在尚未关联的需求主题词,即可判断是否增加了需求。

② 若某项需求被修改了,则一致性检查报告将显示模块原先关联的文字与当前文档中的需求主题词不一致,如图 8-14 所示。

单击右下角的 Update 链接,可将模块原先关联的文字用更新后的需求主题词代替。再次执行该项检查,即显示通过。

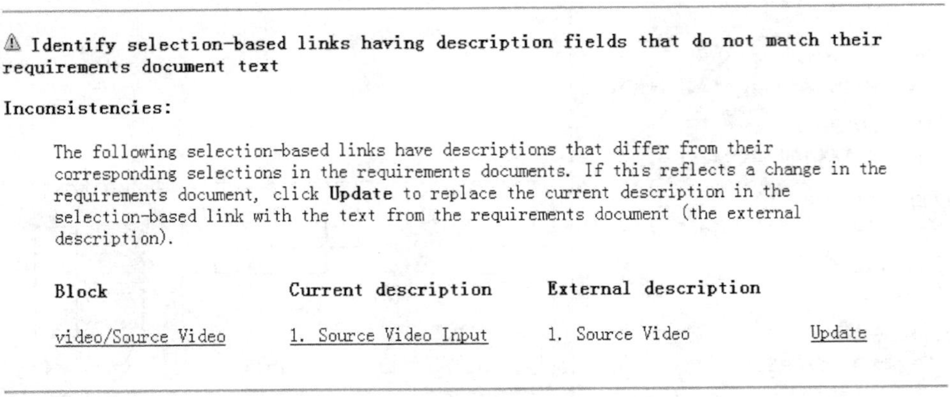

第 8 章 基于模型的设计

```
⚠ Identify selection-based links having description fields that do not match their
requirements document text
Inconsistencies:
    The following selection-based links have descriptions that differ from their
    corresponding selections in the requirements documents. If this reflects a change in the
    requirements document, click Update to replace the current description in the
    selection-based link with the text from the requirements document (the external
    description).

    Block                    Current description         External description
    video/Source Video       1. Source Video Input       1. Source Video          Update
```

图 8-14　需求变更

③ 若某项需求被删除,则一致性检查报告将显示无法定位到先前关联的需求主题词,如图 8-15 所示。

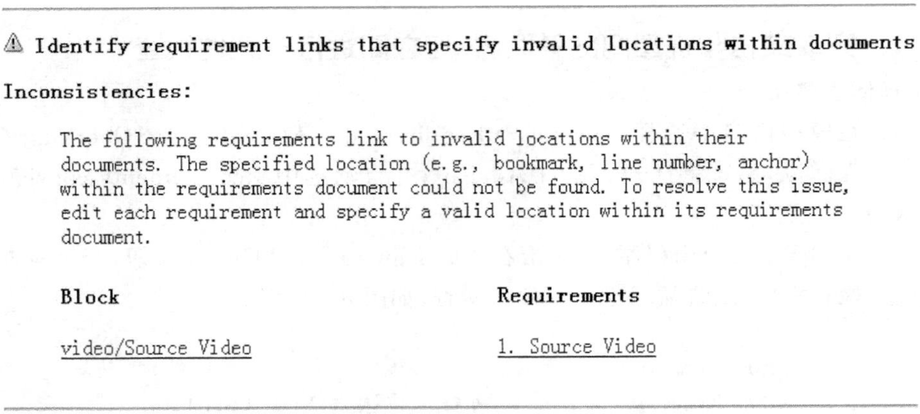

```
⚠ Identify requirement links that specify invalid locations within documents
Inconsistencies:
    The following requirements link to invalid locations within their
    documents. The specified location (e.g., bookmark, line number, anchor)
    within the requirements document could not be found. To resolve this issue,
    edit each requirement and specify a valid location within its requirements
    document.

    Block                              Requirements
    video/Source Video                 1. Source Video
```

图 8-15　需求被删除

单击左下角的"video/Source Video"链接,可定位到对应模块,单击右下角的"1. Source Video"链接,可打开该模块的需求编辑窗口,用户可根据需要删除模块或重新关联需求。

3. 模块变更

① 在后续的仿真过程中,若需要新增模块,则用户需自行将新模块关联到对应的需求主题词。在模型窗口中,选择 Analysis→Requirements Traceability→Generate report 菜单项,在设置了 Report objects with no links to requirements 选项的前提下,如果模型存在未关联到需求的模块,则报告会列出该模块,如图 8-16 所示。

Table 3.2. Objects in video that are not linked to requirements

Name	Type
Threshold2	Constant

图 8-16　未关联到需求的模块

另外，选择 Analysis→Requirements Traceability→Highlight model 菜单项，关联了需求的模块会被高亮显示，由此可进行快速分辨，如图 8-17 所示。

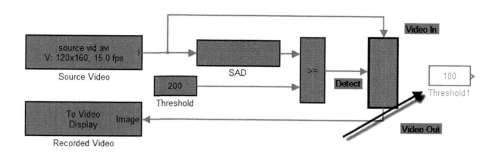

图 8-17　关联了需求的模块高亮显示

② 若用户径自删除了模型里的某个模块，则用户可逐一单击需求导航按钮来确定某个主题词是否已无对应的模块。当然，恰当的办法是，在删除模块前，先链接到需求文档，修改文档后再修改模型。

8.5　模型检查及验证

模型检查及验证涉及 3 个工具：Model Advisor、SystemTest 和 Simulink Design Verifier。其中，Model Advisor 与 Design Verifier 的使用已在第 5 章进行详细说明。

对于小型项目，可略去 SystemTest 与 Design Verifier，因此本节仅以例子说明它们的简单应用。

8.5.1　Model Advisor 检查

① 选择 Analysis→Model Advisor→Model Advisor 菜单项（见图 8-18），打开 Model Advisor 窗口。

② 一般情况下，建议按图 8-19 所示设置检查项目，如果需求文档要求系统设计必须符合 DO-178C、IEC 61508、MAAB 等安全规范，那么用户还需要选中相应的检查项目。

③ 关于 Model Advisor 的检查、修改过程，用户可参考第 5 章，下文假设用户已

第8章 基于模型的设计

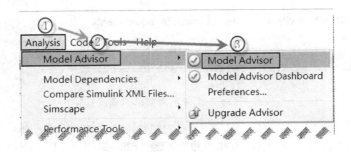

图 8-18 选择 Model Advisor

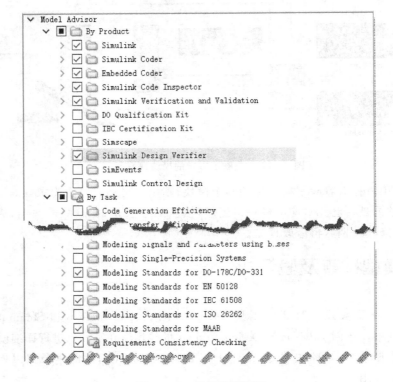

图 8-19 设置检查项目

按照修改建议进行了必要的修改。

8.5.2 SystemTest

SystemTest 为用户提供了一个框架,在同一个环境下可以集成软件、硬件、仿真以及其他类型的测试。用户使用预定义的元素,可以方便快捷地创建并维护测试程序,然后保存并共享它们,这样在整个开发过程中可重用这些测试程序,保证测试是标准的。

SystemTest 软件集成了数据管理与分析功能,能够保存测试结果,实现了基于模型设计所要求的——连续不断地测试。

SystemTest 的特点如表 8-6 所列。

表 8-6 SystemTest 的特点

特 点	说 明
图形化环境	用户可以使用图形化测试开发环境快速建立测试程序
可重现的测试	所有使用 SystemTest 开发的测试程序均可共享使用
参数测试	建立参数测试向量,可对模型进行迭代测试
可维护性	因为开发测试程序使用的是图形化的界面,因此用户不需要了解复杂的代码,可以快速修改这些程序

1. 模型调整

根据本例的特点,选择阈值与记录触发次数作为测试对象,对模型进行调整,如图 8-20 所示。

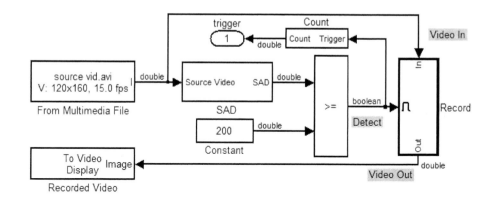

图 8-20 调整模型

模型中增加了 Count 子系统输出端口 Trigger,其中 Count 子系统如图 8-21 所示。

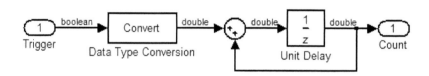

图 8-21 Count 子系统

第8章 基于模型的设计

2. 建立测试程序

在 MATLAB 的"命令行窗口"中输入"systemtest",打开 SystemTest 对话框,如图 8-22 所示。

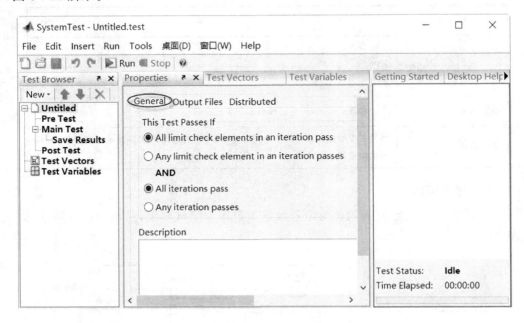

图 8-22 SystemTest 对话框

3. 添加测试模型

选择 SystemTest,在打开的窗口中选择 Insert→Test Element→Simulink 菜单项,如图 8-23 所示。

在下拉列表框中选择预测试的模型路径,或单击其右侧的 Browse 按钮,指定模型路径,如图 8-24 所示。

4. 添加测试参数向量

在 Mappings 选项卡中展开第二设置项 Override Block Parameters with SystemTest Data,然后选择 Select Block to Add,增加一个新的参数映射,如图 8-25 所示。

在随后打开的模型窗口中单击 Constant 模块,然后返回 SystemTest 对话框。

在新增的参数映射栏 Simulink Data 下方的下拉列表框中选择"Constant:Constant value",在 SystemTest Data 下方的列表框中选择"＜New Test Vector...＞",如图 8-26 所示。

在随后打开的 Insert Test Vector 对话框中为向量命名,如 Threshold;并为其指定取值范围,如[0:50:300],如图 8-27 所示。

第 8 章 基于模型的设计

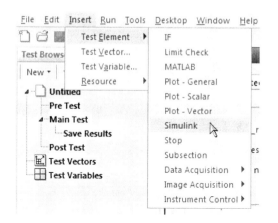

图 8-23 添加测试模型

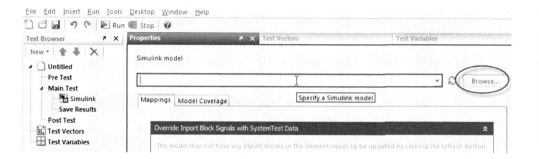

图 8-24 指定模型路径

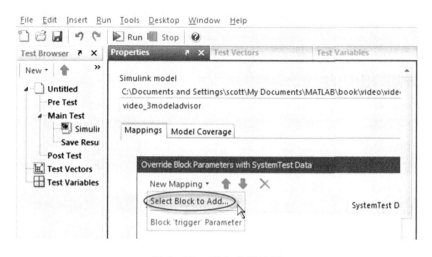

图 8-25 增加参数映射

第 8 章 基于模型的设计

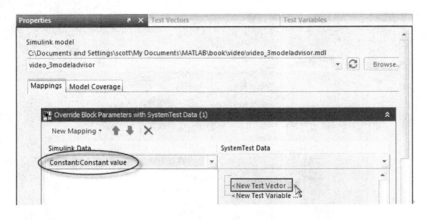

图 8 - 26　新增测试向量

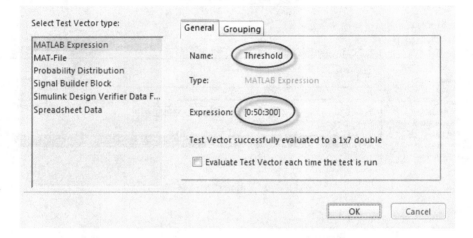

图 8 - 27　为测试向量命名并指定其取值范围

5. 添加输出变量

在 Mappings 选项卡中展开设置项 Assign Model Outputs to SystemTest Data，然后选择 Outport Signal，增加一个新的输出信号映射，如图 8 - 28 所示。

在新增的输出映射栏 Simulink Data 下方的下拉列表框中选择 trigger，此即对应着模型里的输出端口 Trigger；在 SystemTest Data 下方的列表框中选择"＜New Test Variable...＞"，如图 8 - 29 所示。

在随后打开的 Edit trigger 对话框中为变量命名，如 trigger，如图 8 - 30 所示。

6. 添加 MATLAB 代码

本测试的目的是为了得到不同阈值条件下的触发次数，而输出端口 Trigger 的输出是一个矩阵，大小为迭代次数×视频帧数，为了得到触发次数，需要增加一段 M 代码。

第 8 章　基于模型的设计

图 8-28　增加输出信号映射

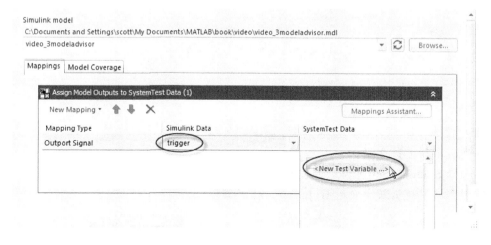

图 8-29　新增测试变量

选择 SystemTest，在打开的窗口中选择 Insert→Test Element→MATLAB 菜单项，在 M 脚本编辑器中输入以下代码：

```
trigger_max = max(trigger);
```

添加的 MATLAB 代码如图 8-31 所示。

7．添加其他变量

在"6．添加 MATLAB 代码"中引入了新的变量 trigger_max，因此需要在测试

第8章 基于模型的设计

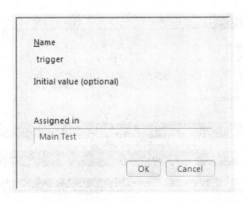

图 8-30 变量命名

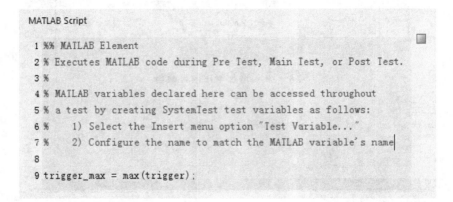

图 8-31 添加 MATLAB 代码

变量列表中新增该变量。

选择 SystemTest 主窗口左侧列表框中的 Test Variables,或在 Test Variables 中单击 New 按钮,新增变量 trigger_max,如图 8-32 所示。

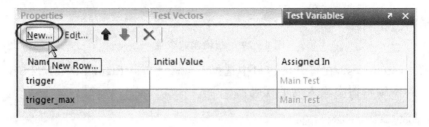

图 8-32 新增变量 trigger_max

8. 添加输出结果

在 SystemTest 主窗口左侧列表框中选择 Save Results,然后在 Properties 中单

击 New Mapping 按钮,新增输出结果映射,如图 8-33 所示。

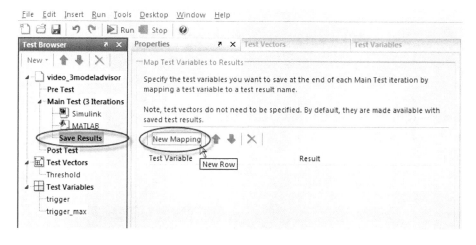

图 8-33 新增输出结果映射

根据需要,选择输出结果 trigger_max,并取名为 trigger_max,如图 8-34 所示。

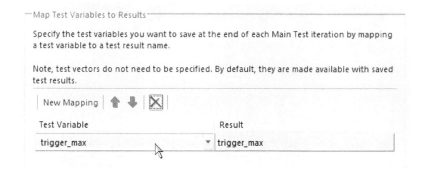

图 8-34 选择输出结果 trigger_max

9. 执行测试并观察结果

保存测试程序,并单击工具栏中的 Run 按钮,开始测试系统,如图 8-35 所示。

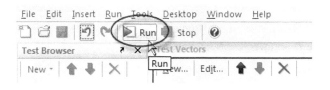

图 8-35 执行测试

SystemTest 主窗口右侧显示区域的 Run States 下部将显示当前的迭代次数、测试时间,如图 8-36 所示。

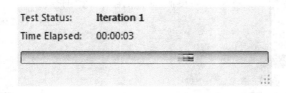

图 8-36　测试进度

完成后，Run States 将给出测试结果文件链接与最终测试状态，如图 8-37 所示。由图 8-37 可知，本测试程序成功运行。

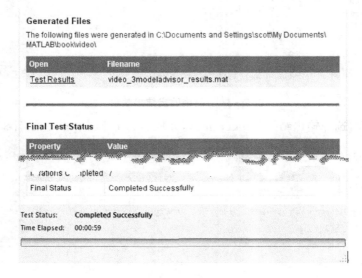

图 8-37　测试完成

单击测试结果文件链接 Test Results，在 MATLAB 的"命令行窗口"中将显示测试结果的详细信息，如图 8-38 所示。

单击链接 stresults.ResultsDataSet，在 MATLAB 的"命令行窗口"中将继续显示：

```
ans =

        Threshold    trigger_max
    I1  [  0]        [120]
    I2  [ 50]        [113]
    I3  [100]        [105]
    I4  [150]        [ 92]
    I5  [200]        [ 82]
    I6  [250]        [ 73]
    I7  [300]        [ 67]

>>
```

```
File  Edit  Debug  Desktop  Window  Help
Loading test results....
stresults =

        Test Results Object Summary for 'video_3modeladvisor':

               NumberOfIterations: 7
                TestVectorNames: Threshold
                SavedResultNames: trigger_max
                ResultsDataSet: [7x2 dataset]

        There are no Test Vector Groups associated with this test result object.

        Artifacts associated with this test result object:
          IESI-File (video_3modeladvisor.test)


Type stresults.ResultsDataSet to display test results data. For information
on working with test results data, refer to the Analyzing Test Results demo.

fx >>|
                                                              OVR
```

图 8-38　测试结果信息

这就是最后需要的测试结果。

8.5.3　Design Verifier

本小节将介绍 Design Verifier 的测试方法，步骤如下：

1. 修改模型

将输入模块 Source Video、输出模块 Recorded Video 分别用 In、Out 代替，修改 In 模块的数据类型，使其与原输入模块一致。调整后的模型如图 8-39 所示。

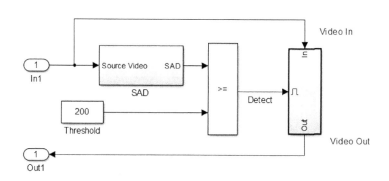

图 8-39　调整后的模型

2. Check Model Compatibility 测试

在模型窗口中选择 Analysis→Design Verifier→Check Model Compatibility 菜单项,将生成如图 8-40 所示的通过兼容性检查的信息。

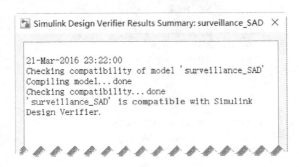

图 8-40 通过兼容性检查的信息

另外,在选择 Analysis→Design Verifier→Generate Tests 及 Prove Properties 菜单项时,系统将会首先执行兼容性测试,然后再生成测试用例或验证系统性能。

3. 生成测试用例

在模型窗口中选择 Analysis→Design Verifier→Generate Tests 菜单项,系统自动生成测试用例,如图 8-41 所示。

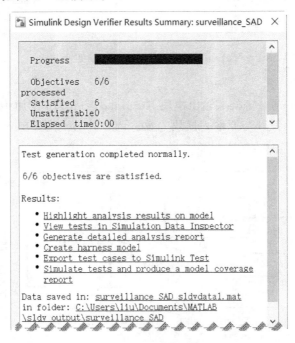

图 8-41 测试用例生成过程

第 8 章　基于模型的设计

（1）高亮模型的分析结果

单击图 8 - 41 中的 Highlight analysis results on model 链接，高亮模型的分析结果如图 8 - 42 所示。

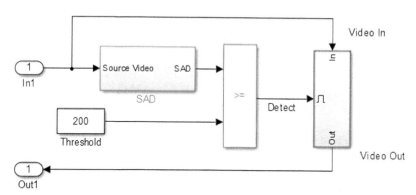

图 8 - 42　高亮模型的分析结果

（2）查看在 Simulink 数据检查中的测试

单击图 8 - 41 中的 View tests in Simulation Data Inspector 链接，可查看结果。

（3）创建一个详细的分析报告

单击图 8 - 41 中的 Generate detailed analysis report 链接，可以创建一个详细的分析报告，如图 8 - 43 所示。

图 8 - 43　创建一个详细的分析报告

(4) 创建测试用例模型

① 单击图 8-41 中的 Create harness model 链接,得到的测试用例模型如图 8-44 所示。

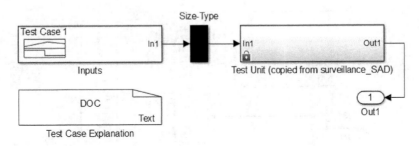

图 8-44 测试用例模型

② 显示测试用例说明。单击图 8-44 中的 Test Case Explanation 模块,将打开测试用例说明,如下:

```
Test Case 1 (4 Objectives)
Parameter values:

 a. SAD /Abs - input < 0 F @ T = 0.00
 b. SAD /Abs - input < 0 T @ T = 0.40
 c. - RelationalOperator: input1 >= input2 F @ T = 0.00
 d. Sample and Hold3 - enable logical value F @ T = 0.00

Test Case 2 (2 Objectives)
Parameter values:

 a. - RelationalOperator: input1 >= input2 T @ T = 0.00
 b. Sample and Hold3 - enable logical value T @ T = 0
```

③ 显示测试用例。单击图 8-44 中的 Inputs 模块,将打开测试用例,如图 8-45 和图 8-46 所示。

(5) 导出测试用例到仿真测试

单击图 8-41 中的 Export test cases to Simulink Test 链接,导出测试用例到仿真测试,如图 8-47 所示。

(6) 模型覆盖度报告

① 单击图 8-41 中的 Simulate tests and produce a model coverage report 链接,得到模型覆盖度报告的内容,如图 8-48 所示。

② 单击图 8-48 中的 Summary 链接,弹出的模型覆盖度报告如图 8-49 所示。

第 8 章 基于模型的设计

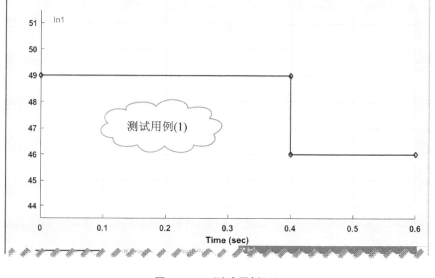

图 8-45 测试用例(1)

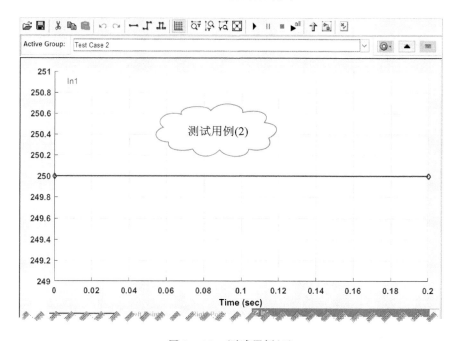

图 8-46 测试用例(2)

第 8 章 基于模型的设计

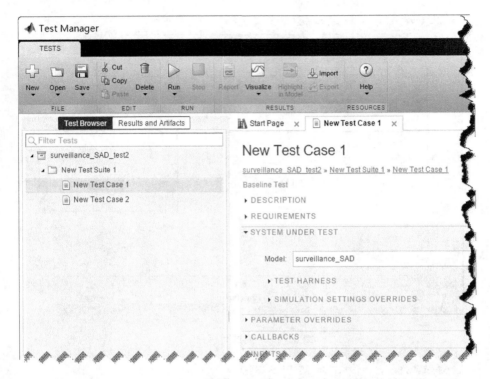

图 8 – 47 导出测试用例到仿真测试

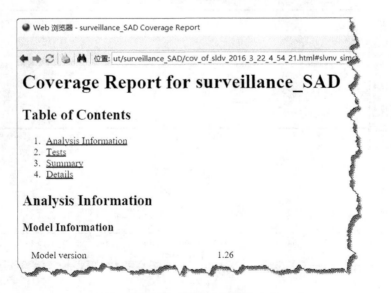

图 8 – 48 模型覆盖度报告的内容

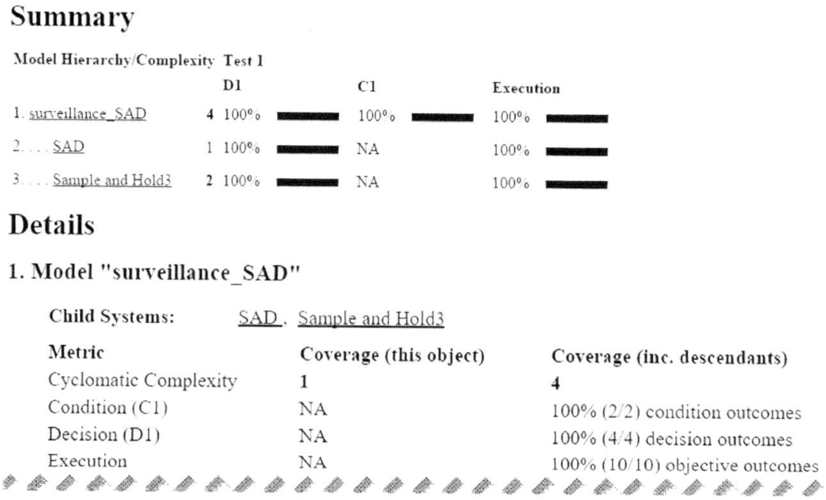

第 8 章 基于模型的设计

```
Summary
Model Hierarchy/Complexity  Test 1
                            D1         C1         Execution
1. surveillance_SAD      4  100%       100%       100%
2. ... SAD               1  100%       NA         100%
3. ... Sample and Hold3  2  100%       NA         100%

Details
1. Model "surveillance_SAD"
   Child Systems:      SAD , Sample and Hold3
   Metric              Coverage (this object)   Coverage (inc. descendants)
   Cyclomatic Complexity   1                    4
   Condition (C1)          NA                   100% (2/2) condition outcomes
   Decision (D1)           NA                   100% (4/4) decision outcomes
   Execution               NA                   100% (10/10) objective outcomes
```

图 8-49　模型覆盖度报告

8.6　定点模型

　　进行定点信号处理能简化电路，可以使运算简单，提高运算速度，减少运算时间。由于定点信号处理具有上述优点，所以定点信号处理应用较广。对于嵌入式系统的低功耗、小芯片体积等，定点信号处理能较好地满足这些要求。因为浮点模型功耗大，所以一般都需要将浮点模型转成定点模型后再进行信号处理。而定点算法中数据类型是有限字长的，容易引入量化误差，产生溢出，所以在将设计的数据类型从浮点转化为定点时需要考虑以下 3 点：

　　① 根据硬件特性、输入、输出及中间信号的动态范围来选择合适的字长和分数长度；

　　② 在定点运算中限制及降低量化误差的传播；

　　③ 在硬件实现前保证定点设计满足需求。

　　有两种方法可以将浮点模型转成定点模型进行信号处理：

　　① 手动设定字长，再借助 Fixed-Point Tool 工具检查设置是否满足设计要求，如果在运算过程中变量发生溢出，则用 Fixed-Point Tool 工具自动定标。

　　② 利用 Fixed-Point Tool 工具来自动定标及优化数据。

　　Fixed-Point Advisor 将完成两个任务：① 为模型转换做准备（prepare model for conversion）；② 为数据类型和自动定标做准备（prepare for data typing and scaling）。

　　Fixed-Point Tool 工具可对浮点数据进行自动定标，也可对模型中的定点数进行分析和操作,并可以为嵌入式代码优化定标,折衷范围和精度,使数据不溢出;而且允许用户指定仿真或设计的数据类型及记录模式,可以锁定不希望修改的信号,可以使用数据类型覆盖来支持浮点到定点表示的快速切换,还可以利用 Simulation Data Inspector 来检测定点数据的转换精度。

下面通过一个例子来介绍如何利用工具自动将浮点模型转成定点模型,步骤如下:

1. 变更模型名称

将图 8-39 的模型改名为 surveillance_SAD_float.slx 的浮点模型,如图 8-50 所示。

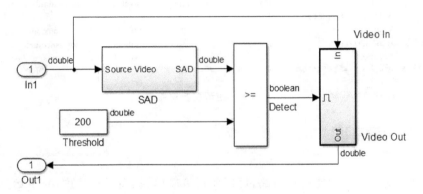

图 8-50　浮点模型 surveillance_SAD_float.slx

2. 将模型另存为 surveillance_SAD_fixed.slx

在模型窗口的菜单栏中选择 Analysis→Fixed-Point Tool→Workflow→Continue→Fixed-Point Advisor 菜单项(见图 8-51),打开"Fixed-Point Tool"窗口,如图 8-52 所示。

3. 运行 Fixed-Point Advisor 检查

运行 Fixed-Point Advisor 检查,如图 8-53 所示。

4. 修改在 Fixed-Point Advisor 检查中的错误与警告的方法

可按照系统的"建议"进行修改。例如,在图 8-54 左侧的"1.6.3 Check bus usage"前有个⚠标号,单击"1.6.3 Check bus usage"将显示右侧的警告修改说明。Fixed-Point Advisor 建议:在配置参数对话框中,将 Bus signal treated as vector 下拉列表框中的默认设置 none 修改成 error。这里有两种修改方法:① 手动将 Bus signal treated as vector 中的默认设置修改成 error;② 通过单击 Modify 按钮自动完成修改,如果无法修改再选择手动修改,如图 8-54 所示。

第8章 基于模型的设计

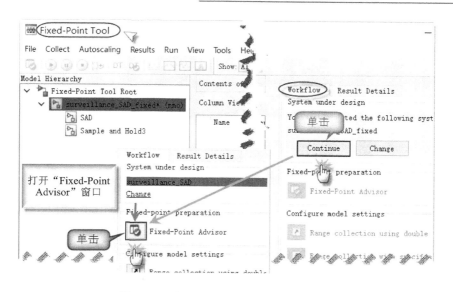

图 8-51 打开"Fixed-Point Advisor"窗口

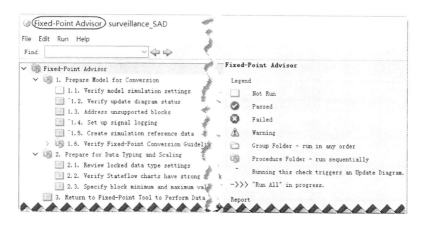

图 8-52 "Fixed-Point Advisor"窗口

5. Fixed-Point Advisor 的检查结果

Fixed-Point Advisor 的检查结果如图 8-55 所示,从图中可以看出,左侧的每个测试项均为对勾,右侧显示测试结果为 Passed。由于定点的基础来自于输入信号与模块处理数据的最大值和最小值等,所以本例设置输入模块的最大值和最小值分别为 256 和 0。另外,应该至少选中一个信号记录(signal logging),这里选中 In1 等。

上述项目完成测试后,会自动返回到 Fixed-Point Tool,说明为从浮点转换到定点的准备工作已经完成。

第 8 章 基于模型的设计

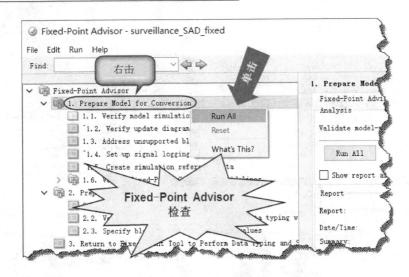

图 8-53 运行 Fixed-Point Advisor 检查

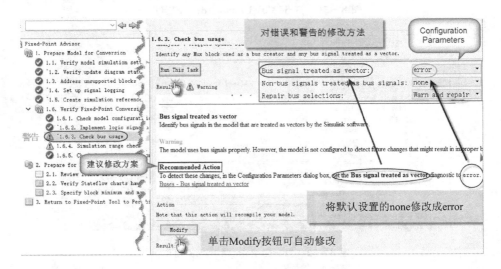

图 8-54 在 Fixed-Point Advisor 检查中的错误与警告的修改方法

6. 收集浮点基准

为了避免量化的影响,应使用双精度数来全局覆盖定点数据类型的模型,该设置提供了一个表示理想输出的浮点基准,Simulink 将信号记录的结果保存到 MATLAB 工作空间中。固定点工具将显示在运行期间发生的仿真结果,包括最小值和最大值。

使能系统在设计下的信号记录。使用固定点工具可以同时进行多个信号的信号记录。用户可以使用仿真数据检查器的结果来绘制结果,其只用于使能了信号记录

第 8 章 基于模型的设计

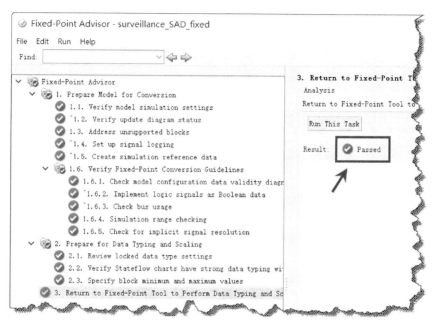

图 8-55 Fixed-Point Advisor 的检查结果

的信号。操作步骤如下：

① 在"Fixed-Point Tool"窗口右侧右击选定的系统或子系统，在弹出的快捷菜单中选择 Enable Signal Logging→All Signals in this System 菜单项，如图 8-56 所示。

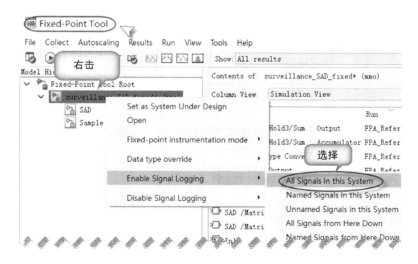

图 8-56 选择使能信号记录

第 8 章　基于模型的设计

② 单击 Range collection using double override/Configure model settings 按钮，使用双精度覆盖的范围收集，如图 8-57 所示。

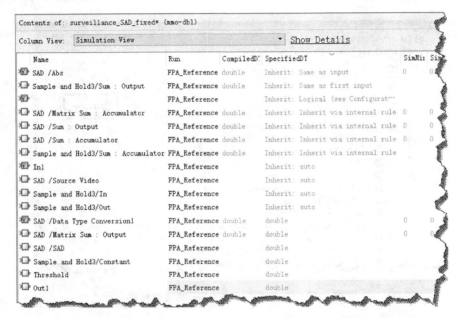

图 8-57　使用双精度覆盖的范围收集

③ 单击模型仿真按钮，进行浮点模型仿真，如图 8-58 所示。

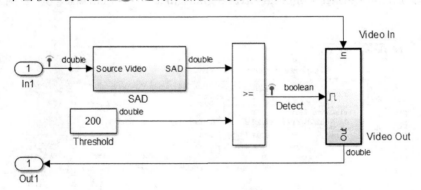

图 8-58　浮点模型仿真

④ 单击图标指定转换基准。

7. 建议的数据类型

单击建议的数据类型按钮 DT ，以生成定点数据类型建议，如图 8-59 所示。

8. 接受建议的数据类型

首先选中由 DT 产生的定点数据类型，然后单击图标接受选中的定义数据类型。

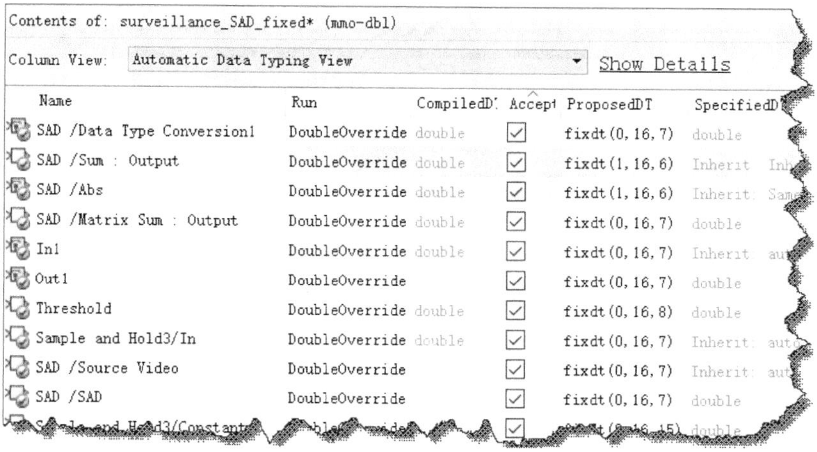

第 8 章 基于模型的设计

图 8-59 生成定点数据类型建议

9. 指定数据类型的范围收集

单击 Range collection with specified data types/Configure model settings 按钮，选择使用指定数据类型的范围收集。

10. 定点模型仿真

再次单击模型仿真按钮 ▶，进行定点模型仿真，如图 8-60 所示。

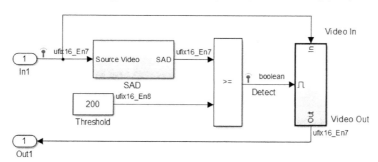

图 8-60 定点模型仿真

11. 验证定点转换精度

① 使用 Simulation Data Inspector 来测试浮点到定点的转换精度。比如，验证输出端口 Out1 的定点转换精度测试的步骤为：第一，在 content 下选中 Out1 端口；第二，单击工具栏上的 图标，端口 Out1 的定点转换精度测试如图 8-61 所示。

说明：其他模块的定点转换精度测试方法与此相同。

② 转换后的信号无溢出，如图 8-62 所示。

③ 转换后的信号数据类型无冲突，如图 8-63 所示。

第 8 章 基于模型的设计

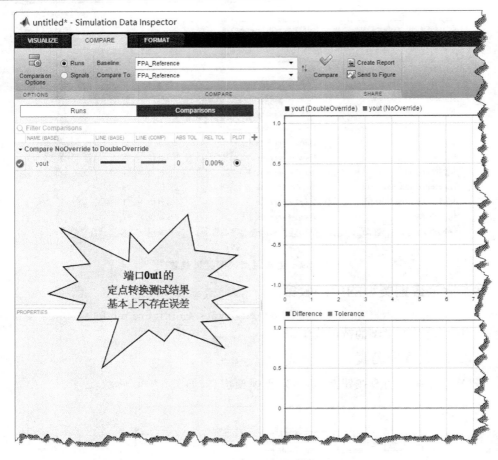

图 8-61 端口 Out1 的定点转换精度测试

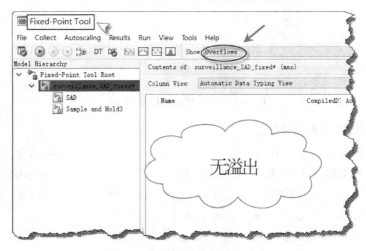

图 8-62 转换后的信号无溢出

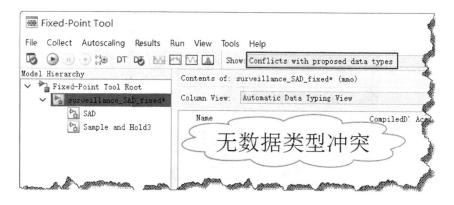

图 8-63　转换后的信号数据类型无冲突

8.7　软件在环测试

软件在环测试用于验证生成代码的有效性,即将 SAD 模块、">="模块和 Record 模块封装成一个子系统,操作过程请参考 7.4 节。

SIL 测试模型如图 8-64 所示,仿真结果如图 8-65 所示。从图 8-65 所示的仿真结果可知,两者的差值 Subtract 恒为一条值为 0 的直线,说明它们实现的功能一致,即生成的代码能实现模型的功能。

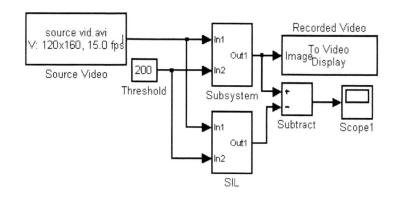

图 8-64　SIL 测试模型

说明:目前 MATLAB 软件似乎还不能支持 CCS 5 的处理器在环测试,并且 CCS 5 也不被 Windows 10 操作系统所支持。为了给读者一个较完整的基于模型设计的工作流程,下面的所有过程都是在旧版 MATLAB 和 CCS 3.3 中进行的。

第 8 章 基于模型的设计

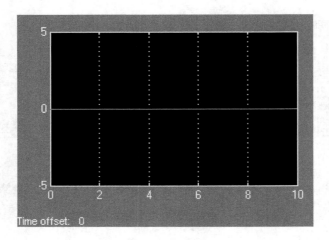

图 8-65 仿真结果(1)

8.8 处理器在环测试

先建立如图 8-66 所示的模型,将 SAD 模块、">="模块和 Record 模块封装成一个子系统,并从 Target Support Package→Supported Processors→Texas Instruments C6000→Target Preferences 库中选择 DM642EVM V1 模块,添加到子系统模型中。

按照 7.4 节介绍的 SIL&PIL 参数设置方法,并编译子系统生成 PIL 模块,将子系统与利用子系统生成的 PIL 模块(见图 8-66)进行比较,以验证 PIL 模块执行的功能与原系统一致。

仿真结果如图 8-67 所示,说明子系统与子系统生成的 PIL 模块实现的功能一致。

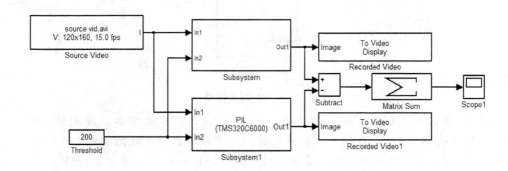

图 8-66 PIL 模型

第8章 基于模型的设计

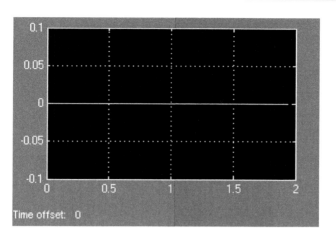

图8-67 仿真结果(2)

8.9 代码跟踪

对于建立的硬件模型,在 Configuration Parameters 对话框的 Report 对应显示区域中按图 8-68 所示进行设置,则在编译模型时自动打开代码生成的报告,并建立模块与代码间的双向关联,如图 8-69 和图 8-70 所示。

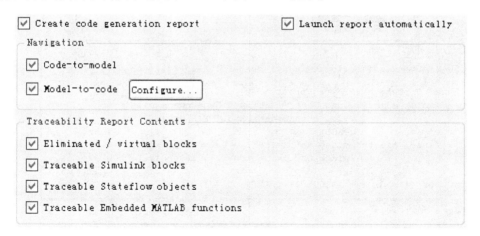

图8-68 Report 对应显示区域的设置

还可以对某一模块进行描述,以增加生成代码的可读性。例如,对 Byte Unpack 模块进行描述,右击该模块,在弹出的快捷菜单中选择 Block Properties,在打开的 Block Properties 对话框中的 Description 文本框中输入"This block can unpack UDP uint8 input vector into Simulink data type values. (2010.1.3)",如图 8-71 所示。

第 8 章 基于模型的设计

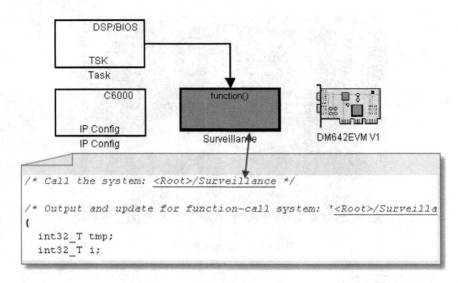

图 8-69 代码与模块间的双向关联(1)

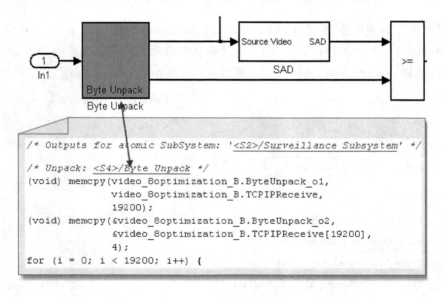

图 8-70 代码与模块间的双向关联(2)

在 Configuration Parameters 对话框 Comments 对应显示区域中的 Custom comments 选项组中,选中 Simulink block descriptions 复选框(见图 8-72),则对模块的描述会作为注释显示在对应生成的代码中。

单击 图标生成代码,自动打开代码报告。在模型中右击 Byte Unpack 模块,在弹出的快捷菜单中选择 Real-Time Workshop→Navigate to Code 菜单项,就会跟踪到该模块对应的代码,可看到对该模块的描述显示在代码中,如图 8-73 和

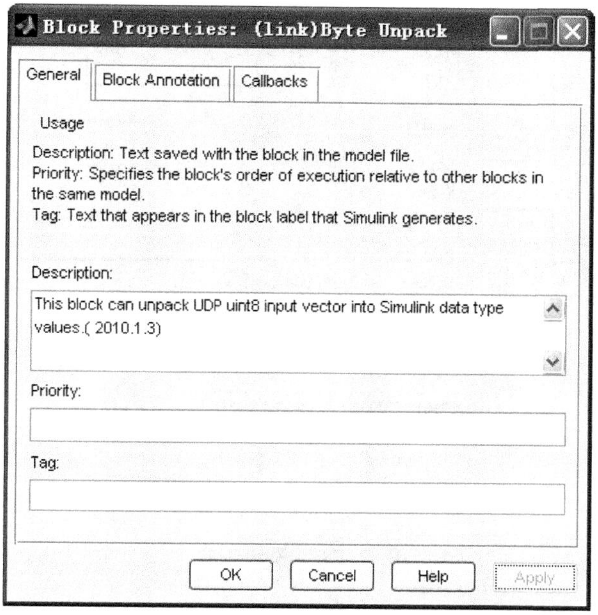

第 8 章 基于模型的设计

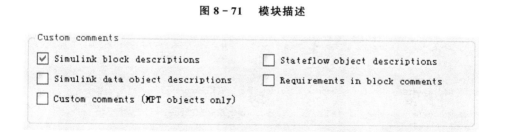

图 8 - 71　模块描述

图 8 - 72　选中 Simulink block descriptions 复选框

图 8 - 74 所示。

利用 RTW-EC 可以生成一系列针对不同目标的源代码文件。但是,不是每一个模型都能生成一个文件,只对包含子系统、调用外部接口和使用特定的数据类型的模型才创建文件。RTW 代码生成器处理大部分的格式化命令。

生成的源文件之间的关系如图 8 - 75 所示,从一个文件指向另一个文件表示包含关系,系统头文件(model.h)包含所有子系统的头文件(subsystem.h),在多数分层系统中,同样的子系统也包含它们自己的子级头文件。

用户可以集成已存在的代码或用户自定义代码,常用的方法是创建 S-Function,另一种方法是使用通过声明存储信号或参数创建的全局变量来连接代码。这些方法要求用户包含指定 RTW 产品的头文件,使所需的函数定义、类型定义和定义已存在的代码或用户自定义代码可用,如表 8 - 7 所列。

第8章 基于模型的设计

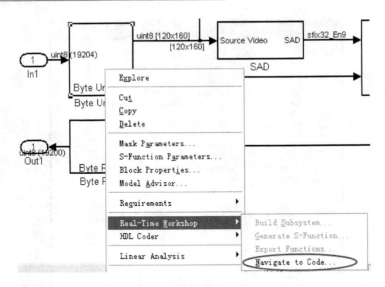

图 8-73 模块关联

```
/* Outputs for atomic SubSystem: '<S2>/Surveillance Subsystem' */

/*
 *
 * Block description for '<S4>/Byte Unpack':
 *  This block can unpack UDP uint8 input vector into Simulink data type values. (2010.1.3)
 */

/* Unpack: <S4>/Byte Unpack */
(void) memcpy(video_des_B.ByteUnpack_o1,video_des_B.TCPIPReceive,
              19200);
(void) memcpy(&video_des_B.ByteUnpack_o2,&video_des_B.TCPIPReceive[19200],
              4);
for (i = 0; i < 19200; i++) {
```

图 8-74 Byte Unpack 模块描述

表 8-7 生成文件的意义

生成文件	意 义
model.h	声明模型的数据结构和模型输入与数据结构间的全局接口,通过使用访问宏可以支持实时模型数据结构的接口
model_types.h	用于定义代码中使用的数据类型
rtwtypes.h	定义了数据类型、结构和生成代码所需的宏定义。一般的,用适用于 grt 和 ert 目标的包含 rtwtypes.h 代替包含 tmwtypes.h 和 simstruc_types.h,然而,实际上所要包含的头文件由指定的目标处理器来决定
model.c	实现模型功能的源文件
model_private.h	包含本地声明的头文件

第8章 基于模型的设计

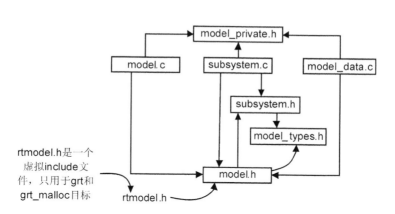

图8-75 源文件之间的关系

RTW软件能编译独立可执行主机系统,一些特定目标的处理器和操作系统提供使用交互式编译器来编译。这些目标是基于makefile接口的,若要编译成功,则需要添加生成的代码源文件、头文件和库文件。

对于一个模型来说,生成的代码文件包括 model.c、model.h、model_data.c、model_private.h 和 rtwtypes.h,还有调用模型函数来执行 model_main.c 的顶级 main.c 文件。在用其他编译器编译生成的代码时,需导入这些代码文件才能编译成功,才能下载运行代码。

8.10 硬件模型

8.10.1 建立硬件模型

完成了一系列测试及验证即可建立带实际硬件的模型。

在8.6节中的定点模型窗口中增加表8-8所列的模块。

表8-8 模块列表

模 块	路 径
Function-Call Subsystem	Simulink/Ports&Subsystems/…
DM642EVM V1	Target Support Package/Supported Processors/Texas Instruments C6000/Target Preferences/…
Task	Target Support Package/Supported Processors/Texas Instruments C6000/DSP/BIOS/…

第8章 基于模型的设计

续表 8-8

模 块	路 径
IP Config	Target Support Package/Supported Processors/ Texas Instruments C6000/ Target Communication/…
Byte Pack	
Byte Unpack	
TCP/IP Receive	
TCP/IP Send	

双击 Function-Call Subsystem 模块,移入原先的定点模型,并按图 8-76 所示进行调整。

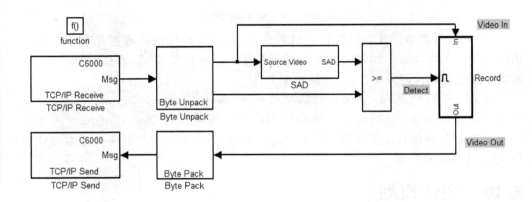

图 8-76 Function-Call Subsystem 模块

返回上级模型,按图 8-77 所示进行连接。

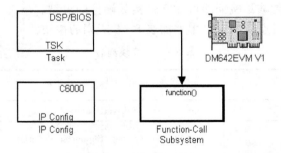

图 8-77 硬件模型(1)

8.10.2 模块设置

将定点模型重绘于此,根据该模型,考察各路信号的数据类型及维度,设置硬件模型各模块的参数,如图8-78所示。

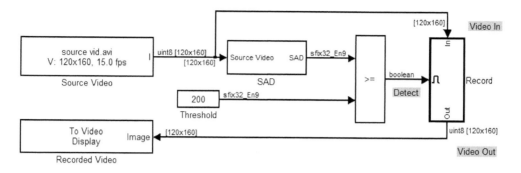

图8-78 定点模型

1. DM642EVM V1

本例是基于DM642EVM V1评估板进行的,用户需根据实际情况选择相应的硬件。

2. IP Config 模块

用户可以根据系统的应用环境设置IP的分配方式:使用DHCP服务器或使用固定IP,如图8-79所示。

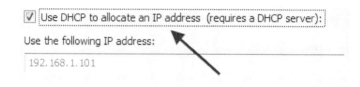

图8-79 IP配置

3. TCP/IP Receive 模块

根据原视频输入模块的数据类型与视频尺寸,设置TCP/IP接收模块的输出数据类型与数据大小,TCP/IP接收缓冲区的大小同样是$120×160+4=19\ 204$。远端IP地址、端口、本地端口应根据需要设置,分别如图8-80所示Data types选项卡的设置以及如图8-81所示Main选项卡的设置。

4. Byte Unpack 模块

根据视频尺寸与阈值的维度与数据类型,设置IP数据包的拆解方式。

由于Byte Unpack模块仅支持single、double、int8、uint8、int16、uint16、int32、uint32和Boolean类型的数据,因此输出端的维度设为{[120,160],[1]},数据类型设为uint8、int32,如图8-82所示。

5. Byte Pack 模块

Byte Pack模块只需要一个输出端,数据类型为uint8,如图8-83所示。

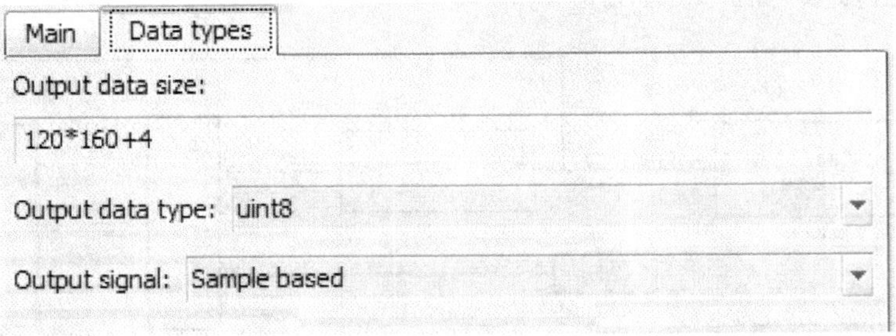

第 8 章　基于模型的设计

图 8-80　Data types 选项卡的设置

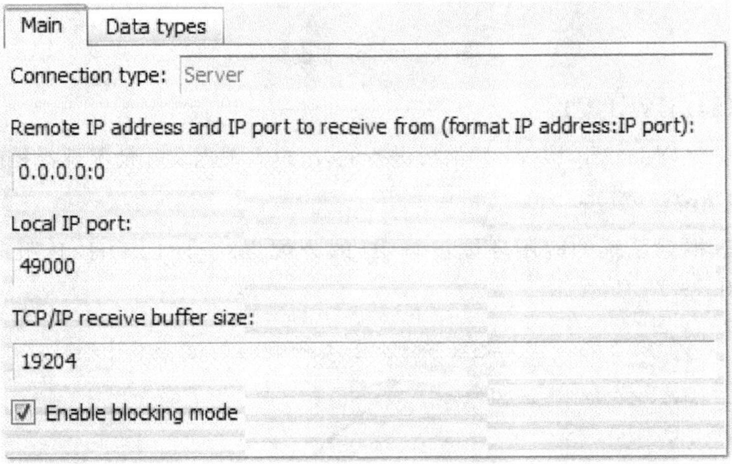

图 8-81　Main 选项卡的设置

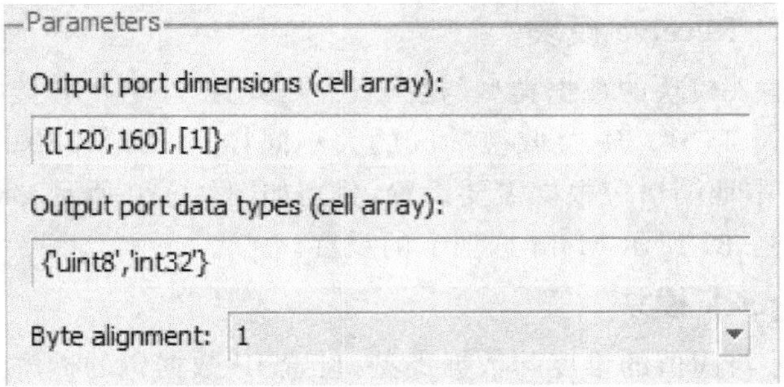

图 8-82　Byte Unpack 模块相应参数的设置

6. TCP/IP Send 模块

TCP/IP Send 模块的设置可参照 TCP/IP Receive 模块，不同的是，发送缓冲区的大小只需要 19 200。

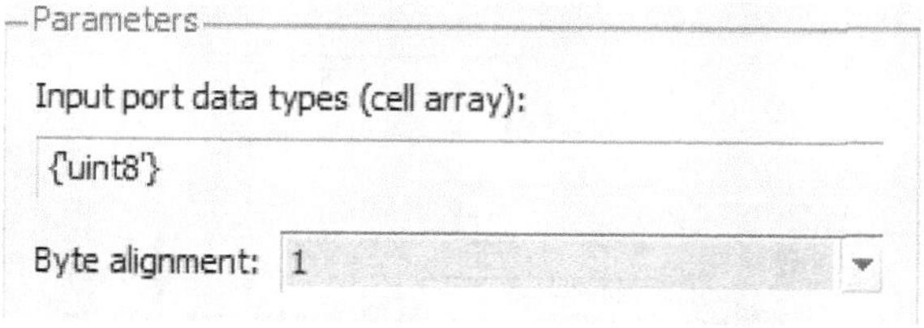

第 8 章 基于模型的设计

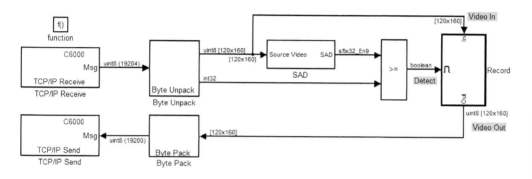

图 8-83 Byte Pack 模块相应参数的设置

正确设置了各模块参数后,单击仿真按钮,模型应能够运行。此时考察各信号线上的数据类型及维度,再次确认是否满足设计需求,如图 8-84 所示。

图 8-84 硬件模型(2)

8.11 代码优化及代码生成

优化代码是一项复杂的工作,需要用户有丰富的编程经验,对硬件有深入的了解,本节仅列出几项常用的优化方法。

8.11.1 子系统原子化

子系统模块可分为虚拟子系统或非虚拟子系统,主要的不同在于:非虚拟子系统在执行仿真时,是被看作一个单元,节省了大量用于中间变量的存储器;而虚拟子系统只是在视觉上简化了模型。将各个功能模块合并成一个非虚拟子系统可提高代码执行效率。

① 右击加注阴影的各模块,在弹出的快捷菜单中选择 Create Subsystem,如图 8-85 所示。创建的子系统模型如图 8-86 所示。

② 右击新建的子系统模块,在弹出的快捷菜单中选择 Subsystem Parameters,打开参数设置对话框,在 Parameters 选项组中选中 Treat as atomic unit 复选框,如图 8-87 所示。

第 8 章 基于模型的设计

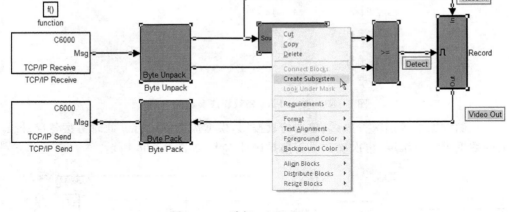

图 8-85 选择 Create Subsystem

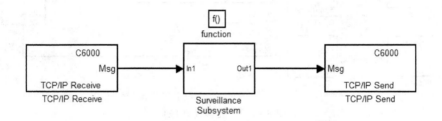

图 8-86 子系统模型

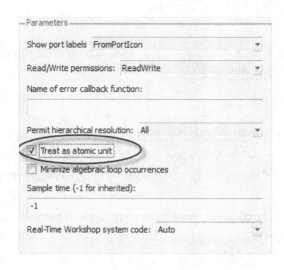

图 8-87 子系统原子化

③ 用户也可以在添加子系统模块时直接添加 Ports&Subsystems 子库里的 Atomic Subsystem 模块。它与 Subsystem 模块的差别在于，前者默认选中 Treat as atomic unit 复选框。外观上，选中 Treat as atomic unit 复选框的子系统模块的边框加粗了，如图 8-88 所示。

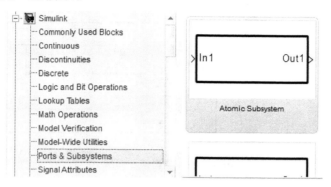

图 8-88　Atomic Subsystem 模块

④ 选择 Format→Block Displays→Sorted Order 菜单项，在仿真时，用户可以从模块右上角的数字看出虚拟子系统模块与非虚拟子系统模块在执行过程中的差别，如图 8-89～图 8-91 所示。

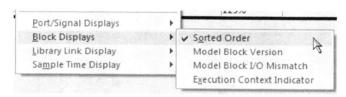

图 8-89　模块运行顺序

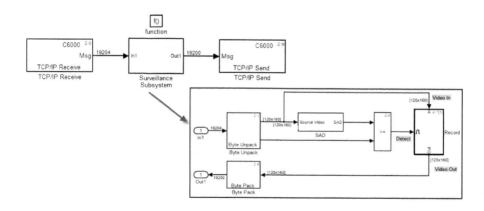

图 8-90　虚拟子系统

第8章 基于模型的设计

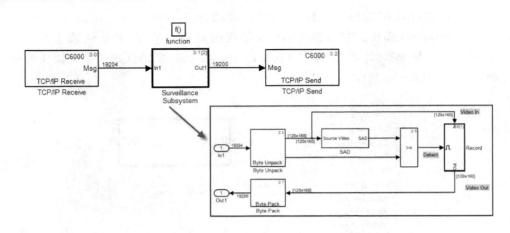

图 8-91 非虚拟子系统

8.11.2 优化模块库

Simulink 模块库包含两个 C2000 和两个 C6000 优化模块库,用户可以使用这些模块建模、仿真、生成代码,它们分别位于:Target Support Package/Supported Processors/Texas Instruments C2000/Optimized Blocks/…,Target Support Package/Supported Processors/Texas Instruments C6000/Optimized Blocks/…,如图 8-92 所示。

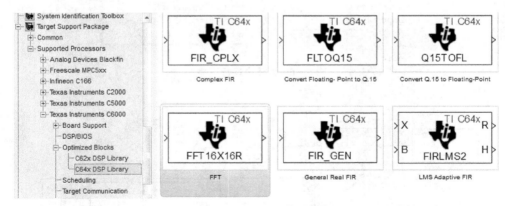

图 8-92 优化模块库

例如,若用户使用 C64x DSP Library 库中的模块建模,则将来生成代码时,这些模块便映射为 TMS320C64x DSP 程序库中对应的汇编代码,因此生成的是针对使用 C64x 处理器的硬件平台特别优化的代码。

当然,用户也可以使用 C64x DSP Library 库中的模块搭建针对 C62x 处理器的模型,不过生成的代码并不是最优化的。

第 8 章 基于模型的设计

8.11.3 指定芯片

执行 Model Advisor 检查时,根据 Check the hardware implementation 检查项的提示,如果用户需要生成针对具体芯片的代码,则需要在模型参数配置窗口中指定硬件类型、TLC 文件和芯片库文件,如图 8-93 所示。

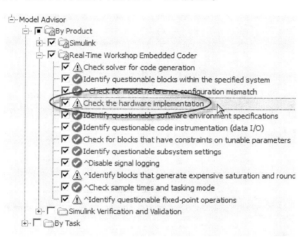

图 8-93 Model Advisor 检查

在模型参数配置窗口的 Hardware Implementation 对应的显示区域中指定硬件类型,如图 8-94 所示。

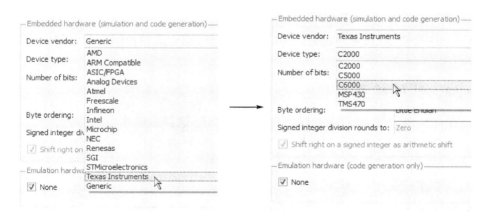

图 8-94 指定硬件类型

在模型参数配置窗口的 Real-Time Workshop 中设置 TLC 文件。单击 System target file 文本框后面的 Browse 按钮,在打开的窗口里选择与硬件相匹配的 TIC 文件,例如 ccslink_ert.tlc,如图 8-95 所示。

第8章 基于模型的设计

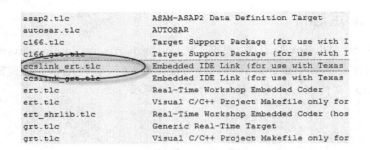

图 8-95 指定 TLC 文件

在模型参数配置窗口选择 Real-Time Workshop→Interface 菜单项,在其对应的显示区域中指定芯片库文件,例如在 Software environment 选项组中的 Target function library 下拉列表框中选择"TI C64x",如图 8-96 所示。

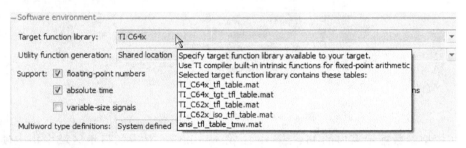

图 8-96 指定芯片库文件

这样可生成针对具体芯片的代码,可大幅度提高生成代码的运行速度。据 MathWorks 公司报道,对特定芯片生成的代码比未指定芯片的模型生成的代码快了 8.2~17 倍。

8.11.4 代码检查

在生成代码之前,用户还可以根据项目的要求,选择代码生成的目标,然后执行 Code Generation Advisor 检查,根据建议进行修改,使代码尽量符合用户选定的目标。

1. 选择代码生成目标

8.11.3 小节已经设置基于 ERT 的 TLC 文件,之后在 Real-Time Workshop 显示区域的下半部单击 Set objectives 按钮,选择代码生成目标,如图 8-97 所示。

如图 8-98 所示,单击左箭头按钮,将左侧列表框的目标添加到右侧列表框,或单击右箭头删除已添加的目标;根据重要性单击上下箭头按钮,在右侧列表框中将选中的各目标排序。代码目标及意义如表 8-9 所列。

第 8 章　基于模型的设计

图 8 - 97　单击 Set objectives 按钮

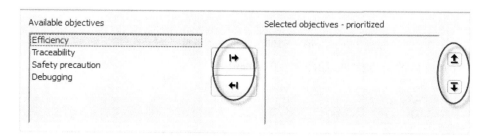

图 8 - 98　选择代码生成目标

表 8 - 9　代码目标及意义

目　标	意　义
Efficiency	减少 RAM、ROM 的使用量以及执行时间
Traceability	提供模型元素与代码之间的映射关系
Safety precaution	加强代码的清晰度、确定度、健壮性、可验证性
Debugging	调试代码生成过程

2. Code Generation Advisor 检查

① 本例选择的代码目标为 Efficiency 与 Traceability。

② 单击 Check model 按钮，如图 8 - 99 所示。

图 8 - 99　单击 Check model 按钮

③ 在系统选择窗口中选中整个模型，而不是某个子系统，确定后开始 Code Generation Advisor 检查，如图 8 - 100 所示。

④ 根据窗口右侧的检查结果修改模型配置，然后再次单击 Run This Check 按

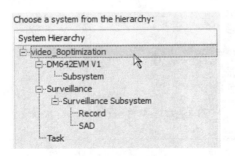

图 8-100　选中整个模型

钮，查看修改后的检查结果，如图 8-101 所示。

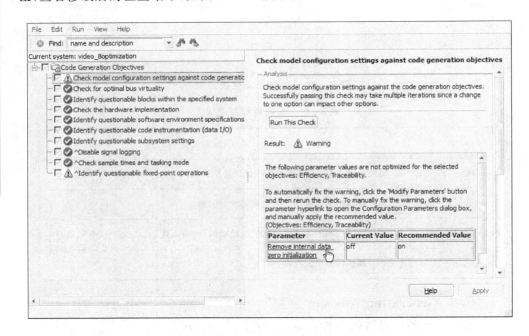

图 8-101　检查结果

8.11.5　IDE 环境下的代码优化

使用 IDE 开发 DSP 软件的流程一般包括 3 个阶段：

第一阶段：编写 C 代码，不考虑 DSP 的内部结构以及相关的编程规则。

第二阶段：利用编译器优化选项、内联函数等方法改进 C 代码。

第三阶段：从 C 代码中抽出对性能影响大的代码段，用线性汇编重新编写这段代码，然后利用汇编优化器优化该代码，直到满足要求为止。

这 3 个阶段不是必须顺序执行的，如果在某一阶段获得了期望的性能，就可不必进行下一阶段的优化。

1. 编译器优化

CCStudio 编译器提供了大量的工程建立选项,供用户在建立工程时选择使用。这些选项中有一部分是事务性的,例如文件路径和输出文件格式等,另一部分则直接影响编译器优化的过程,合理地使用这些选项,能够极大地优化 C 代码。

2. C 语言级优化

C 语言及优化包括:
- 利用 restrict 关键字消除存储相关性;
- 使用内联函数;
- 软件流水技术。

提高程序执行效率的关键技术之一是软件流水,它是一种用于安排循环内的指令运行方式,使循环的多次迭代能够并行执行的技术。

3. 线性汇编优化

线性汇编语言是 TI 公司为了简化 C6000 汇编语言程序的开发而设计的,它并非是一个独立的编程语言。与 C6000 标准汇编语言相比,线性汇编不必指定在常规 C6000 汇编代码中必须指定的全部信息,用户可以自行指定信息或者让编译器替自己指定。

在线性汇编代码中不用必须指定的信息有:
- 并行指令;
- 潜在的流水;
- 寄存器的使用;
- 哪个功能单元正在使用。

如果用户没有指定这些信息,汇编优化器将根据从代码中获得的信息来确定代码中缺失的信息。这样产生的代码效率可以达到人工编写代码效率的 95%～100%,同时还可以降低编程工作量,缩短开发周期。

8.11.6 工程选项及代码生成

1. 传统的 IDE 工程建立选项

8.11.5 小节提到 CCStudio v3.3 提供了大量的工程建立选项,如图 8-102 所示。

较常用的优化项目是 Opt Level,它的选项有 none、-o0、-o1、-o2 和-o3,如表 8-10 所列。

第 8 章 基于模型的设计

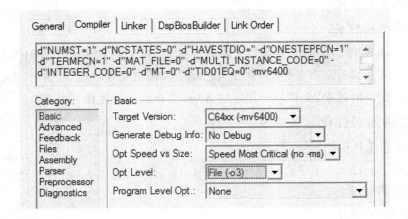

图 8-102　IDE 工程建立选项

表 8-10　优化选项

优化选项	意　义
none	不优化
-o0	● 简化控制流图； ● 为变量分配寄存器； ● 执行循环； ● 删除无用的代码； ● 简化表达式与指令； ● 将函数调用扩展为内联函数
-o1	在所有-o0 优化的基础上，增加了以下内容： ● 本地副本/常数传递； ● 删除无用的赋值语句； ● 删除本地公共表达式
-o2	在所有-o1 优化的基础上，增加了以下内容： ● 软件流水线； ● 循环优化； ● 删除全局公共子表达式； ● 删除全局无用的赋值语句； ● 将循环里的数组引用转换为递增的指针； ● 铺开循环； ● 如果用户仅使用-o 作为优化选项，则以-o2 作为默认的优化层级

续表 8 - 10

优化选项	意 义
-o3	在所有-o2 优化的基础上,增加了以下内容: ● 删除所有未调用的函数; ● 简化那些返回值从未被使用的函数; ● 将小函数作为内联调用; ● 重新排列函数声明,因此在调用函数前,调用者已预先知道了该函数的属性; ● 当所有的函数调用在同一个自变量位置传递相同数值时,将自变量传递给函数体; ● 识别文件级别的变量特征

对于其他配置项目,用户可参考 CCStudio v3.3 使用说明的 Code Composer Studio Build Options 部分。

2. Simulink 工程建立选项

熟悉 CCStudio v3.3 的用户可以在参数配置窗口中选择 Real-Time Workshop→Embedded IDE Link 菜单项,然后直接在该部分编写选项代码,如-o2,如图 8 - 103 所示。这些选项将被传递到 IDE 环境,用于建立工程。

图 8 - 103　直接编写选项代码

若用户不熟悉 CCStudio v3.3 的工程选项,可在 Build action 下拉列表框中选择 Creat_project(见图 8 - 104),单击模型窗口工具栏的 按钮,生成代码。待 CCStudio 自动加载了工程后,在 IDE 环境下另行配置编译选项。

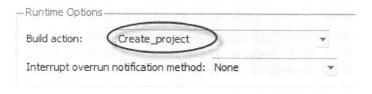

图 8 - 104　选择 Create_Project

第 8 章 基于模型的设计

在 CCStudio 窗口中,右击加载的工程,在弹出的快捷菜单中选择 Build Options,可以看到,刚才设置的编译选项-o2 已经传递给新建的工程,分别如图 8-105 和图 8-106 所示。

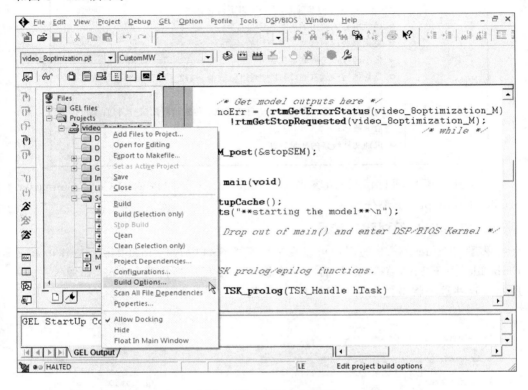

图 8-105　CCStudio 窗口

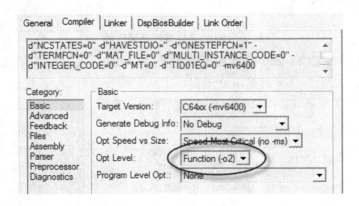

图 8-106　参数传递

用户可自行在 IDE 环境下设置编译器、链接器等选项，回到模型参数配置窗口的 Embedded IDE Link，在 Project Options 选项组中单击 Compiler options stning 文本框后面的 Get From IDE 按钮，即从 IDE 环境获取上述选项代码，如图 8-107 所示。

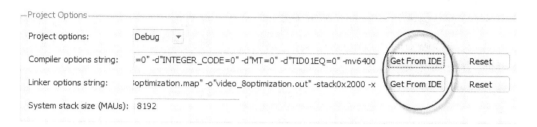

图 8-107 参数传递按钮

8.12 代码有效性检查原理

传统的嵌入式软件开发过程一般都是手动的，并且容易出错，在修改模型、仿真甚至在 PIL 验证时都还会发现设计缺陷。但是，有一类设计错误在修改模型与仿真时是很难发现的，那就是运行时错误。

减少运行时错误对于所有的软件来说都是相当重要的，尤其是那些需要满足诸如 MISRA-C:2004 等安全标准的软件。运行时错误可能出现在代码段，也可能是由建模错误造成的，它们包括：定点或整数溢出、0 作为除数、内存错误、访问禁区数组等。这些错误一般是由输入信号与模型参数的共同作用导致的，因此使用传统的测试方法是很难发现的。运行时错误分类如表 8-11 所列。

表 8-11 运行时错误分类

错误发生位置 错误类型	代 码	模 型
算法错误	溢出、被 0 除、数据移位、负数开方	定标错误、校正错误
内存错误	数组出界、指针	Stateflow 数组管理、手写的查表函数
数据截断	溢出、卷绕	饱和导致意外出现的数据流
编码错误	未初始化的数据、无效代码导致不可达的状态或转换	错误的 Stateflow 状态流

PolySpace 测试技术始于 1996 年，当时欧洲阿丽亚娜 501 火箭由于飞行计算机

第 8 章 基于模型的设计

软件运行错误而导致主/辅计算机全部停机并在飞行升空后爆炸,为此,法国国家计算机与控制研究所、欧洲航天局组织专门的力量研制以抽象解释技术(abstract interpretation techniques)为理论基础的新一代软件验证/测试工具——PolySpace,并成功地应用在阿丽亚娜 502 上。

PolySpace 对源代码进行全面静态分析,不需要测试用例,在代码编写阶段即进行测试,发现代码中的运行时错误,降低代码开发和测试的工作量,并提供优秀的视图界面,方便开发人员修改错误,如图 8-108 所示。

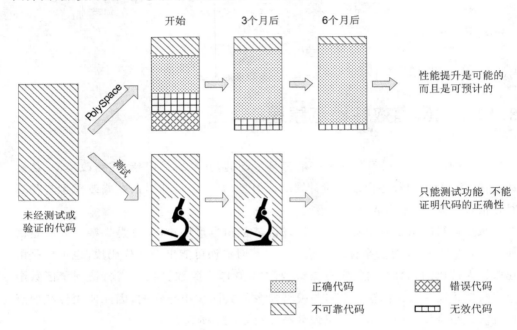

图 8-108 检查代码运行时错误的重要性

自动生成或手动编写的代码未经验证或测试,必然是不可靠的。经过一段时间的测试或检查,只能得到功能的正确与否,依旧不能证明代码是否永远不会出错;若进行 PolySpace 代码验证,则可立刻将代码区分为正确、错误、无效、不可靠 4 部分,经过不断的修改,可以修正错误代码,减少无效及不可靠代码。

图 8-109 所示为 PolySpace 软件的主窗口。

经 PolySpace 检验正确的代码段以绿色显示。如果 PolySpace 不能发现代码隐藏的错误,则根据错误类型,分别显示为红色、灰色、橙色,如图 8-110 所示。

第 8 章　基于模型的设计

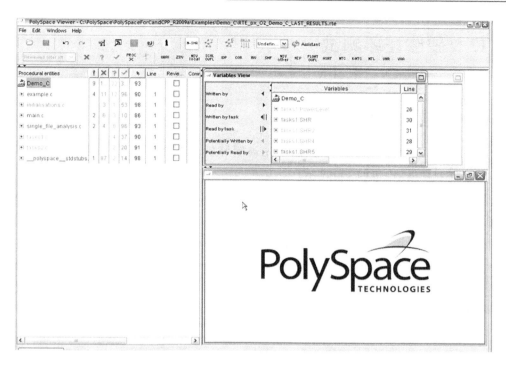

图 8 - 109　PolySpace 软件的主窗口

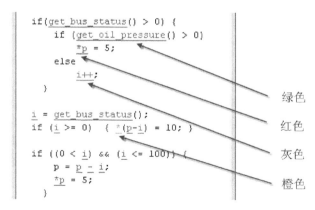

注：
绿色——可靠代码；
红色——代码是错误的；
灰色——代码是不可到达的；
橙色——代码在某种情况下可能发生错误。

图 8 - 110　PolySpace 检查结果

8.13 硬件在环测试

8.13.1 建立 PC 端模型

为了简化设计说明过程,本例以预先录制好的或系统自带的视频,通过网络传送,经硬件处理后,再传回 PC 显示。

打开一个新的 Simulink 模型窗口,添加表 8-12 所列的模块。按图 8-111 所示连接各模块。

表 8-12 在 Simulink 模型窗口中添加的模块

模 块	路 径
Constant	Simulink/Sources
Matrix Concatenate	Simulink/Math Operations
From Multimedia File	Video and Image Processing Blockset/Sources
Image From File	
To Video Display	Video and Image Processing Blockset/Sinks
Color Space Conversion	Video and Image Processing Blockset/Conversions
Insert Text	Video and Image Processing Blockset/Text & Graphics
TCP/IP Send	Instrument Control Toolbox
TCP/IP Receive	
Byte Pack	Target Support Package/Supported Processors/Texas Instruments C6000/Target Communication
Byte Unpack	

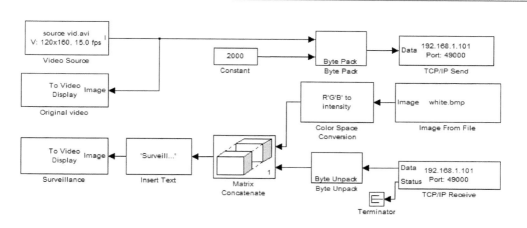

图 8-111　PC 端模型

8.13.2　模块参数设置

PC 端模型各模块的参数很大程度上可参照目标板对应模块及其数据类型来设置。

1. From Multimedia File 模块

设置视频文件的颜色空间为 Intensity(灰度)，数据类型为"uint8"，如图 8-112 所示。

(a) 设置颜色空间　　　　　　　　　　　(b) 设置数据类型

图 8-112　From Multimedia File 模块的参数设置

2. Constant 模块

用户可针对实际需要对其进行设置，本文不作详细分析，这里取 10 000，数据类型取"uint32"，如图 8-113 所示。

3. Byte Pack 模块

接收端的数据类型设为"{'uint8','int32'}"，如图 8-114 所示。

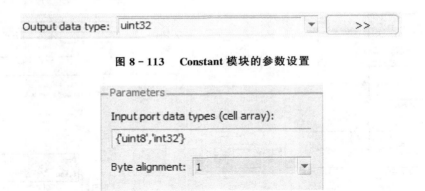

图 8 - 113　Constant 模块的参数设置

图 8 - 114　Byte Pack 模块的参数设置

4. TCP/IP Send 模块

远程地址即目标板的地址"192.168.1.101",端口设为"49000"。如果目标板已启动,则用户可单击 Verify address and port connectivity 按钮,测试是否能与目标板连接,如图 8 - 115 所示。

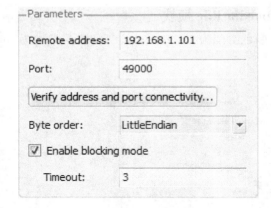

图 8 - 115　TCP/IP Send 模块的参数设置

5. Image From File 模块

为了在监控窗口加字时不覆盖源视频图像,可在图像的上方加入一张空白图片,本例使用 Image From File 与 Matrix Concatenate 模块实现该功能。

6. Color Space Conversion 模块

将 bmp 图像转换为灰度图像,如图 8 - 116 所示。

7. TCP/IP Receive 模块

地址端口设置与 TCP/IP Send 模块一致,数据大小为"19200",表示有 19 200 个

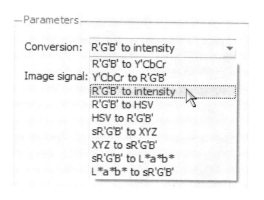

图 8-116　Color Space Conversion 模块的参数设置

字节,数据类型同样为"uint8",如图 8-117 所示。

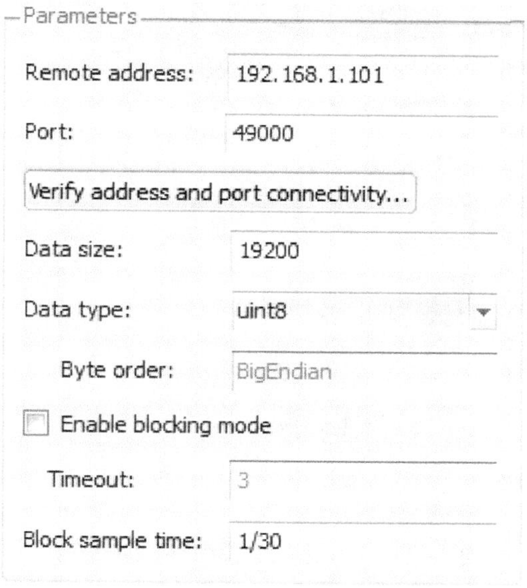

图 8-117　TCP/IP Receive 模块的参数设置

8. Byte Unpack 模块

根据源视频文件的分辨率,设置输出维度为"{[120 160]}",如图 8-118 所示。

9. Insert Text 模块

图 8-119 中 3 个圈内的文字都可以改动,Color value 表示加字的颜色,"Location[row column]"表示首字母的起始位置。

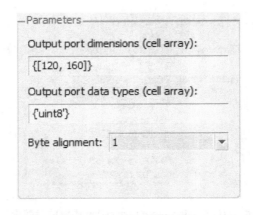

图 8-118 Byte Unpack 模块的参数设置

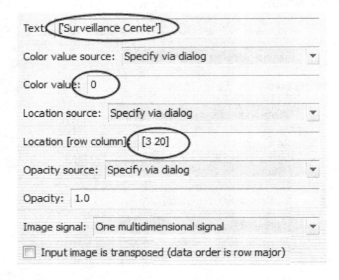

图 8-119 Insert Text 模块的参数设置

8.13.3 实施硬件在环测试

实施硬件在环测试的步骤如下：

① 通过局域网连接监控中心与监控硬件平台；

② 将 8.10 节和 8.11 节生成的可执行代码通过 IDE 环境下载到硬件平台(见图 8-120)并运行；

③ 运行 PC 端模型，结果如图 8-121 所示。图 8-121(a)所示为原始视频流(实际应用中可以是监控摄像头取得的视频流)，图 8-121(b)所示为监控中心通过局域网得到的视频流，两者间存在微小的延时。

第 8 章 基于模型的设计

图 8-120 硬件在环测试的实验设备

(a) 原始视频流　　　　　　　　　　(b) 通过局域网得到的视频流

图 8-121 硬件在环测试结果

8.13.4 代码效率剖析

回到 8.10 节建立的硬件模型,打开模型的参数设置对话框:

① 在 Embedded IDE Link 中选择 Profile real-time execution;

② 在 Profile by 下拉列表框中选择 Atomic Subsystems 进行任务剖析;

③ 将 IDE link handle name 设为 CCS_Obj;

④ 再次生成代码、编译、下载到硬件平台并运行,然后再运行 PC 端模型。运行一段时间后停止,在 MATLAB 的"命令行窗口"中输入以下代码,即得到代码效率剖析报告,如图 8-122 所示。

```
Profile(CCS_Obj,´execution´,´report´)
```

第 8 章 基于模型的设计

Profile Report

Simulink model: video_8optimization.mdl
Target: DM642EVM V1

Report of profile data from Code Composer Studio (tm)
04-Jan-2010 02:20:11

Timing constants

Base sample time	66.67 ms
CPU clock speed[1]	600 MHz

Profiled Simulink Subsystems

System name	video_8optimization/Function-Call Subsystem
STS object	stsSys2_OutputUpdate
Maximum time spent in this subsystem	145.3 ms (218% of base interval)
Average time spent in this subsystem	-0.0428 s (-64.2% of base interval)
Number of iterations counted	661

System name	video_8optimization/Function-Call Subsystem/Subsystem
STS object	stsSys1_OutputUpdate
Maximum time spent in this subsystem	3.399 ms (5.1% of base interval)
Average time spent in this subsystem	3.053 ms (4.58% of base interval)
Number of iterations counted	661

System name	video_8optimization/Function-Call Subsystem/Subsystem/Record
STS object	stsSys0_OutputUpdate
Maximum time spent in this subsystem	158.6 μs (0.238% of base interval)
Average time spent in this subsystem	146.1 μs (0.219% of base interval)
Number of iterations counted	166

System name	video_8optimization
STS object	stsSys3_OutputUpdate
Maximum time spent in this subsystem	440 ns (0.00066% of base interval)
Average time spent in this subsystem	238.6 ns (0.000358% of base interval)
Number of iterations counted	1329

图 8 – 122　代码效率剖析报告

8.13.5　内存使用分析

1. 内存查看

在生成的代码目录…\ MATLAB \ modelname_ticcs \…下有一个 MAP 文件 modelname.map，用户可以根据该文件检查内存的使用情况。以下列出了 MAP 文件的内存配置部分：

```
****************************************
         TMS320C6x COFF Linker PC v6.0.8
****************************************
>> Linked Sun Jan 03 23:46:33 2010

OUTPUT FILE NAME:    <video_8optimization.out>
ENTRY POINT SYMBOL: "_c_int00"  address: 000086c0


MEMORY CONFIGURATION

   Name        origin      length       used        unused      attr    fill
   ----------  ----------  ----------  ----------  ----------  ------  ------
   IRAM        00000000    00020000    00009500    00016b00     RWIX
   SDRAM       80000000    02000000    009e8eec    01617114     RWIX
```

IRAM 行显示了内部 RAM 的使用情况，这部分一般用于存储程序指令；SDRAM 行显示了外部 RAM 的使用情况，这部分一般用于存储数据，例如本例的视频帧数据。

IRAM 与 SDRAM 的起始地址、内存空间长度、使用空间、空闲空间通常是用十六进制数表示的，用户可以使用命令 hex2dec() 将其转换成常用的十进制数，如：

```
>> hex2dec('00009500')
ans =
      38144
>> hex2dec('009e8eec ')
ans =
     10391276
```

由此可以看出，IRAM 空间约使用了 37 KB，SDRAM 空间约使用了 10 MB。

2．内存修改

双击 DM642EVM V1，打开参数设置窗口，在 Memory banks 选项组列出了 IRAM 和 SDRAM 的原设置，用户可以根据上述 MAP 文件，重新设置内存起始地址、空间长度、存储内容等内容，如图 8-123 所示。

Name	Address	Length	Contents
IRAM	0x00000000	0x00020000	Code & Data
SDRAM	0x80000000	0x02000000	Code & Data

图 8-123　内存设置

参考文献

[1] The MathWorks, Inc. Communications Blockset 4 User's Guide, 2009.
[2] The MathWorks, Inc. Communications Toolbox 4 User's Guide, 2009.
[3] The MathWorks, Inc. DO Qualification Kit 1 User's Guide, 2009.
[4] The MathWorks, Inc. Embedded IDE Link 4 User's Guide For Use with Texas Instruments' Code Composer Studio, 2009.
[5] The MathWorks, Inc. Embedded MATLAB Getting Started Guide, 2009.
[6] The MathWorks, Inc. Embedded MATLAB User's Guide, 2009.
[7] The MathWorks, Inc. Filter Design Toolbox 4 User's Guide, 2009.
[8] The MathWorks, Inc. Fixed-Point Toolbox 3 User's Guide, 2009.
[9] The MathWorks, Inc. Instrument Control Toolbox 2 User's Guide, 2009.
[10] The MathWorks, Inc. MATLAB 7 Desktop Tools and Development Environment. 2009.
[11] The MathWorks, Inc. MATLAB 7 Programming Fundamentals, 2009.
[12] The MathWorks, Inc. Real-Time Workshop 7 Target Language Compiler, 2009.
[13] The MathWorks, Inc. Real-Time Workshop 7 User's Guide, 2009.
[14] The MathWors, Inc. Real-Time Workshop Embedded Coder 5 Developing Embedded Targets, 2009.
[15] The MathWorks, Inc. Real-Time Workshop Embedded Coder 5 Reference. 2009.
[16] The MathWorks, Inc. Real-Time Workshop Embedded Coder 5 User's Guide, 2009.
[17] The MathWorks, Inc. Signal Processing Blockset 6 User's Guide, 2009.
[18] The MathWorks, Inc. Signal Processing Toolbox 6 User's Guide, 2009.
[19] The MathWorks, Inc. Simulink 7 Reference, 2009.
[20] The MathWorks, Inc. Simulink 7 User's Guide, 2009.
[21] The MathWorks, Inc. Simulink 7 Writing S-Functions, 2009.
[22] The MathWorks, Inc. Simulink Design Verifier 1 User' Guide, 2009.
[23] The MathWorks, Inc. Simulink Verification and Validation 2 User's Guide, 2009.
[24] The MathWorks, Inc. Stateflow 7 Getting Started Guide, 2009.

[25] The MathWorks, Inc. Stateflow 7 User's Guide, 2009.

[26] The MathWorks, Inc. SystemTest 2 User's Guide, 2009.

[27] The MathWorks, Inc. Target Support Package 4 User's Guide For Use with TI's C6000, 2009.

[28] The MathWorks, Inc. Video and Image Processing Blockset 2 User's Guide, 2009.

[29] 张威. Stateflow 逻辑系统建模[M]. 西安:西安电子科技大学出版社,2007.

[30] 黄永安,马路,刘慧敏. MATLAB 7.0/Simulink 6.0 建模仿真开发与高级工程应用[M]. 北京:清华大学出版社,2005.

[31] RTCA, Inc. Software Considerations in Airborne Systems and Equipment Certification, 1992.

[32] HAMMARSTRÖ R, NILSSON J. A Comparison of Three Code Generators for Models Created in Simulink[D]. Gothenburg: Chalmers University of Technology, 2006.

[33] The MathWorks, Inc. Model-Based Design for DO-178B (Excerpts), 2007.

[34] The MathWorks, Inc. Simulink for Simulation and Model-Based Design, 2008.